BASIC SURFACE CHEMISTRY

Yasuhiro Iwasawa
Junji Nakamura
Ken-ichi Fukui
Jun Yoshinobu

기초 표면화학

소호원 옮김

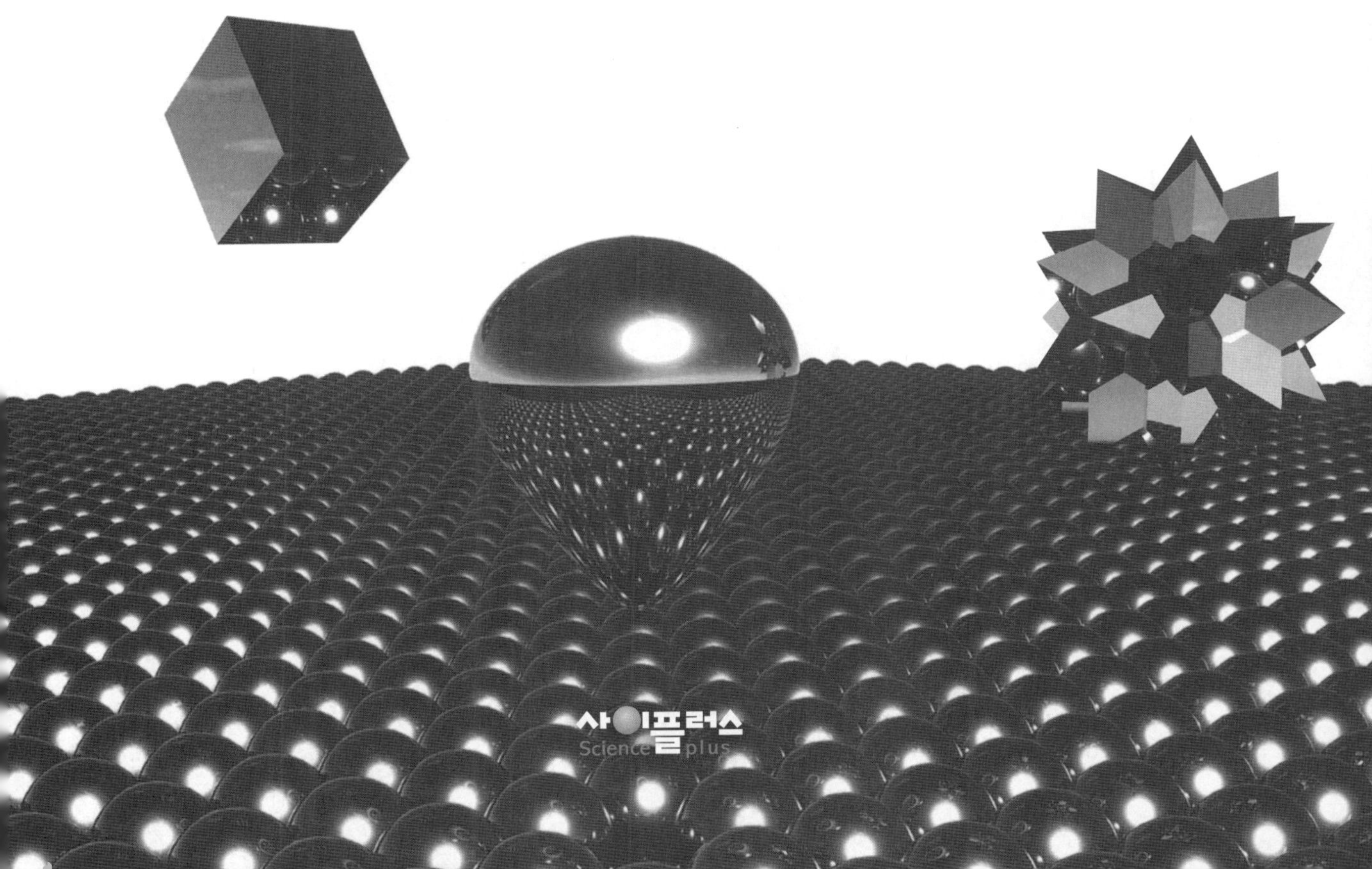

Originally published in Japan in 2010 by KAGAKU-DOJIN CO., INC., KYOTO.
translation rights arranged with KAGAKU-DOJIN CO., INC., KYOTO,
through TOHAN CORPORATION, TOKYO and Eric Yang Agency, SEOUL.

옮긴이 머리말

Preface

표면화학은 물질 표면에서 일어나는 화학 반응을 탐구하는 학문 분야로, 나노 기술의 물리적 한계 극복과 촉매 설계 및 제어를 포함한 최첨단 과학기술의 핵심으로서 그 중요성과 영향력이 나날이 커지고 있다. 상위 개념인 표면과학의 수많은 연구 영역 중에서 표면화학은 화학 결합이 끊어지고 생성되는 '반응'을 집중해서 다룬다.

이 책에서는 흡착의 일반론과 표면의 물리 · 화학적 특성을 비롯해 표면 반응, 중요한 표면의 화학(금속, 산화물, 반도체), 표면 설계에 걸쳐 지금까지 밝혀진 표면화학을 저명 학자 4인이 쉽고 간결하게 설명한다. 초급 연구자를 대상으로 상정하여 집필하였다고는 하나, 일본 표면진공학회 · 표면과학회 등의 세미나 참고도서 및 유수 대학의 대학원 강의 교재로 활용될 만큼 충실한 내용을 담고 있으므로 관련 분야 연구자라면 참고할 만하다.

번역 작업을 하는 동안 대표 저자와 지속해서 소통하며 내용을 명확하게 다듬었고, 두 번에 걸친 전문가 검토를 통해 용어 선택과 번역상의 오류를 꼼꼼하게 점검하였다. 그런데도 발견되는 미흡한 부분에 대해서는 독자 여러분의 거리낌 없는 지적을 바란다.

완성도 높은 책을 만드는 데 많은 도움을 주신 육군사관학교의 계영식 교수님, 삼성전자 반도체연구소의 이지연 박사님께 다시 한번 감사드린다. 또 번역서 편집에 큰 노력을 기울여 주신 편집부와 출판의 기회를 마련해 주신 박종성 대표님과 영업부 김영복 부장님께 깊은 감사의 말씀을 전한다.

2022년 1월 20일
옮긴이 소호원 적음

지은이 머리말

Preface

표면과 관련된 연구 대상 및 영역은 광범위하다. 예를 들면 촉매, 전극 · 전지, 반도체, 흡착재, 센서, 광학 재료, 자성 재료, 마찰 및 윤활제, 콜로이드, 화장품, 인쇄 등은 표면에 대한 이해와 제어를 빼놓고서는 성립되지 않으며, 최근의 나노 기술(NT) 및 바이오 기술(BT), 그리고 정보 통신 기술(IT) 분야에서도 표면과 관련된 문제의 중요성이 커지고 있다. 또한 표면은 환경, 자원, 에너지와 같은 지구적 규모의 여러 문제와도 관련되어 있다. 즉, 현대 과학과 기술 분야에 표면이 깊이 관련되어 있음을 알 수 있다. 그러나 이처럼 중요한 표면의 성질이 자세하게 연구되기 시작한 것은 그다지 오래 되지 않았다. 흡착의 기초 이론이 Langmuir에 의해 제안된 것은 1910년대이나, 단결정 표면을 사용한 정밀한 표면 실험이 실시된 것은 초고진공 기술이 발전한 1970년대이다. 그즈음 화학 분야에서는 금속 표면에서의 흡착과 그에 따른 표면 구조의 변화에 관한 연구가 활발히 이루어졌고, 나아가 촉매 기능의 메커니즘 연구도 개시되었다. 한편, 물리학 분야에서는 실리콘 등의 반도체 표면에 관한 연구가 왕성하게 수행되었으며, 동시에 다양한 전자 분광법과 표면 해석 기법의 개발과 발전이 이루어졌다. 이 시기에 표면 현상의 기초적인 개념들이 차례로 확립되며 표면과학은 급속히 발전하게 되었다. 더욱이 1980년대 후반부터는 주사 터널링 현미경을 이용한 연구가 활발해져, 말 그대로 원자 하나하나를 시각화함으로써 그 때까지 불명확했던 현상들이 밝혀지기 시작했다. 1990년대에 들어서는 제1원리 계산을 이용한 연구가 표면과학 연구를 뒷받침하게 되었다. 실험과 이론을 통합하여 표면 현상의 메커니즘을 자세하게 이해할 수 있게 된 것이다. 표면과학 분야에서는 지금까지 많은 노벨상 수상자가 탄생하였는데, 2007년에 Ertl이 고체 표면에서의 화학 과정에 관한 연구로 노벨화학상을 수상한 것은 이 책의 주제와 관련된 연구 영역에서의 결실 중 하나로, 특히 기억에 새롭다.

지금도 다양한 분야에서 표면 연구의 진전이 두드러지고 있으나, 초급 연구자 또는 타 분야 연구자를 대상으로 한 표면화학의 입문적인 교과서가 아직 충실하지 못하다. 우리 집필자 일동은 기초 개념을 정리한 표면화학 교과서의 필요성을 통감하여 이 책을 집필하게 되었다. 표면화학의 개념을 추구함에 따라 표면물리 분야와 중첩이 발생하는 것은 물리화학 분야의 당연한 특징이다. '표면화학'이라고 구분하여 부르기는 하나 '표면물리'와의 경계는 실제로 명료하지 않다. 따라서 '표면과학'이라고 부르는 것이 어쩌면 자연스러울 지도 모른다. 그럼에도 우리가 여전히 '표면화학'이라고 지칭하는 까닭은, '화학'의 키워드인 '반응'에 주목했기 때문이다. 표면의 반응성은 무엇으로부터 생기는가, 화학 결합의 절단과 형성(반응 과정)은 어떤 구조로 진행되는가와 같은 질문에 답하는 것이 표면화학의 과제일 것이다. 이 책에서는 반응성에 중점을 두고 표면화학의 기초 개념을 해설하였다.

이 책은 지금까지 밝혀진 표면화학의 기초 개념과 표면 특유의 현상을 알기 쉽게 정리하여 설명하는 것을 목적으로 하였다. 학부 정도의 학력을 가진 초급 연구자를 대상으로 상정해 집필하였다. 먼저 표면화학의 중요한 개념을 설명한 후, 이어서 금속, 반도체, 산화물 등으로 나누어 중요한 표면화학적 현상에 대해 구체적으로 정리하여 해설하였고, 중요한 표면 분석 기법 등의 관련 사항은 해당 챕터의 마지막 부분에 별도의 ›Panel로 삽입하였다.

표면화학은 앞으로도 다양한 연구 영역과 기술의 발전에 공헌해 나갈 것이다. 많은 독자가 이 책을 입문서로 활용하여 표면화학의 정수를 수월하게 이해할 수 있기를 희망한다. 또한 이 책에서 발견되는 미흡한 부분에 대해서는, 독자 여러분께서 기탄없는 지적을 해 주시기를 바란다.

마지막으로 이 책의 완성에 많은 노력을 기울여 주신 화학동인 출판사의 가메이 유우키씨에게 깊은 감사를 드린다.

2010년 3월
지은이 적음

차 례

Contents

연습 문제의 해답은 사이플러스 홈페이지(www.sciplus.co.kr)
고객 센터에서 다운로드받을 수 있습니다.

제 1 장 표면의 화학

표면화학은 최첨단 나노 · 재료과학 및 물질과학, 전자공학, 화학기술 등의 기초로서 필수 지식과 방법론을 제공한다. 나아가 최근에는 바이오, 재생의료, 마이크로머신 등 다양한 분야에서 중요한 위치를 점유해가고 있다. 오늘날 표면화학은 화학뿐만 아니라 물리, 생물, 전기, 기계, 의학 등 많은 분야와도 관련되어 있으며, 학문적인 차원을 넘어 사회를 윤택하게 발전시킬 수 있는 기술의 발전에 핵심 역할을 수행할 것으로 기대되고 있다. 표면화학의 중요성은 2007년 노벨화학상을 표면화학 반응 과정의 이해에 공헌한 독일 프리츠 하버 연구소의 Ertl 박사에게 수여한 것에서도 알 수 있다. 표면 · 계면은 고체 내부[이하 '벌크(bulk)']와 다른 특이한 구조와 전자 상태를 갖기 때문에, 표면 · 계면을 적극적으로 활용하여 새로운 기능을 부여하거나 표면 · 계면을 제작하고 제어함으로써 종래에 없던 물성이나 반응성을 만들어내는 것도 가능하다.

'표면'은 '계면'의 일부를 지칭하는 말이다. 고체와 기체, 고체와 액체, 고체와 고체, 액체와 기체 등 두 개의 다른 상이 접하는 경계를 일반적으로 **계면**(interface)이라 부른다. 그중 고체가 기체 또는 진공과 접하는 계면을 특히 **표면**(surface)이라 부른다. 또, 고체와 액체의 '계면'에서 고체 쪽에 주목하는 경우에도 '표면'이라고 부르기도 한다. 표면에서는 결정 격자의 결합, 즉 벌크의 원자 배열이 도중에 끊어지기 때문에, 벌크에서와 다른 특이한 물리적 · 화학적 성질이 나타난다. 특유의 성질과 기능에 의해 다양한 화학 과정이 일어나는 예로서 흡착, 촉매 작용, 센서, 적층 성장(epitaxy), 전극 반응, 전자 교환,

산화 · 녹, 자기조직화, 부식 · 마모, 젖음(wetting), 도금, 유기 전자 장비, 물질 이동, 에너지 이동 등이 있으며, 모두 오늘날의 중요한 공업 프로세스의 기초를 떠받치고 있다. 또한 나노 입자의 크기가 작아질수록 입자 지름에 반비례하여 표면 비율이 증가하기 때문에, 입자 지름이 2 nm보다 작아지면 표면이 대부분이 되어 양자 크기 효과(quantum size effect)가 두드러진다. 따라서 나노 기술 또한 표면화학이 지탱하고 있다고 해도 과언이 아니다. 이와 같이 원자 수준의 계면 제작과 제어, 차세대 고효율 촉매, 고감도 분자 식별 센서, 유기 양자 재료, 나노 복합재(nanocomposite) 자성 재료 등 미세구조의 창출과 기능의 고도화를 지향할 때, 고체 표면에서의 반응을 지배하는 화학을 밝히는 것은 매우 중요하다.

'표면'은 어느 정도의 두께를 가지는가? 기하학적 이상표면(ideal surface)의 경우 노출된 원자면 혹은 1분자층으로 생각할 수 있는데, 때로는 벌크와 다른 구조 파라미터를 나타내는 표층의 3~4원자층을 벌크와 구별하여 '표면'이라고 부르기도 한다. 또한 촉매, 센서 등에 사용되는 초박막(1원자층~0.3 nm), 에멀션, 마이셀, 부동태 피막 등의 박막(0.3~100 nm), 반도체 소자, 광학 기록 매체, 에어로졸(0.1~10 μm), 도금, 자기 기록 매체(>10 μm) 등도 표면 관련 문제로 받아들여지고 있으므로, 결과적으로 '표면'은 대상과 분야에 따라 광범위하게 정의된 두께를 가진다고 볼 수 있다.[1]

[1] 일본표면과학회 編, 《표면과학의 기초와 응용(신정판)》, NTS, p.4(2004).

표면화학을 연구함에 있어 표면의 구조, 조성, 전자 상태 등의 **특성 검사**(characterization)가 필수 불가결하다. 따라서 표면화학에 있어 표면 해석법은 필수적 요소이며, 이를 이해하고 능숙하게 다룰 수 있어야 한다. 근래 표면 해석법은 놀랄 정도로 진보하였으며, 이를 다루는 이론 또한 눈부시게 발전하였다. 이에 따라 표면의 구조나 전자 상태를 직접 볼 수 있게 되어, 모델 단결정 표면상의 화학 반응을 실시간으로 관측할 수 있게 되었다. 하나의 예로서, Ertl 등에 의해 노벨상 수상의 대상이 된 Pt 단결정 표면에 흡착한 일산화탄소의 산소에 의한 산화 반응을 살펴 보자.[2,3]

$$CO + \frac{1}{2}O_2 \longrightarrow CO_2 \qquad (1.1)$$

이 반응은 1932년 노벨화학상을 수상한 Langmuir 이래로 많은 연구자에 의해 연구되어 왔다. 실제 화학공업에 사용되고 있는 촉매 반응인데, 실제로는 단순히 반응식만으로 설명할 수 있을 만큼 간단하지는 않다.

[2] J. Wolff, A. Papathanasiou, L. Kevrekidis, H. H. Rotermund and E. Ertl, *Science*, **294**, 134 (2001).

[3] G. Ertl, in "Handbook of Heterogeneous Catalysis, Vol.3", ed. G. Ertl, H. Knözinger, F. Schüth and J. Weitkamp, Wiley-VCH(2008), p.1492.

Pt 표면에 있는 원자는 내부 원자와 달리 결합이 포화되어 있지 않기 때문에 화학적으로 매우 활성을 나타낸다. 따라서 활성인 표면상에 기체 분자가 흡착, 활성화되어 촉매 반응이 빠르게 진행된다. CO 분자는 탄소 원자 쪽으로 표면에 흡착하는 한편, O_2 분자는 2개의 O 원자로 해리하여 흡착한다. 따라서 화학 반응식에서 CO와 O_2 분자가 반응하는 것으로 표현되어 있는 것과 달리, 실제 Pt 촉매 표면에서는 아래와 같은 CO와 O의 분자-원자 간 반응이 진행된다.

$$CO + O \longrightarrow CO_2 \tag{1.2}$$

즉, 촉매는 반응 메커니즘을 바꾸어 보다 반응하기 쉬운 경로를 만들어낸다. Ertl 등은 Pt(100) 및 Pt(110) 표면상에서 CO 산화 반응의 CO_2 생성 속도가 진동하는 것을 발견했다.[3] 그림 1.1은 CO 산화 촉매 반응이 일어나는 Pt(110) 표면을 광방출 전자현미경(photoemission electron microscope, PEEM)을 통해 실시간 관찰한 네 장의 PEEM 상이다. 수십에서 수백 나노미터의 메조스코픽(mesoscopic) 영역에서, 나선(spiral) 문양이 주위에 전파되어 가는 모습이 관찰된다[**비선형**(nonlinear) 현상]. PEEM은 표면의 일함수(work function) 분포를 표면에서 튀어나오는 광전자의 강도 분포로써 화상화(imaging)하는

[3] G. Ertl, in 'Handbook of Heterogeneous Catalysis, Vol.3', ed. G. Ertl, H. Knözinger, F. Schüth and J. Weitkamp, Wiley-VCH(2008), p.1492

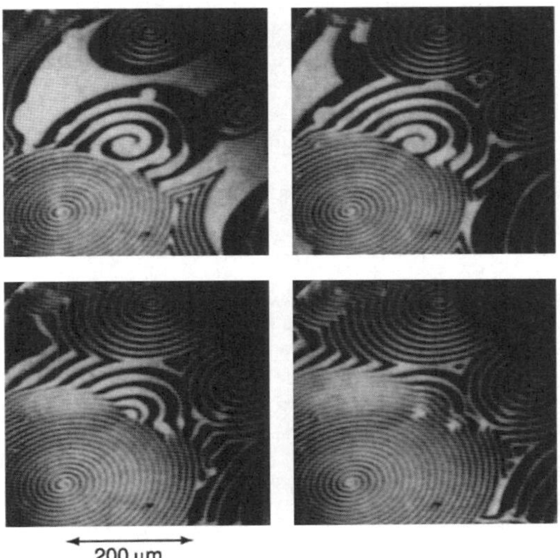

그림 1.1 ▶ **Pt(110) 표면상의 CO 산화반응을 30초마다 관찰한 실시간 PEEM 상.** 반응 온도: 448 K, O_2 압력 : 4×10^{-4} mbar, CO 압력 : 4.3×10^{-5} mbar. [G. Ertl, in "Handbook of Heterogeneous Catalysis, Vol.3", ed. G. Ertl, H. Knözinger, F. Schüth and J. Weitkamp, Wiley-VCH(2008), p.1492]

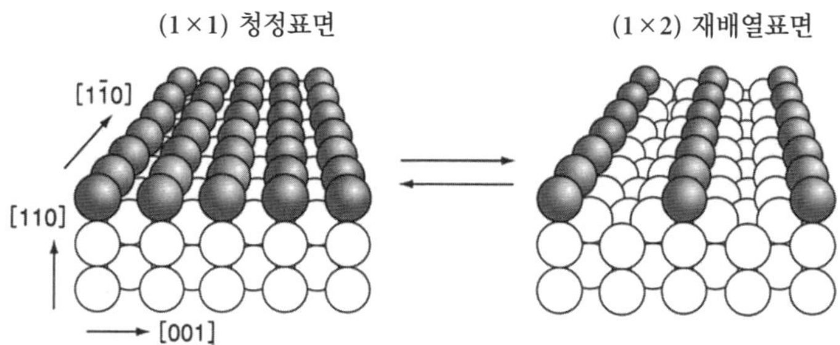

그림 1.2 ▶ Pt(110) 표면의 (1×1) 청정표면과 (1×2) 재배열표면. [M. Nagasaka, H. Kondoh, K. Amemiya, T. Ohta and Y. Iwasawa, *Phys. Rev. Lett.*, **100**, 106101(2008).]

방법이다. Pt(110) 표면의 일함수(작은 값일수록 전자가 튀어나오기 쉬움)는 청정표면(clean surface)이 5.5 eV, CO가 흡착한 표면이 5.8 eV, O가 흡착한 표면이 6.5 eV이므로, PEEM 상에서는 이 순서로 어두워진다. 따라서 그림 1.1에 나타난 문양 중에서 어두운 부분이 O가 흡착한 부분이고, 비교적 밝게 보이는 부분이 CO가 흡착한 부분이다. 반응은 O 흡착 영역과 CO 흡착 영역의 계면에서 일어나며, 생성된 CO_2는 표면에서 즉시 탈착(desorption)하기 때문에 표면에는 CO_2가 존재하지 않는다. 시간이 지남에 따라 표면의 흡착 O와 흡착 CO의 공간 분포가 변화하기 때문에, PEEM 패턴이 시시각각 변화하게 된다. 비선형 현상에서는 CO와 O의 흡착량과 반응 온도에 따라 문양이 다양하게 변화하는데, 표면이 (1×1) 및 (1×2) 구조 사이에서 구조 상전이를 반복하며 메조스코픽 영역에서 나선 무늬의 전파가 진행하는 것으로 설명된다(그림 1.2).[2,3]

[2] J. Wolff, A. Papathanasiou, L. Kevrekidis, H. H. Rotermund and E. Ertl, *Science*, **294**, 134 (2001).

[3] G. Ertl, in "Handbook of Heterogeneous Catalysis, Vol.3", ed. G. Ertl, H. Knözinger, F. Schüth and J. Weitkamp, Wiley-VCH(2008), p.1492

표면 메조스코픽 영역에서의 무늬 전파는 H_2와 O_2로부터 H_2O가 생성되는 반응의 **양성자 이동**(proton transfer)에 의해서도 발생한다. H_2O 생성 반응에 중요한 역할을 하는 양성자 이동 속도는 마이크로 X선 광전자 분광법(X-ray photoelectron spectroscopy, XPS)을 이용해 조사할 수 있다. 먼저 Pt(111) 표면에 OH + H_2O **공흡착층**(coadsorption layer)을 만들고, 레이저를 조사(irradiation)하여 그 표면의 일부분(폭 400 μm)을 탈착시킨다. 그리고 탈착한 부분에 H_2O를 흡착시킨다. 이렇게 하여 중심 부근의 H_2O 영역에서 주변의 OH + H_2O 영역으로의 양성자 이동을 관찰한다. micro XPS를 이용해 표면 피복량 분포의 시간 변화를 측정하였더니, 중심 영역에서 양성자 이동에 의해 OH의 피복량이 증가하는 것이 관찰되었다. 이 양성자 확산 속도를 구한 결과, H_2O와 OH 사이의 직접적인 과정과 H_3O^+를 경유하는 과정의 두 가

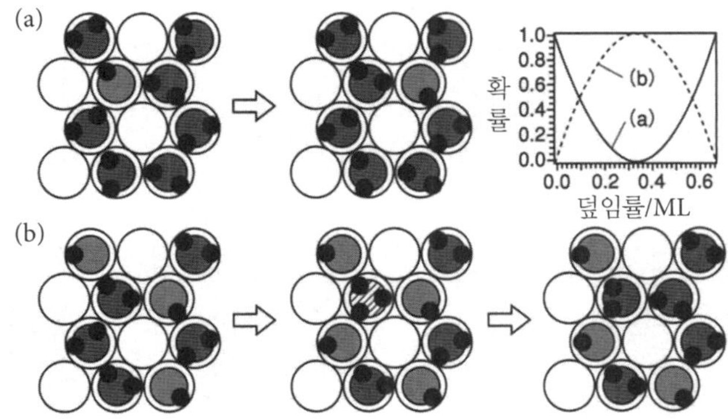

그림 1.3 ▶ Pt(111) 표면에서의 양성자 이동 경로. (a) H_2O에서 OH로의 직접 이동, (b) H_3O^+를 경유하는 이동. 그래프는 2개 경로에 대한 양성자 이동 확률의 덮임률 의존성. [M. Nagasaka, H. Kondoh, K. Amemiya, T. Ohta and Y. Iwasawa, *Phys. Rev. Lett.*, **100**, 106101 (2008)]

지가 존재하며, 각각 나노초(ns) 스케일로 진행됨이 밝혀졌다(그림 1.3).[4]

이 책에서는 다양한 표면화학 중 기초과학적 · 응용적인 측면에서 현재는 물론이고 미래에도 중요하게 다루어질 여러 항목을 제시한다. 제2장부터 제8장까지는 표면화학을 이해하기 위해 필요한 기초 사항을 다룬다. 여기에는 구조, 전자 상태, 흡착, 동역학(dynamics), 여기(들뜸), 박막, 반응 등에 대한 기본적인 설명부터 자세한 메커니즘에 대한 해설이 포함된다. 이어지는 제9장부터 제11장까지는 금속, 반도체, 금속 산화물의 각 표면에 특징적인 표면화학을 구체적으로 기술하였다. 마지막 제12장은 실재 표면의 화학설계와 기능에 대하여 기술하였으며, 자기조직화, 탄소 나노튜브, 분자 수준의 촉매 등을 다룬다.[5] 각 장을 통해 중요한 개념이나 이론, 해석 기법, 기본적 사고방식 등을 설명함에 더해, ›Panel을 통해 최근의 해석법을 소개하였고, ›Topics을 통해 표면화학을 넓게 이해할 수 있도록 하였다. 표면화학에는 여전히 규명되지 않은 현상 또한 많이 남아 있음을 염두에 두자.

이 책을 통해 표면화학의 기초를 이해하고, 미래에 등장할 새로운 문제를 해결하기 위한 기초과학 지식을 갖출 수 있기를 바란다. 앞으로도 표면화학은 지속적인 발전을 보증하는 혁신적인 기능 물질과 나노 기술 재료의 창출에 꾸준히 기여해 나갈 것이다.

[4] M. Nagasaka, H. Kondoh, K. Amemiya, T. Ohta and Y. Iwasawa, *Phys. Rev. Lett.*, **100**, 106101(2008).

[5] M. Tada and Y. Iwasawa, *Chem. Commun.*, 2833(2006).

연습 문제

1.1 표면 특유의 화학 현상을 기술하시오.

제 2 장

흡착 과정

이 장에서는 기체상 원자·분자가 고체 표면에 충돌하여 표면에 흡착하는 과정을 고전역학과 기체 분자 운동론에 기반하여 학습한다. 이어서 가장 간단한 흡착 속도론(kinetics)으로서 Langmuir 모델을 도입한다. 실제 흡착계에서 Langmuir 모델로 설명할 수 없는 현상은 동적 전구 상태를 도입하여 설명할 수 있다.

2.1 흡착 과정: 표면에의 분자 입사

원자나 분자가 표면에 부착하는 것을 **흡착**(adsorption)이라고 한다. 이 절에서는 흡착 과정을 분자의 입장에서 생각해 보자. 분자와 고체 표면의 상호작용을 단순화하기 위해 진공에서 1개의 분자가 표면에 입사하는 경우를 생각하자(그림 2.1). 이 그림은 입사 분자가 최초의 충돌을 포함해 수회 튕긴

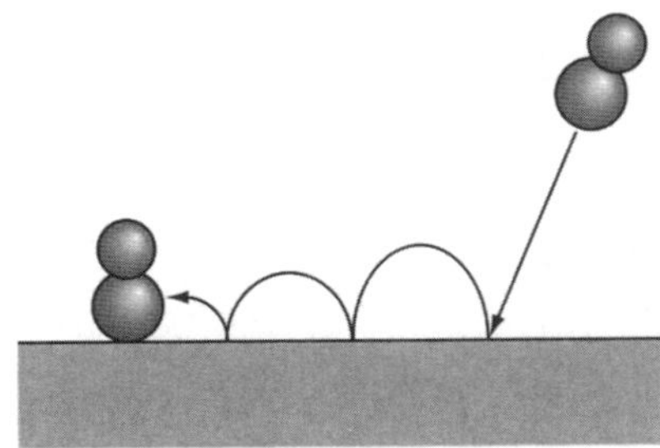

그림 2.1 ▶ 고체 표면에 대한 분자의 입사와 흡착.

(bound) 뒤에 표면에 포획(trap)되는 모습을 나타낸다. 이어서 표면에 대한 분자의 흡착을 간단한 역학 모델에 기초하여 고찰해 보자.

고체 표면에 대한 흡착은 항상 발열 반응이다. 따라서 그림 2.2와 같이 인력이 우세한 퍼텐셜 에너지 곡선으로 나타낼 수 있다.

일반적으로 흡착 에너지 E_{ad}는 0.1~수 eV 정도이다. 한편, 표면에 입사하는 온도 T인 기체 분자의 평균 운동 에너지는 $2k_BT$이다(21쪽에서 자세히 기술한다).† 표면에 가까워짐에 따라 퍼텐셜에 의해 분자가 가속되고, 표면 원자와 충돌한다. 이때, 운동 에너지는 원래 가지고 있던 분자의 운동 에너지에 E_{ad}가 더해진 값이다.

†300 K일 때 $k_BT \cong 26$ meV이다.

분자는 충돌한 표면 원자에 직접 결합하는 경우도 있으나 산란되는 경우가 많다. 입사했을 때의 에너지를 잃지 않고 진공으로 튕겨 나오는 경우를 탄성 산란이라고 부르며, 충돌 시에 운동 에너지를 손실한 경우를 비탄성 산란이라고 부른다. 비탄성 산란의 원인으로는 기판 원자와의 충돌에 따른 운동량의 이동, 기판 전자계와의 전자 교환에 따른 전자-정공 쌍(electron-hole pair, EHP) 생성, 분자 내부 자유도(진동, 회전)의 여기, 기판 포논 여기(phonon excitation) 등을 들 수 있다. 비탄성 산란된 분자는 흡착 퍼텐셜 우물에 붙잡힌다. 1회 충돌로 전체 운동 에너지가 손실되지 않는 경우 입자는 표면 위를 몇 번이고 튀어오르며(그림 2.1), 이 과정에서 분자는 서서히 운동 에너지를 잃게 된다(그림 2.2). 그동안 분자는 표면의 같은 장소에서 충돌을 반복하는 것이 아니라 표면의 평행 방향 이동이 동반되며 에너지를 잃는다. 이 상태

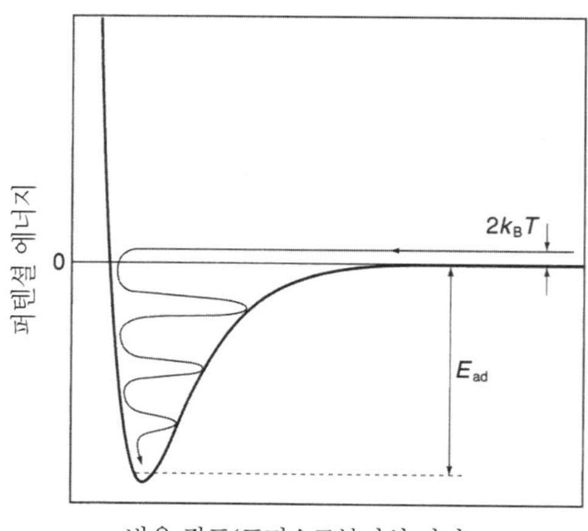

그림 2.2 ▶ 고체 표면과 분자의 퍼텐셜 에너지. 가는 선은 입사한 분자가 퍼텐셜 바닥으로 떨어지는 경로를 모식적으로 나타낸 것이다.

를 **동적 전구 상태**(mobile precursor state)라고 부른다. 최종적으로 전체 운동 에너지가 손실되면, 분자는 퍼텐셜 에너지의 극소점(흡착 자리)에 **부착**(sticking)한다. 이상의 과정을 흡착 과정이라 부른다.

온도 T_0인 기체 분자와 온도 T_1인 고체 표면의 충돌에 따른 에너지 교환의 정도를 정량화하기 위해, Knudsen은 다음 식으로 정의되는 **적응계수**(accommodation coefficient) α를 도입했다. 여기서 T_2는 충돌 후 기체 분자의 온도이다.

$$\alpha = \frac{T_2 - T_0}{T_1 - T_0} \tag{2.1}$$

에너지 교환이 일어나지 않고 탄성 산란하는 경우 $\alpha = 0$이다. 기체 분자가 고체 표면과 온도 평형에 도달한 후 입사하면 $\alpha = 1$이 되나, 일반적으로는 $0 < \alpha < 1$이다. Baule는 입사 입자(원자, 분자)와 표면 원자를 강체구로 보고, 서로 다른 두 강체의 충돌(이체 충돌)이 고전역학을 따른다는 단순한 모델에 기반하여 적응계수를 어림했다. 입사 입자의 질량을 m, 정지한 표면 원자의 질량을 M으로 하여 입사 입자가 표면 원자에 각도 ϕ_i으로 충돌하는 경우를 생각하자. 에너지 보존법칙과 운동량 보존법칙을 사용하면 다음 식을 고전역학에 따라 쉽게 유도할 수 있다.

$$\alpha = \frac{4mM\cos^2\phi_i}{(m + M)^2} \tag{2.2}$$

입사 입자가 표면 원자에 정면충돌한다고 가정하면 $\phi_i = 0°$이므로 다음과 같이 된다.

$$\alpha = \frac{4mM}{(m + M)^2} \tag{2.3}$$

이 식에서 알 수 있듯이 입사 입자와 표면 원자의 질량이 같을 때 $\alpha = 1$이 되고, 완전한 에너지 교환이 일어난다.

표 2.1에 몇 가지 입사 입자와 표면 사이의 적응계수를 나타냈다. 수소 분자의 경우, 원자번호가 작은 원자로 된 기판에 대한 적응계수가 크다. 질소 분자는 Si 기판일 때가 최대치이다. 한편, Xe의 경우 Rh나 Pt와 같은 원자량이 큰 기판에서 적응계수가 크다. 즉, 대략적인 경향은 Baule의 이체 충돌 모델로 설명이 가능해 보인다. 하지만 실측된 적응계수는 표면 온도에 의존하는

표 2.1 ▸ 고온에서 기체 분자의 적응계수

기판 \ 분자	H_2(2 amu)	N_2(28 amu)	Xe(131 amu)
C(12 amu)	0.29	0.5	0.18
Si(28 amu)	0.15	0.6	0.35
Fe(56 amu)	0.08	0.53	0.50
Rh(103 amu)	0.04	0.40	0.59
Pt(195 amu)	0.02	0.26	0.58

*괄호 안에는 분자의 질량을 표시하였다. amu는 원자 질량 단위.
[G. Attard and C. Barnes, "Surfaces", Oxford University Press (1998), p.12]

것으로 알려져 있어, 단순화된 Baule의 모델로 흡착 현상의 전부를 설명하는 것은 불가능하다.

표면에 입사하는 입자의 운동을 정량화하기 위해 기체 분자 운동론을 잠시 복습해 보자. 분자량이 m, 온도가 T인 기체의 속력 u의 분포(Maxwell 분포)와 u의 평균치 $\overline{u}$는 Boltzmann 상수를 k_B로 놓을 때 다음과 같이 주어진다.

$$F(u)\mathrm{d}u = 4\pi\left(\frac{m}{2\pi k_B T}\right)^{3/2} u^2 \exp\left(-\frac{mu^2}{2k_B T}\right)\mathrm{d}u \tag{2.4}$$

$$\overline{u} = \int_0^\infty uF(u)\mathrm{d}u = \sqrt{\frac{8k_B T}{\pi m}} \tag{2.5}$$

단위 시간 동안 벽(표면)의 단위 면적에 충돌하는 분자에 의한 충격량이 압력 p이므로, 1초 동안 1 cm^2의 벽에 충돌하는 분자의 수[**충돌 빈도**(collision frequency)] z는 다음 식으로 주어진다.

$$z = \frac{p}{\sqrt{2\pi m k_B T}} \tag{2.6}$$

이 식 (2.6)을 **Hertz-Knudsen 식**(Hertz-Knudsen equation)이라고 한다.

여기에 구체적인 수치를 대입하여 충돌 빈도 z를 어림해 보자. $m = 28$(N_2 또는 CO), 상온(300 K), 전형적인 전이금속 단결정 표면의 원자 밀도로 약 10^{15}개 cm^{-2}인 경우를 가정한다. 압력이 10^{-6} Torr일 때, 단위에 주의하여 식 (2.6)에 이 수치들을 대입해 계산하면 $z = 3.8 \times 10^{14}\ cm^{-2}\ s^{-1}$이 되므로, 수 초 만에 모든 표면 원자에 기체 분자가 충돌함을 알 수 있다.

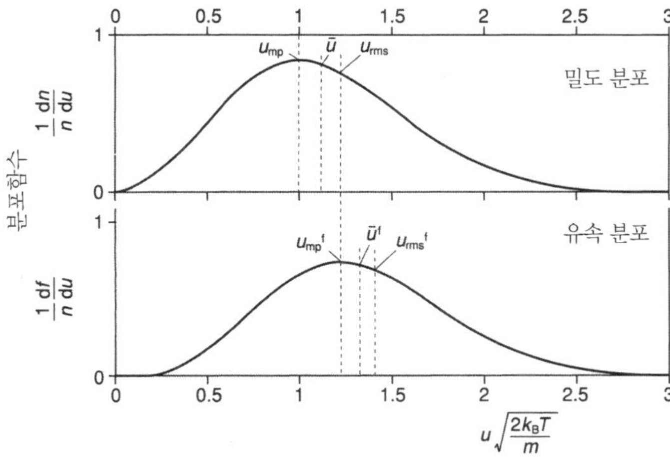

그림 2.3 ▶ 용기 내부 및 표면에 입사하는 분자의 속력 분포. [G. Comsa and R. David, *Surf. Sci. Rep.*, 5, 145(1985)]

삼차원 공간을 자유롭게 돌아다니는 분자의 속력 분포(밀도 분포)와 표면에 입사하는 분자의 속력 분포(유속 분포)는 다르다는 것에 주의하자. 표면에 입사하는 온도 T인 분자의 속력 분포는, 온도 T인 용기의 작은 구멍에서 나오는 분자의 속력 분포와 같으며(이를 분자선의 속력 분포라고 부름), 다음과 같이 나타낸다.

$$F_B(u)du = \frac{1}{2}\left(\frac{m}{k_BT}\right)^2 u^3 \exp\left(-\frac{mu^2}{2k_BT}\right)du \tag{2.7}$$

이를 u^3-Maxwell 분포라고 부르기도 한다.

표 2.2 ▶ Maxwell의 속력 분포로부터 얻은 공간 중의 기체 분자 및 분자선 속력의 평균값과 평균 운동 에너지

	자유 분자	분자선(입사 분자)
u_{mp}	$\sqrt{\frac{2k_BT}{m}}$	$\sqrt{\frac{3k_BT}{m}}$
$\bar{u}$	$\sqrt{\frac{8k_BT}{\pi m}}$	$\sqrt{\frac{9\pi k_BT}{8m}}$
u_{rms}	$\sqrt{\frac{3k_BT}{m}}$	$\sqrt{\frac{4k_BT}{m}}$
$\frac{1}{2}mu_{rms}^2$	$\frac{3}{2}k_BT$	$2k_BT$

*평균 운동 에너지는 $(1/2)mu_{rms}^2$로 계산된다.

온도 T인 용기 내의 기체 분자 및 표면에 입사하는 분자선의 속력 분포를 그림 2.3에 나타냈다. 또, 각각의 속력 분포로부터 계산되는 최빈 속력 u_{mp}, 평균 속력 $\bar{u}$, 근 평균 제곱 속력 u_{rms}를 표 2.2에 정리했다.

후술할 내용에서 알 수 있듯이, 온도 T인 용기 내 기체 분자의 운동 에너지보다 표면에 충돌하는(상자의 구멍에서 새어 나오는) 분자선의 운동 에너지가 크다. 표면에 입사하는 분자의 운동 에너지는 $2k_{\mathrm{B}}T$라고 기억해 두자.

2.2 부착 확률과 흡착 속도론

표면에 충돌한 분자가 표면에 흡착할 확률을 **부착 확률**(sticking probability) s라고 부른다. 부착 확률은 다음과 같은 식으로 정의된다.

$$s = \frac{(\text{단위 시간당 흡착 분자수})}{(\text{입사 분자의 충돌 빈도})} \tag{2.8}$$

부착 확률은 분자선(molecular beam)을 사용해 정확히 측정할 수 있다. 이미 서술한 바와 같이 충돌 빈도의 어림값으로부터 1×10^{-6} Torr(1.33×10^{-4} Pa)의 '고진공'에서도 부착 확률이 큰 분자라면 수 초만에 표면을 덮는다. 때문에 반응성이 큰 단결정 표면에서 실험을 진행할 때에는 관측하는 동안 청정표면을 유지할 수 있는 '초고진공'이 필요하다. 여기서 '초고진공'은 10^{-5} Pa (또는 약 10^{-7} Torr) 이하의 압력을 의미한다.

표면에서 흡착 분자의 농도는 흡착 분자의 **덮임률**(fractional coverage) θ로 표현된다. 이는 흡착한 분자 수를 고체 표면의 흡착 자리(흡착 사이트, adsorption site)의 총 수로 나눈 값이다.

$$\theta = \frac{(\text{흡착한 분자 수})}{(\text{흡착 자리의 총 수})} \tag{2.9}$$

또한 분모를 표면 원자의 총 수로 하는 정의도 존재한다.

다음으로 흡착 속도론(kinetics)의 모델로서, 가장 간단한 **Langmuir 모델**(Langmuir model)에 대하여 기술한다. Langmuir는 고체 표면에 대한 기체의 흡착 과정을 다음과 같은 단순화 모델로 생각했다.

① 표면에는 동등한 흡착 자리가 존재하며, 한 자리(site)에 분자 1개가 흡착한다.

② 고체 표면에 입사한 분자는 표면과 충돌한다. 충돌한 자리가 분자에 점유되지 않은 '빈' 경우는 분자가 그 자리에 반드시 흡착한다. 흡착 자리가 이미 점유되어 있는 경우는 흡착하지 않고 반사된다. 따라서 흡착 확률은 덮임률에 의존하여 $1 - \theta$이 된다.

③ 한 번 흡착 자리에 결합한 분자는 표면을 이동하지 않는다.

이 Langmuir 모델에 따라 온도 T, 일정 압력 p인 기체 분자가 고체 표면에 흡착한다고 하면, 흡착 속도 r_a는 다음과 같다.

$$r_a = zs = \frac{p}{\sqrt{2\pi m k_B T}}(1 - \theta) \tag{2.10}$$

기체를 도입한 후 시간 t가 지난 후의 흡착량 σ는 이를 적분하여 얻을 수 있다.

$$\sigma(t) = \int_0^t r_a \mathrm{d}t \tag{2.11}$$

그림 2.4는 Langmuir 모델을 바탕으로 기체의 도입량(노출량)에 대해 덮임률을 도시한 그래프(uptake curve)이다. 압력(충돌 수)이 일정한 조건에서는 다음과 같다.

$$(\text{기체 도입량}) = zt \tag{2.12}$$

실험을 통해 얻은 기체 도입량과 덮임률의 관계를 도시한 그래프의 기울기로부터 부착 확률을 구할 수 있다. 또한 표면에 대한 기체 분자의 흡착과 표

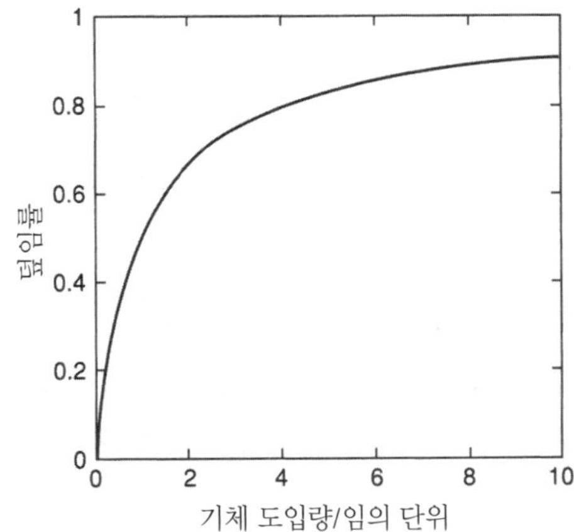

그림 2.4 ▶ Langmuir 모델에서 기체 도입량과 덮임률의 관계.

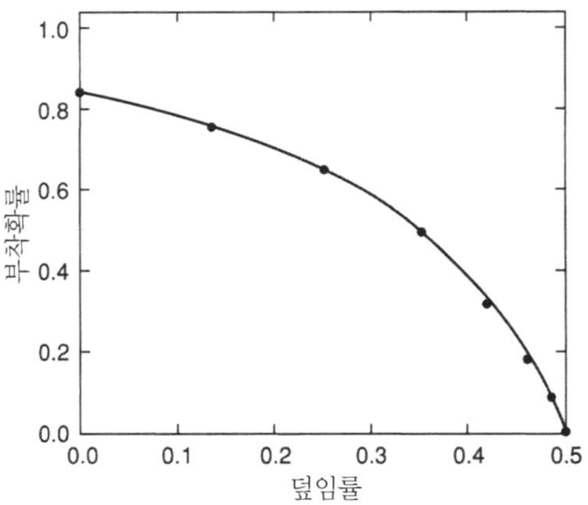

그림 2.5 ▶ 310 K의 Pt(111) 표면에 대한 CO 분자의 부착 확률. 검은색 점은 실험값, 실선은 Kisliuk 모델값을 나타낸다. [C. T. Campbell *et al.*, *Surf. Sci.*, **107**, 207 (1981)]

면으로부터의 탈착 사이에 평형이 성립하고 있는 경우, Langmuir 모델로부터 Langmuir 흡착등온식을 얻을 수 있는데, 이는 7.3.1항에서 자세히 설명하기로 한다.

실제 계에서는 부착 확률이 Langmuir 모델로 설명되지 않는 경우가 많다. 310 K의 Pt(111) 표면에 CO 분자를 흡착시켰을 때의 '덮임률' 대 '부착 확률'의 그래프를 그림 2.5에 나타냈다.

덮임률이 증가해도 부착 확률은 직선적으로 감소하지 않고, 어느 정도의 덮임률에 도달할 때까지는 천천히 감소한다. 이는 빈 자리가 감소하고 있음에도 불구하고, 부착 확률은 그 정도로 감소하지 않음을 의미하며, Langmuir 모델로는 설명이 불가능하다. 이와 같은 현상은 이미 Talyor와 Langmuir가 1933년 실험적으로 발견하였다. 수수께끼를 풀기 위해 이들은 **동적 전구 상태**(mobile precursor state)를 경유해 흡착에 도달하는 모델을 고안했다. 입사 분자가 점유 자리에 충돌했다고 하더라도 빈 자리를 발견할 때까지 잠시 동안 표면을 이동한다고 생각하는 것이다. 이러한 생각을 바탕으로 Kisliuk은 전구 상태를 포함한 흡착 속도론을 정식화했다.[1] 그림 2.6은 전구 상태를 경유해 표면에 분자가 흡착하는 과정을 나타낸다. 기체상 분자가 전구 상태에 포획될 확률을 P_{trap}, 튕겼다가 돌아올 확률을 $1 - P_{trap}$으로 놓는다. 이어서 빈 자리(덮임률 $1 - \theta$)상의 전구 상태(intrinsic precursor)에서 흡착할 확률을 P_{ad}, 다음 자리로 이동할 확률을 P_{mig}, 탈착할 확률을 P_{des}로 놓는다. 또한 점유 자리(덮임률 θ)상의 전구 상태(extrinsic precursor)의 각 과정의 확

[1] P. Kisliuk, *J. Phys. Chem. Solids.*, **3**, 95(1957).

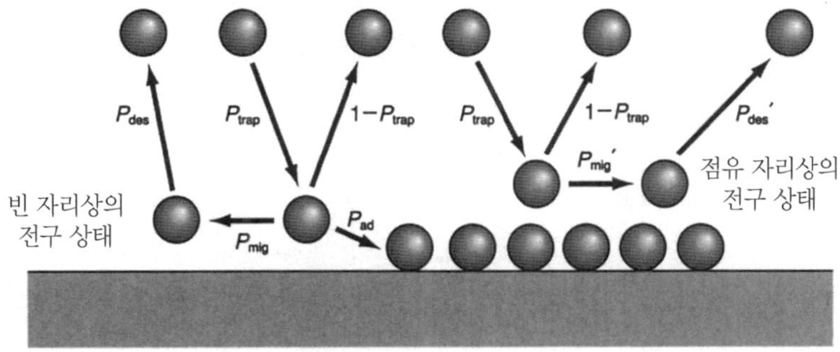

그림 2.6 ▶ 전구 상태를 경유하는 흡착 과정 모델.

률을 P_{ad}', P_{mig}', P_{des}'로 놓는다. 계산에 따라 부착 확률 s는 다음과 같이 얻어진다.

$$s = s_0 \frac{1}{1 + K\{1/(1-\theta) - 1\}} \tag{2.13}$$

여기서 초기 부착 확률 s_0는 다음과 같다.

$$s_0 = \frac{P_{ad}}{P_{ad} + P_{des}} \tag{2.14}$$

또 K는 다음과 같다.

$$K = \frac{P_{des}'}{P_{ad} + P_{des}} = \frac{s_0 P_{des}'}{P_{ad}} \tag{2.15}$$

K를 매개변수로 하여 부착 확률의 덮임률 의존성을 도시하면 그림 2.7을 얻을 수 있다. K가 작은 경우, 즉 P_{des}'가 작은 경우는 전구 상태에 있는 분자가 탈착하지 않고 표면 확산될 확률이 높음을 의미하며, 부착 확률이 거의 일정한 영역이 이어진다. 한편, $K = 1$인 경우는 부착 확률이 $s_0(1-\theta)$임을 나타내며, 초기 부착 확률이 s_0로 규격화된 Langmuir 모델에 해당한다.

전구 상태에는 흡착 에너지가 작은 준안정 상태인 경우와 준안정 상태 없이 그림 2.2와 같이 흡착 퍼텐셜 에너지 곡면상을 잠깐 동안 운동하는 상태(동적 전구 상태)가 존재하는 것으로 생각된다(6.2.2항 참조). 동적 전구 상태는 흡착 속도의 측정에 의해 그 존재가 시사된다. 흡착 분자의 열적 확산과정에 대해서는 6.2절에서 자세하게 설명한다.

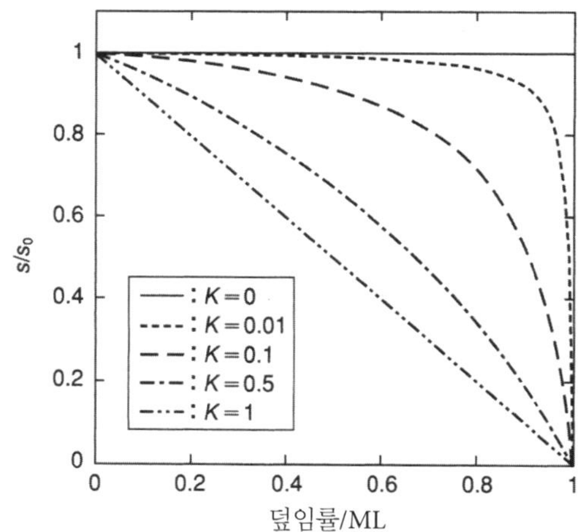

그림 2.7 ▶ Kisliuk 모델에 따른 부착 확률의 변화.

연습 문제

2.1 식 (2.2)와 (2.3)을 유도하시오.

2.2 자유 분자 및 분자선의 Maxwell 속력 분포 함수로부터 최빈 속력 u_{mp} 및 평균 속력 $\overline{u}$, 근 평균 제곱 속력 u_{rms}를 유도하시오.

2.3 초기 부착 확률 s_0를 결정하는 요인은 무엇인지 고찰하시오.

제3장 표면의 구조

결정 내에서 원자는 주기적인 규칙 배열을 가지나, 결정이 어떤 면으로 절단되어 외부와의 계면인 표면이 생기면 그 구조에는 변화가 발생한다. 개개의 원자에 있어서 결합을 이루고 있던 원자가 없어지는 등 주변의 환경이 급변(표면에 노출됨으로 인해 원자가 받는 퍼텐셜이 변화)하기 때문에 이는 당연한 결과이다.

이 장에서는 먼저 이상적인 표면 구조의 분류를 진행한 후에 표면 특유의 구조 변화 등에 대하여 설명한다.

3.1 이상표면의 구조

완전결정(perfect crystal)을 그 결정 내에서의 평형 원자 위치를 유지한 채로 어떤 평면을 따라 잘랐을 때 나타나는 면을 **이상표면**(ideal surface)이라고 한다. 실제 표면에는 전술한 구조 변화 외에도 그림 3.1에 나타낸 것처럼 1원자층에서 수 원자층의 단차에 해당하는 **스텝**(step), 스텝의 구부러진 곳에 해당하는 **킹크**(kink)가 존재한다. 또, 이들 사이의 평탄한 면을 **테라스**(terrace)라고 부르는데, 테라스 내에도 **공공**(空孔, vacancy)이나 **흡착 원자**(adatom)와 같은 구조 결함이 존재한다. 이들 구조 결함은 표면에서 일어나는 물리적 · 화학적 과정에 중요한 영향을 미치는데, 자세한 내용은 이후에 설명한다.

어떤 이상표면을 나타내기 위해 **Miller 지수**(Miller index)를 사용한다. 비교적 단순한 것을 예로 들면, 입방정계[단순입방(simple cubic, sc), 면심입방

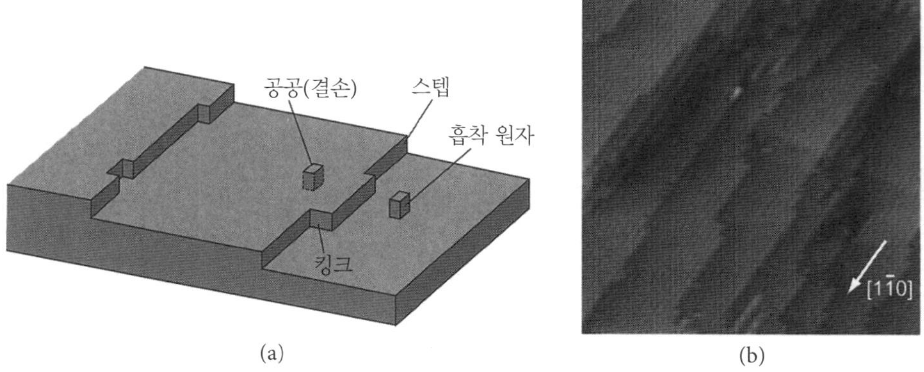

그림 3.1 ▶ **고체 표면의 구조 모식도 및 주사 터널링 현미경으로 관찰한 금속 단결정 표면의 구조.** (b)는 Cu(115)면의 STM 상(31.3×31.3 nm^2). [N. Reinecke, S. Reiter, S. Vetter and E. Taglauer, *Appl. Phys.* A, **75**, 1(2002)]

(face-centered cubic, fcc), 체심입방(body-centered cubic, bcc)]에서는 (x, y, z)의 3개의 정수, 육방정계[육방밀집(hexagonal closest packed, hcp)]에서는 4개의 정수(w, x, y, z)로 표기한다.† 입방 격자(격자 상수 a_0)의 경우를 예시로, 면의 Miller 지수를 찾는 법을 설명한다(그림 3.2).

† hcp에서 세 번째 값을 생략한 3개 숫자로 표기하는 경우도 있다.

① 결정의 3개 방향벡터 ***a***, ***b***, ***c***의 축(결정학적 방향)과 면의 교점(절편) 값을 찾는다. 어떤 축과 평행하여 교점을 갖지 않는 경우는 ∞로 한다.
② 얻어진 3개의 값에 대하여 각각의 역수를 계산한다.
③ 그 결과에 분모의 최소공배수를 곱해 정수로 만든다. 얻어진 (h, k, l)이 Miller 지수이다.

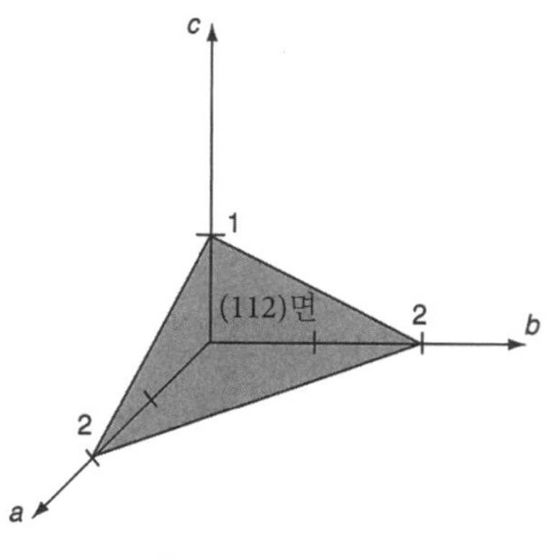

그림 3.2 ▶ Miller 지수.

그림 3.2의 경우에 대해 적용해 보면,

① 절편은 2, 2, 1
② 각각의 역수는 1/2, 1/2, 1/1
③ 분모의 최소공배수 2를 곱하면 1, 1, 2이므로, Miller 지수는 (1, 1, 2)가 된다.

또한 이 면은 (112)면이라고 부르며, 면방위를 나타내는 벡터 [112]는 이 표면에 수직이다.

그림 3.3 및 그림 3.4에 각각 체심입방 격자와 면심입방 격자로 표현되는 전형적인 저지수면(Miller 지수가 작은 면)의 이상표면 구조를 나타냈다. 저지수면도 구조에 따라 표면 가장 바깥층의 원자 밀도가 상당히 다름을 알 수 있다. 또한 고지수면은 저지수면의 테라스와 스텝 또는 킹크로부터 만들어지는

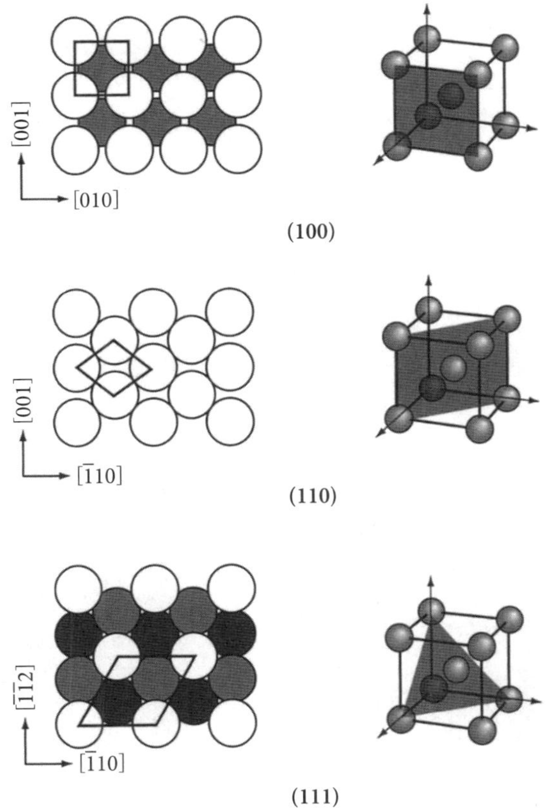

그림 3.3 ▸ 체심입방 격자의 저지수면.

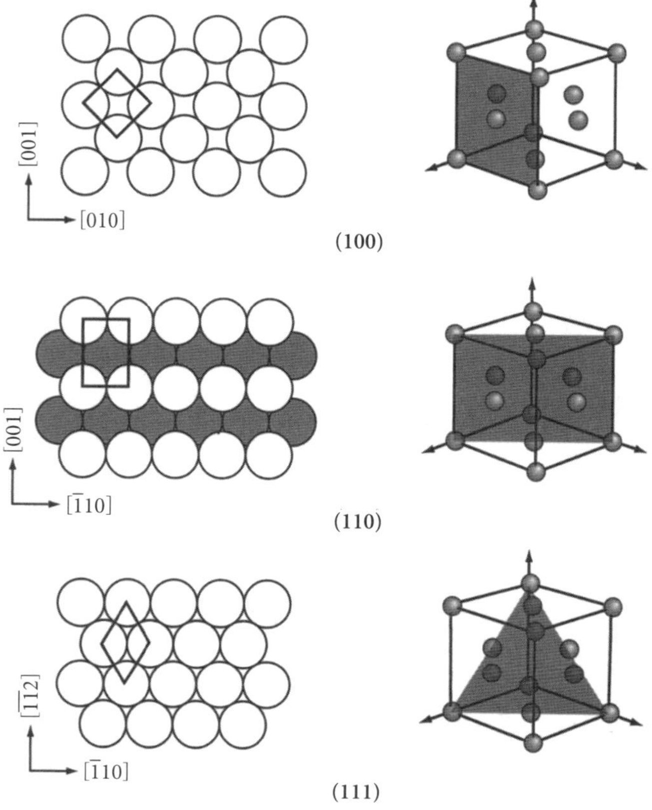

그림 3.4 ▸ 면심입방 격자의 저지수면.

것으로 생각된다. 예를 들면, 면심입방 격자의 (755)면은 6원자 폭의 (111) 테라스가 (100) 방향의 스텝 사이에 끼인 형태이다. 이 구조는 종종 6(111) × (100)과 같이 표현된다(그림 3.5). 한편, (10 8 7)면은 7(111) × (310)으로, 스

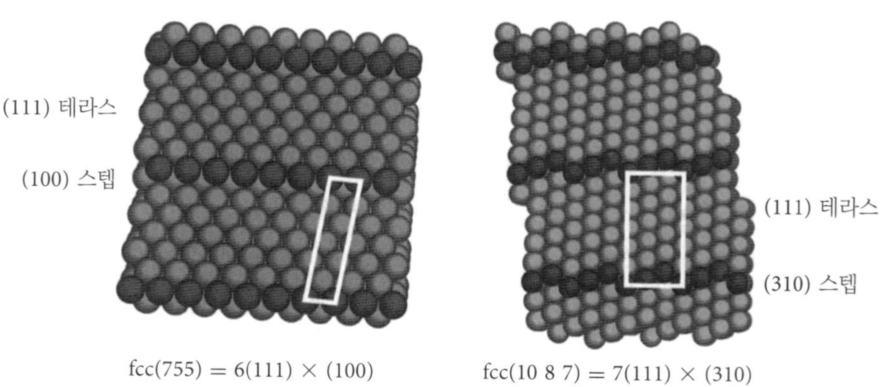

그림 3.5 ▸ 고지수면의 구조.

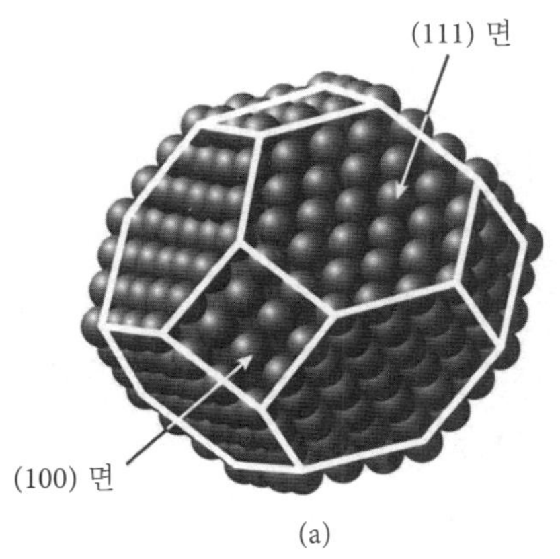

(a)

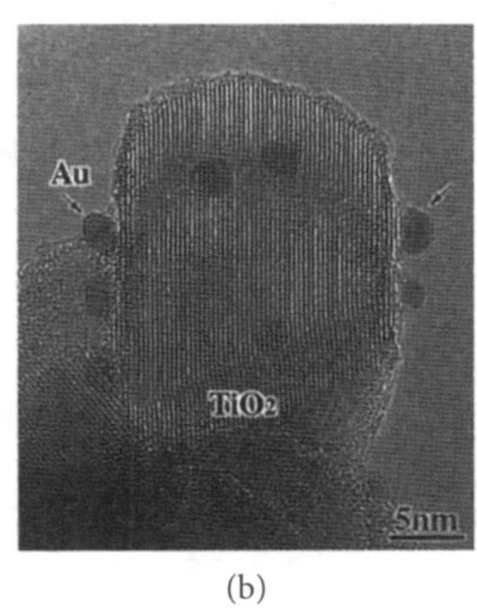

(b)

그림 3.6 ▶ 면심입방 격자인 금속 미립자의 전형적인 구조. (b)는 TiO_2상에 담지된 Au 미립자의 투과 전자 현미경(TEM) 사진. 저지수면이 노출되어 있음을 알 수 있다. [산업기술 종합연구소 T. Akita 박사 제공]

텝의 표기에도 고지수를 포함한다. 그림 3.5에 나타난 것처럼 이와 같은 표면은 스텝에 많은 킹크를 포함하기 때문에 킹크 표면이라고 불린다.

촉매 작용을 보이는 금속 미립자는 일정 크기 이상이 되면(산화물 기판과의 상호작용이 클수록 크기의 임계치도 커짐), 표면 에너지를 최소로 하기 위해 구형에 가까워진다. 하지만 실제로는 구라고 하기보다는(면심입방 격자의 경우) 표면 에너지가 작은 면인 (111)면이나 (100)면을 많이 노출한 그림 3.6과 같은 구조를 취하는 것으로 알려져 있다. 따라서 표면화학 연구에서는 안정 면에서의 분자 흡착 모델로 저지수면이 사용되고, 스텝이나 킹크를 갖는 표면에 대응하는 것으로 고지수면이 사용된다.

3.2 이차원 격자의 명명법

표면을 분류하는 이차원 격자의 명명은 실제 공간에서의 구조를 토대로 결정된다. 삼차원 결정을 분류하는 **Bravais 격자**(Bravais lattice)는 14개가 있으나 이차원의 경우 그림 3.7에 나타낸 5개에 불과하다. 이차원 주기 구조의 전체를 이 다섯 종류의 격자로 기술할 수 있다. 이차원 격자의 단위 격자(unit cell)의 기본 격자 벡터를 $\boldsymbol{a}$ 및 $\boldsymbol{b}$로 놓는다. 이후에 설명하겠지만 표면 재구성과 같이 구조 변화를 일으키는 경우를 제외하고 $\boldsymbol{a}$와 $\boldsymbol{b}$는 이상표면의 기본 격자 벡터와 일치한다. 표면 재구성된 배열이나 흡착자(흡착한 원자나 분자)가 이차원 격자를 만든 배열이 기판의 주기와 다른 초구조가 된 경우, 그 단위 격자의 기본 격자 벡터를 $\boldsymbol{a}'$ 및 $\boldsymbol{b}'$이라고 하면 일반적으로 다음과 같이 나타

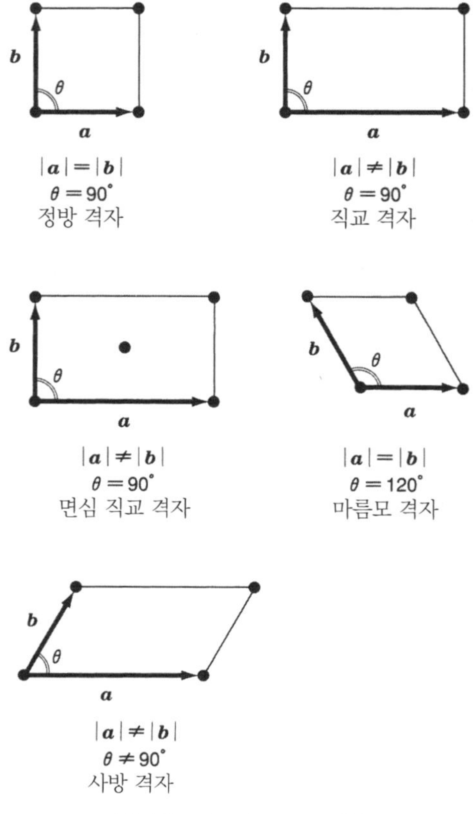

그림 3.7 ▶ 표면 Bravais 격자.

낼 수 있다.

$$\begin{pmatrix} \boldsymbol{a}' \\ \boldsymbol{b}' \end{pmatrix} = \begin{pmatrix} m_{11} & m_{12} \\ m_{21} & m_{22} \end{pmatrix} \begin{pmatrix} \boldsymbol{a} \\ \boldsymbol{b} \end{pmatrix} = M \begin{pmatrix} \boldsymbol{a} \\ \boldsymbol{b} \end{pmatrix} \tag{3.1}$$

이 식 (3.1)로 정의되는 행렬 M을 사용해 대응하는 이차원 격자를 표현할 수 있으며, 이를 이차원 격자의 행렬표현이라고 부른다.

이 행렬표현은 일반성이 있기는 하지만 익숙해지지 않으면 알기 어려운 면도 있어, 통상적으로는 보다 간단한 표현인 Wood 표현법이 사용된다. 이 방법은 $\boldsymbol{a}$, $\boldsymbol{b}$가 이루는 각과 $\boldsymbol{a}'$, $\boldsymbol{b}'$이 이루는 각이 같은 경우(예를 들면 양쪽 모두 직사각형 격자)에 적용 가능하며, $|\boldsymbol{a}'| = m|\boldsymbol{a}|$, $|\boldsymbol{b}'| = n|\boldsymbol{b}|$로 각 벡터의 회전각이 $\alpha°$인 경우 $(m \times n)R\alpha°$로 나타낸다. 그림 3.8에 흡착종에 의해 생성되는 몇 가지 주기 구조에 대해 행렬표현과 Wood 표현으로 나타낸 예를 실었다.

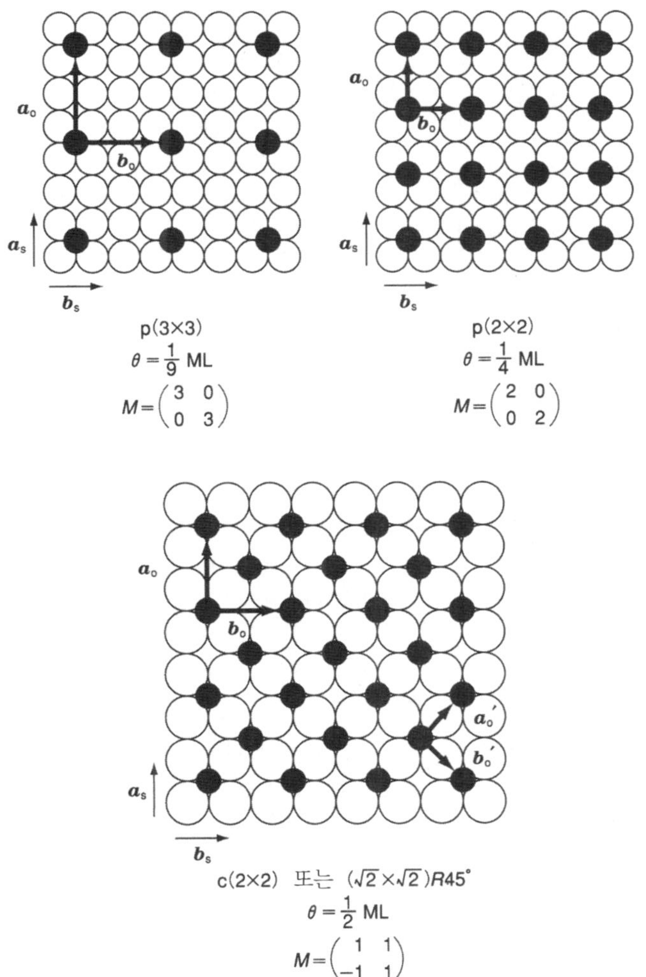

그림 3.8 ▶ 흡착종에 따른 표면 주기 구조

3.3 표면의 구조 완화

앞에서 설명한 바와 같이 실제 표면에서 표면 원자가 느끼는 퍼텐셜은 결정 내 원자의 퍼텐셜과 다르기 때문에, 표면을 포함한 전체 계의 에너지를 최소로 하는 새로운 평형 위치로 각각의 원자가 이동한다. 결정 내 원자 배열의 이차원 병진주기와 대칭성은 변화하지 않으면서, 표면에서 원자의 변위(위치 이동)만이 발생하는 경우를 **표면 완화**(surface relaxation)라고 한다. 전형적인 표면 완화는 표면에 평행한 원자면의 간격이 변화하는 경우이다. 금속 결정의 경우, 금속 원자를 강체 구로 가정했을 때 표면에 생기는 공극(틈)의 비

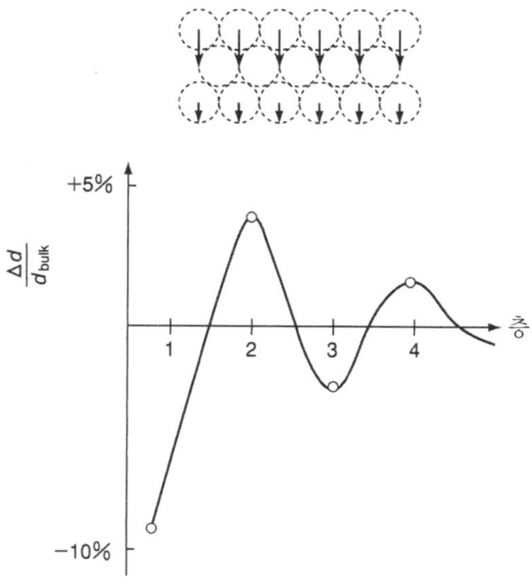

그림 3.9 ▶ 표면의 구조 완화. 표면부터 수 층에 걸쳐서 벌크의 면 간격 d는 변화 · 진동하며 벌크 값에 수렴해 간다.

율(표면 공극률)이 클수록, 즉 밀도가 낮은 표면일수록 층간 거리의 변화율이 큰 경향이 있다. 예를 들면 그림 3.9는 공극률이 높은 Al(110) 표면에 대한 층간 거리가 표면의 영향이 미치지 않는 결정 내부, 즉 **벌크**(bulk)에서의 값과 비교해 얼마나 차이가 나는지 나타낸 것이다.[1] 제1층(표면층)과 제2층 사이는 8.6% 수축하는 데 비해 제2층과 제3층 사이는 4% 넓어지고, 제3층과 제4층 사이는 다시 약간 수축하는 모습으로 진동하며, 벌크 값으로 점차 수렴함을 알 수 있다. 왜 이러한 변화가 발생하는지에 대해서는 몇 가지 설명이 있으나, 여기서는 정성적으로 설명할 것이다. fcc 구조를 취하는 Al은 결정 내에서 12개의 원자에 접해 있으나, (110) 표면의 가장 바깥층 Al 원자가 접하는 원자는 7개이다. 이처럼 배위하고 있는 원자의 수가 감소하여 가장 바깥층 원자는 배위의 정도를 높이기 위해 결정의 안쪽으로 파고들게 되고, 제1층과 제2층 사이 거리가 수축한다. 이에 따라 제1층에서 제2층 원자에 대한 배위의 정도가 상승하여, 제2층 원자의 배위가 너무 커지지 않도록 제3층 원자는 멀어진다. 단, 이는 어디까지나 정성적인 설명으로, 제1층이 바깥쪽으로 움직이는 예외 또한 보고되어 있으므로 주의가 필요하다. 구조 완화는 금속 내에 수소를 흡장(흡수하여 저장)하는 현상 등과도 관계가 있으며, 실용계를 이해하기 위해서도 중요하다.

[1] J. N. Anderson, H. B. Nielsen, L. Petersen and D. L. Adams, *J. Phys. C : Solid State Phys.*, **17**, 173(1984).

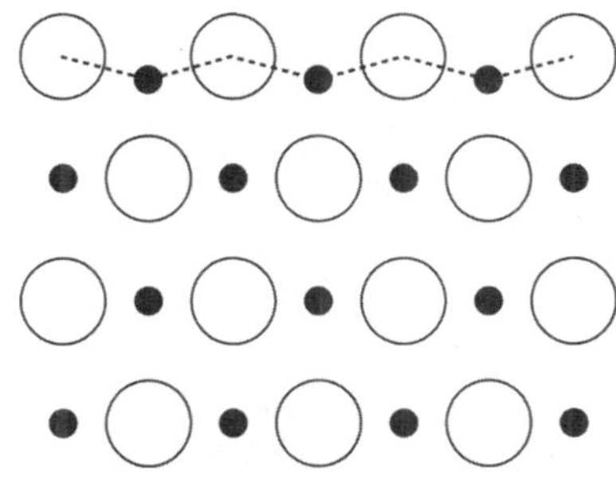

그림 3.10 ▸ 럼플링의 모식도.

가장 바깥 표면의 원자면에 2종류 이상의 원자를 포함하며, 단위 격자 내 각 원자의 완화 정도(크기)가 다른 경우에는 **럼플링**(rumpling)이라는 명칭으로 구별한다(그림 3.10). NaCl형 구조의 알칼리 할라이드(alkali halide) 결정의 (100)면에서는 양이온과 음이온이 교차해 늘어서 있다. 표면 제1층은 표면에 노출됨으로써 바로 위층 이온으로부터 받아야 했던 인력이 사라지기 때문에, Coulomb 힘의 총합은 결정 내부를 향해 작용한다. 이때, 양이온은 이온 반지름이 작고 분극률도 작기 때문에 원자핵과 일체가 되어 결정 내부로 이동한다. 한편, 음이온은 이온 반지름이 크기 때문에 음이온 간 반발이 발생하고, 원래부터 분극이 발생하기 쉬우므로 원자핵보다 전자구름이 결정 안쪽으로 끌어당겨지며 에너지를 감소시킨다. 따라서 음이온은 양이온만큼 크게 움직이지 않으며, 가장 바깥층은 양이온의 핵에 비해 음이온의 핵이 더 바깥쪽에 위치한 요철(凹凸)구조가 된다.

3.4 표면 재구성

표면의 이차원 병진 대칭성이 이상표면과 다른 것을 재구성 표면, 그 구조 변화를 **표면 재구성**(surface reconstruction)이라 부른다. 일반적으로 표면 재구성된 표면은 이상표면의 (1×1) 구조보다 큰 이차원 격자가 된다.

금속의 청정표면이라 할지라도 실온에서 이상표면이 되지 않는 경우가 있다. fcc 구조를 취하는 금속의 (110) 표면은 그림 3.11a에 나타낸 것과 같은 구조(그림 3.4의 가운데 구조)를 취할 것으로 예상되나, Pt, Pd, Ir, Au의 경우 가장 바깥층 열이 1열 간격으로 제거된 듯한 모양의 missing-row 구조(missing-row structure)라고 불리는 (1×2) 구조(그림 3.11b)를 취한다. 열을 제거

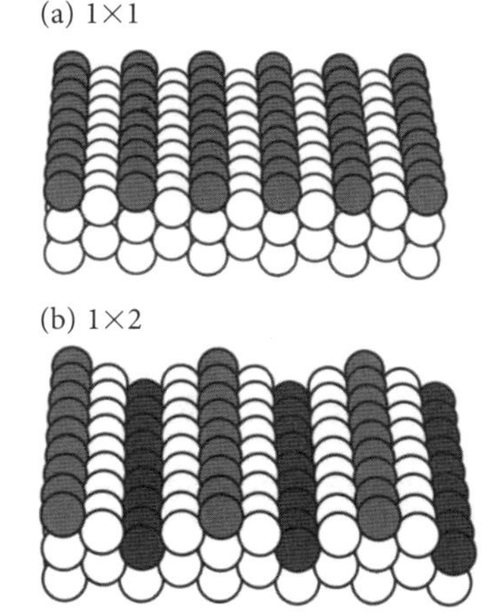

그림 3.11 ▶ fcc(110) 표면의 표면 재구성.

하여 생긴 양측 경사면은 (111)면과 등가 구조로, 이는 fcc 금속의 저지수면 중에서 면의 원자 밀도가 가장 작은 (110)면을 원자 밀도가 가장 큰 (111)면으로 교환한 것으로 볼 수도 있다. 또 Pt와 Au의 (110)면은 (5×20)의 재구성을 취한다. 이 구조는 2원자층 이하는 벌크와 같은 구조를 취하며, 가장 바깥층만이 fcc의 (111)면과 거의 같은 최대 밀집면의 원자 배열을 한다. 이와 같은 면밀도의 증가는 표면 전자의 운동 에너지를 감소시켜 표면 에너지를 감소시키는데, 이에 대해서는 후술하도록 한다. 표면 완화와 표면 재구성 모두 표면을 만들며 상승한 에너지를 낮추기 위한 변화로, 표면에서의 주기가 변하는지 여부가 둘을 구별하는 기준이 된다. 그런데 같은 fcc 구조를 취하는 금속이라도 주기율표의 아래쪽에 있는 금속에서 표면 재구성이 일어나기 쉽다. 이는 전자 운동 에너지의 상대론적 효과 때문으로 생각되나, 이 책의 범위를 벗어나므로 상세한 내용은 관련 문헌을 참조하길 바란다.

앞선 문단에서 '실온'이라고 온도 조건을 단정하였는데, 표면 재구성에는 온도가 관여한다. 예를 들면 Au(110) 표면은 실온에서는 (1×2) 구조가 안정하나, 650 K 이상에서는 (1×1) 구조가 안정하다고 알려져 있다. 단, 그 구조는 그림 3.11에 나타낸 이상표면의 (1×1) 구조와는 달리, 이상표면에서 가장 바깥층의 원자의 절반을 무작위로 제거한 구조[가장 바깥층의 원자 밀도는 (1×2) 구조와 같음]이다. 이와 같은 구조 변화는 실온에서 CO 분자를 흡착시키는 것으로도 발생한다는 것이 알려져 있다. 이는 흡착종이 유도하는 표면 재구성의 일종이다. 자세한 내용은 후술하겠으나, 분자의 화학흡착은 표면 원자에 새로

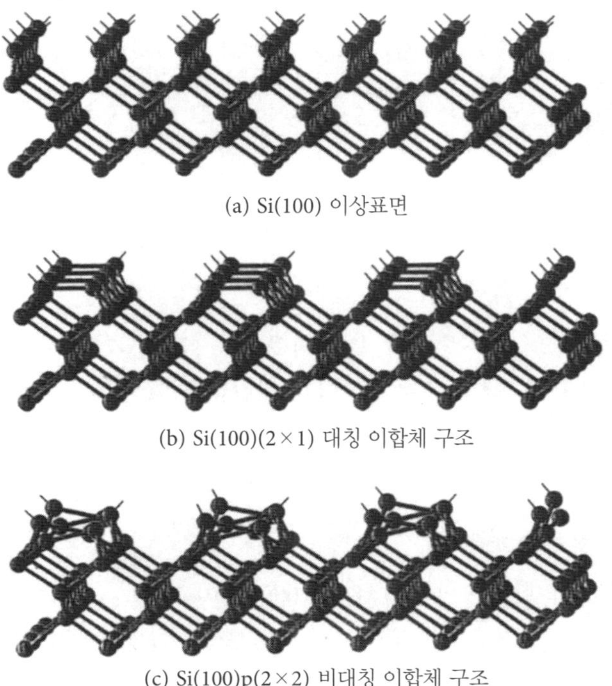

(a) Si(100) 이상표면

(b) Si(100)(2×1) 대칭 이합체 구조

(c) Si(100)p(2×2) 비대칭 이합체 구조

그림 3.12 ▸ Si(100) 표면의 표면 재구성. [A. Koma 외, 《표면물성공학 핸드북(제2판)》, MARUZEN (2007)]

운 결합이 생기는 것에 해당하므로, 지금까지 서술한 바와 같이 어떤 표면 구조가 가장 안정한가라는 물음에 대한 해답에도 당연히 영향을 미친다.

금속 이외의 물질에서도 표면 재구성은 일어난다. 다이아몬드와 실리콘은 공유 결합에 의해 만들어진 결정으로, 결정 내부의 모든 원자는 sp^3 궤도를 통해 그 원자를 중심으로 한 사면체의 꼭짓점 방향에 C—C 또는 Si—Si의 4개의 σ 결합으로 강하게 연결되어 있다. 이에 비해 표면에 노출된 원자는 σ 결합의 일부가 절단되어, 각 결합의 일부인 전자를 하나씩 가진 **불포화 결합**(dangling bond)을 생성한다. 그림 3.12에 Si(100) 표면에 대한 (2×1) 재구성 모델을 나타냈다. (100)면으로 자르면 표면의 가장 바깥층 Si 원자당 두 개의 불포화 결합을 생성한다. 이 불포화 결합은 높은 에너지 상태에 있기 때문에 인접한 가장 바깥층 Si 원자와의 사이에서 이합체(dimer)로 불리는 쌍을 만들며, 불포화 결합의 수는 절반이 된다. 이합체 열의 간격은 이상표면의 2배 주기로 되어 있으므로 Si(100)(2×1) 구조로 표기한다. 이 표면에 대한 자세한 내용은 10.4절과 10.5절에서 설명한다.

Panel 표면 전자 회절

전압 V로 가속된 전자의 **de Broglie 파장**(de Broglie wavelength)은 다음과 같다.

$$\lambda = \frac{h}{\sqrt{2m_e eV}} \cong \sqrt{\frac{1.504}{V}}\ (\text{nm}) \qquad (1)$$

따라서 100 eV 정도 이상의 운동 에너지를 가진 전자의 파장은 결정의 격자 간격보다 작고, 표면을 구성하는 원자를 회절 격자로 하여 회절상을 만든다. X선 회절이 결정 전체의 삼차원 구조를 반영하는 데 비해 전자 회절은 표면 근방의 이차원 주기 구조를 반영한 상을 제공한다.

저에너지 전자 회절

저에너지 전자 회절(low energy electron diffraction, **LEED**)에서 사용하는 전자의 에너지는 대략 수십에서 수백 eV로, 이 에너지를 가진 전자의 물질 내 평균 자유 행로(mean free path)는 1 nm 정도이므로 표면에 민감한 분석법이다. 그림 3b와 같이 통상적으로는 전자선을 표면 수직 방향에서 입사시켜 후방 산란 전자를 반구형 스크린에서 관찰하기 때문에 그림 3a와 같이 2차원의 역격자(reciprocal lattice) 패턴을 왜곡 없이 얻을 수 있다는 특징이 있다. 이를 통해 표면에 형성된 이차원 주기 구조를 용이하게 확인할 수 있다. 그러나 X선에 비해 탄성 산란 단면적이 크기 때문에 입사한 전자가 회절되어 다시 물질 바깥으로 튀어나가기 전까지 물질 내에서 여러 번의 산란을 겪는 다중 산란을 무시할 수 없으므로, 구조 해석에는 주의가 필요하다.

표면 내의 기본 격자 벡터를 $\boldsymbol{a}_1$ 및 $\boldsymbol{a}_2$, 깊이 방향의 기본 격자 벡터를 $\boldsymbol{a}_3$으로 하고, 결정이 $N_1 \times N_2 \times N_3$개의 단위 격자로 이루어져 있다고 하자. 결정 내부까지 입사한 전자가 1회만 산란되어 검출된다고 가정하면, 산란 강도 I는 다음과 같이 표현된다.

$$I = |F(\Delta\boldsymbol{k})|^2 \frac{\sin^2\left(\frac{N_1}{2}\boldsymbol{a}_1 \cdot \Delta\boldsymbol{k}\right)}{\sin^2\left(\frac{1}{2}\boldsymbol{a}_1 \cdot \Delta\boldsymbol{k}\right)} \frac{\sin^2\left(\frac{N_2}{2}\boldsymbol{a}_2 \cdot \Delta\boldsymbol{k}\right)}{\sin^2\left(\frac{1}{2}\boldsymbol{a}_2 \cdot \Delta\boldsymbol{k}\right)} \frac{\sin^2\left(\frac{N_3}{2}\boldsymbol{a}_3 \cdot \Delta\boldsymbol{k}\right)}{\sin^2\left(\frac{1}{2}\boldsymbol{a}_3 \cdot \Delta\boldsymbol{k}\right)} \qquad (2)$$

어떤 방향으로 진행하는 전자파는 그 파장의 역수인 파수의 크기에 전자파가 진행하는 방향을 추가한 **파수 벡터**(wavenumber vector) $\boldsymbol{k}_0$로 표현된다. 입사파의 파수 벡터 $\boldsymbol{k}_0$과 산란파의 파수 벡터 $\boldsymbol{k}$의 차가 $\Delta\boldsymbol{k}(=\boldsymbol{k}-\boldsymbol{k}_0)$이다. $F(\Delta\boldsymbol{k})$는 결정 구조 인자(단위 격자 내의 각 원자에서 전자가 어떻게 산란되는가를 모두 합한 것에 해당), 이어지는 분수 형식의 각 항은 Laue 함수로 불린다. Laue 함수는 다음 조건에서 피크를 갖는다.

$$\boldsymbol{a}_i \cdot \Delta\boldsymbol{k} = 2\pi n \quad (\text{단, } n\text{은 정수}) \tag{3}$$

식 (3)의 함수는 그림 1a로 이해할 수 있다. 즉, 단위 벡터 $\boldsymbol{a}_i$만큼 떨어진 두 점이 입사한 전자선을 어떤 방향으로 산란시키면, 입사파에는 경로차 BD가, 반사파에는 경로차 AC가 발생한다. 이들은 각각 $\boldsymbol{a}_i \cdot$ ($\boldsymbol{k}_0$ 방향의 단위 벡터) 및 $\boldsymbol{a}_i \cdot$ ($\boldsymbol{k}$ 방향의 단위 벡터)에 대응하며, 식 (3)은 이들의 실질 경로차가 파장의 정수배가 되면 파동이 보강 간섭함을 나타낸다. 식 (3)을 만족하는 피크의 폭은 N_i의 역수에 비례하기 때문에, N_i의 값이 클 때는 삼차원 결정의 역격자점에서만 큰 값을 갖는다(그림 1b). X선 회절의 경우가 여기에 해당하며[식 (2)와 같이 산란 강도를 계산할 수 있음], 역격자 공간은 3개의 독립된 역격자 벡터에 의해 결정되는 규칙적으로 배열된 역격자점의 집합이 된다. 한편, 표면 제1층에서 모든 전자가 산란되어 검출된다고 가정하면 $N_3 = 1$이므로 표면 깊이 방향의 Laue 함수는

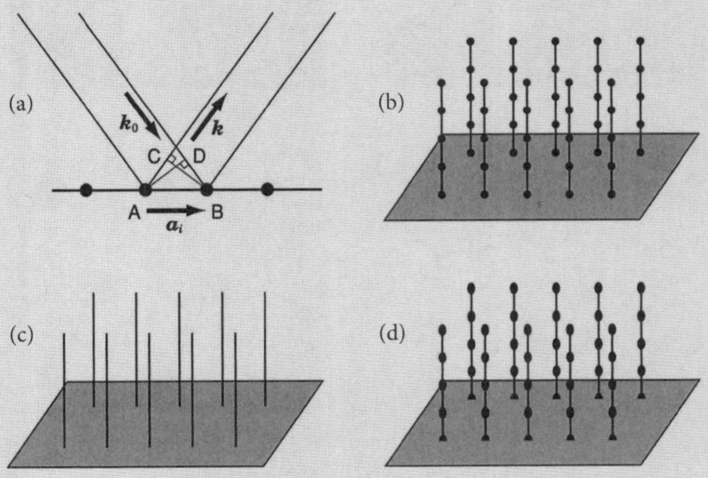

그림 1. ▶ Laue 회절 조건과 역격자점, 역격자 막대의 개념도.

항상 1이 되며, 역격자 막대(rod)가 형성된다(그림 1c). 저에너지 전자 회절은 깊이 방향에 대하여 수 원자층만을 탐색하기 때문에 이 중간 상태이며, 표면 깊이 방향의 Laue 함수는 폭을 가진 형태를 갖는다(그림 1d). 따라서 역격자 막대를 따라 회절 강도가 변화하며, 삼차원 결정의 역격자점 근방에서 회절이 강한 경향이 있다. 실제로는 저속 전자의 경우 다중 산란의 효과가 크지만, 우선은 회절 패턴의 주기성이나 대칭성에 대해 살펴보자. 그림 2는 Ru(001)(1×1) 청정표면 및 그 위에 산소 원자를 흡착시킨 (2×2)−O 표면의 같은 에너지에서의 LEED 패턴이다. 실공간 기본 격자 벡터의 길이가 2배가 되면 역격자 공간에서는 절반이 됨에 주의하자. 이는 실공간 표면의 기본 격자 벡터 $\boldsymbol{a}_1$ 및 $\boldsymbol{a}_2$에 대하여 역격자 공간에서의 기본 격자 벡터 $\boldsymbol{a}_1^*$와 $\boldsymbol{a}_2^*$가 다음과 같이 표현된다는 점으로부터 이해할 수 있다[식 (3)의 Laue 함수 참고].

$$\boldsymbol{a}_i \cdot \boldsymbol{a}_j^* = 2\pi\delta_{ij} \quad (i, j = 1, 2) \tag{4}$$

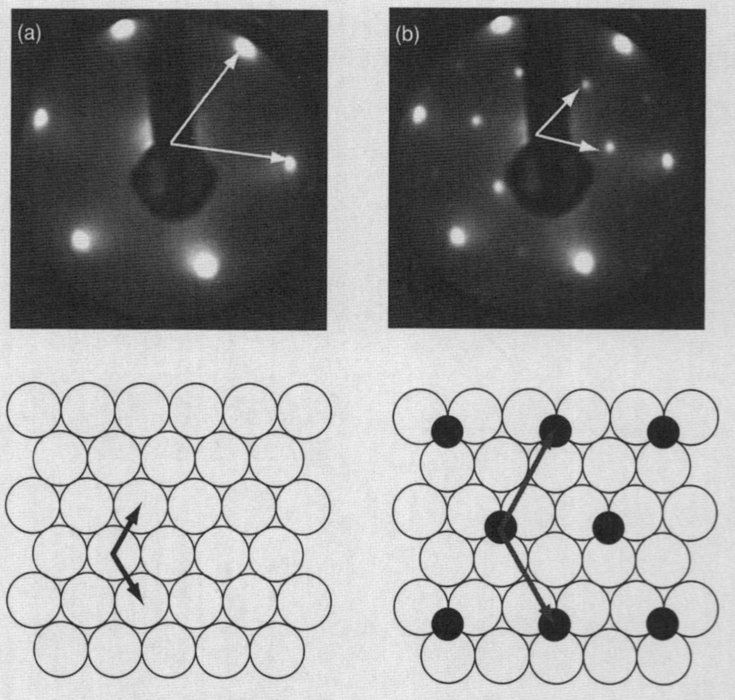

그림 2. ▶ Ru(001) 표면의 LEED 패턴.
$E_p = 137$ eV. (a) (1×1) 청정표면, (b) (2×2) − O 표면.

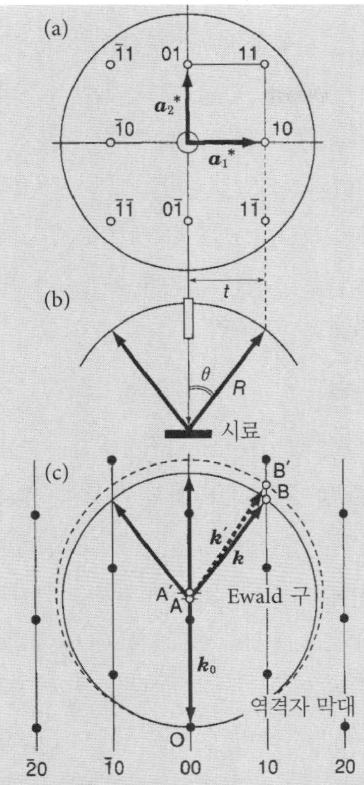

그림 3. ▶ 회절 패턴과 Ewald 구면의 작도.

그림 3c에 Ewald 구면의 작도를 나타냈다. 역격자의 원점 O가 종점이 되도록 입사파의 파수 벡터 $\boldsymbol{k}_0$를 그리고, 그 시작점 A를 중심으로 하여 반지름이 $|\boldsymbol{k}_0|$인 구(Ewald 구)를 그린다. 산란파의 파수 벡터 $\boldsymbol{k}$가 점 A를 시작점으로 하여 Ewald 구와 역격자 막대의 교점과 일치할 때(점 B), Laue 조건이 만족되어 식 (2)의 회절강도가 커진다. 실제로 이 조건을 만족하는 전자는 이 $\boldsymbol{k}$ 벡터의 방향을 향해 이동하여, 형광 스크린에 회절점으로서 밝은 점무늬를 남긴다(그림 3a, b). 전자선의 에너지를 높이면 Ewald 구의 반지름 $|\boldsymbol{k}_0|$가 커져 그림 3c의 점선처럼 변화한다. 그러면 회절 조건을 만족하는 역격자 막대상의 위치가 B′로 변화하여, 역격자 막대를 따르는 강도 변화를 관측할 수 있다. 또, 이때 산란파의 파수 벡터 $\boldsymbol{k}'$은 $\boldsymbol{k}$보다도 안쪽에 향해 있기 때문에 회절점은 스크린의 중앙을 향해 모인다. 즉, 전자선의 에너지를 높이면 스크린상에서 관찰되는 회절점의 수가 증가하게 된다.

LEED로 구조 해석을 수행하기 위해서는, 먼저 전자선의 에너지에 대해 각 회절 스팟(spot)의 강도 변화를 측정한다(실험 *I-V* 곡선). 이어서 그 구조의 주기성, 원소의 종류와 조성(비율), 원소끼리의 타당한 결합 길이, 그 외의 측정법에 따른 결과 등으로부터 도출 가능한 복수의 예측 구조에 대해, 전자의 다중 산란을 적용한 동역학적 회절 이론에 따라 스팟 강도를 계산한다(이론 *I-V* 곡선). 이렇게 얻은 결과와 측정 결과를 비교, 예측 구조를 수정하여 가장 적당한 모델을 찾는다.

반사 고에너지 전자 회절

반사 고에너지 전자 회절(reflection high-energy electron diffraction, RHEED)은 10~30 keV의 운동 에너지를 갖는 고속 전자를 표면 평행 방향에서 1~6° 정도의 스칠 듯한 각도로 입사시켜, 원자의 핵과 전자가 만드는 정전 퍼텐셜에 의해 산란된 반사 전자의 회절 패턴을 형광 스크린상에서 관찰하는 방법이다. LEED에 비해 전자의 에너지가 높기 때문에 1원자당 산란은 약해지나, 얕은 각도로 입사하기 때문에 전자선이 충돌하는 표면 원자의 수가 증가해 표면 수 층의 구조에 민감한 회절법이다.

분자 적층 성장 등 진공 증착법에 의한 박막 성장 과정에 있어서 표면 구조를 관찰하기 위해 폭넓게 활용되고 있다.

연습 문제

3.1 결정이 가지고 있는 3개의 방위 벡터가 축과 교차하는 절편이 각각 아래와 같다고 할 때 면의 Miller 지수를 구하시오.

(a) 1, 2, ∞

(b) 1, 1, 3

(c) 5, 7, 7

3.2 그림 3.3(bcc 결정) 및 그림 3.4(fcc 결정)의 구조를 참고하여 아래 질문에 답하시오.

(a) bcc와 fcc의 결정 각각에 대해 (100)면, (110)면, (111)면의 제1층 원자(하얀 공으로 표현)의 단위 면적 내의 수밀도(개수 밀도)의 비는 얼마인가. 수밀도가 가장 낮은 면을 1로 놓은 상대치로 나타내시오.

(b) 결정에서 배위수(최근접 원자의 수)는 bcc의 경우 8개, fcc의 경우 12개이다. bcc와 fcc의 결정 각각에 대해 (100)면, (110)면, (111)면의 제1층 원자의 배위수는 몇 개인가?

3.3 그림 3.8에 나타낸 세 종류의 표면 주기 구조의 회절 패턴(역격자 공간에서의 주기 구조)을 생각하자. ▸Panel의 식 (4)를 만족해야만 하는 조건을 고려하고, 대응하는 역격자 공간에서의 기본 격자 벡터 $\boldsymbol{a}_0^*$과 $\boldsymbol{b}_0^*$(또는 $\boldsymbol{a}_0'^*$과 $\boldsymbol{b}_0'^*$)의 방향 및 길이에 주의하여, 기대되는 회절 패턴을 각각 그리시오.

3.4 50 eV의 운동 에너지를 갖는 전자의 de Broglie 파장은 몇 nm인가?

3.5 그림 3.8과 같이 직사각형 기본 격자를 갖는 표면에서 흡착종이 c(4×2) 구조를 취할 때 아래의 질문에 답하시오.

(a) 이 구조를 행렬표현으로 나타내시오.

(b) c(4×2)의 기본 격자 벡터가 만드는 격자점에 흡착종이 1개씩 있을 때 흡착종의 덮임률은 얼마인가?

3.6 표면 완화와 표면 재구성의 차이를 설명하시오.

제4장 표면의 전자 상태

제3장에서 학습한 바와 같이, 결정을 잘라 표면을 만들면 표면에 노출됨으로 인해 원자가 느끼는 퍼텐셜이 변화하기 때문에 그 구조가 결정 내부와 다르게 변한다. 이로 인해 결정 내에서 운동하고 있는 전자의 상태 또한 표면에서 당연히 변화하게 된다.

이 장에서는 먼저 고체 결정의 전자 상태(밴드 구조)에 대해 다룬다. 밴드 구조의 구성 요소가 되는 원자 · 분자의 전자 궤도(오비탈)에서 출발하는 해석과 구성 요소의 개개의 성질을 고려하지 않고 고체 안을 자유롭게 운동하는 전자에서 출발하는 해석의 두 가지를 소개하고, 어느 쪽을 선택하더라도 같은 결과를 얻게 됨을 보인다. 또, 이를 바탕으로 표면 전자 상태의 특징을 설명한다.

4.1 원자 · 분자 궤도와 밴드

고체 내부의 전자 상태[**밴드 구조**(band structure)]가 구성 요소인 원자 · 분자의 궤도로부터 어떻게 형성되는지를 화학적 지식을 바탕으로 생각해 보자. 가장 기본적인 단계로서 H 원자가 H_2 분자를 만들 때의 분자 궤도의 형성 과정을 복습한다. 이때 전자간 반발력 항이 추가되면 식이 다소 복잡해지므로, 한 개의 전자만을 포함하는 H_2^+를 생각하자. 이것만으로도 개념을 이해하는 데는 충분하다.

Born-Oppenheimer 근사를 적용하면 이 계의(원자핵간 거리 R을 고정했을 때의 전자운동에 대한) 해밀토니안 H는 다음과 같이 표현된다. 단, r_a와 r_b

는 각 원자핵과 전자 사이의 거리에 해당한다.

$$H = -\frac{\hbar^2}{2m_e}\nabla^2 + \frac{e^2}{4\pi\varepsilon_0}\left(-\frac{1}{r_\text{a}} - \frac{1}{r_\text{b}} + \frac{1}{R}\right) \tag{4.1}$$

또, 이를 이용한 Schrödinger 방정식은 다음과 같다.

$$H\Psi = E\Psi \tag{4.2}$$

방정식 (4.2)를 만족하는 전자의 파동함수 Ψ는 각각의 원자핵에 전자가 1개 존재할 때의 H 원자의 1s 궤도의 규격화된 파동함수 $\phi_{1\text{sa}}$와 $\phi_{1\text{sb}}$의 선형 결합으로 나타낼 수 있다.

$$\Psi = c_\text{a}\phi_{1\text{sa}} + c_\text{b}\phi_{1\text{sb}} \tag{4.3}$$

여기서 다음과 같이 정의한다.

$$S = \int \phi^*_{1\text{sa}}\phi_{1\text{sb}}\,\text{d}\tau = \int \phi^*_{1\text{sb}}\phi_{1\text{sa}}\,\text{d}\tau \tag{4.4}$$

$$\alpha = \int \phi^*_{1\text{sa}}H\phi_{1\text{sa}}\,\text{d}\tau = \int \phi^*_{1\text{sb}}H\phi_{1\text{sb}}\,\text{d}\tau \tag{4.5}$$

$$\beta = \int \phi^*_{1\text{sa}}H\phi_{1\text{sb}}\,\text{d}\tau = \int \phi^*_{1\text{sb}}H\phi_{1\text{sa}}\,\text{d}\tau \tag{4.6}$$

S는 중첩 적분(겹침 적분, overlap integral)이다. 이때 Schrödinger 방정식 (4.2)의 왼쪽에 $\phi^*_{1\text{sa}}$ 또는 $\phi^*_{1\text{sb}}$를 곱해 공간 적분함으로써 c_a와 c_b를 변수로 하는 두 개의 방정식이 얻어진다. 이 연립 방정식이 $c_\text{a} = c_\text{b} = 0$이 아닌 해를 갖기 위한 조건으로부터 에너지 E를 구할 수 있다. 이 에너지 고유값은 다음과 같다.

$$E_\pm = \frac{\alpha \pm \beta}{1 \pm S} \tag{4.7}$$

또, E_+와 E_-에 대응하는 파동함수는 각각 다음과 같다.

$$\Psi_+ = \frac{1}{\sqrt{2(1+S)}}(\phi_{1\text{sa}} + \phi_{1\text{sb}}) \tag{4.8}$$

$$\Psi_- = \frac{1}{\sqrt{2(1-S)}}(\phi_{1\text{sa}} - \phi_{1\text{sb}}) \tag{4.9}$$

여기서 $0 < S < 1$이고, β는 음의 값을 가지므로 $E_+ = (\alpha + \beta)/(1 + S)$는 에너

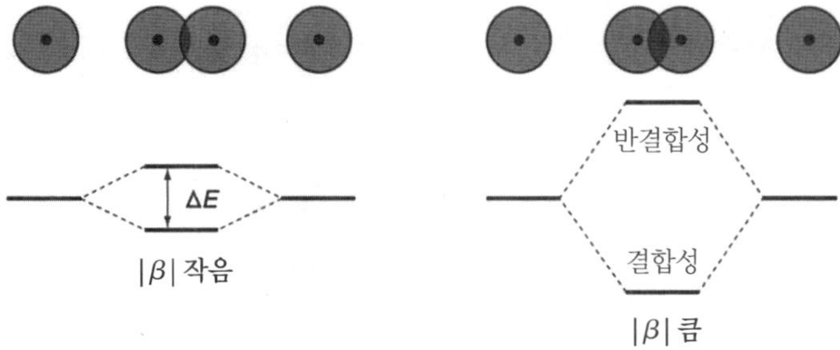

그림 4.1 ▶ 상호작용에 따른 궤도의 분열.

지가 낮은 결합성 상태, $E_- = (\alpha - \beta)/(1 - S)$는 에너지가 높은 반결합성 상태에 해당된다. 분열폭 ΔE는 다음과 같다.

$$\Delta E = E_- - E_+ = \frac{\alpha - \beta}{1 - S} - \frac{\alpha + \beta}{1 + S} = \frac{2\alpha S - 2\beta}{1 - S^2} \cong -2\beta \quad (S \ll 1\text{일 때}) \qquad (4.10)$$

따라서 결합에 기여하는 상호작용의 크기에 해당하는 적분의 절댓값 $|\beta|$가 클수록 에너지 분열폭이 크다. 식 (4.6)의 형태로부터, (평형 핵간 거리까지는) 원자핵끼리 가까워지며 파동함수의 중첩(overlap)이 커짐에 따라 $|\beta|$도 커진다고 생각할 수 있으며, 분열폭도 커진다(그림 4.1). 이는 분자축 방향의 결합인 σ 결합에 해당하며, 분열된 두 개의 궤도는 결합성 σ 궤도와 반결합성 σ^* 궤도이다. 파동함수의 위상을 사용해 생각하면, 같은 위상인 파동함수의 합인 결합성 궤도는 원자핵 사이에 전자의 존재 확률이 있지만($|\Psi_+|^2 \neq 0$), 반대 위상의 파동함수의 합인 반결합성 궤도는 한가운데에 파동함수가 0이 되는 면[파동함수의 마디(node), $|\Psi_-|^2 = 0$]이 생긴다. 양자역학의 도입부에서 배우는 '상자 속 입자' 문제를 떠올리면, 해가 되는 파동함수는 정상파(standing wave)로, 양자수의 증가와 함께 마디의 개수도 증가해 에너지도 높아진다. 운동 에너지가 높아지는 이유는 마디의 증가에 따라 파동함수의 곡률이 커지기 때문이다(곡률은 이차미분과 관계가 있으며, 해밀토니안의 운동 에너지 항이 파동함수의 이차미분에 해당한다는 것에서 유추할 수 있다). 이로부터 유추할 수 있듯이 마디가 있는 반결합성 궤도의 에너지가 높다.

이원자 분자의 논의를 확장해, 이어서 s 전자를 가지는 원자가 일정 간격 a로 일차원 배열하여 상호작용하는 경우를 생각하자. 그림 4.2에서 $N = 1$에서 $N = 2$로의 궤도 분열은 H 원자가 H_2^+ 분자 이온을 만들 때의 논의와 동일하다. $N = 3$인 경우의 3개의 파동함수는 마디를 갖지 않고 에너지가 낮은

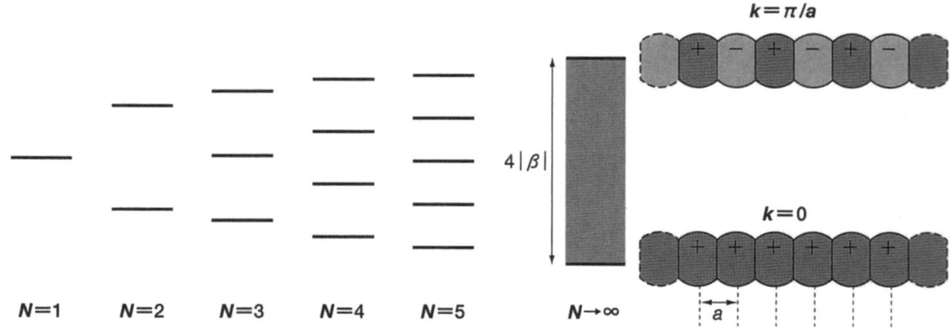

그림 4.2 ▸ 원자의 일차원 열구조 생성에 따른 밴드 형성의 개념도.

결합성 σ 궤도, $N = 1$인 경우와 같은 에너지를 가진 비결합성 궤도, 2개의 마디를 가진 높은 에너지의 반결합성 σ^* 궤도가 된다. 이때, 각 궤도에 대응하는 에너지 준위의 간격은 $N = 2$인 경우보다 좁다. 이와 같이 원자 수 N을 늘려 가면 최고 에너지와 최저 에너지의 간격은 넓어지고, 인접한 에너지 준위의 간격은 좁아진다. Pauli의 원리에 따라 하나의 에너지 준위에는 스핀 각운동량이 다른 전자(↑와 ↓로 표현) 한 쌍 밖에 들어갈 수 없으므로, 어느 에너지 준위까지 전자가 채워질지가 결정된다. 따라서 N이 충분히 클 때 에너지 준위는 연속성을 가진 것처럼 보이는데, 이를 **밴드**(band 또는 energy band)라고 부른다. 위 예시의 경우 σ 궤도로부터 형성되었기 때문에 σ 밴드로 불린다. 밴드의 폭(최대 에너지와 최저 에너지의 간격)은 $4|\beta|$가 된다. 그림 4.2에 밴드의 최저 에너지와 최고 에너지에 해당하는 파동함수가 어떤 원자 궤도로부터 형성되는지가 표시되어 있다. 에너지가 가장 낮은 σ 궤도는 원자열(row)의 전체 원자 궤도가 동위상(그림에서 전체가 +로 표기)이고, 이때 파장 λ는 무한대로, $2\pi/\lambda$로 주어지는 파수 k는 0이다. 한편, 에너지가 가장 높은 σ^* 궤도는 인접한 원자끼리 위상이 반대(그림에서 +와 −가 교차 배열)인 경우로 원자 사이에 마디를 가지고, 파장은 $2a$, 파수 k는 π/a이다. 3차원 고체로 일반화하는 경우에는 파수 k에 그 파동(평면파)의 파면에 수직인 방향을 추가한 **파수 벡터**(wavenumber vector) $\boldsymbol{k}$가 사용되므로, 이후로는 $\boldsymbol{k}$를 사용해 표기한다.

s 궤도가 아닌 경우에도 원자 궤도간 상호작용에 의해 밴드를 생성하며 파수 벡터에 의존해 에너지가 변화한다(그림 4.3). p_z 궤도가 원자열 방향에 1차원적으로 연결되며 생긴 σ 결합의 경우를 생각해 보자. 각 원자의 파동함수를 동위상으로 나열했을 때(파수 벡터 $\boldsymbol{k}$의 크기가 0일 때)에는 각 원자 사

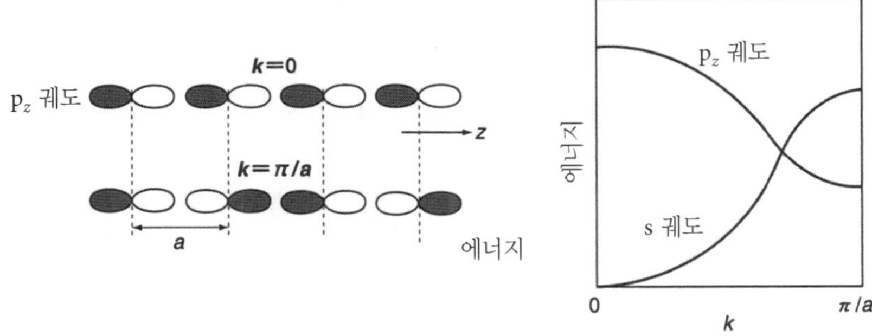

그림 4.3 ▶ 각 궤도에 대응하는 밴드 구조의 파수(벡터) 의존성.

이에 파동함수의 마디가 생기므로 반결합적이며, 전술한 바와 같이 에너지가 가장 높다. 한편, 인접한 원자 위치에서 파동함수의 위상이 반전되는 경우(파수 벡터 $\boldsymbol{k}$의 크기가 π/a일 때)는 마디의 수가 가장 작아 에너지가 가장 낮다. 따라서 그림 4.3에 나타낸 것처럼 s 궤도와 p_z 궤도의 경우에서 에너지의 파수 벡터 의존성이 다르다. 또 원자열 방향과 직교하는 p_x 궤도나 p_y 궤도 간에 생성되는 π 결합의 경우는 상호작용의 정도가 σ 결합의 경우보다 작아($|\beta|$가 작아) 파수 벡터에 대한 에너지 변화량이 작다.

이것을 정사각평면 착물인 PtH_4^{2-}의 일차원 구조를 통해 확인해 보자. 지금까지의 논의를 바탕으로 그림 4.4a에 나타낸 인접 분자 궤도와의 궤도 중첩을 보면 밴드 폭이 넓을지 좁을지를 알 수 있고, 파수 벡터 $\boldsymbol{k}$의 크기가 0일 때와 π/a일 때 중에 어느 쪽의 에너지가 높은지 알 수 있으며, 그 지식을 바탕으로 그림 4.4b와 같은 관계를 대략적으로 그릴 수 있게 된다. 예를 들면 그림 4.3에서 확인한 것처럼 착물 사이에서 p_z 궤도는 상호작용이 크기 때문에 폭이 넓고(그림 4.4b에서 에너지 변화가 큼), $k = |\boldsymbol{k}| = \pi/a$에서 극소를 갖는다. 이에 비하면, 결합에 그다지 기여하지 않는 d_{xy} 궤도는 기울기가 작고, 밴드 폭이 좁다. 즉 분자 궤도를 바탕으로 밴드 구조를 예측할 수 있다. 이와 같이 파수 k에 대해 어떠한 에너지를 갖는지의 의존성을 에너지 분산 관계라고 한다.

밴드 구조의 또 하나의 중요한 지표로서 **전자 상태 밀도**(electron density of states, DOS)가 있다(상태 밀도라고도 함). 어떤 에너지의 미소폭 $E \sim E + dE$에 포함된 상태의 수(전자를 수용할 수 있는 에너지 준위의 수)를 dE로 나눈 것으로, 단위 에너지당 상태 수를 의미한다. 예를 들면 그림 4.2에서는 $k = 0$은 최저 에너지 준위 상태, $k = \pi/a$는 최고 에너지 준위 상태에 해당하며, 어떤 에너지 범위에 어느 정도 개수의 상태가 존재하는지는 미소폭 $E \sim E$

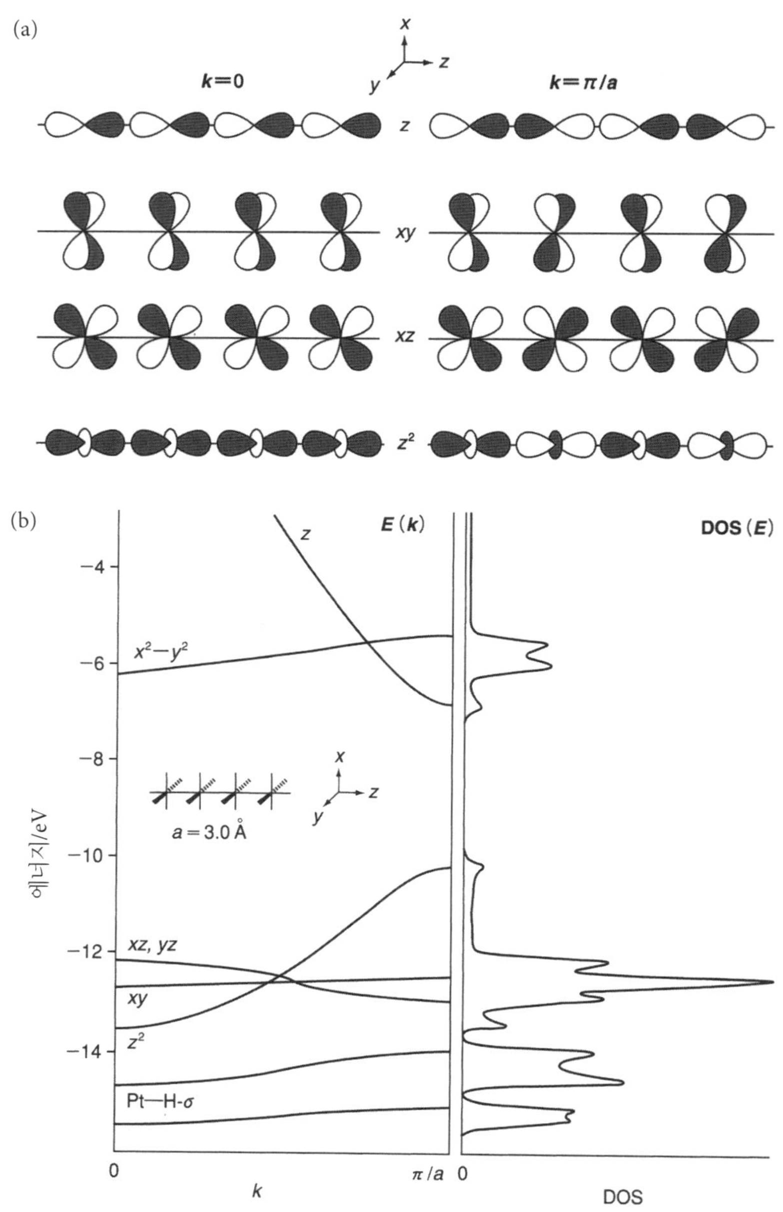

그림 4.4 ▶ 정사각평면형 PtH_4^{2-} 착물의 중첩에 의해 형성되는 밴드 구조와 전자 상태 밀도.

+ dE에 포함된 k의 범위, 즉 $E(k)$의 k에 대한 기울기로 결정된다. 그림 4.5에 나타낸 바와 같이, $E(k)$의 k에 대한 기울기가 작으면 E ~ E + dE에 포함되는 k의 범위가 넓어지므로, 따라서 DOS는 커진다. 반대로 기울기가 크면 DOS는 작아진다. 그러한 관점에서 그림 4.4의 $E(k)$와 DOS의 관계를 보면, k에 대

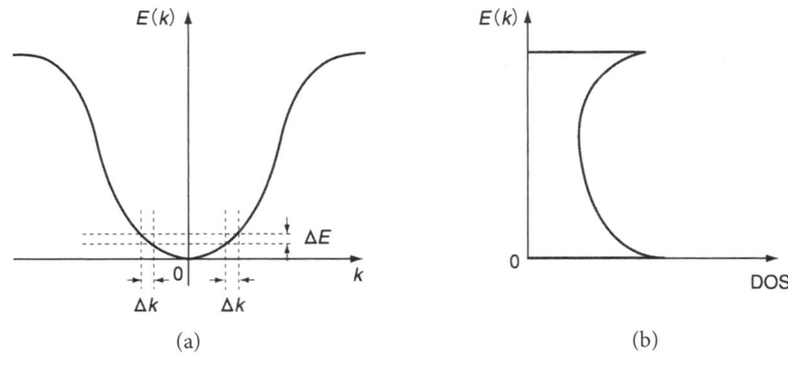

그림 4.5 ▸ DOS.

한 기울기가 작은 *xy* 궤도 등은 DOS에 대한 기여가 크고, 반대로 기울기가 큰 z^2 궤도 등은 DOS에 대한 기여가 작다. 즉 인접 분자와의 상호작용이 작으면($|\beta|$가 작으면), 독립 분자 상태와 같이 전자가 분자에 편재화(localized)된 상태이기 때문에 분자 위치에서의 DOS는 커진다. 반대로 상호작용이 크면($|\beta|$가 크면), 에너지 폭이 넓어지기 때문에 DOS는 작아지며, 전자는 인접 분자와 공유되며 비편재화(delocalized)되는 쪽을 선호한다. DOS는 공간적 분포 또한 가지므로, 국소적인 DOS를 **국소 전자 상태 밀도**(local density of states, **LDOS**)라고 부른다(국소 상태 밀도라고도 함). 이후에 설명할 주사 터널링 현미경으로 관찰되는 상은 이 LDOS와 관계되어 있다.

4.2 자유 전자와 밴드

전자가 고체 내부를 자유롭게 움직이는 경우(퍼텐셜이 0인 경우), 전자는 Schrödinger 방정식을 만족한다.

$$-\frac{\hbar^2}{2m_e}\nabla^2\Psi_k = E_k\Psi_k \quad \textbf{(4.11)}$$

이 식의 해인 파동함수는 다음과 같다.

$$\Psi_k = \exp(i\boldsymbol{k}\cdot\boldsymbol{r}) \quad \textbf{(4.12)}$$

이에 대응하는 에너지 고유값은 다음과 같고, 파수 벡터 ***k***로 표현된다.

$$E_k = \frac{\hbar^2k^2}{2m_e} \quad \textbf{(4.13)}$$

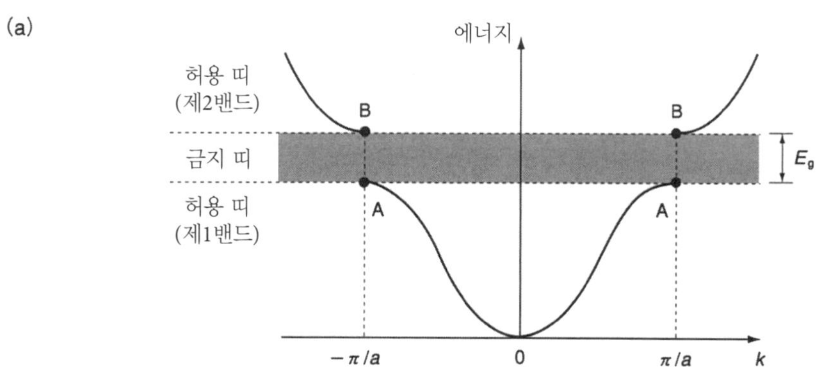

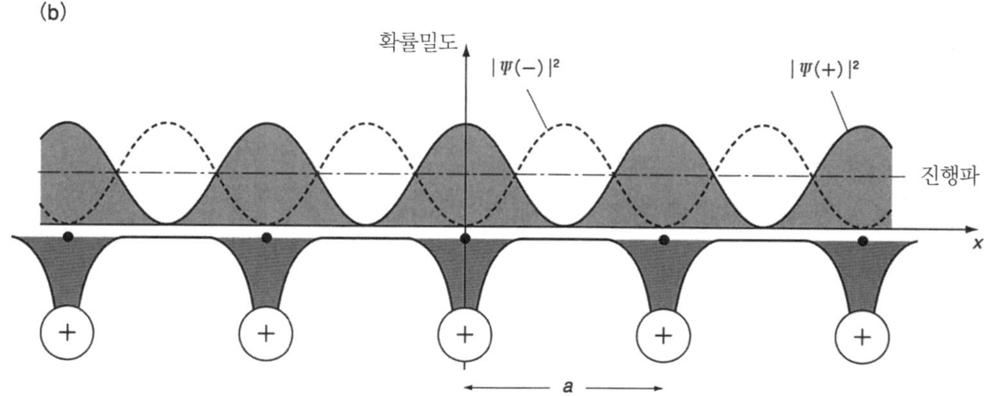

그림 4.6 ▶ 주기적인 퍼텐셜에 의한 밴드 갭 생성.

식 (4.12)로부터 파동의 주기는 $2\pi/k$로 표현되므로, $\boldsymbol{k}$의 크기 k가 크면 주기가 짧은 파동이 된다. 또, 식 (4.13)으로부터 에너지는 아래로 볼록한 k의 이차함수가 된다.

실제로 고체 내부에서 전자는 자유롭게 움직일 수 없다. 전자 사이에 작용하는 상호작용을 포함하면 복잡해지기 때문에 여기서는 고려하지 않는다고 하더라도, 고체 내부를 돌아다니는 전자는 결정의 격자점에 있는 양전하를 갖는 이온 코어(ion core, 가전자를 제외한 내각 전자와 원자핵)로부터 정전기적 인력을 받는다(그림 4.6b). 먼저 가상적으로 정전기적 인력에 의한 퍼텐셜은 0으로 놓고, 고체 내에 원자의 주기가 있는 경우를 생각해 보자. 예를 들면 그림 4.2와 같이 원자가 간격 a로 1차원적으로 배열된 경우, $k = \pi/a$라는 점은 특별하여 역격자 벡터 $\boldsymbol{G}$에 해당하는 $-2\pi/a$에 대해 $(\boldsymbol{k} + \boldsymbol{G})^2 = k^2$라는 Bragg의 회절조건†을 만족하기 때문에, k가 π/a인 진행파와 k가 $-\pi/a$인 반사파의 조합으로 다음과 같은 두 종류의 정상파가 생성된다.

† X선 회절과 전자선 회절에서 등장하는 입사파와 반사파가 보강 간섭하는 조건.

$$\Psi(+) = \exp\left(i\frac{\pi}{a}x\right) + \exp\left(-i\frac{\pi}{a}x\right) = 2\cos\frac{\pi}{a}x \tag{4.14}$$

$$\Psi(-) = \exp\left(i\frac{\pi}{a}x\right) - \exp\left(-i\frac{\pi}{a}x\right) = 2i\sin\frac{\pi}{a}x \tag{4.15}$$

두 정상파의 전자의 확률밀도 $|\Psi|^2$에 주목해 보자. 원래 파동함수 (4.12)로 표현되는 자유 전자의 확률밀도는 전체 공간에서 균일하다. 그러나 정상파가 되면 확률밀도에 분포가 생겨, 그림 4.6b에 나타낸 것처럼 $|\Psi(+)|^2$는 양의 이온 코어가 있는 위치에 전자가 편재되기 때문에 정전 에너지에 의해 전자의 에너지가 낮아지고, 반대로 $|\Psi(-)|^2$는 양의 이온 코어를 피해서 분포하므로 전자가 균일하게 분포하는 진행파보다 전자의 에너지가 상대적으로 높아지게 된다. 즉, 이온 코어와의 상호작용을 고려하면, 원래 축퇴(degeneracy)되어 있던 에너지 준위가 분열하여 에너지 갭(energy gap)을 가지게 됨(그림 4.6a)을 정성적으로 알 수 있다.† k가 $-\pi/a$인 점에서도 마찬가지 현상이 일어나, 갭이 생성된다(그림 4.6a). 그 결과, 제1 **Brillouin 영역**(Brillouin zone)으로 불리는 $-\pi/a < k < \pi/a$의 범위는 양 끝이 에너지 갭 E_g로 갈라져, $k = 0$인 에너지 바닥상태(ground state)에서 에너지 갭 하단의 에너지(A)까지의 범위가 하나의 밴드를 형성하게 된다(제1밴드). 에너지 갭 상단(B)부터 이어서 나타나는 에너지 갭 하단까지가 다음 밴드(제2밴드)가 되는 식으로, 자유 전자에 주기적인 퍼텐셜을 도입하면 에너지 밴드가 생성된다. 이 에너지 갭을 **밴드 갭**(band gap)이라고 부른다.

† 정전 퍼텐셜을 고려하지 않은 파동함수는 정확한 해는 아니나, 이 설명은 정성적으로는 옳다.

이와 같은 양의 이온 코어에 의한 주기적인 퍼텐셜을 반영한 Schrödinger 방정식의 해는, 다음의 Bloch의 관계를 만족하는 것이 알려져 있다.

$$\Psi_k(\boldsymbol{r}) = u_k(\boldsymbol{r})\exp(i\boldsymbol{k}\cdot\boldsymbol{r}) \tag{4.16}$$

단, 결정의 주기를 $\boldsymbol{T}$로 놓으면 다음을 만족한다.

$$u_k(\boldsymbol{r}) = u_k(\boldsymbol{r} + \boldsymbol{T}) \tag{4.17}$$

따라서 파동함수는 양의 이온 코어의 주기에 대응하는 주기함수인 $u_k(\boldsymbol{r})$과 위상 인자 $\exp(i\boldsymbol{k}\cdot\boldsymbol{r})$의 곱에 해당한다. 이와 같은 파동을 **Bloch 파**(Bloch wave)라고 한다. 그림 4.7에 각 이온 코어에 편재하는 함수 $u_k(\boldsymbol{r})$이, 위상 인자 $\exp(i\boldsymbol{k}\cdot\boldsymbol{r})$로 변조되는 모습을 모식적으로 나타냈다.†2 $\exp(i\boldsymbol{k}\cdot\boldsymbol{r})$의 크기로 각 이온 코어의 위치에서의 진폭이 바뀌며, $\exp(i\boldsymbol{k}\cdot\boldsymbol{r})$이 양(+)인지 음(−)

†2 그림에서 Ψ 및 u의 아래 첨자 k는 생략하였다.

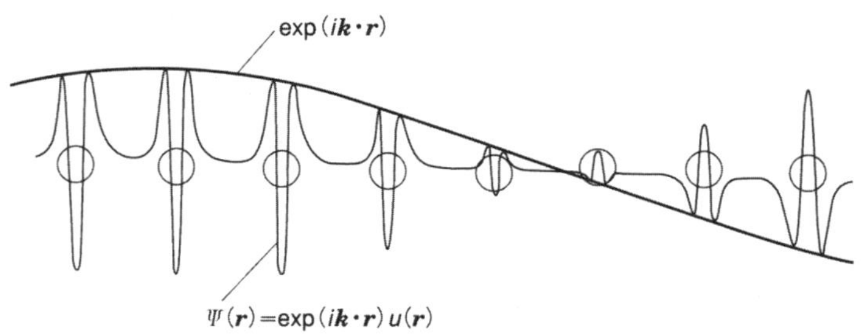

그림 4.7 ▶ Bloch 파.

인지에 따라 $\Psi_k(\boldsymbol{r})$의 상하가 거꾸로 되는 모습을 볼 수 있다. 예를 들면, 그림 4.2와 같이 s 궤도를 가진 원자가 진폭 a로 1차원적으로 배열되어 있는 경우, 각 원자의 s 궤도를 주기함수 $u_k(\boldsymbol{r})$로 보면, $k = 0$에서는 항상 $\exp(i\boldsymbol{k} \cdot \boldsymbol{r}) = 1$이므로 모든 원자 위치에서 파동함수는 동위상이고, $k = \pi/a$에서는 이웃한 원자끼리는 위상이 반전(π만큼 변화)된다. 이 관계는 앞 절에서 서술한 분자 궤도로부터의 고찰(그림 4.2와 그림 4.3의 s 궤도)과 완전히 같은 파동함수 및 에너지와의 관계를 제공한다는 점에 주목하자.

한 밴드에 포함되는 전자의 개수에 대해 Bloch 파에 기초하여 생각해 보자. 예시에 따라 원자가 간격 a로 1차원적으로 무한히 배열되어 있으며, 편의상 N개분만큼 진행하면 최초의 점과 완전히 같은 상태로 돌아오는 주기적인 경계 조건을 고려한다. 즉, 식 (4.16)에 다음을 가정한다.

$$\Psi_k(x + Na) = \Psi_k(x) \tag{4.18}$$

그러면 $\exp(ikNa) = 1$이 되므로, k의 값은 다음과 같이 N가지가 된다.

$$k = 0, \pm\frac{2\pi}{Na}, \pm\frac{4\pi}{Na}, \ldots \tag{4.19}$$

(단, k는 제1 Brillouin 영역 내. $|k| \le \dfrac{\pi}{a}$로 놓는다.)

하나의 파동함수에는 스핀 각운동량이 다른 전자(↑와 ↓로 표현)가 하나씩 들어갈 수 있으므로 결국 하나의 밴드 내에 수용 가능한 전자의 개수는 $2N$개이다. 각 원자가 1개의 전자를 공여한다고 하면 밴드의 절반이 채워지며, 이는 금속에 해당한다.

지금까지 기술한 바와 같이 원자 · 분자 궤도를 출발점으로 생각하는 방법과 고체 속의 자유 전자를 출발점으로 생각하는 방법은 당연하게도 정성적으로 동일한 결론을 제공한다. 같은 내용을 다른 말로 표현하였을 뿐이므로, 둘 중 선호하는 방법으로 먼저 이해한 후에 다른 방법을 적용해 무엇을 설명하는 것인지에 대하여 한번 더 생각해 보기를 바란다.

4.3 금속, 절연체, 반도체

고체 내부의 밴드 구조에 따라서 고체의 전기적 특성이 크게 달라진다. 전기 전도율의 크고 작음에 따라 물질을 분류하면 도체, 반도체, 절연체로 나눌 수 있다. 전기 전도율은 물질 안을 자유롭게 움직일 수 있는 전하[캐리어(carrier), 전자 및 정공]의 양에 의존한다. 그림 4.8에 물질의 전기 저항률(전기 전도율의 역수)을 나타냈다. 전형적인 도체 금속에서는 1 cm^3당 10^{22}개 정도의 전도 전자가 존재하나, 절연체의 경우 10^{10}개 이하이다. 반도체에서는, 물질의 종류 및 도핑(doping)이라 부르는 불순물 첨가를 통해 전도에 기여하는 캐리어의 수를 실온(~300 K)에서 10^{10}에서 10^{20}개 정도까지 제어할 수 있다. 캐리어의 수는 물질의 에너지 준위와 밀접하게 관련되어 있다. 그림 4.6의 갭 생성에서 보았듯이 결정 내부에는 전자의 존재가 허용되는 허용 밴드(띠)와, 밴드 갭과 같이 전자의 존재가 허용되지 않는 금지 밴드가 있다. 결정을 구성하는 원자의 최외각 전자인 가전자에 의해 채워지는 밴드를 **원자가띠**(가전자띠, valence band), 밴드 갭에 의해 갈라져 높은 에너지에 있는 밴드를 **전도띠**(conduction band)라고 부른다. 절연체에서는 그림 4.9a와 같이 원자가띠까지는 모두 전자로 채워져 있지만, 그 위의 전도띠에는 전자가 존재하지 않는다. 전자가 가득 찬 원자가띠에서 전자는 움직일 수 없으므로 전기 전도는 일어나지 않는다. 도체인 금속은 그림 4.9b와 같이 전도띠의 도중까지 전자가 존재하며, 전도띠 내의 전자는 움직일 수 있는 캐리어이므로 전기 전도를 나타낸다. 앞 절 마지막에 설명한 바와 같이, 원자가 간격 a로 1차원적으로 늘어서 각 원자로부터 한 개씩 전도 전자가 제공되면, 밴드의 절반이 전자로

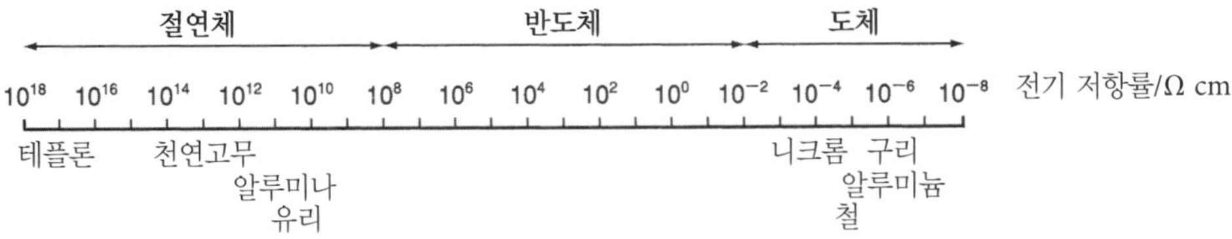

그림 4.8 ▶ 실온에서 물질의 전기 저항률.

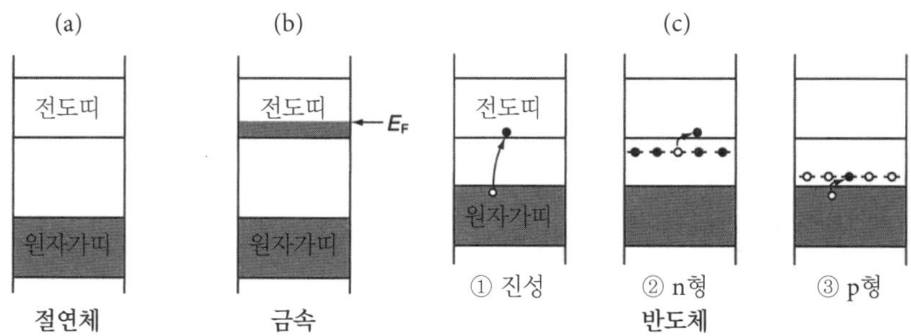

그림 4.9 ▶ 절연체, 금속, 반도체의 밴드 구조.

채워지므로, 이 경우에는 금속이 된다. 그림 4.9c의 ①과 같이 원자가띠와 전도띠를 나누는 밴드 갭이 좁을 때에는, 높은 온도에서 원자가띠에서 전도띠로 전자가 열적 여기되어 전도띠의 전자와 원자가띠의 **정공**(hole, 전자의 공공)이 모두 움직일 수 있으므로 온도의 상승과 함께 전기 전도율이 증가하는데, 이것이 반도체이다. ①과 같은 것을 진성 반도체라고 부르며, 순수한 Si 결정 등이 이에 해당한다. 또 여기에 소량의 불순물을 첨가(도핑)하면 전도율이 크게 상승한다. 예를 들어 14족 원소인 Si의 결정에 미량(1 ppm 정도)의 15족 원소(donor)를 도핑하면, 전도띠의 하단 부근에 **불순물 준위**(impurity level)가 생기고(그림 4.9c의 ②), 이 전자가 전도띠로 열적 여기되며 쉽게 전기 전도를 발생시킨다(n형 반도체). 한편, 13족 원소(acceptor)를 도핑하면 원자가띠의 상단 부근에 빈 불순물 준위가 생기고(그림 4.9c의 ③), 원자가띠로부터 이 준위로 전자가 열여기(thermal excitation)하며 원자가띠에 정공이 생성되며, 이 정공이 캐리어가 되어 전기 전도를 발생시킨다(p형 반도체).

4.4 표면의 전자 상태 밀도

표면에 대한 분자의 흡착 및 반응성과 관련하여, 전이금속의 밴드 구조에 대해 생각해 보자. 3d 전이금속의 고체 내부에서는 금속 원자의 3d 오비탈과 4s, 4p 오비탈을 기원으로 각각 d-밴드와 sp-밴드가 형성된다(그림 4.10). 3d 전이금속에 있어서 4s 궤도와 4p 궤도는 공간적으로 넓게 퍼진 궤도이므로, 인접한 원자와 큰 중첩을 가져 상호작용이 크기 때문에($|\beta|$가 크기 때문에) 에너지 폭이 넓은 밴드를 형성하는데, 그만큼 전자 상태 밀도(DOS)는 작다. 한편, 원자핵에 보다 강하게 끌어당겨지는 3d 전자는 주변 원자와의 중첩이 작아 에너지 폭이 좁은 밴드를 형성하고, 큰 전자 상태 밀도를 가진다. 원소

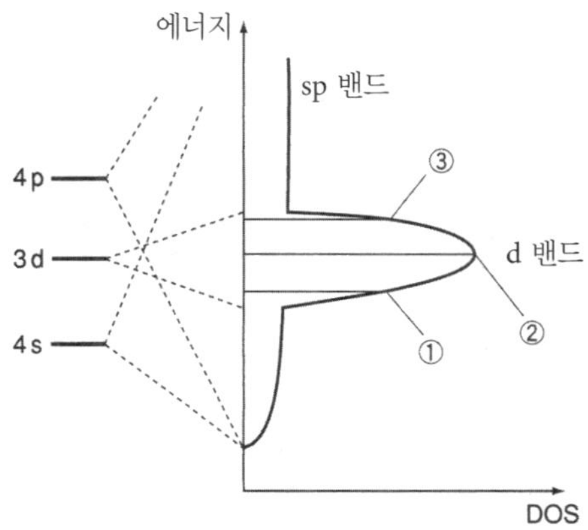

그림 4.10 ▸ 3d 전이금속의 밴드 구조.

의 차이에 주목하면, 주기율표의 오른쪽으로 갈수록 중심전하가 커지므로 3d 궤도가 보다 밀집되어 편재화하고, 옆 원자의 d 궤도와의 중첩이 작아져 d-밴드의 폭은 좁아진다. 한편, 3d → 4d → 5d 순으로 주기율표에서 아래로 내려갈수록 d 궤도의 크기(퍼짐)가 상대적으로 커지므로 d-밴드는 폭이 넓어지게 된다. 밴드는 에너지가 낮은 곳부터 순서대로, 분자 궤도의 최고 점유 분자 오비탈(HOMO)의 준위에 해당하는 **Fermi 준위**(Fermi level)까지 가전자로 채워진다. 3d 전이금속에서는 그림 4.10과 같이 sp-밴드가 존재하는 에너지 영역 내에 d-밴드가 있으므로 Fermi 준위는 d-밴드 내에 위치하게 되어, 결과적으로 Fermi 준위에서 큰 전자 상태 밀도를 갖게 된다. 주기율표의 왼쪽에서 오른쪽으로 갈수록 Fermi 준위는 그림 4.10의 ① → ② → ③과 같이 변화한다. Cu의 d-밴드는 Fermi 준위보다 한참 아래에서 완전히 전자로 채워져 있어, Fermi 준위는 sp-밴드 내에 위치하게 되어 전자 상태 밀도가 작다. Cu, Ag, Au 등의 금속에서 Fermi 준위의 전자 상태 밀도가 작은 것은, 이 금속 표면들의 반응성이 작다는 사실과 연관지어 설명된다.

이제 원자 궤도로부터 출발한 밴드 형성의 개념에 따라 표면과 벌크의 전자 상태의 차이에 대해 생각해 보자. 인접한 원자와의 상호작용에 의해 밴드 폭이 넓어지는 것을 고려하면, 표면에서는 결정 내부에 비해 이웃한 원자의 수가 적기 때문에 d-밴드의 폭은 벌크에서보다 작아질 것으로 예상된다. 그림 4.2에 나타낸 바와 같이 밴드는 상호작용에 의해 고에너지 측과 저에너지 측이 거의 같은 모습으로 넓어지기 때문에, 벌크와 표면 사이의 전하 이동이 없다면 d-밴드의 폭은 각각 다르지만 d-밴드의 중심은 일치할 것이다. 이 가정을

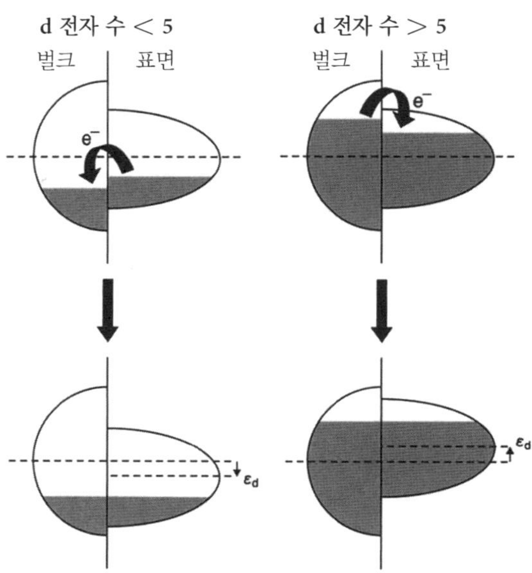

그림 4.11 ▶ 전이금속의 표면과 벌크 사이의 전하 이동을 수반하는 d-밴드의 중심 위치 변화.

바탕으로 d-밴드가 점유되는 비율(d 전자의 수)이 벌크와 표면 모두에서 같을 때를 가상적으로 생각하자(그림 4.11). d 전자의 수가 5개인 금속의 경우, 두 경우 모두 d-밴드의 절반까지 전자로 채워지므로 벌크와 표면의 Fermi 준위는 일치한다. 그러나 d 전자의 수가 4인 경우라면, d-밴드의 4할을 채우게 되어 벌크와 표면의 밴드 폭 차이에 의해 표면의 Fermi 준위가 벌크의 Fermi 준위보다 높아지게 된다. 마찬가지로 d 전자의 수가 3 이하인 경우에도 표면의 Fermi 준위가 높아진다(그림 4.11의 왼쪽). 반대로 d 전자가 6 이상인 경우에는 벌크의 Fermi 준위가 높아진다(그림 4.11의 오른쪽). 표면과 벌크의 Fermi 준위는 일치해야 하므로, 겉보기 Fermi 준위가 높은 쪽에서 낮은 쪽으로 전자 이동이 발생하는데, 전기적 중성인 상태로부터 전자가 이동하는 것이기 때문에 전자를 방출하는 쪽은 양(+)으로, 전자를 받는 쪽은 음(−)으로 대전되고, 정전기 퍼텐셜이 생긴다. 전자는 음전하를 띠므로 경우 밴드가 양으로 대전되면 에너지가 낮아지고, 음으로 대전되면 에너지가 높아진다. 그 결과로써 d-밴드 전체가 에너지 축을 따라 각각 아래 또는 위로 이동하고, 이에 따라 Fermi 준위가 일치하는 곳에서 전자 이동은 더 이상 일어나지 않게 된다. 즉, 벌크와 표면에서 d-밴드의 중심위치 ε_d에 차이가 발생한다(그림 4.11). 예를 들면, d 전자수가 7로 d-밴드가 절반 이상 채워진 Ru에서는 벌크에서 표면으로 전자가 이동하여 **전기 이중층**(electric double layer, EDL)을 생성하며, 음으로 대전된 표면의 에너지 준위가 높아져 표면으로의 전자 이동이 억제된다. 이 d-밴드의 중심위치 ε_d는 금속 표면의 반응성을 나타내는 하나의 지표로서 사용할 수 있는데, 자세한 내용은 제9장에서 다루도록 한다.

4.5 표면 상태

'무한' 결정이 표면을 가진 '반무한' 결정이 되며 대칭성이 붕괴하여 나타나는 표면 상태를 **Shockley 상태**(Shockley state)라고 부른다. 예를 들면, Si 결정의 경우 결정 내부의 모든 Si 원자는 sp^3 궤도를 통해 그 원자를 중심으로 한 사면체의 꼭짓점 방향에 4개의 σ 결합(Si—Si)을 형성하며 강하게 연결되어 있다. 이와 비교해 표면에 노출된 원자는 σ 결합의 몇 개가 절단되어 전자를 한 개씩 가진 불포화 결합(dangling bond)을 형성한다. 이 불포화 결합은 비결합성 궤도에 해당하기 때문에 결정 내에서의 상호작용에 의해(결합성 궤도 및 반결합성 궤도로 분열하여) 형성되는 밴드 갭 내에 존재한다. 즉, 벌크의 전자 상태와는 분리되어 표면에 편재된 상태를 형성하며, Shockley 상태로 분류된다. 또 Cu(111) 표면에 편재되어 Fermi 준위를 가로지르는 Shockley 상태는 자유 전자와 유사한 거동을 한다는 것이 알려져 있으며, 전자파(electron wave)의 간섭이 STM을 통해 실공간 관찰되고 있다(제9장 참조).

한편, 표면 제1층과 결정 내부의 퍼텐셜 차에 의한 속박 상태로서 나타나는 표면 상태를 **Tamm 상태**(Tamm state)라고 부른다. Tamm 상태는 이 퍼텐셜 차가 크면 생기기 쉽고, 독립된 밴드의 말단 부근에 준위를 갖는다. Cu 표면에서 d-밴드의 상단 부근에 큰 DOS를 갖는 것이 Tamm 상태의 예이다. 이온 결정 표면에서 정전 퍼텐셜의 변화가 속박 상태를 유발하는 것도 이 상태의 예이다.

4.6 일함수

고체 내부의 전자는 속박되어 있으며, 이 전자를 표면을 통해 **진공 준위**(vacuum level)로 꺼내기 위해 필요한 최소의 에너지를 **일함수**(work function)라고 한다. 전자가 진공 중에 독립하여 존재하고 운동 에너지가 0인 상태일 때, 즉 전자에 대해 아무런 힘도 작용하지 않는 상태일 때 그 전자는 진공 준위에 있다고 한다. 분자의 입장에서 일함수는 이온화 퍼텐셜, 즉

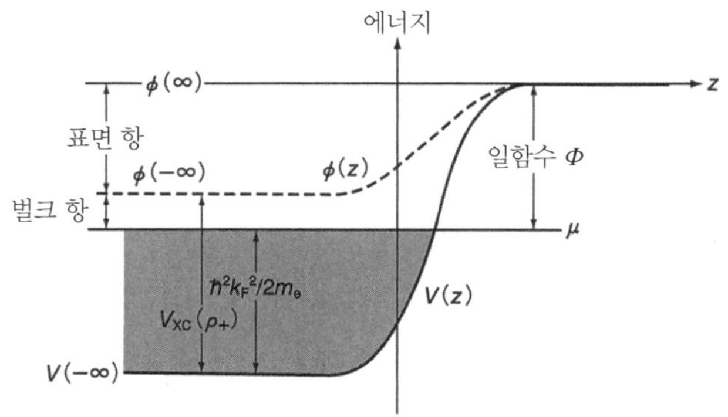

그림 4.12 ▶ 표면 부근의 퍼텐셜 변화와 일함수.

HOMO로부터 전자를 진공 준위로 제거하는 데 필요한 에너지에 해당한다. 고체 내부의 전자 중 결합 에너지가 가장 작은 것은 Fermi 준위의 전자로서, 일함수 Φ는 무한대의 거리에서 정지해 있는 전자의 에너지 $E_{VAC}(\infty)$와 Fermi 준위의 차, 즉 $E_{VAC} - E_F$와 같다. 금속에 빛을 조사하면 전자가 밖으로 튀어나온다(광전 효과). 이때 전자를 밖으로 튀어나가게 하기 위해서는 광자의 에너지가 임계치를 넘어야 하는데, 그 에너지가 바로 일함수이다.

일함수를 생각할 때, 먼저 물질 내의 전자가 느끼는 퍼텐셜을 이해해야 한다. 금속 내부에서는 진공 준위에 비해 전자가 느끼는 퍼텐셜이 $\Delta\phi + \Phi_B$만큼 낮아진다(그림 4.12). 여기서 $\Delta\phi$는 표면에 생기는 전기 이중층(전기 쌍극자의 집합)에 의한 퍼텐셜(표면 항), Φ_B는 전자의 교환 · 상관 퍼텐셜 $V_{XC}(\rho_+)$에서 Fermi 준위의 전자의 운동 에너지를 뺀 값(벌크 항)이다. 이 두 값이 갖는 의미를 생각해 보자.

표면에서의 전기 이중층 형성에 대해 **젤리움 모델**(jellium model)을 바탕으로 생각해 보자. 젤리움 모델에서는 결정 내에 배열된 금속의 이온 코어에 의한 양전하가 물질 전체에 똑같이 분포하며, 그 안을 전자가 운동하는 것으로 본다. 이때 양전하의 합은 유지되며(물질의 중성을 유지), 양전하의 밀도는 ρ_+이다. 이에 기초하여 생각하면 그림 4.13에 나타낸 바와 같이 양전하는 표면(거리가 0인 지점)을 경계로 계단식으로 변화한다. 그러나 이 양전하 퍼텐셜에 대한 전자 분포를 계산을 통해 구하면, 전자는 표면에서의 급격한 퍼텐셜 변화에 대응할 수 없어 진공 쪽에도 분포를 갖는다(진공 쪽으로 전자가 스며 나온다). 전기적 중성 조건으로부터, 벌크 내부에서 양전하의 밀도와 전자의 밀도는 일치한다. 표면에서 전자가 진공 쪽으로 스며 나오면 표면 약

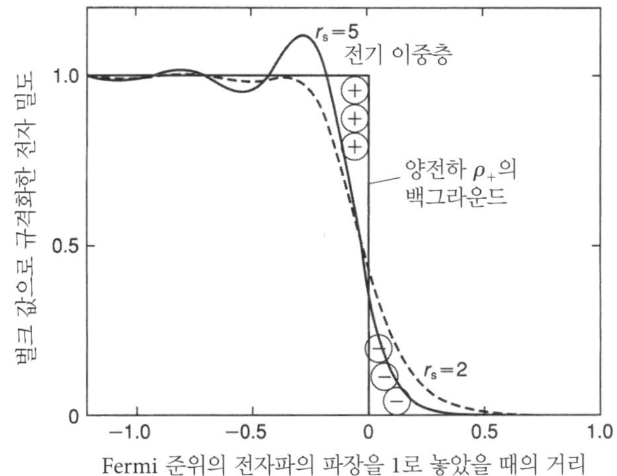

그림 4.13 ▶ **젤리움 표면의 전자 밀도.** 표면 부근에서 전기 이중층이 형성된다.

간 안쪽에서는 전자밀도가 감소하고, 표면을 기준으로 진공 쪽에 음전하, 금속 내부 쪽에 양전하가 있는 전기 이중층이 형성된다(그림 4.13). 이 정전기 퍼텐셜에 의해 금속 내부의 퍼텐셜은 진공 준위에 비해 낮아진다. 다른 관점으로는, 고체 내부의 전자는 양전하에 의해 진공 중에서보다 안정화(퍼텐셜 에너지가 낮음)되어 있기 때문에, 양자역학의 '상자 속 입자' 문제와 동일하게 생각할 수 있다. 즉, 상자의 말단에서 퍼텐셜이 무한대라면 파동함수는 상자 속에 완전히 갇히게 되지만, 퍼텐셜이 유한(일함수의 크기에 해당)하다면 파동함수가 지수함수적으로 감쇠하며 벽 속으로 스며 나오는 해가 존재한다. 이것이 진공으로의 전자 스며 나옴이다.

한편, V_{XC}는 금속 내부의 전자간 상호작용에 의존하는 항이다. 금속 내의 전자는 금속의 양이온 코어에 의한 퍼텐셜을 받지만, 거의 대부분은 다른 전자에 의한 차폐효과로 인해 사라진다. 하지만 전자 주변에는 전자간 Coulomb 반발에 의해 다른 전자가 접근하지 못한다. 게다가 스핀의 방향이 같은 전자에 대해서는 교환 상호작용도 더해져, 전자가 배제되는 공간이 형성된다. 따라서 이 공간 내의 양전하는 차폐를 받지 않고 전자와 인력적으로 상호작용하므로, 전자를 이 공간에서 떼어내 진공 준위로 끄집어내기 위해서는 일을 해 주어야 한다. 이 일이 V_{XC}에 해당한다.

벌크의 전자밀도 ρ로부터, 각 전자가 구 형태로 부피를 차지하고 있다고 했을 때의 구의 반지름 r_s를 구하면 다음과 같다. 이때, a_B는 Bohr 반지름(= 0.0529 nm)이다.

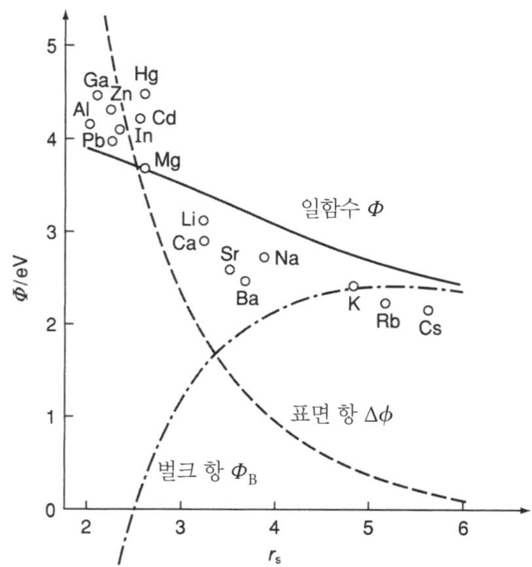

그림 4.14 ▶ 젤리움 모델에 따른 일함수의 계산 결과(실선)와 다결정 표면에서의 실험값(흰색 원 표시).

$$r_s = \frac{\{3/(4\pi\rho)\}^{1/3}}{a_B} \tag{4.20}$$

r_s는 위에서 설명한 배제 부피의 지표가 되며, r_s가 클수록(저전자밀도 금속일수록) V_{XC}는 커지고 Fermi 준위의 전자의 운동 에너지 $\hbar^2k_F^2/2m_e$는 작아지므로, 그 차에 해당하는 벌크 항 Φ_B는 커진다(그림 4.12). 반대로 r_s가 작은 고전자밀도 금속이 되면, V_{XC}가 작아짐과 동시에 $\hbar^2k_F^2/2m_e$가 커지므로 벌크 항 Φ_B는 점점 작아지게 되고, 둘 사이의 크기가 역전되면 결국 음의 값을 갖게 된다. 한편, 고전자밀도 금속일수록 전자의 스며 나옴에 의한 전기 이중층의 쌍극자 크기가 커지므로, 표면 항 $\Delta\phi$는 r_s가 작을수록(고전자밀도 금속일수록) 커진다. 이러한 관계는 그림 4.14에서 확인할 수 있다. r_s가 커지면(전자밀도가 작아지면) 벌크 항이 커지기는 하나, 표면 항의 감소가 더 크기 때문에 일함수는 감소하는 경향을 볼 수 있다.

위 고찰을 통해 물질에 따른 일함수의 차이에 대한 경향을 알 수 있는데, 실험 결과에 따르면 일함수는 표면의 면방위에 따라서도 달라진다. 몇몇 금속에 대한 일함수의 면 의존성을 표 4.1에 정리하였다. fcc 금속의 경우 (111) > (100) > (110) 순서, bcc 금속의 경우 (110) > (100) > (111) 순서이며 일반적으로 원자의 면밀도가 큰 표면일수록 일함수도 크다(단, 예외도 존재). 또 고지수면(경사면)은 많은 스텝을 포함하는데, 이 스텝 밀도에 비례해 일함수가 감

표 4.1 ▶ 금속 단결정의 일함수[a)]

결정 구조	금속	면방위		
		(100)	(110)	(111)
bcc	K	1.65	1.78	1.85
	Fe	4.67	5.05	4.81
	Mo	4.53	4.95	4.55
fcc	Al	4.20	4.28	4.24
	Ni	5.22	5.04	5.35
	Cu	4.59	4.48	4.94
	Ag	4.64	4.52	4.74
	Ir	5.67	5.42	5.76
	Au	5.22	5.20	5.26

[a)] 단위는 eV이다.

소한다는 것이 실험적으로 밝혀졌다. 이는 그림 4.15에 나타낸 바와 같이 각각의 스텝에서 **Smoluchowski 효과**(Smoluchowski effect)라 불리는 전자의 '땅 고르기'가 일어나기 때문이다. 즉 스텝에서는 양전하가 계단형으로 불연속적인데, 전자는 그것을 따라가기보다 오히려 평활화(smoothing)되는 듯한 고른 분포를 가짐으로써 운동 에너지를 감소시킬 수 있다. 그 결과, 스텝 상단에는 양전하가 쌓이고, 스텝 하단에는 음전하가 쌓인다. 그림 4.15의 경사면인 (011)면에서는 양전하가 돌출된 모양이 되기 때문에, 위에서 기술한 전자의 스며 나옴에 따른 전기 쌍극자를 없애는 방향으로 작용한다. 이에 따라 표면 항 $\Delta\phi$가 작아져, 일함수가 감소하는 것이다. 따라서 일반적으로는 평탄한 표면보다 요철이 큰 표면이 일함수가 작다. 즉, 전자를 밖으로 끄집어내기 쉬운 경

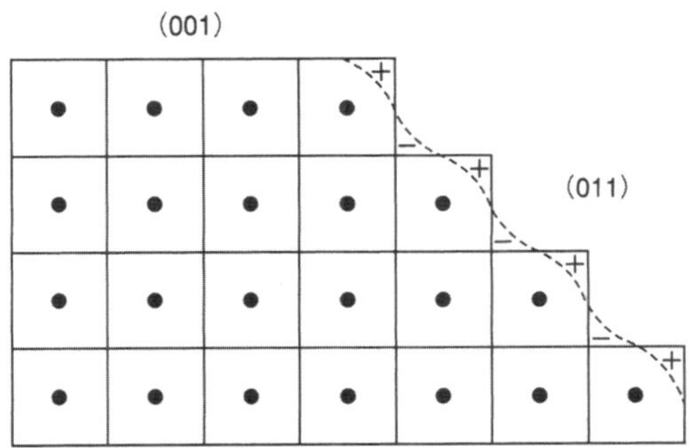

그림 4.15 ▶ 표면의 전자 재분포(Smoluchowski 효과).

향이 있다.

같은 물질임에도 불구하고 어떤 표면에서 전자를 끄집어내는지에 따라 필요한 에너지가 달라진다는 사실은 어쩐지 이상하게 느껴진다. 전자를 무한대의 거리에 놓고 그 곳에서 유한 크기의 물질을 본다면, 어떤 표면으로부터 끄집어내도 최종 상태는 같기 때문에 에너지에 차이가 없다. 즉 일함수의 면 의존성이 나타나려면 무한히 넓은 표면이 필요하다. 하지만 이는 불가능하므로, 실제로 일함수를 측정할 때는 '시료 크기보다는 작지만 원자간 거리보다 훨씬 크고, 거울상 힘(image force)의 영향을 무시할 수 있을 정도의 거리 S (~1 μm)까지 전자를 고체 내부로부터 꺼내기 위해 필요한 최소 에너지'를 측정한다. 즉 시료 가장자리의 별도 퍼텐셜을 가진 부분이 영향을 주지 않도록 측정한다. 따라서 실효적인 기준으로 삼는 것은 무한원에 정지한 전자의 에너지 $E_{VAC}(\infty)$가 아닌 $E_{VAC}(S)$임에 주의하자.

일함수를 측정하는 몇 가지 방법 중 여기서는 광전자 방출에 의한 방법을 소개한다. 앞서 언급한 광전 효과를 이용한 방법이다. 단색의 자외선 $h\nu$를 시료에 조사하여, 방출되는 전자의 에너지를 전자 분광기로 측정한다. 그림 4.16에 나타낸 바와 같이, 전자는 광자의 에너지 $h\nu$를 사용해 여기되고, 시료의 Fermi 준위 E_F에 있는 전자는 에너지 보존법칙에 따라

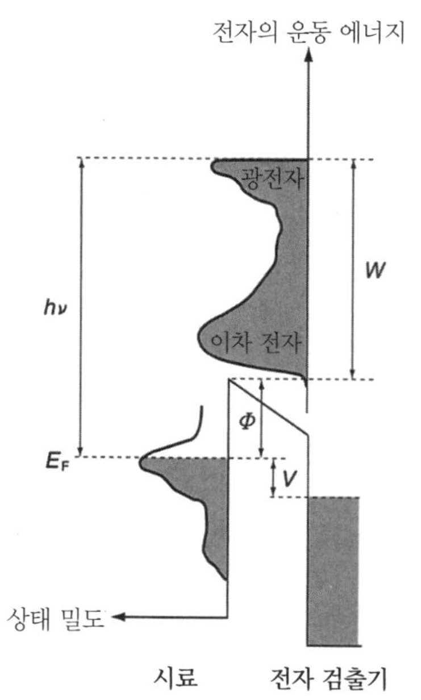

그림 4.16 ▶ 단색 자외선 $h\nu$를 사용한 광전자 분광의 에너지 다이어그램.

$h\nu - \Phi$의 운동 에너지를 가지고 방출된다. Fermi 준위보다 깊은 위치에 있는 전자는 방출되었을 때의 운동 에너지도 작아진다. 방출되는 전자는 방출 전 다른 과정에서 에너지를 잃는 이차 전자를 포함하며, 이들의 운동 에너지의 하한은 0이다. 이를 효율적으로 검출기에 끌어들이기 위해 시료에는 일정한 음의 바이어스 V를 가한다. 그림 4.16에서와 같이, 검출되는 전자의 에너지 폭 W를 구한다. He I 방전으로 발생하는 자외선은 $h\nu = 21.22$ eV이므로, 일함수 Φ는 $21.22 - W$(eV)로 구할 수 있다.

› Panel 광전자 분광법

에너지가 일정한 빛을 고체에 조사했을 때, 표면에서 방출된 광전자의 운동 에너지 분포를 전자 분광기로 측정하여 물질의 점유 전자 상태를 조사하는 분광법을 **광전자 분광법**(photoelectron spectroscopy)이라고 한다. 그림 1에 나타낸 바와 같이 광전자 분광 측정에는 단색 광원, 시료, 전자 분광기가 필요하다. 전자의 운동 에너지를 측정하기 위해 모든 장치는 진공 중에 설치되어 있다. 에너지 보존법칙으로부터 다음 식이 성립한다.

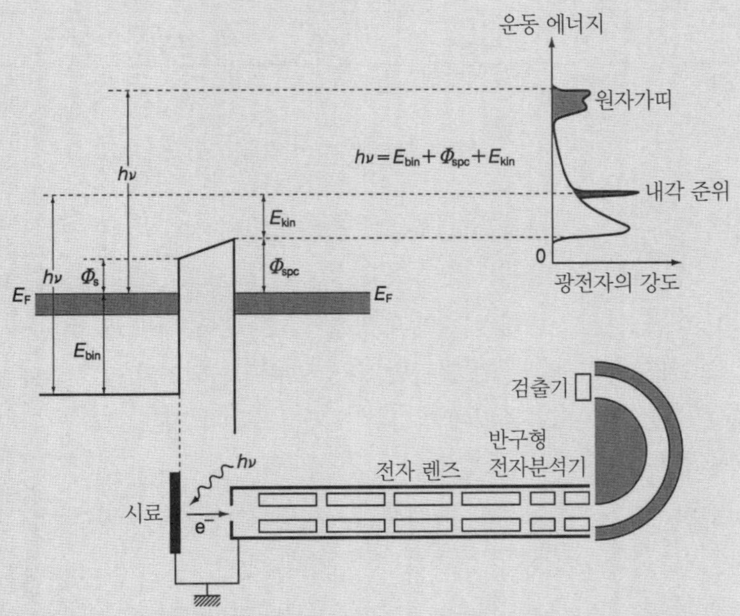

그림 1. ▸ **광전자 분광 실험의 원리.** $h\nu$는 입사광의 에너지, E_{bin}은 전자의 결합 에너지, Φ_{spc}와 Φ_{s}는 각각 전자 분광기의 일함수 및 시료의 일함수, E_{kin}은 전자 분광기를 통해 측정된 광전자의 운동 에너지이다. 시료와 전자 분광기는 접지하고 있으므로 E_{F}가 일치한다.

표 1 ▶ 광전자 분광 실험에 자주 사용되는 광원

광원(선원)	에너지/eV	선폭
He I	21.218	3 meV
He II	40.80	17 meV
Ne I	16.848, 16.670	
Ar I	11.828, 11.623	
Y Mζ	132.3	0.47 eV
Mg Kα	1253.6	0.7 eV
Al Kα	1486.6	0.83 eV

표 2 ▶ 이용 가능한 일본 내 방사광 시설

명칭	축적 링 에너지	광에너지 범위
KEK-PF(쓰쿠바시)	2.5 GeV	수 eV~수십 keV
KEK-PF AR(쓰쿠바시)	6.5 GeV	4~140 keV
UV-SOR II(오카자키시)	750 MeV	적외~4000 eV
Hi-SOR(히가시히로시마시)	700 MeV	수 eV~5000 eV
SPring-8(효고현 사요군)	8 GeV	적외~1 MeV

$$h\nu = E_{\mathrm{bin}} + \Phi_{\mathrm{s}} + E_{\mathrm{kin}} \tag{1}$$

광전자 방출을 유도하기 위해서는 물질의 일함수 Φ_s(수 eV)보다 큰 에너지가 필요하므로, 광원으로 자외선 · 연 X선(soft X-ray) · 경 X선(hard X-ray)이 사용된다. 종래에는 여기 광원의 에너지에 따라 자외선 광전자 분광법(UPS)과 X선 광전자 분광법(XPS)으로 구별되었지만, 최근에는 어떤 전자 상태를 조사하는지에 따라 원자가띠 전자 분광법 혹은 내각 전자 분광법이라고 부르는 경우도 있다.

자외선 광원으로는 비활성 기체의 방전에 의한 공명선이 자주 사용되나, 최근에는 레이저도 사용한다. X선 광원으로는 금속 타깃에 고속 전자를 충돌시켰을 때 발생하는 특성 X선이 사용되어 왔다(표 1). 일본의 경우 현재 싱크로트론(synchrotron) 방사광 시설이 몇 군데에서 운영되고 있어, 적외선부터 경 X선까지의 연속광을 이용할 수도 있다

(표 2). 우리나라의 경우 포항 가속기 연구소(경북 포항)에서 3세대 및 4세대 방사광 가속기를 운영하고 있으며, 2020년 신규 방사광 가속기 부지로 충북 청주시가 최종 선정되어 2028년 운영 개시를 목표로 사업에 착수할 예정에 있다(역자 주).

원자가띠 광전자 분광법(valence-band photoelectron spectroscopy)을 이용하면 원자·분자의 결합에 관계된 가전자(원자가)의 점유 상태를 파악할 수 있다. 표면에서 광전자가 방출될 때 표면 평행 방향의 운동량이 보존되므로 광전자의 방출각과 에너지의 관계를 측정하면 분산 관계를 얻을 수 있어, 전자 상태의 밴드 매핑(band mapping)이 가능하다. Cu(111) 청정표면의 각도 분해 광전자 스펙트럼을 그림 2a에 나타냈다. 광전자의 방출각 변화에 따라 결합 에너지 피크가 이동하는 것을 알 수 있다. 일련의 측정 데이터를 해석하여 밴드 매핑하면 그림 2b와 같이 된다. Cu(111) 표면 상태의 분산 관계는 이차 곡선(포물선)이며, 이차원 자유 전자임을 나타낸다. 분자가 흡착한 표면의 광전자 분광을 수행하면, 흡착 분자의 점유 상태에 관한 정보를 얻을 수 있다.

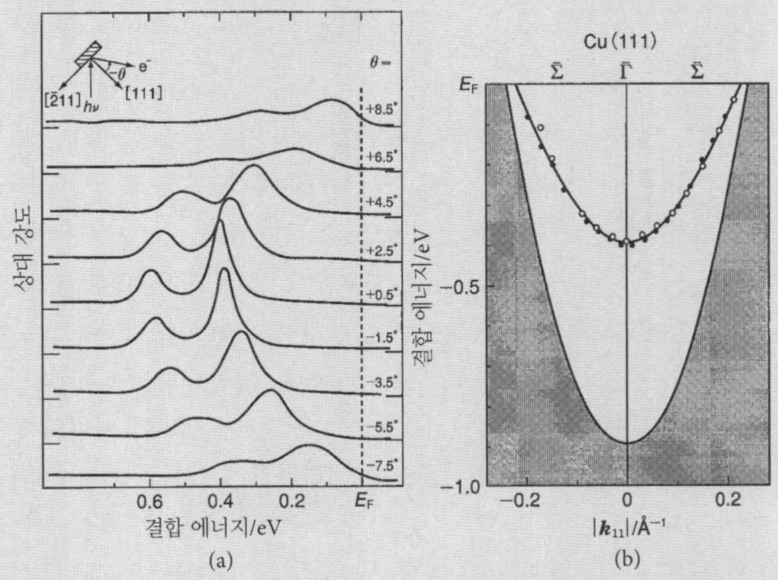

그림 2. ▶ Cu(111) 청정표면의 각도 분해 광전자 스펙트럼. (a) Ar I 공명선에 의한 각도 분해 광전자 스펙트럼. 입사광의 에너지는 11.8 eV, (b) 일련의 스펙트럼으로부터 얻은 피크의 분산관계. 입사광의 에너지는 흰 원과 검은 원에서 각각 16.8 eV및 11.8 eV이다. [S. D. Kevan, *Phys. Rev. Lett.*, **50**, 526(1983)]

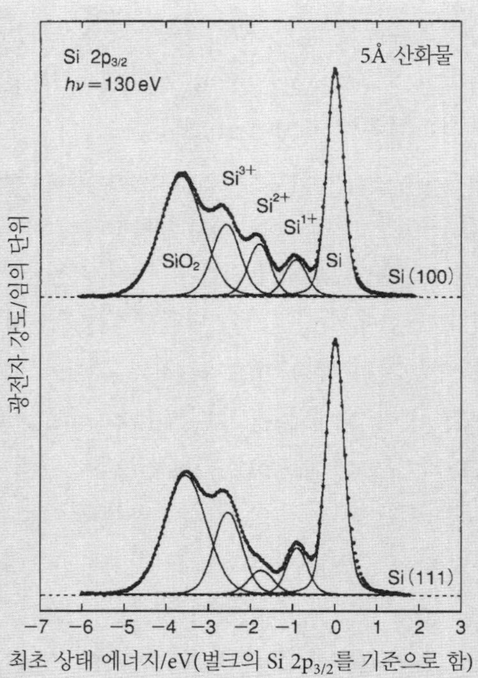

그림 3. ▶ **산화 Si(111) 표면 및 Si(100) 표면의 Si 2p 내각 광전자 분광 스펙트럼.** $2p_{3/2}$ 성분의 피크를 표시하였다. [F. J. Himpsel *et al., Phy. Rev.* **B38**, 6084(1988)]

한편, 연 X선이나 경 X선을 사용하면 내각 전자를 여기할 수 있다(core-level photoelectron spectroscopy). 내각 전자는 원자간 결합에 직접 관여하지는 않으나, 원자 주변의 화학적 환경에 따라 내각 전자의 결합 에너지가 이동한다(화학적 이동). 화학적 이동은 원자의 화학상태(산화수 등)나 결합한 상대 원소의 전기음성도와 관련지을 수 있어 편리하다. 그림 3에는 방사광을 이용해 측정한 Si 기판의 초박 산화막에 대한 Si 2p 내각 광전자 스펙트럼을 나타냈다. 입사광의 에너지는 130 eV이고 Si 2p의 결합 에너지는 약 100 eV이므로, 관측되는 광전자의 운동 에너지는 20~25 eV 정도이다. 후술할 보편 곡선에 따르면 이 에너지 영역의 광전자 탈출 깊이(escape depth)는 1 nm이다. 따라서 Si 산화막 및 Si 기판과의 계면 상태를 민감하게 측정할 수 있다. 스펙트럼에서 SiO_2뿐만 아니라 SiO_x로 표현되는 다양한 아산화물이 존재함을 알 수 있다. 입사광의 에너지를 변화시켜 스펙트럼을 측정하고, 피크 강도의 거동을 해석함으로써 화학종의 깊이 방향에 대한 정량적 분석이 가능하다.

› Panel

표면 분석과 Propst 다이어그램

표면 분석을 수행하기 위해서는 선택성(selectivity)과 감도(sensitivity)의 두 가지가 요구된다. 예를 들어 1 cm^3의 정육면체 시료가 있다고 하자. 이 안에는 Avogadro 수($\sim 6 \times 10^{23}$) 정도의 원자(분자)가 존재한다. 한편, 정육면체의 표면적은 한 면에 1 cm^2로, 그 안에 약 10^{15}개 정도의 원자가 존재한다. 즉, 이 시료 표면을 분석할 때에는 10^{15}개 cm^{-2}(10^{-8} mol cm^{-2})의 감도를 갖는 분석 기법이 필요하다. 또한 시료 내부(벌크)의 원자와 표면 원자를 구별하기 위해서는 $10^{15}/(6 \times 10^{23}) \approx 10^{-9}$의 선택성이 요구된다.

이러한 조건을 극복하고 표면에 민감한 분석 기법을 개발하기 위한 지침으로서, 미국의 표면물리학자 Propst는 그림 1과 같은 다이어그램[**Propst 다이어그램**(Propst diagram)]을 제안했다.

실험에서는 물질의 조성 · 구조 · 물성을 밝히기 위해 물질에 어떠한 자극을 가하여 나오는 정보를 해석한다. 탐색에 이용되는 도구(물질)를 탐침(probe)이라고 부르는데, 표면에 민감한 탐침을 입력(input)이나 출력(output)에 이용하여 감도와 선택성을 높일 수 있다. 특히 중성 입자, 이온, 전자 등의 입자는 물질과의 상호작용이 강해 외부에서 벌크(내부)로 침입하기 어려우므로 표면 민감성 탐침이 된다. 벌크에 침입하기 쉬운 열이나 빛은 표면 민감성 탐침과 조합하여 표면 분석 수단으로 이용된다.

그 중에서도 전자는 열 필라멘트로 쉽게 발생시킬 수 있어 에너지나 위치를 제어하기가 비교적 간단하기 때문에 표면 분석의 탐침으로 자주 이용된다. 그림 2는 전자의 운동 에너지와 비탄성 평균 자유 행로(탈출 깊이라고도 함)의 관계를 나타낸다.

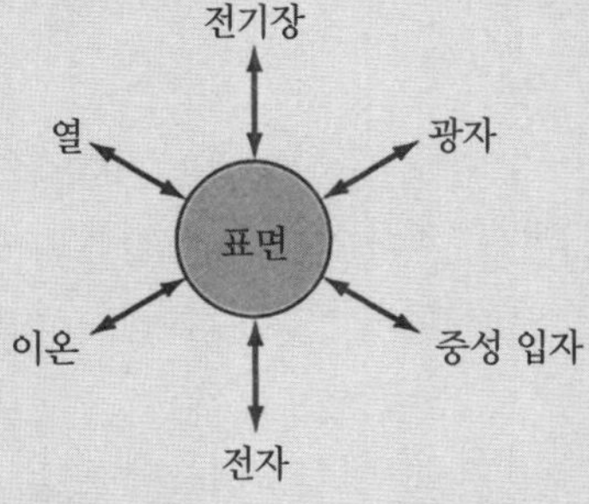

그림 1. ▸ Propst 다이어그램.

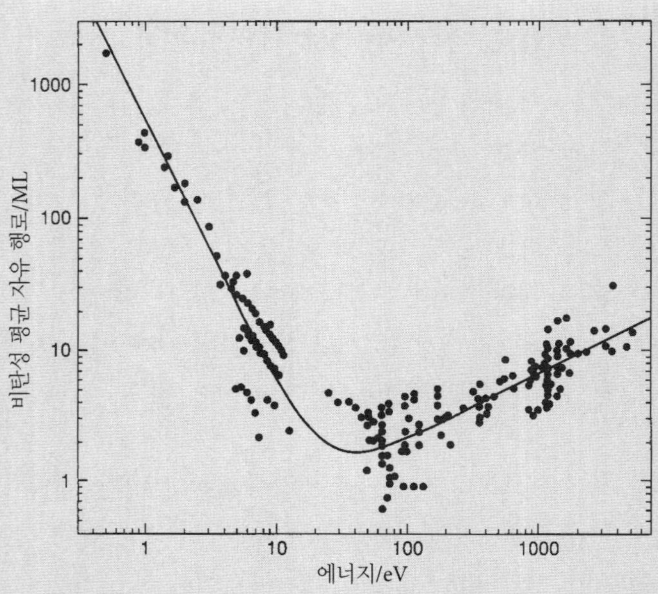

그림 2. ▶ **전자의 비탄성 평균 자유 행로.** 가로축은 전자의 운동 에너지, 세로축은 비탄성 평균 자유 행로(단위는 원자층). 1원자층은 약 2 Å 정도.

수십 eV 영역에서 극솟값을 갖는 이 곡선은 물질의 종류에 거의 의존하지 않아 **보편 곡선**(universal curve)으로 불린다. 물질 내에서 전자의 에너지 손실(비탄성 산란) 메커니즘으로는 크게 다음의 세 가지 요인이 있다.

① 플라스몬: 원자가띠 및 전도띠 자유 전자의 양자화된 집단운동(전자밀도의 진동)을 플라스몬(plasmon)이라고 부른다. 플라스몬의 에너지는 물질에 의존하며, 대체로 수십 eV의 영역에 존재한다. 전자와의 상호작용이 크다.

② 전자-정공 쌍 생성: 점유 상태에서 비점유 상태로의 단전자여기로서 밴드간 전이에 해당한다. 0~10 eV 영역에 에너지 손실이 발생한다.

③ 진동여기: 물질 내 원자의 진동(포논, phonon)여기에 의해 전자의 에너지 손실이 발생한다. 에너지 영역은 0~0.4 eV 정도에 해당한다. 금속 기판의 포논의 에너지는 수십 meV 이하이다.

전자의 플라스몬 여기 단면적이 크기 때문에 수십 eV 이상의 전자에서는 플라스몬 여기에 의해 평균 자유 행로가 감소한다. 그 이하(저에너지)에

표 1 ▸ 주요 표면 분석 기법

입력(input)	출력(output)	표면 분석 기법	축약어
빛	빛	적외선 반사 흡수 분광 X선 발광 분광 합주파 발생 제2고조파 발생 표면 증강 Raman 분광	IRAS XES SFG SHG SERS
빛	중성 입자, 이온	광자극 탈착	PSD
빛	전자	자외선 광전자 분광(원자가띠) X선 광전자 분광(내각) X선 흡수 분광(전자)	UPS XPS XAS
중성 입자	중성 입자	He 원자선 산란 분자선 산란	HAS MBS
중성 입자	전자	준안정 원자 여기 전자 분광	MAES
전자	빛	역광전자 분광	IPES
전자	중성 입자, 이온	전자 자극 탈착	ESD
전자	전자	저에너지 전자 회절 반사 고에너지 전자 회절 전자 에너지 손실 분광 Auger 전자 분광	LEED RHEED EELS AES
이온	중성 입자, 이온	이차 이온 질량 분석	SIMS
이온	이온	이온 산란 분광	ISS
열	중성 입자	열탈착 분석	TDS
전기장	이온	전기장(전계) 이온 현미경	FIM
전기장	전자, 터널링 전자	전기장(전계) 방출 현미경 주사 터널링 현미경	FEM STM

서는 플라스몬을 여기할 수 없으므로 오히려 증가한다. 보편 곡선에 극솟값이 존재하는 것은 이 때문이다.

Propst 다이어그램의 입 · 출력 조합과 관련된 표면 분석 기법 가운데 자주 쓰이는 것을 표 1에 나타내었다. 최근에는 최초의 Propst 다이어그램에 포함되지 않았던 원자간 힘을 탐침으로 사용하는 원자힘 현미경(AFM)과 양전자를 이용한 표면 분석법 등 새로운 표면 분석 기법이 개발되고 있다.

연습 문제

4.1 그림 4.2와 같이 구성원자의 증가에 따른 에너지 밴드의 형성을 Hückel 근사를 사용해 생각해 보자. 사슬 모양 불포화 탄화수소 분자의 분자면에 수직인 C 2p 궤도의 선형 결합으로 π 결합을 나타내고, 변분원리(variational principle)를 이용해 적절한 계수와 에너지를 구하면, 고유방정식의 해로 다음과 같은 에너지 준위가 얻어진다.

$$E_k = \alpha + 2\beta\cos\frac{k\pi}{N+1} \quad (k = 1, 2, 3, \ldots, N)$$

단 N은 사슬의 탄소 수, α와 β는 식 (4.5) 및 (4.6)과 동일한 형태의 Coulomb 적분과 공명 적분이다. 아래의 질문에 답하시오.

(a) $N = 2$(에틸렌)일 때의 두 개의 에너지 준위를 구하시오.

(b) $N = 3$일 때의 세 개의 에너지 준위를 구하고, 가장 낮은 준위와 가장 높은 준위의 에너지 차를 구하시오.

(c) $N \to \infty$일 때에 에너지가 가장 작은 낮은 준위와 가장 높은 준위의 에너지 차는 $4|\beta|$가 됨을 보이시오.

4.2 그림 4.A와 같이 일정 간격 a로 1차원적으로 무한히 늘어선 원자에 대해 원자열 방향과 수직인 p 궤도가 만드는 밴드 구조를 생각하자. 아래의 물음에 답하시오. 단, 그림 속 A와 B는 파동의 일부를 나타낸다.

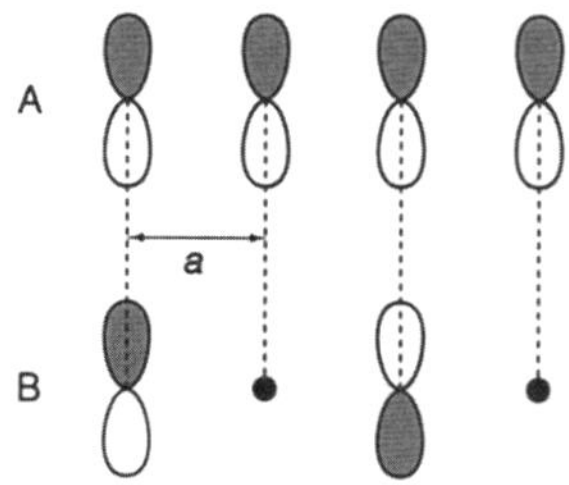

그림 4.A 그림에서 ● 표시는 위상 차가 90°인 궤도를 나타낸다.

(a) A와 B로 표현된 각각의 파동에 대해 파장과 파수를 표시하시오.

(b) A와 B로 표현된 상태의 어느 쪽 에너지 준위가 높은가?

(c) 이웃한 p 궤도끼리의 공명 적분 β의 절댓값이 커지면, 이 밴드의 전자 상태 밀도는 커지는가 혹은 작아지는가?

4.3 식 (4.16)과 (4.17)로 주어지는 Bloch의 관계는 아래와 같이 나타낼 수 있음을 보이시오.

$$\Psi_k(\boldsymbol{r} + \boldsymbol{T}) = \exp(i\boldsymbol{k} \cdot \boldsymbol{T})\Psi_k(\boldsymbol{r})$$

4.4 3d 전이금속의 Fermi 준위 부근의 밴드 구조에 대한 아래의 물음에 답하시오.

(a) 4s 및 4p 전자를 기원으로 하는 d-밴드의 형상을 개략적으로 그리고, Fermi 준위 E_F의 위치를 표시하시오(밴드의 어느 위치에 오는지를 알 수 있게 표시하시오).

(b) Mn(전자배치 [Ar] $3d^5 4s^2$) 및 Ni([Ar] $3d^8 4s^2$) 각 결정의 벌크의 전자 상태에 대해 Fermi 준위에서의 전자 상태 밀도(DOS)가 큰 것은 어느 쪽인가?

(c) d-밴드에 대해 벌크와 표면을 비교하여 밴드 폭이 좁은 것은 어느 쪽인가?

(d) Ni의 표면 d-밴드의 중심은 Ni의 벌크 d-밴드의 중심보다 에너지가 높다. 그 이유를 간략히 기술하시오.

4.5 그림 4.B와 같은 유한 깊이 V의 퍼텐셜 우물 속에 갇힌 입자($E < V$)에 대하여 Schrödinger 방정식

$$-\frac{\hbar^2}{2m}\frac{d^2\phi}{dx^2} + V\phi = E\phi$$

을 풀면, 그림과 같이 우물의 벽 속으로도 파동함수가 감쇠하며 스며 나오는 것을 알 수 있다. 아래의 물음에 답하시오.

(a) 위에 나타낸 Schrödinger 방정식의 $x > L$에서의 해로서 다음이 얻어짐을 보이시오.

$$\phi = Ce^{-\kappa x} \qquad \left(C\text{는 상수}, \ \kappa = \frac{\sqrt{2m(V-E)}}{\hbar}\right)$$

(b) 물질 속에 갇힌 전자도 이 모델을 이용해 정성적으로 설명할 수 있다. 이때 V의 값은 대략 일함수 Φ와 같다. 우물의 벽 속에서 파동함수의 감쇠의 정도를 나타내는 매개변수 κ의 역수는 그림 4.13에서 전자가 물질의 바깥으로 스며 나오는 거리의 어림값을 제공한다. $V - E = 4.0$ eV, $m = 9.1 \times 10^{-31}$ kg일 때, $1/\kappa$의 값을 계산하시오.

$$\kappa = \frac{\sqrt{2m(V-E)}}{\hbar}$$

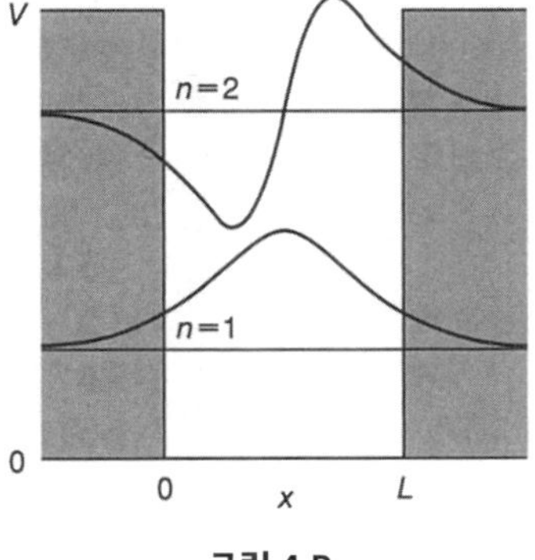

그림 4.B

4.6 금속의 일함수에 대한 아래 물음에 답하시오.

(a) 일함수가 각각 Φ_1 및 $\Phi_2(\Phi_1 > \Phi_2)$인 두 종류의 금속판에 같은 파장의 빛을 조사하여 전자를 방출시켰다. 방출되는 전자의 운동 에너지의 최댓값이 큰 것은 어떤 금속판에서 방출되는 경우인가?

(b) 전기적 중성인 금속 표면에도 전기 이중층이 생긴다. 전기 이중층 중에서, 외부에서 볼 때 물질의 바깥쪽에는 어떤 전하가 존재하는가?

(c) 스텝을 가지지 않는 평탄한 표면과 다수의 스텝을 갖는 미세 경사 표면 중에서 어떤 것이 일함수가 큰가?

(d) 전기음성도가 큰 산소 원자가 흡착하면 금속 표면의 일함수는 커지는가 작아지는가?

4.7 서로 다른 금속으로 된 평판 A 및 B의 일함수는 $\Phi_A > \Phi_B$의 관계에 있다. 아래 질문에 답하시오.

(a) 두 장의 금속평판을 도체 선으로 연결하면 한쪽에서 다른 쪽으로 전자가 이동한다. 어느 쪽에서 어느 쪽으로 전자 이동이 일어나는가?

(b) 도선으로 연결한 상태에서 두 장의 금속평판 간 거리를 접근시키면 양쪽 사이에는 힘이 작용한다. 이는 인력인가, 척력인가?

(c) 도선으로 연결한 상태에서 두 장의 금속평판 간 거리를 1 nm 이하로 하면 터널링 전류가 흐르는가? 또한 도선으로 연결하지 않은 상태에서 똑같이 접근시킨 경우는 어떠한가?

제 5 장

전자론과 흡착 모델

이 장에서는 원자나 분자가 고체 표면에 흡착할 때의 전자론적 메커니즘에 대해 학습한다. 먼저 흡착 양식에 따라 흡착을 **물리흡착**(physisorption)과 **화학흡착**(chemisorption)으로 구분하여 생각한다. 물리흡착은 흡착 에너지는 작으나 물질 사이에 항상 존재하며, 많은 상황에서 중요한 역할을 수행한다. 대부분의 접착 현상이 이에 해당하는데, 예를 들어 도롱뇽이 벽을 오를 수 있는 것도 물리흡착의 덕분이다. 화학흡착의 경우 문자 그대로 흡착 원자 · 분자와 고체 표면 사이에 화학 결합이 형성된다. 물리흡착과 화학흡착의 특징을 표 5.1에 정리했다. 이어서 각각에 대해 자세히 서술한다.

5.1 물리흡착

물리흡착(physisorption)의 기원은 분산력이라고도 부르는 **van der Waals 상호작용**(van der Waals interaction)이다. 영점 진동에 의한 원자 · 분자 내 전자 분포의 양자역학적 진동에 의해 발생하는 순간적인 쌍극자 p_1에 의해 상대 물질이 분극한다. 유도된 분극과 원래 물질의 분극이 상호작용해 인력이 발생한다. 따라서 van der Waals 힘의 크기는 물질의 분극률에 의존한다. 전자 분포의 순간적인 진동에 의해 생기는 쌍극자 p_1은 거리 r의 위치에 전기장 $E \sim p_1/r^3$을 생성한다. 그리고 그곳에 존재하는 분극률 α인 물질에 $p_2 \sim \alpha p_1/r^3$의 쌍극자를 유도한다. 전기장 내 쌍극자의 퍼텐셜은 E와 p_2에 비례하므로, 결과적으로 van der Waals 힘의 인력 항은 거리의 6승에 반비례하게 된다.

표 5.1 ▶ 물리흡착과 화학흡착의 특징

	물리흡착	화학흡착
흡착력	van der Waals 힘	화학 결합
힘의 기원	전자 분포의 분극	전자의 교환
전자 상태	독립 분자의 전자 상태는 거의 보존됨	분자의 전자 상태가 변화하며 혼성 상태를 생성하는 경우도 있음
힘의 세기	약함	강함
힘의 특징	지향성 없음. 장거리	지향성 있음. 단거리
흡착 에너지	~0.3 eV = 28.9 kJ mol^{-1} 이하	~0.3 eV = 28.9 kJ mol^{-1} 이상

van der Waals 힘을 현상론적으로 기술하는 퍼텐셜로서 다음의 Lenard-Jones형 퍼텐셜이 있다.

$$V(r) = V_0\left\{\left(\frac{r_0}{r}\right)^{12} - 2\left(\frac{r_0}{r}\right)^{6}\right\} \tag{5.1}$$

퍼텐셜을 결정하는 매개변수는 V_0과 r_0이다. 단거리(12승)에서의 척력은 닫힌 껍질(closed shell)의 전자구름 중첩에 의한 Pauli의 원리로부터 생긴다(Pauli 척력).

다음으로 물리흡착의 모델로서 금속 표면에 전하 q를 가진 원자가 있는 경우를 생각하자. 원자의 이온 코어(ion core)와 가전자는 각각 금속 기판 내에 거울상을 형성한다(그림 5.1).

흡착 원자 및 그 거울상 사이의 정전 상호작용(그림 5.1)에 의한 퍼텐셜 V_w는 아래와 같이 쓸 수 있다.

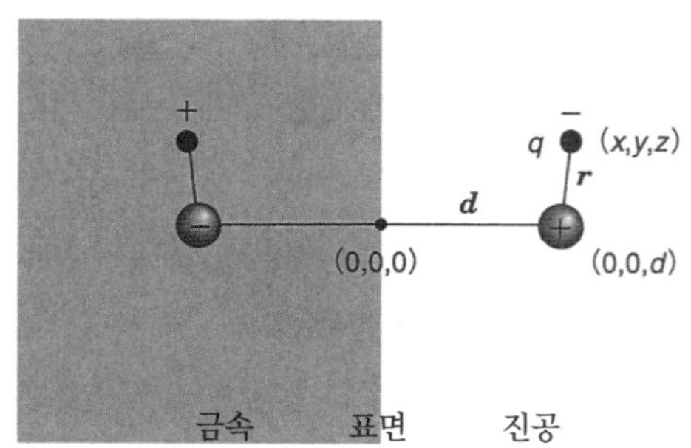

그림 5.1 ▶ 금속 표면에 물리흡착한 원자와 그 거울상.

$$V_w(\boldsymbol{d}\ ,\ \boldsymbol{r}) \propto -\frac{q^2}{2d} - \frac{q^2}{2(d+z)} + \frac{2q^2}{|2\boldsymbol{d}+\boldsymbol{r}|} \tag{5.2}$$

처음 두 항은 이온 코어와 전자 각각의 거울상 사이의 인력을 나타낸다. 제3항은 동종의 부호를 갖는 입자간의 반발 항이다. 이 식은 r/d로 Taylor 전개하여 정리하면 표면으로부터의 거리 d의 함수로서 다음과 같이 된다.

$$V_w(d) \propto -\frac{C_{vdW}}{d^3} \tag{5.3}$$

여기서 C_{vdW}는 물리흡착계의 van der Waals 상수이다. 금속 표면으로부터의 Pauli 척력 항 $V_R(d)$를 근거리 상호작용으로서 현상론적으로 포함시키면, 물리흡착 퍼텐셜 $V(d)$는 일반적으로 다음과 같이 나타낼 수 있다.

$$V(d) = V_R(d) + V_w(d) \propto C_R \exp\left(-\frac{d}{a}\right) - \frac{C_{vdW}}{d^3} \tag{5.4}$$

전형적인 물리흡착의 예로는 고체 표면에 대한 비활성 기체나 포화 탄화수소의 흡착을 들 수 있다. 단, 전이금속에 흡착한 Xe의 경우는 물리흡착임에도 불구하고 흡착 에너지가 비교적 크다(~0.3 eV). 또 금속 표면에 흡착한 긴 사슬 모양의 알켄도 상당한 흡착 에너지를 갖는 것에 주의하자.

Zaremba와 Kohn은 물리흡착 퍼텐셜을 Hartree-Fock 이론으로 기술되는 단거리 항과 van der Waals 상호작용에 따른 장거리 항으로 분리하여 금속

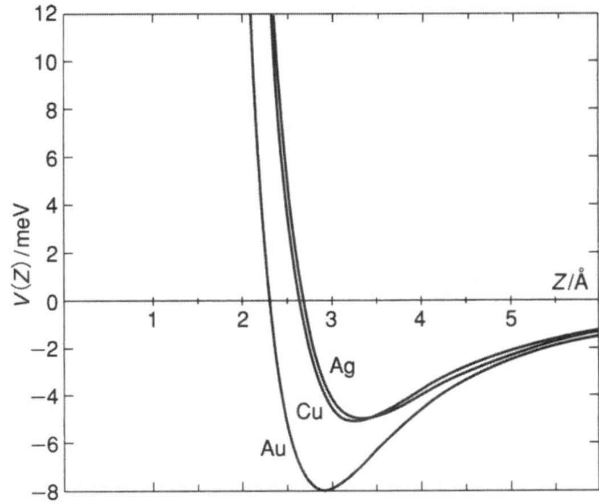

그림 5.2 ▶ 여러 가지 금속에 흡착한 He 원자의 물리흡착 퍼텐셜 곡선. [E. Zaremba and W. Kohn, *Phys. Rev.*, **B15**, 1769(1977)]

표면에 물리흡착한 비활성 기체의 흡착 퍼텐셜을 계산하였다(그림 5.2). 흡착 에너지는 10 meV 이하로 매우 작고, 표면에서 흡착 He 원자까지의 거리는 약 3~4 Å이다. 장거리 힘인 van der Waals 상호작용을 제1원리 계산으로 구하는 것은 상당히 어려우며, 앞으로 해결해야 할 과제 중 하나이다.

5.2 화학흡착

화학흡착(chemisorption)에서는 흡착 원자 · 분자와 및 기판 표면을 구성하는 원자 사이에 화학 결합이 생성된다. 화학 결합에는 공유 결합, 이온 결합, 배위 결합, 금속 결합, 수소 결합이 포함된다.† 먼저 이원자 분자의 화학 결합론으로부터 흡착을 유추하여 생각해 보자.

† 화학에서는 이들 결합에 대해 용어를 구별하여 사용하나, 이들 사이에 엄밀한 경계가 있는 것은 아니다.

이핵 이원자 분자의 분자 궤도에서 결합성 궤도의 에너지 E_b와 반결합성 궤도의 에너지 E_a를 도시하면 그림 5.3과 같이 된다. 원자 궤도로부터 분자 궤도가 형성되는 과정을 분자 궤도간의 상호작용으로 확장할 때에는 K. Fukui 등이 구축한 프론티어 궤도이론(frontier orbital theory)을 사용한다. 이 이론에서는 분자의 최고 점유 분자 오비탈(highest occupied molecular orbital, HOMO) 및 최저 비점유 분자 오비탈(lowest unoccupied molecular orbital, LUMO)의 상호작용을 통해 분자간 결합을 생각한다.

예로서 CO가 전이금속에 배위한 카보닐 착물과, 에틸렌이 Pt에 배위한 Zeise 염을 소개한다. 각 경우의 프론티어 궤도 상호작용을 그림 5.4에 나타냈다.

금속 카보닐(metal carbonyl)의 경우, CO의 HOMO인 5σ 궤도와 금속 원자의 공궤도(unoccupied orbital)의 상호작용 결과로 새롭게 형성된 결합성 궤도에 5σ 궤도에 있던 전자의 **공여**(donation)가 일어난다. 반대로 금속 원

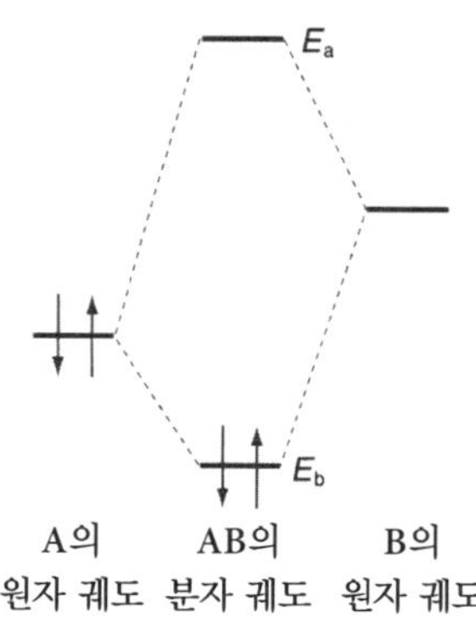

그림 5.3 ▸ 이핵 이원자 분자에서 각 원자 궤도의 에너지와 결합성 및 반결합성 분자 궤도의 에너지 다이어그램. 원자 A의 HOMO와 원자 B의 LUMO 사이의 상호작용을 나타낸다.

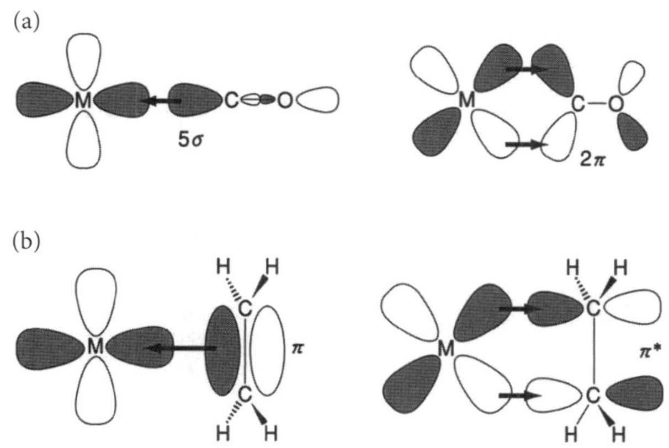

그림 5.4 ▶ 프론티어 궤도 상호작용의 예. (a) 금속 카보닐에서 CO와 금속 원자의 화학 결합(Blyholder 모델), (b) Zeise 염에서 에틸렌과 금속 원자의 화학 결합(Dewar-Chatt-Duncanson 모델).

자의 점유 궤도와 CO의 LUMO(2π 궤도)의 상호작용 결과로 금속의 전자가 이동한다(**역공여**, back-donation). Zeise 염의 경우 에틸렌의 HOMO인 1π 궤도에서 금속 원자의 공궤도로 공여가 일어나며, 금속으로부터 LUMO인 2π 궤도로 역공여가 일어난다. 두 경우 모두 전자 이동을 통해 분자와 금속 원자 사이에서 전자를 공유하며 결합이 생성된다(그림 5.4).

일반적으로 금속과 분자 사이에 화학 결합이 형성되면, 분자 내의 결합성 궤도인 HOMO에서 전자가 이동(공여)해 가고, 분자 내의 반결합성 궤도인 LUMO로 전자가 이동(역공여)해 오므로, 두 경우 모두 분자 내 결합이 약해지는 쪽으로 작용한다. 실제로 진동 분광법에 의해 CO 분자 내 진동의 진동수 ν_{CO}가 기체상 CO와 비교해 저하됨이 밝혀졌으며, X선 회절실험에 의해 에틸렌 착물의 탄소-탄소 간 거리가 기체상 에틸렌의 경우에서보다 길어짐이 확인되었다(그림 5.5).

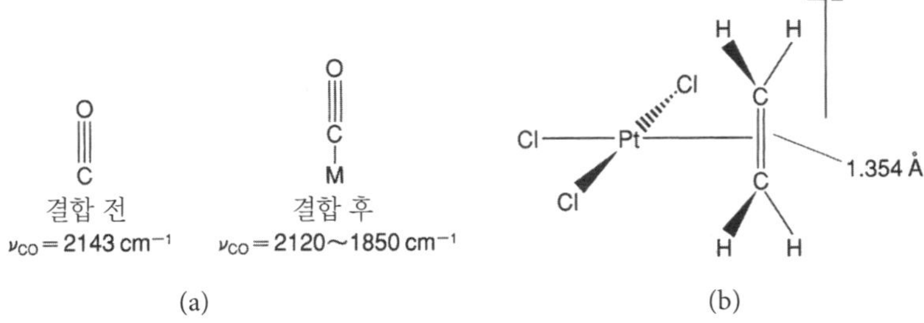

그림 5.5 ▶ 금속과 분자 사이의 화학 결합의 형성. (a) 카보닐 착물의 CO 신축 진동. 금속 원자 M에 결합하면 CO 신축 진동의 진동수가 감소한다. (b) Zeise 염의 구조. 탄소-탄소 간 거리가 에틸렌의 경우(1.337 Å)와 비교해 착물 내에서 약간 늘어나 있다.

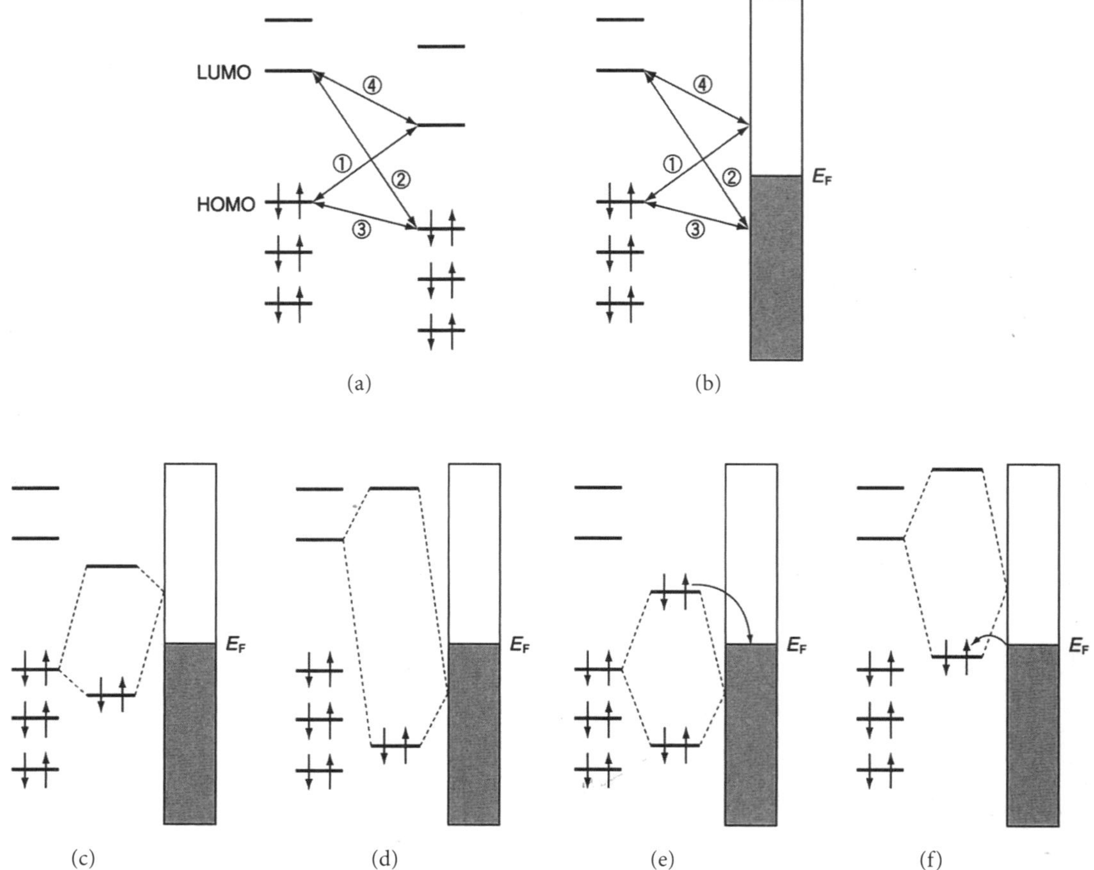

그림 5.6 ▸ 분자 궤도와 금속의 상호작용. (a) 분자와 금속 원자의 상호작용, (b) 분자와 금속 기판의 상호작용, (c) 분자의 HOMO와 금속 표면의 비점유 상태 간의 상호작용, (d) 분자의 LUMO와 금속 표면의 점유 상태 간의 상호작용, (e) 분자의 HOMO와 금속 표면의 점유 상태 간의 상호작용, (f) 분자의 LUMO와 금속 표면의 비점유 상태 간의 상호작용.

금속 표면에 흡착한 분자의 구조와 결합 양식은 앞서 설명한 금속 착물의 예시로부터 유추할 수 있는 부분이 많다. 그러나 근본적으로 다른 점이 있는데, 고체 표면에서 금속 원자는 독립해 있지 않은 다체계이기 때문에 다수의 원자 궤도 중첩에 의해 연속적인 에너지 밴드가 생성되어 Fermi 준위 E_F가 존재한다는 것이다(그림 5.6의 a와 b를 비교해 보자).

분자와 금속 표면이 상호작용 할 때의 궤도 분열과 전자 점유에 관해 Hoffmann의 모델에 기초해 생각해 보자.[1] 분자 궤도와 금속 표면 간의 상호작용을 다음 4가지 경우로 나누어 생각한다(그림 5.6).

① 분자의 HOMO와 금속 표면의 '어떤 비점유 상태' 사이의 상호작용

[1] R. Hoffmann, *Rev. Mod. Phys.*, **60**, 601(1988).

② 분자의 LUMO와 금속 표면의 '어떤 점유 상태' 사이의 상호작용
③ 분자의 HOMO와 금속 표면의 '어떤 점유 상태' 사이의 상호작용
④ 분자의 LUMO와 금속 표면의 '어떤 비점유 상태' 사이의 상호작용

①과 ②는 각각 프론티어 궤도간의 HOMO-LUMO 및 LUMO-HOMO 상호작용에 해당하며, 흡착에 의해 새롭게 형성된 '결합성 궤도'에 전자가 점유되는 모습을 나타내고 있다. 그림 5.6c의 경우는 공여, 그림 5.6d의 경우는 역공여에 해당한다.

분자와 금속 표면 간 상호작용과 전자 점유의 특징적인 점이 그림 5.6e와 f에 표현되어 있다. e의 경우 양쪽 모두 점유 궤도가 관계하고 있는데(2궤도 4전자), 이 경우 분자 궤도끼리는 보통 반결합성 궤도에 2개의 전자가 배치되기 때문에 불안정해진다. 그러나 금속 표면에서는 반결합성 궤도에 들어갈 전자가 금속의 Fermi 준위로 이동해 안정화된다. 즉, 점유 상태 사이의 상호작용이라 하더라도 흡착 결합을 안정화시킬 수 있다. f는 공궤도끼리의 상호작용을 나타낸다. 분자 사이의 LUMO-LUMO 상호작용인 경우에 전자는 보통 배치되지 않는데, 금속 표면에서는 새롭게 형성된 궤도 중 결합성 궤도의 에너지 준위가 Fermi 준위보다 낮은 경우에 금속 기판에서 이 궤도로 전자가 이동해 안정화된다. 즉, 공궤도끼리의 상호작용이라 하더라도 새롭게 만들어진 결합성 궤도로 전자가 이동해 흡착 결합을 안정화시킨다. 이와 같이 분자와 금속 기판이 상호작용하는 경우, 설명했던 4개의 모든 경우에서 안정화될 수 있다. 여기서는 프론티어 궤도이론을 바탕으로, 궤도끼리의 상호작용이 강하며 분자와 기판의 궤도 사이에서 분열한 새로운 궤도가 2개 형성되는 경우를 생각했는데, 이와 같은 방식은 편재화된 d 궤도와의 상호작용을 생각할 때는 대체로 들어맞는다.

고체 표면과 원자 · 분자의 전자적 상호작용을 보다 일반화하여 생각하면, '분자의 이산적인 궤도와 기판의 연속적인 밴드가 어떻게 상호작용하는가'라는 질문으로 귀결된다. Grimley와 Newns는 귀금속 내 자성 불순물의 전자 상태를 기술하기 위해 1961년 P. W. Anderson이 도입한 모델을 금속 표면의 흡착자에 적용하여 그 전자 상태의 거동을 연구했다. 특히, Newns는 알칼리 원자가 흡착한 금속 표면의 일함수 문제와 금속 표면에서의 수소 원자에 관한 문제 등을 자세하게 연구해 흡착의 전자론에 관한 본질적인 검토를 수행했다. 현재는 이 이론모형을 **Newns-Anderson 모델**(Newns-Anderson

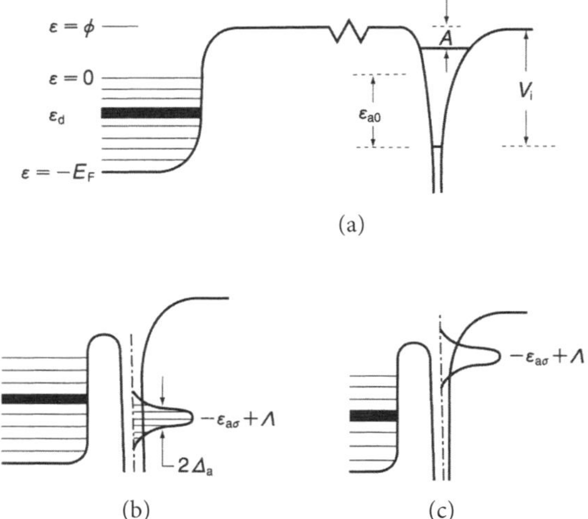

그림 5.7 ▶ 흡착자의 이산 준위가 금속 표면과 상호작용하여 에너지 준위의 이동과 피크 폭의 확장이 발생하는 모습.† [J. W. Gadzuk. *Surf. Sci.*, **43**, 44(1974)]

† 원자(분자)의 이산 준위가 금속 표면과 상호작용함으로써 에너지 준위의 이동과 피크 폭의 확장(퍼짐)이 일어난다. (a) $\varepsilon = 0$은 금속의 Fermi 준위를 나타낸다. Fermi 에너지를 E_F로 놓으면, 밴드의 바닥은 $\varepsilon = -E_F$가 된다. 또 ε_d는 d-밴드의 중심, ϕ는 일함수, A는 원자(분자)의 전자 친화도, V_I은 원자(분자)의 이온화 에너지, ε_{a0}는 Fermi 준위에서 측정한 이온화 에너지를 나타낸다. (b) 그림에서 $-\varepsilon_{a\sigma} + \Lambda$는 흡착 후의 이산 준위(점유 상태)의 에너지 위치, $2\Delta_a$는 흡착에 따른 이산 준위의 확산(퍼짐)을 나타낸다. (c) 그림에서 $-\varepsilon_{a\sigma} + \Lambda$는 (b)에서와 마찬가지로 흡착 후의 이산 준위(비점유 상태)의 에너지 위치를 나타낸다.

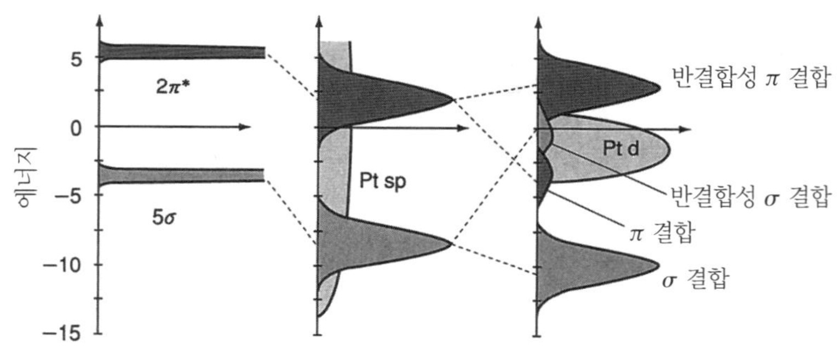

그림 5.8 ▶ 전이금속(Pt) 표면의 밴드와 CO 분자 궤도의 상호작용에 의한 에너지 확장 및 분열 모습. [B. Hammer *et al.*, *Catal. Lett.*, **46**, 31(1997)]

model)이라고 부른다. 여기서는 이 모델을 통해 얻은 물리적 묘사의 핵심을 간단히 소개한다.

젤리움 금속 기판과 흡착자의 이산준위 사이의 상호작용을 생각하자. 거리가 충분히 떨어져 있을 때 흡착자의 준위는 이산적이나, 금속 표면에 가까워짐에 따라 파동함수가 중첩되어 흡착자의 날카로운(sharp) 에너지 준위는 폭이 넓은 피크가 된다. 흡착자의 전자는 기판과의 사이를 오가므로 수명이 있고, 이 때문에 피크의 형태는 Lorentz형이 된다(그림 5.7). 피크 아랫부분이 E_F보다 아래로 퍼져 있는 경우는 그 부분도 전자로 점유된다. 일반적으로 젤리움 모델에 가까운 sp-밴드와의 상호작용에서 이와 같은 상황이 발생한다고

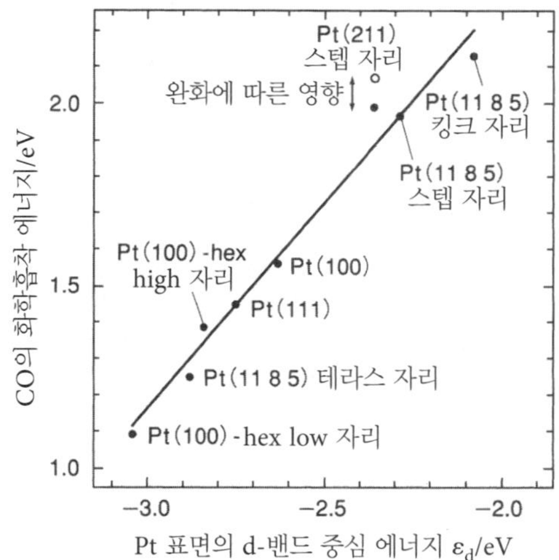

그림 5.9 ▸ 여러 가지 Pt 표면의 d-밴드 중심 에너지와 CO의 화학흡착 에너지의 관계. d-밴드 중심의 에너지는 Fermi 준위로부터의 값. [B. Hammer *et at.*, *Catal Lett.*, **46**, 31(1997)]

생각할 수 있다.

구체적인 계로서 금속 표면에 대한 CO의 흡착을 생각하자(그림 5.8). CO의 프론티어 궤도인 5σ와 2π가 금속 표면의 sp-밴드와 상호작용해 두 준위는 확장되고, 표면의 퍼텐셜에 의해 에너지 준위는 낮아진다. Al 등의 단순금속 표면인 경우는 여기까지만 고려하면 된다. 그러나 전이금속의 경우 d-밴드와의 상호작용이 존재하기 때문에 이들 피크는 거듭 분열한다. 2π 피크와 d-밴드 중심의 에너지가 가까울수록 상호작용은 강해지고 분열이 커진다(이핵 이원자 분자의 분자 궤도를 떠올려 보자). 그 결과, 2π-d 결합 상태의 준위가 깊어져 흡착 에너지가 증가한다(더 안정화된다). 그림 5.9에는 제1원리 계산으로 얻은 다양한 Pt 표면의 d-밴드 중심과 CO의 흡착 에너지와의 관계를 나타냈다. d-밴드의 중심이 Fermi 준위에 가까워지며 2π 준위와의 상호작용이 강해짐에 따라 흡착 에너지가 증가하는 것을 확인할 수 있다.

› Panel X선 흡수 분광법과 X선 발광 분광법

물질에 X선이 입사하면 내각 전자가 여기된다. 이후 그보다 바깥쪽의 내각 전자 또는 가전자에 의해 내각 정공(hole)이 다시 점유될 때, X선 발광(이때 방출되는 X선을 형광 X선이라고 부름)이나 Auger 전자 방출이

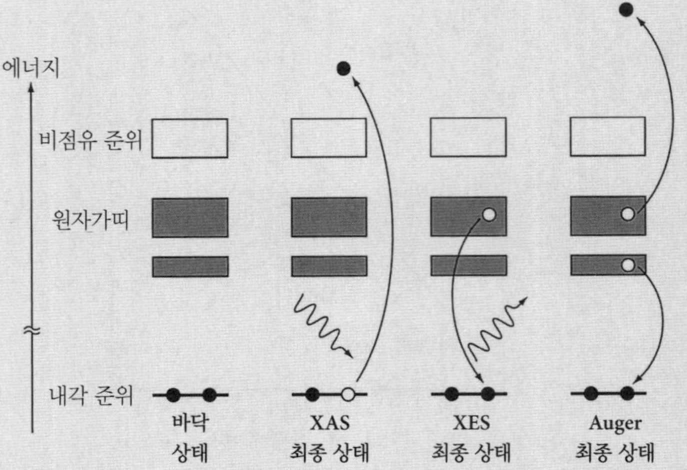

그림 1. ▶ 내각 전자 여기 과정의 에너지 다이어그램.

일어난다(그림 1).

입사 X선의 파장(에너지)을 변화시키며 X선 흡수 강도를 측정하면 X선 흡수 스펙트럼이 얻어진다. 이를 위한 파장 가변 X선의 광원으로, 현재는 싱크로트론 방사광을 사용한다. 일반적으로 **X선 흡수 분광법**(X-ray absorption spectroscopy, XAS)으로는 내각의 K 흡수단(흡수끝, absorption edge) 또는 L 흡수단 영역의 스펙트럼을 측정한다. 흡수단의 에너지는 원소의 종류에 의존하기 때문에, 이는 원자를 특정한 분광법에 해당한다. X선 광자를 흡수하여 내각 준위에서 비점유 상태로 전이할 확률은 내각과 비점유 준위의 상태 밀도의 곱에 비례한다.

흡수단에 나타나는 미세구조를 **NEXAFS**(near edge X-ray absorption fine structure)라고 부르며, 내각 전자에서 본 비점유 준위의 전자 상태가 반영되어 있다. NEXAFS로 표면 흡착계를 관측할 때, X선의 입사각이나 편광을 바꾸어 측정하면, 분자 궤도의 대칭성을 이용해 흡착 분자의 배향에 관한 정보를 얻을 수 있다. 그림 2에 Ni(100) 표면에 흡착한 CO의 NEXAFS를 나타냈다. A와 B 두 개의 특징적인 피크가 관측되었는데, A는 C 1s $\rightarrow 2\pi^*$, B는 C 1s $\rightarrow 6\sigma^*$의 전이로 귀속된다. 전이 쌍극자 모멘트의 방향과 X선의 편광 방향이 일치할 때 여기확률이 최대가 되기 때문에, 일련의 NEXAFS로부터 CO 분자는 Ni(100) 표면에 수직으로 서 있는 형태로 흡착되어 있다고 결론지을 수 있다.

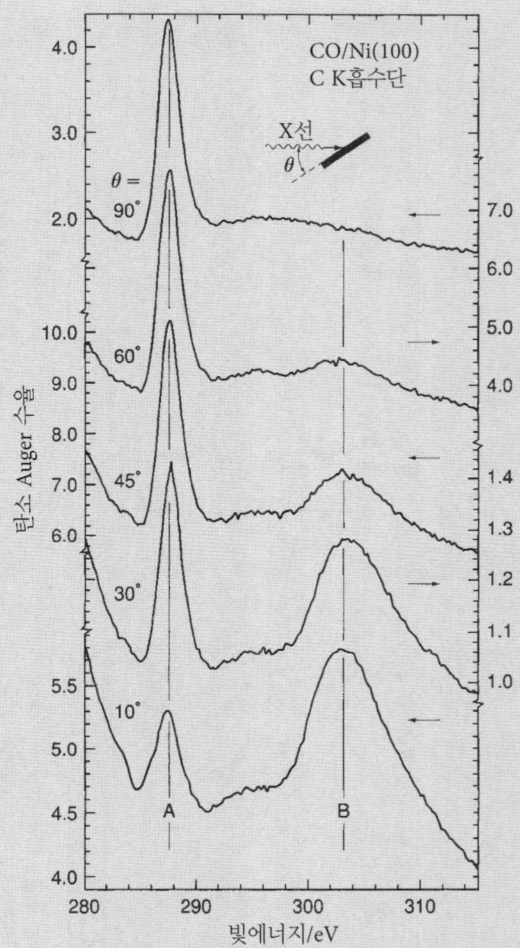

그림 2. ▶ **Ni(100) 표면에 흡착한 CO의 C 흡수단 NEXAFS.** [J. Stöhr and R. Jaeger, *Phys. Rev.*, **B26**, 4111(1982)]

한편, NEXAFS로부터 얻은 비점유 준위에 관한 에너지 정보의 정량적 해석에는 주의가 요구된다. 왜냐하면 내각 정공의 생성에 따라 바깥쪽 준위는 Coulomb 인력으로 안쪽에 끌려들어가서, 비점유 상태의 에너지 준위가 이동(shift)하거나 교체되는 경우가 많기 때문이다.

X선 발광 분광법(X-ray emission spectroscopy, XES)은 바깥쪽 점유 준위에서 내각 정공으로 전자가 완화될 때의 발광을 측정하는 분광법이다. XES의 최종 상태는 그림 1에서 알 수 있듯이 원자가띠 광전자 분광법의 최종 상태와 마찬가지이며, XES 스펙트럼으로 점유 상태에 대한 정

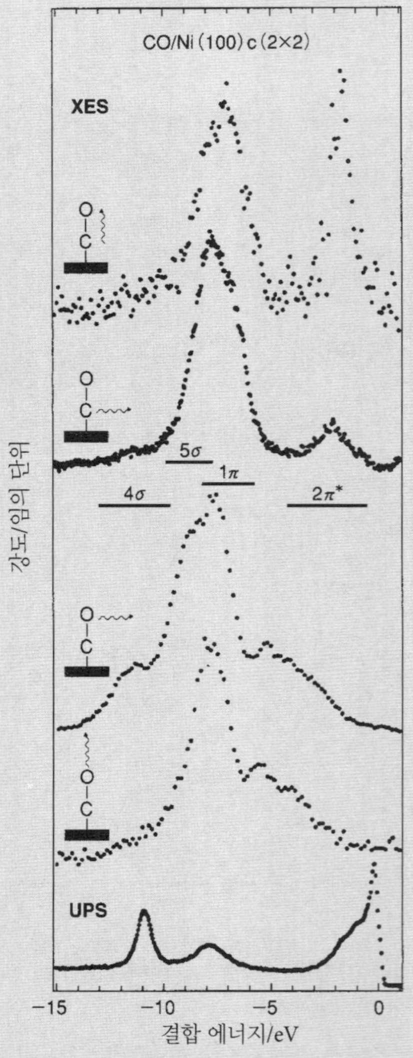

그림 3. ▶ **Ni(100) 표면에 흡착한 CO의 XES 스펙트럼.** 위 두개는 C 1s 여기의 XES, 가운데 두개는 O 1s 여기의 XES, 가장 아래는 원자가띠 광전자 분광 스펙트럼을 나타낸다. [A. Nilsson *et al.*, *Phys. Rev.*, **B51**, 10244(1995)]

보를 얻을 수 있다. X선 발광 과정은 쌍극자 전이이므로 선택 규칙이 있어, 1s 궤도로의 완화에는 p 궤도의 전자가, p 궤도로의 완화에는 s 및 d 궤도의 전자가 관여한다. 최초의 내각여기 과정에서 원소를 특정할 수 있으므로, XES로는 특정 원자의 가전자 부분 상태 밀도를 관측한다. 그림 3에 Ni(100) 표면에 흡착한 CO의 XES와 UPS 스펙트럼을 나타냈다. 통상적인 원자가띠 광전자 분광법은 모든 점유 상태의 정보를 포함하기 때문에 어떤 원자가 어떻게 표면과 화학 결합을 이루며, 에너지 준위의 이동과 분열이 어떻게 되어 있는지를 직접적으로 해석하지 못했다. XES에 따르면 Ni 기판과 분자의 상호작용에 의해 Fermi 준위 근처에 새로운 혼성 상태가 생성되고, 탄소 원자가 크게 관여하는 것을 명확하게 알 수 있다. 나아가 입사 X선 및 발광 X선의 각도와 편광으로부터 흡착 분자의 배향에 관한 정보를 얻을 수도 있다.

XAS와 XES는 입사와 출사 모두 X선을 이용하기 때문에 전자 분광법의 결점인 charge-up 현상을 회피할 수 있으며, 물질이 절연체인 경우에도 실험이 가능하다. 또 X선은 물질 내부에 어느 정도 침입할 수 있기 때문에 표면뿐만 아니라 벌크의 관측도 가능하다. 더욱이 진공을 필요로 하지 않으므로 고체-액체 계면이나 생체 분자 등 활용 대상의 폭이 넓고, 계면을 관측하는 수단으로써도 기대해 볼 만하다.

연습 문제

5.1 금속 표면에 He 원자와 Xe 원자가 물리흡착하는 경우를 생각하자. Xe 원자가 더 강한 상호작용을 보이는 이유를 쓰시오.

5.2 CO 분자가 Cu 표면과 Ni 표면에 흡착하는 경우, 흡착 결합은 어느 쪽이 강할 것으로 생각되는가? 그림 5.8의 모델에 기초해 논의하시오.

5.3 금속 표면의 스텝 상단은 벌크와 비교해 전자가 부족하고, 스텝 하단은 전자가 풍부하다고 생각할 수 있다(Smoluchowski 효과). 전자 수용체(acceptor) 분자는 스텝의 어디에 흡착하기 쉬운가? 또, 전자 공여체(donor) 분자의 경우는 어떠한가?

5.4 원자가띠 광전자 분광법과 X선 발광 분광법의 최종 상태는 같으나, 각각 다른 정보가 얻어진다. 이에 대해 설명하시오.

제 6 장

표면 동역학

이 장에서는 표면에 흡착한 원자 · 분자의 동역학(dynamics, 동적 과정)에 대해 학습한다. 표면에 흡착한 원자 · 분자는 열, 빛, 하전 입자 등에 의해 여기되어 흡착 자리에서의 진동, 흡착 자리간 이동(확산), 흡착 입자간의 충돌과 화학 반응, 표면으로부터의 탈착 등이 발생한다. 각각의 소과정에 주의를 기울여 기초부터 살펴보자.

6.1 표면 진동

분자나 고체에서 속박된 원자의 위치가 평형점(퍼텐셜 에너지면의 극소점)으로부터 변위했다가 다시 평형점으로 돌아오는 운동이 일정한 주기로 반복되는 동적 현상을 진동이라고 부른다. 진동 에너지(진동수)는 원자의 질량과 원자간 결합의 세기(힘 상수)에 의존하기 때문에, 분자의 진동 스펙트럼을 측정함으로써 화학종을 식별(identification)할 수 있을 뿐만 아니라 결합 상태를 파악할 수 있다.

6.1.1 조화 진동과 감쇠 진동의 복습

물질(표면)에서 원자 · 분자의 진동을 이해하기 위해 먼저 조화 진동(단진동)을 복습해 두자. 조화 진동의 운동방정식은 다음과 같다.

$$m\frac{\mathrm{d}^2x}{\mathrm{d}t^2} = -kx \tag{6.1}$$

여기서 m은 질점의 질량, k는 힘 상수이다. x를 다음과 같이 두자.

$$x = A\cos(\omega_0 t + B) \tag{6.2}$$

각진동수 ω_0이 다음과 같을 때 위의 운동방정식 (6.1)을 만족한다.

$$\omega_0 = \sqrt{\frac{k}{m}} \tag{6.3}$$

여기서 A를 진동의 진폭, B를 초기 위상이라고 부른다. 진동의 주기 T는 다음과 같다.

$$T = \frac{2\pi}{\omega_0} \tag{6.4}$$

조화 진동의 퍼텐셜 에너지 곡선 $U(x)$는 변위 x의 이차 곡선이다.

$$U(x) = \frac{k}{2}x^2 \tag{6.5}$$

복원력 $F(x)$는 다음과 같다(그림 6.1).

$$F(x) = -\frac{\mathrm{d}U}{\mathrm{d}x} = -kx \tag{6.6}$$

물질 내 원자에서, 안정한 평형점(극소점) 주변의 미소 진동은 조화 진동으로 근사할 수 있다. 그러나 진폭이 커지면 실제 퍼텐셜 곡선은 이차 곡선에서 벗어난 비조화 진동이 된다. 퍼텐셜의 비조화성은 진동 모드 간의 상호작용과 에너지 이동에 중요한 역할을 하기도 한다.

다음으로, 진동자를 마찰 저항이 있는 매질 속에서 진동시키는 경우를 생

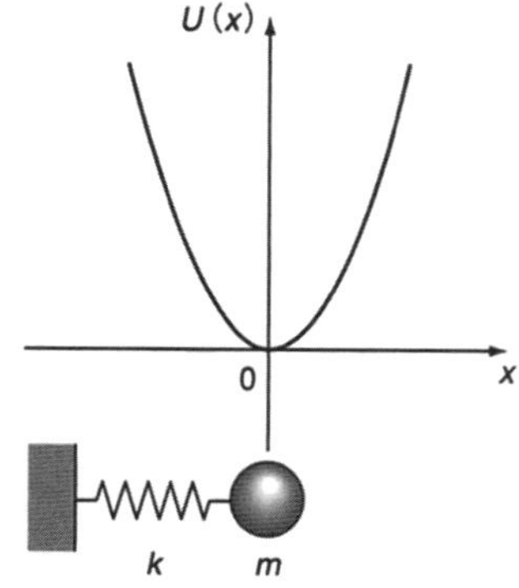

그림 6.1 ▶ 질량 m인 질점이 힘 상수 k인 용수철에 속박되어 있는 경우의 퍼텐셜 에너지 곡선 $U(x)$.

각하자. 저항이 작은 경우에는 조화 진동과 마찬가지로 진동하지만 시간이 지남에 따라 서서히 진폭이 감소한다. 저항이 큰 경우에는 진동하지 않고, 질점은 천천히 평형점으로 되돌아온다. 이때 마찰 저항에 의해 진동의 운동 에너지를 빼앗긴다.

속도에 비례하여 마찰 저항을 받는 경우 질점의 운동방정식을 다음과 같이 쓴다.

$$m\frac{\mathrm{d}^2x}{\mathrm{d}t^2} = -kx - \alpha\frac{\mathrm{d}x}{\mathrm{d}t} \quad (\alpha > 0) \tag{6.7}$$

여기서 다음과 같이 두자.

$$2\gamma = \frac{\alpha}{m} \tag{6.8}$$

$$\omega_0^2 = \frac{k}{m} \tag{6.9}$$

운동방정식을 다음과 같이 고쳐 쓸 수 있다.

$$\frac{\mathrm{d}^2x}{\mathrm{d}t^2} = -\omega_0^2x - 2\gamma\frac{\mathrm{d}x}{\mathrm{d}t} \tag{6.10}$$

마찰이 작은 경우($\omega_0 > \gamma$), 해는 다음과 같다.

$$x = a\mathrm{e}^{-\gamma t}\cos(\omega_\mathrm{d}t + \alpha) \tag{6.11}$$

$$\omega_\mathrm{d} = \sqrt{\omega_0^2 - \gamma^2} \tag{6.12}$$

마찰 저항이 없는 경우 조화 진동은 영원히 계속되나(그림 6.2a), 마찰 저항이

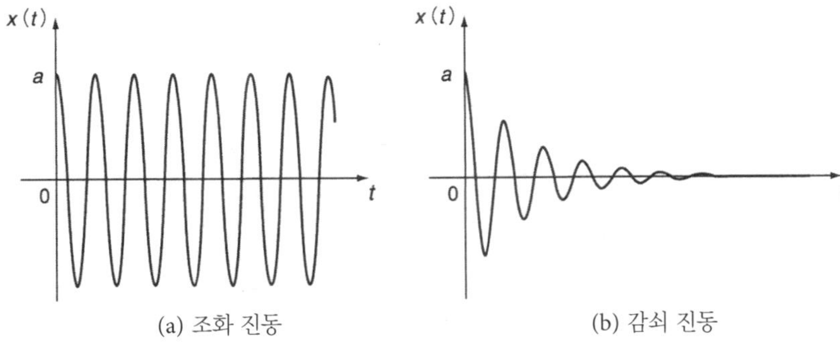

(a) 조화 진동 (b) 감쇠 진동

그림 6.2 ▶ 진동의 진폭 변화.

있는 경우 진폭이 지수함수적으로 감소한다(그림 6.2b). 이 진동을 감쇠 진동이라고 부른다. 각진동수 ω_d는 마찰 저항이 없을 때의 각진동수 ω_0보다 조금 작고, 주기 T는 다음과 같다.

$$T = \frac{2\pi}{\sqrt{\omega_0^2 - \gamma^2}} \quad \textbf{(6.13)}$$

진폭 x는 주기마다 극댓값을 가지나, 그동안 $e^{\gamma T}$배씩 감소한다. γ를 감쇠율, γT를 대수감쇠율이라고 부른다. γ은 진동의 수명과 관계된 중요한 양이다.

진동의 에너지 스펙트럼은 시간에 대한 진폭의 변화를 Fourier 변환하여 얻는다. 조화 진동의 에너지 스펙트럼은 델타함수를 나타내나, 감쇠 진동의 스펙트럼은 반치전폭(full width at half maximum, FWHM) γ인 Lorentz형 스펙트럼 형태를 나타낸다(그림 6.3). 여기서 ω_d에 피크를 갖는 Lorentz형 함수는 다음 식으로 표현할 수 있다.

$$I(\omega) = (\text{상수}) \times \frac{1}{(\omega_d - \omega)^2 + (\gamma/2)^2} \quad \textbf{(6.14)}$$

이때 감쇠 진동의 감쇠율(수명) γ가 피크의 반치전폭을 나타낸다는 점에 주의하자. 실험에서 얻은 스펙트럼의 피크 폭으로부터 진동여기상태의 수명을 어림할 수 있다. 이와 같은 Lorentz형 피크의 폭을 **수명 폭**(lifetime broading)이라고 부른다.

한편, 실제 스펙트럼은 Gauss 함수형 피크가 관측되는 경우가 종종 있다. 이는 환경이 다른 흡착 분자의 피크가 몇 개씩 겹쳐져 발생하는 것으로, 이 경우 피크의 폭을 **불균일폭**(inhomogeneous broading)이라고 부른다.

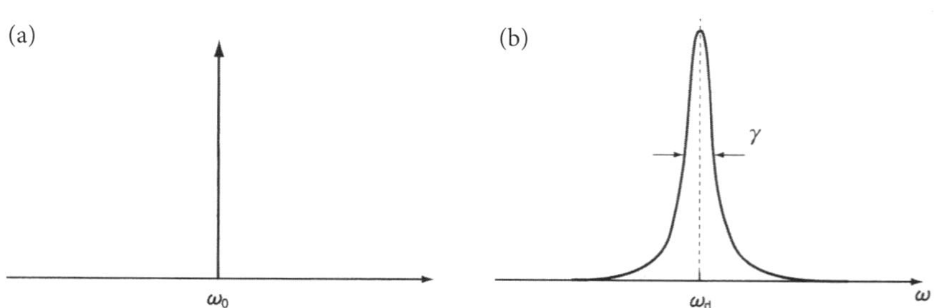

그림 6.3 ▶ 여러 가지 진동의 스펙트럼. (a) 조화 진동의 델타함수, (b) 감쇠 진동의 Lorentz형 함수.

6.1.2 이원자 분자의 진동

질량 m_1과 m_2인 두 원자가 힘 상수 k로 연결되어 있는 이원자 분자의 진동을 생각하자(그림 6.4).

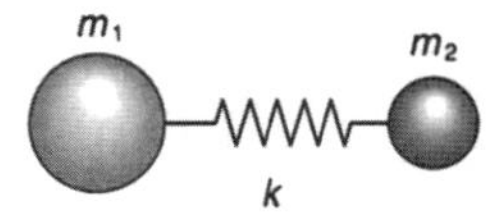

그림 6.4 ▶ 이원자 분자의 역학적 모델.

평형점으로부터 각 원자의 변위를 x_1 및 x_2로 놓는다. 분자가 진동할 때, 그 무게중심은 움직이지 않으므로 $m_1x_1 + m_2x_2 = 0$이 성립한다. 두 원자의 상대 변위를 $x = x_1 - x_2$로 놓으면, 분자 진동은 다음과 같은 하나의 운동방정식으로 기술할 수 있다.

$$\mu\frac{\mathrm{d}^2x}{\mathrm{d}t^2} = -kx \tag{6.15}$$

여기서 μ는 환산 질량으로서 다음과 같이 표현된다.

$$\mu = \frac{m_1m_2}{m_1 + m_2} \tag{6.16}$$

운동방정식의 해는 다음과 같이 주어진다.

$$x = a\cos(\omega t + \alpha) \tag{6.17}$$

$$\omega = \sqrt{\frac{k}{\mu}} \tag{6.18}$$

따라서 변위 x_1과 x_2의 시간 변화는 다음과 같다.

$$x_1 = \frac{m_2}{m_1 + m_2}a\cos(\omega t + \alpha) \tag{6.19}$$

$$x_2 = -\frac{m_1}{m_1 + m_2}a\cos(\omega t + \alpha) \tag{6.20}$$

이 식들로부터 두 원자는 서로 역위상으로 변위하고 있음을 알 수 있다. 또 $m_1 > m_2$로 놓으면, 무거운 원자의 변위는 가벼운 원자의 변위에 비해 작다는 것을 알 수 있다.

다음으로 이러한 이원자 분자 모델을 사용해 금속 표면에 질량이 가벼운 원자(경원소)가 흡착한 경우를 생각해 보자.

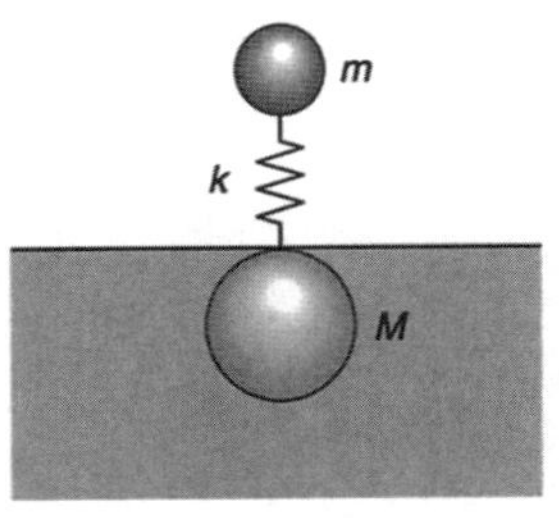

그림 6.5 ▶ 질량 m인 원자가 질량 M인 표면 원자에 흡착한 모델.

금속 원자의 질량을 M, 흡착 원자의 질량을 m으로 놓으면(그림 6.5), 환산 질량은 $mM/(m + M)$이 된다. $M \gg m$인 경우 환산 질량을 m으로 근사할 수 있으므로, 다음과 같이 쓸 수 있다.

$$x = a\cos(\omega t + \alpha) \tag{6.21}$$

$$\omega = \sqrt{\frac{k}{m}} \tag{6.22}$$

이와 같이 무거운 원자로 구성된 금속 표면에 가벼운 원자나 분자가 흡착하는 경우, 흡착자의 질량 m과 흡착자-표면 원자 사이의 힘 상수 k로 흡착자의 진동을 근사할 수 있다.

6.1.3 흡착 원자 · 분자의 진동 모드

자유 분자(진공 중의 기체 분자)의 운동에는 분자 자신의 병진 운동과 회전 운동 외에 분자 내에서의 원자의 변위에 의한 분자 진동이 있다. N개의 원자로 이루어진 분자의 운동에는 $3N$의 자유도가 있는데, 분자 진동의 수는 $3N$에서 병진 운동과 회전 운동의 수를 제외하고 직선형 분자의 경우에는 $3N-5$, 비직선형 분자의 경우에는 $3N-6$이 된다.

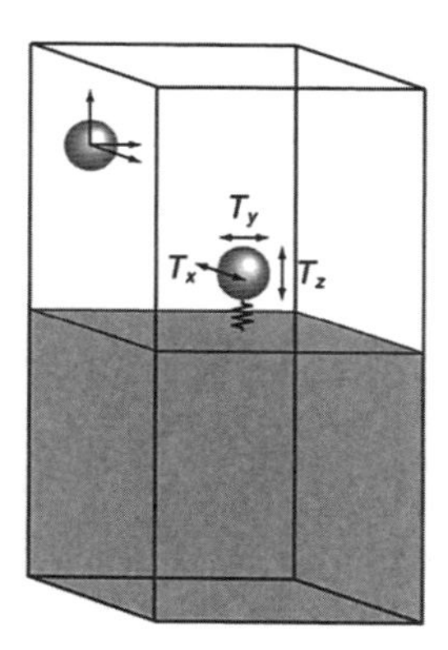

그림 6.6 ▸ 고체 표면에 속박된 원자의 3가지 진동 모드.

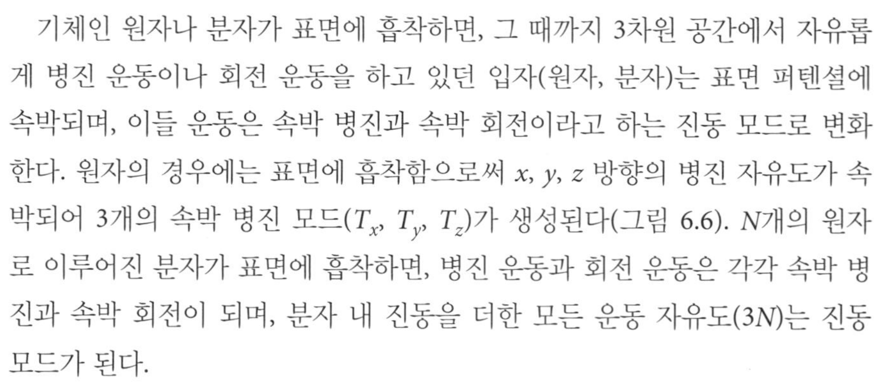

기체인 원자나 분자가 표면에 흡착하면, 그 때까지 3차원 공간에서 자유롭게 병진 운동이나 회전 운동을 하고 있던 입자(원자, 분자)는 표면 퍼텐셜에 속박되며, 이들 운동은 속박 병진과 속박 회전이라고 하는 진동 모드로 변화한다. 원자의 경우에는 표면에 흡착함으로써 x, y, z 방향의 병진 자유도가 속박되어 3개의 속박 병진 모드(T_x, T_y, T_z)가 생성된다(그림 6.6). N개의 원자로 이루어진 분자가 표면에 흡착하면, 병진 운동과 회전 운동은 각각 속박 병진과 속박 회전이 되며, 분자 내 진동을 더한 모든 운동 자유도($3N$)는 진동 모드가 된다.

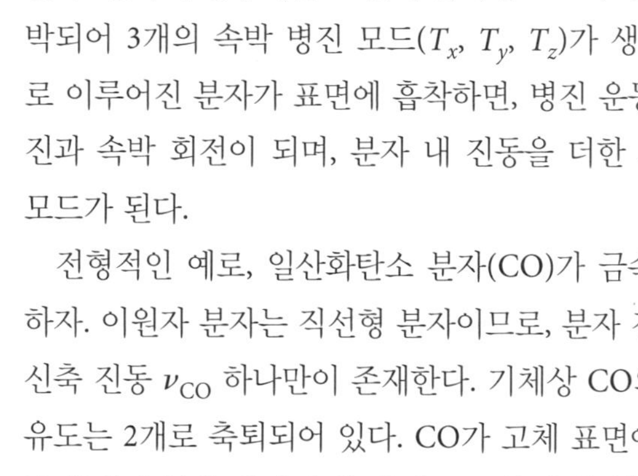

전형적인 예로, 일산화탄소 분자(CO)가 금속 표면에 흡착한 경우를 생각하자. 이원자 분자는 직선형 분자이므로, 분자 진동은 $3 \times 2 - 5 = 1$에서 CO 신축 진동 ν_{CO} 하나만이 존재한다. 기체상 CO의 병진 자유도는 3개, 회전 자유도는 2개로 축퇴되어 있다. CO가 고체 표면에 흡착해 속박되면, 병진 운동과 회전 운동은 각각 속박 병진 모드와 속박 회전 모드가 된다. CO의 흡착 자리(흡착 위치)에 따라 속박 모드의 축퇴가 풀리는 경우도 있다. 면심 입방 격자 fcc(100) 표면의 **on-top 자리**(on-top site, atop site라고도 함)와 **bridge 자리**(bridge site)에 흡착한 CO의 구조 모델을 그림 6.7에 나타냈다. on-top 자리에 흡착한 CO는 x축 방향, y축 방향에 대해 대칭적이기 때문에 속박 병진 모드와 속박 회전 모드는 동등하게 축퇴되어 있다. 한편, bridge 자리에 흡착한 CO는 x축 방향과 y축 방향의 속박 병진 모드와 속박 회전 모드가 달라

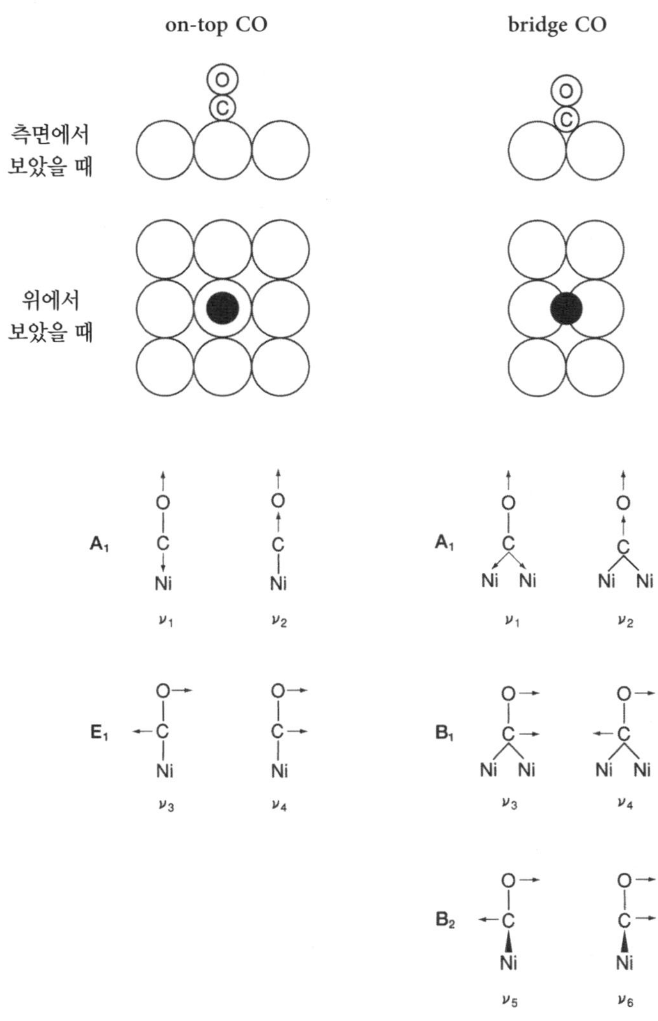

그림 6.7 ▸ 흡착 상태 모델과 진동 모드. fcc(100) 표면의 on-top 자리에 흡착한 CO와 bridge 자리에 흡착한 CO의 구조 모델과 진동 모드.

축퇴되지 않는다. 이처럼 흡착 구조의 대칭성과 진동 모드는 밀접하게 관련되어 있다.

6.1.4 점군에 따른 흡착 분자의 진동 모드 분류

점군(point group)을 사용하면 흡착 분자의 진동 모드를 간단히 정리할 수 있다(점군에 대해서는 관련 교재를 참조하기 바란다). 여기서는 점군의 사용법을 구체적으로 설명한다.

결정학적인 점군은 32개로 알려져 있다. 고체 표면에서는 z축 방향의 대칭

표 6.1 ▸ 점군의 Schönflies 기호

Schönflies 기호	대칭성의 의미
$C_j(j = 1, 2, 3, 4, 6)$	j회 회전축이 존재(회전축은 표면에 수직)
C_s	하나의 대칭면이 존재(대칭면은 표면에 수직)
$C_{jv}(j = 2, 3, 4, 6)$	j회 회전축이 존재하며, 회전축에 평행인 거울면 존재

성이 나빠져 표면 구조가 속하는 점군은 다음 10개가 된다(표 6.1).

$$C_1 \quad C_2 \quad C_3 \quad C_4 \quad C_6 \quad C_s \quad C_{2v} \quad C_{3v} \quad C_{4v} \quad C_{6v}$$

fcc(100) 표면의 on-top 자리에 수직으로 결합한 CO 분자의 대칭성은 C_{4v}이다. 한편, bridge 자리에 흡착한 CO 분자의 대칭성은 C_{2v}이다(CO축은 표면에 수직). 덧붙이면 CO 분자는 탄소 원자가 전이금속 표면을 향하도록 흡착하는 것으로 알려져 있다. bridge 자리에 흡착한 CO 분자의 진동 모드를 모두 그리면 그림 6.7의 우측 예시와 같다.

그림 6.7의 우측 예시에서는 6개의 진동 모드를 점군 C_{2v}의 표현에 따라 분류했다. C_{2v}의 지표표를 표 6.2에 나타내었다. A_1, A_2, B_1, B_2는 점군 C_{2v}의 표현이다. 특히 A_1은 완전 대칭성 표현(totally symmetric representation)이라 부르며, 모든 대칭 조작(I, C_2, σ_{xz}, σ_{yz})에 대해 변화하지 않는다(지표 = 1). 분자 내 CO 신축 진동 ν_{CO}와 z축 방향의 속박 병진 모드 T_z는 A_1에 속한다. x축 방향의 속박 병진 모드 T_x와 y축에 관한 속박 회전 모드 R_y는 B_1에 속한다. y축 방향의 속박 병진 모드 T_y와 x축에 관한 속박 회전 모드 R_x는 B_2에 속한다.

표면 진동 분광법을 이용하면 흡착 분자의 진동을 실험적으로 관측할 수 있다. 적외선 반사 진동 분광법이나 고분해능 전자 에너지 손실 분광법에서는 진동여기에 대해 선택 규칙이 존재한다(6.1절 ›Panel 참조). 표면 수직 쌍

표 6.2 ▸ 점군 C_{2v}의 지표표

C_{2v}	I	C_2	σ_{xz}	σ_{yz}	
A_1	1	1	1	1	T_z
A_2	1	1	−1	−1	R_z
B_1	1	−1	1	−1	T_x, R_y
B_2	1	−1	−1	1	T_y, R_x

극자 선택 규칙에 의하면, 완전 대칭성 표현(점군 C_{2v}의 경우는 A_1)에 속하는 진동 모드만이 관측 가능하다. 반대로 관측된 흡착 분자의 진동 모드로부터 흡착 구조의 대칭성을 추측하는 것도 가능하다.

6.1.5 표면 진동 분광법

표면 진동 분광법을 이용하면 기판 표면 자체의 진동(표면 포논)뿐만 아니라 흡착한 원자 · 분자의 속박 모드나 분자 내 진동 모드를 실험적으로 관측할 수 있다. 관측된 진동 스펙트럼으로부터 흡착한 원자 · 분자의 종류나 결합의 세기를 추측할 수 있기 때문에, 이는 표면에 흡착한 미지의 화학종을 식별하기 위한 가장 강력한 수단 중 하나로 여겨진다. 표면 진동 스펙트럼은 다음의 3개 영역으로 구분해 생각할 수 있다.†

① 표면 포논 영역: 0~수백 cm^{-1}
② 속박 모드 영역: 수십~수백 cm^{-1}
③ 분자 내 진동 영역: 수백~수천 cm^{-1}

현재 자주 사용되는 표면 진동 분광법으로는 Fourier 변환 적외선 분광법(FT-IR)을 이용한 적외선 흡수 분광법과 고분해능 전자 에너지 손실 분광법

† 1 meV = 8.067 cm^{-1}이다.

표 6.3 ▸ 표면 진동 분광법의 비교

명칭	감도/ML[a]	파수 범위	최고 분해능	비고
고분해능 전자 에너지 손실 분광법(HREELS)	>0.001	>40 cm^{-1}	4 cm^{-1}	진공 필요, 분산 관계 측정, 쌍극자 산란, 충돌 산란
적외선 투과법	–	>1000 cm^{-1}	1 cm^{-1} 이하	미립자 분산계, 박막
적외선 반사 흡수 분광법(IRAS)	>0.001	>700 cm^{-1}(MCT) >350 cm^{-1}(Si:B)	1 cm^{-1} 이하	고체/액체 또는 기체(진공) 계면, 표면 수직 쌍극자 선택 규칙
감쇠 전반사 분광법(ATR)	>0.01	기판에 의존	1 cm^{-1} 이하	고체/액체 또는 기체(진공) 계면, p 편광 및 s 편광
표면 증강 Raman 법	계에 의존	>100 cm^{-1}	5 cm^{-1} 정도	한정된 계
합주파 발생 분광법(SFG)	>0.1	>1000 cm^{-1}	5 cm^{-1} 정도	고체/액체 또는 기체(진공) 계면, 시간 분해, IR&Raman
비탄성 터널링 분광법(IETS)	>0.01	>200 cm^{-1}	5 cm^{-1}	특수 샘플 제조, 극저온
주사 터널링 분광법(STM-IETS)	단분자	>50 cm^{-1}	10 cm^{-1}	극저온

a) ML은 monolayer, 약 10^{15}개 cm^{-2}

(HREELS)이 있다(›Panel 참조). 통상적인 FT-IR의 관측 가능한 파수 영역은 대략 700~4000 cm^{-1}으로 흡착 분자의 분자 내 진동을 고분해능으로 측정하는 데 적당하다. HREELS를 이용하면 분자 내 진동뿐만 아니라 저에너지 영역(500 cm^{-1} 이하)에 존재하는 기판과 분자 사이의 속박 병진 및 속박 회전 모드를 관측하는 것도 가능하다.

이 외에도 비탄성 He 산란 분광법, 레이저의 비선형성을 이용한 합주파 발생 분광법(SFG), 극저온 주사 터널링 현미경을 이용한 비탄성 터널링 분광법(IETS) 등이 있다. 각각의 특징을 표 6.3에 정리하였다.

6.1.6 흡착 분자의 진동 엔트로피

Ni(100) 표면에서 안정한 CO의 흡착 자리로는 on-top 자리와 bridge 자리가 있다(그림 6.7 참조). 그림 6.8은 Ni(100) 표면에 0.04 ML의 CO를 흡착시켜 다양한 온도에서 관찰한 IRAS 스펙트럼이다. 2030 cm^{-1} 및 1890 cm^{-1}의 피크는 각각 on-top 자리 및 bridge 자리에 흡착한 CO의 분자 내 신축 진동이다. Ni(100) 표면에 흡착한 on-top CO와 bridge CO의 전이 쌍극자 모멘트는 거의 같으므로, 저온에서는 bridge 자리가 우선적으로 점유되고, 온도가 높아짐에 따라 on-top 자리의 점유가 늘어나는 것을 확인할 수 있다. 즉, 이

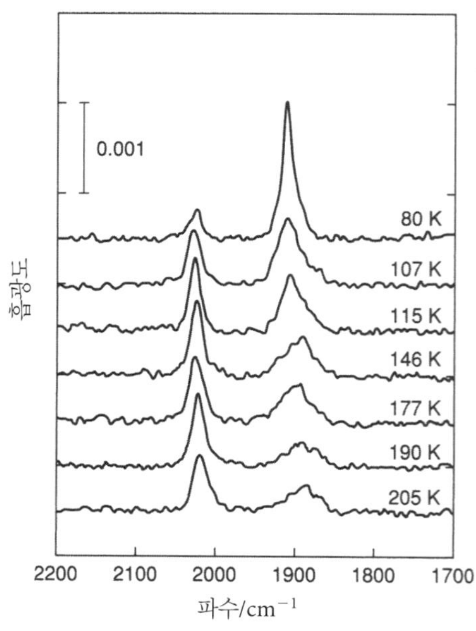

그림 6.8 ▶ Ni(100) 표면에 소량의 CO(θ = 0.04 ML)를 흡착시켰을 때 IRAS 스펙트럼의 온도 변화. [J. Yoshinobu *et al.*, *Chem. Phys. Lett.*, **211**, 48(1993)]

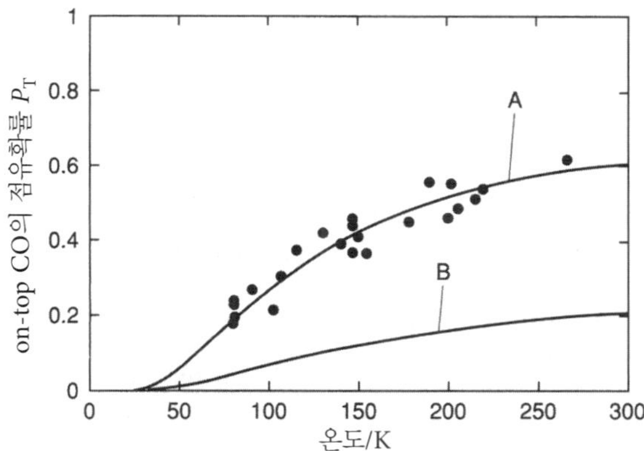

그림 6.9 ▸ Ni(100) 표면에 흡착한 CO가 on-top 자리에 흡착할 확률. 곡선 A는 식 (6.23)을 나타낸다. 곡선 B는 $P_T = 1/\{1 + 2\exp(\beta\Delta E)\}$로 주어진다. [J. Yoshinobu *et al.*, *Phys. Rev.*, **B49**, 16670(1994)]

스펙트럼은 bridge 자리에 흡착한 CO 쪽이 흡착 에너지가 크고, 에너지면에서 보다 안정함을 나타낸다.

그림 6.9에서 검은색 점은 각 온도에서 on-top 자리의 점유확률 P_T를 실험적으로 구한 것이다. 205 K에서는 on-top 자리의 점유확률이 0.5 이상인 것을 알 수 있다. 언뜻 생각하면 이는 기묘한 현상이다. 왜냐하면 on-top 자리와 bridge 자리의 수는 Ni(100) 표면에서 1:2이므로, 단순한 Boltzmann 통계를 따른다고 가정하면 온도가 충분히 높다고 하더라도 on-top 자리의 점유확률은 고작 1/3밖에 되지 않기 때문이다.

왜 이러한 현상이 발생하는 것일까? 이 경우에는 자유 에너지에 대한 저에너지 속박 진동(그림 6.7)여기의 기여를 고려해야 한다. 열에너지는 80 K에서 $k_B T = 6.9$ meV이나, 300 K에서 $k_B T = 25.8$ meV이므로, 진동 모드 중 on-top CO의 ν_4(4.0 meV), bridge CO의 ν_3(27.6 meV)와 ν_6(4.2 meV)는 온도 상승과 함께 열적으로 여기된다. 따라서 on-top 자리와 bridge 자리의 가역적인 평형 상태를 생각할 때, 흡착 에너지 E의 차이만을 고려하는 것으로는 불충분하며, 저에너지 속박 모드의 진동 엔트로피를 포함한 각 자리에 대한 흡착의 자유 에너지 F를 통해 논의해야 한다($F = E - TS$).

속박 진동 모드의 에너지는 비탄성 He 산란 분광법 등을 통해 알 수 있으므로, 진동 엔트로피의 계산으로부터 평형 상수 및 각 자리의 점유확률을 통계역학적으로 구할 수 있다. 위에서 언급한 3개 진동 모드의 진동 엔트로피의 기여를 포함한 분배함수로부터 P_T를 구하면 다음과 같다.

$$P_T = \frac{1}{1 + \frac{2\{1 - \exp(-\beta\nu_{4,\mathrm{T}})\}^2}{\{1 - \exp(-\beta\nu_{3,\mathrm{B}})\}\{1 - \exp(-\beta\nu_{6,\mathrm{B}})\}}\exp(\beta\Delta E)} \tag{6.23}$$

on-top 자리와 bridge 자리의 흡착 에너지 차이 ΔE를 매개변수로 실험값에 피팅(fitting)한 결과 $\Delta E = 11$ meV가 얻어졌다. 이렇게 얻은 곡선 A는 온도 상승과 함께 on-top 자리가 우선적으로 점유됨을 잘 재현한다(그림 6.9). 곡선 B는 흡착 에너지의 차이만을 고려한 것으로, 온도가 상승해도 on-top 자리의 점유가 조금밖에 증가하지 않음을 나타낸다. 여기서 $\beta = 1/k_\mathrm{B}T$이다. 곡선 B는 흡착 에너지만을 고려한 단순한 Boltzmann 분포인 경우로, $T \to \infty$일 때 $P_\mathrm{T} = 1/3$이다.

on-top 자리에서 bridge 자리에 걸친 CO의 흡착 퍼텐셜을 그림 6.10에 나타냈다. 여기서는 이차 곡선(조화 곡선)을 가정하여 그 곡률을 비탄성 He 산란 분광 및 기준 진동 계산에 의한 속박 병진 모드의 에너지 값으로부터 구했다. 또, 각 자리의 속박 진동 에너지 준위를 나타냈다. on-top 자리의

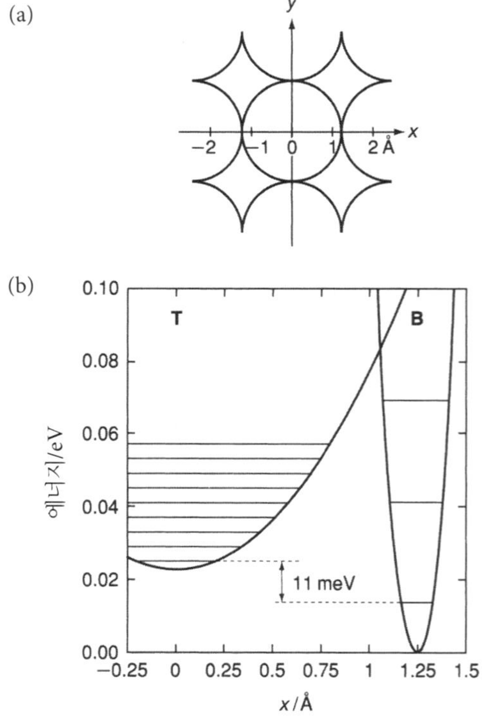

그림 6.10 ▶ **Ni(100) 표면에 흡착한 CO의 on-top 자리(T)에서 bridge 자리(B)에 걸친 흡착 퍼텐셜 에너지 곡선.** [J. Yoshinobu *et al.*, *Phys. Rev.*, **B49**, 16670(1994)]

ν_4의 에너지는 작으므로 열여기에 의해 on-top 자리의 상태 수가 증가한다. on-top CO의 대칭성은 C_{4v}이므로 이 모드는 이중으로 축퇴되어 있으며, 지면 수직 방향에 대해서도 같은 퍼텐셜 곡선이 된다. 한편, bridge 자리의 속박 병진 모드 ν_6의 에너지는 4.2 meV이므로, bridge 자리의 4배위 hollow 자리 방향(지면 수직 방향)으로의 퍼텐셜 에너지 곡선의 곡률은 on-top 자리와 거의 같다. 결과적으로, 그림 6.10의 퍼텐셜 곡선에서 on-top 자리의 많은 상태 수(진동 엔트로피)가 온도 상승에 따른 on-top 자리로의 우선적 점유에 크게 기여하고 있음을 알 수 있다.

› Panel 전자 에너지 손실 분광법

전자를 탐침으로 사용하면 표면의 정보를 감도 높게 선택적으로 얻을 수 있다는 사실은 이미 제4장의 › Panel 에서 학습했다.

전자 에너지 손실 분광법(electron energy loss spectroscopy, EELS)은 일정한 운동 에너지 E_p를 가진 전자를 표면에 입사시켜, 산란(반사)된 전자의 운동 에너지 E_{kin}의 분포를 전자 분광기로 측정하는 전자 분광법이다.

수백 eV의 전자를 표면에 입사시켜 산란된 전자의 에너지 분포 $N(E)$(스펙트럼)를 그림 1에 나타내었다. 전자는 고체 표면과 상호작용하여 표면 원자나 흡착 분자의 진동여기, 밴드간 전이(전자-정공 쌍 생성), 플라스몬 여기, 내각 준위 여기 등을 일으킨다. 여기에 의해 비어 있게 된 점유 상태를 완화하는 과정에서 Auger 전자 방출이나 이차 전자 방출이

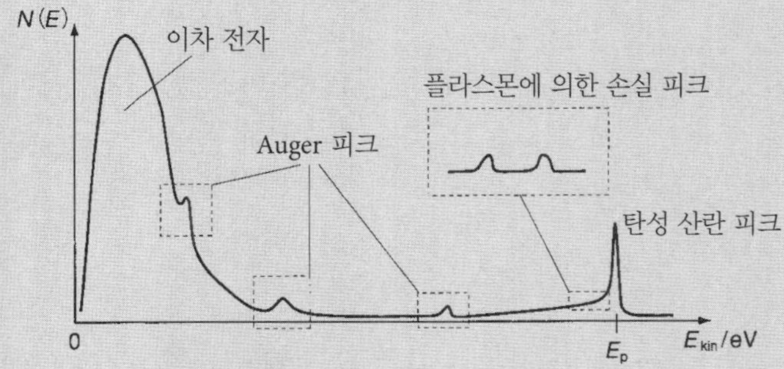

그림 1. ▶ 고체 표면에 입사한 운동 에너지 E_p인 전자의 산란 스펙트럼. 가로축은 전자의 운동 에너지, 세로축은 측정된 전자 수 $N(E)$.

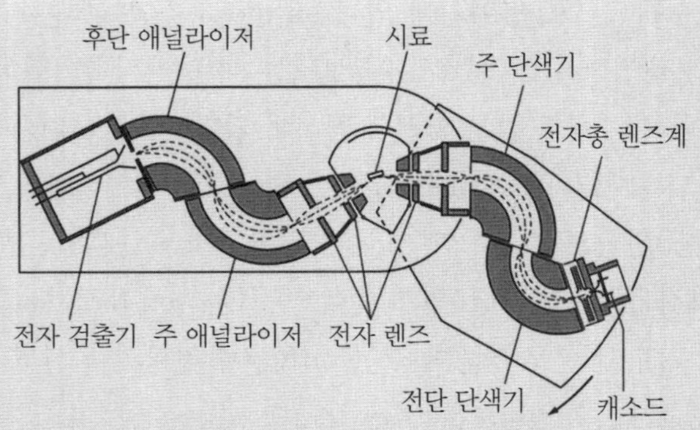

그림 2. ▶ **HREELS의 장치도.** [H. Ibach, "Electron Energy Loss Spectrometers: The Technology of High Performance", Springer(1991), Fig.2]

일어난다. 스펙트럼에서 이산적으로 관측되는 피크는 계의 고유한 정보를 포함하고 있으므로, 이를 해석함으로써 표면의 원자 · 분자의 종류, 전자 상태, 진동 상태 등에 관한 정보를 얻을 수 있다.

전자 전이 피크와 Auger 피크는 연속적인 스펙트럼 구조 속에서 작은 피크로서 관측되는 경우가 많다. 따라서 실험에서는 에너지 분포 강도 $N(E)$의 이차미분이나 일차미분 스펙트럼을 측정하여 피크를 검출한다.

EELS 중에서도 입사 전자의 에너지 폭을 수 meV 이하로 정렬시켜(단색화) 표면 진동의 측정에 특화시킨 것을 **고분해능 전자 에너지 손실 분광법**(high-resolution electron energy loss spectroscopy, HREELS)이라고 한다. 전형적인 전자 분광기를 그림 2에 나타내었다.

열 필라멘트에서 방출된 전자의 에너지 폭은 통상 0.6 eV 정도이므로, 정전형 전자 분석기에 통과시켜 단색화한다. 단색화된 전자는 시료 표면에 입사하고, 산란된 전자는 마찬가지로 전자 분석기를 통해 에너지 분석을 실시한다.

그림 3에 HREELS에 의한 흡착 분자의 진동 스펙트럼을 나타내었다. 에너지 손실이 0인 피크는 탄성 산란 피크이다. 가로축인 손실 에너지 ΔE(cm^{-1})는 다음과 같다.

$$\Delta E = E_{\mathrm{p}} - E_{\mathrm{kin}} \quad (1)$$

관측된 피크는 흡착 분자의 진동 모드 여기 에너지(진동수)에 해당한다. 표면 진동에는 표면 포논 및 흡착한 원자 · 분자의 진동이 포함되는데, 흡

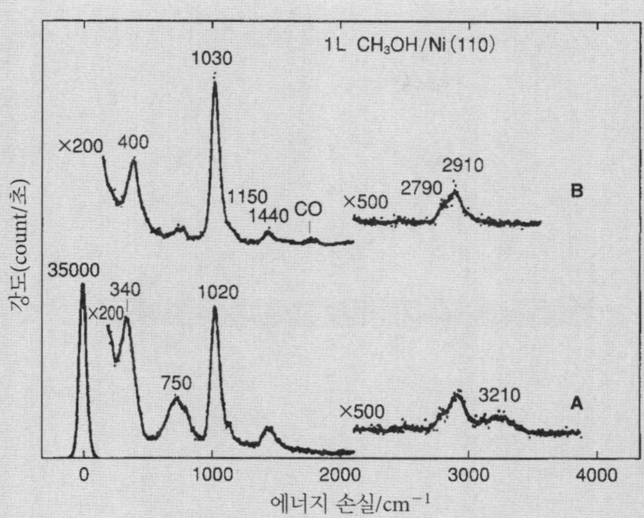

그림 3. ▸ **Ni(110) 표면에 메탄올이 흡착한 경우의 HREELS 스펙트럼.** A는 80 K, B는 180 K. [S. R. Bare *et al.*, *Surf. Sci.*, **150**, 399(1985)]

착 분자의 진동 스펙트럼 해석은 적외선 흡수 분광법이나 Raman 분광법에서의 스펙트럼 해석과 마찬가지로 수행할 수 있으므로, 진동 스펙트럼의 데이터베이스를 활용할 수 있다(표 1 참조).

그림 3의 스펙트럼 A로부터 80 K의 Ni(110) 표면에 흡착한 메탄올(CH_3OH)은 분자상 흡착하고 있음을 알 수 있다. 180 K 조건의 B에서는 OH 신축 진동의 피크(3210 cm^{-1})가 소실되었고, OH 변각 진동(750 cm^{-1})

표 1. ▸ **메탄올(기체, 액체, 고체)과 Ni(110) 표면에 흡착한 메탄올의 분자 진동 피크의 귀속**

CH_3OH	기체	액체	고체	Ni(110)
Ni—O	–	–	–	340
OH 면외 변각	–	655	730	750
C—O 신축	1034	1029	1032	1020
CH_3 좌우 흔듦	1116	1114	1124	1130
OH 면내 변각	1346	1420	1450	1440
CH_3 변형	1455~77	1455~80	1452	
CH_3 대칭 신축	2845	2822	2828	2790
CH_3 비대칭 신축	2973	2934	2951	2910
O—H 신축	3687	3337	3235	3210

[S. R. Bare *et al.*, *Surf.*, *Sci.*, **150**, 399(1985)]

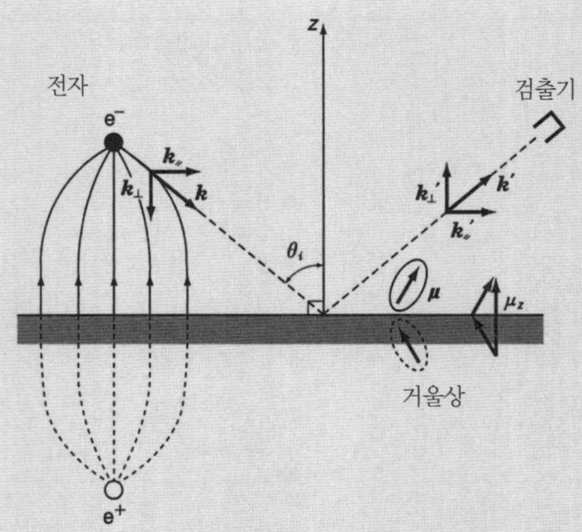

그림 4. ▶ 입사 전자와 금속 표면 전기 쌍극자와의 상호작용 모식도. 전자 및 전기 쌍극자는 금속 내부에 거울상을 유도한다. $\boldsymbol{k}$는 입사 전자의 파수 벡터, $\boldsymbol{k}'$는 산란 전자의 파수 벡터. 또 $\boldsymbol{\mu}$는 동적 쌍극자 모멘트이다.

도 대폭 감소해 있다. 즉, OH 결합이 해리하여 메톡시기(—O—CH_3)로서 표면에 흡착하고 있다고 결론지어진다.

다음으로 HREELS 측정에서 진동여기의 메커니즘을 생각해 보자. 금속 표면에 전자가 입사할 때, 기판 내에 거울상 전하가 나타난다고 생각할 수 있다(screening effect). 입사 전자와 그 거울상 전하는 표면 수직 방향에 전기장을 유도한다. 한편, 금속 기판에 흡착한 분자의 전기 쌍극자에도 거울상이 생성되어 표면 수직 방향의 쌍극자 모멘트는 강화되나, 표면 평행 방향의 쌍극자 모멘트는 상쇄된다. 결과적으로 표면 수직 방향의 전기 쌍극자만이 전자에 의해 여기된다(그림 4). 전자와 쌍극자의 상호작용은 Coulomb 상호작용(장거리 상호작용)으로, 에너지를 손실한 전자는 진행 방향을 향해 전방 산란(forward scattering)되며, 이를 쌍극자 산란이라고 한다. 쌍극자 산란에서는 IRAS와 동일한 **표면 수직 쌍극자 선택 규칙**(surface normal dipole selection rule)이 성립한다.

한편, 질량을 가진 입자인 전자는 표면 포논과 운동량을 주고받을 수 있기 때문에 표면 포논의 분산 관계 측정이 가능하다. 여기에는 쌍극자 산란과는 다른 충돌 산란 메커니즘이 작동한다.

> Panel

적외선 반사 흡수 분광법

적외선 반사 흡수 분광법(infrared reflection-absorption spectroscopy, IRAS 또는 reflection-absorption infrared spectroscopy, RAIRS)은 평탄한 표면에 흡착한 분자의 진동여기에 따른 적외선 흡수 스펙트럼을 얻는 분광법이다. 예를 들면, 전형적인 금속 표면에 스칠 듯한 각도로 적외선을 입사시켰을 때를 생각하자. 전기장 벡터가 입사면에 수직(표면에 평행)인 s 편광 적외선은 반사에 의해 위상이 180° 변화하기 때문에, 입사광의 전기장 벡터와 반사광의 전기장 벡터가 반대를 향해 표면에서의 실효 전기장이 0이 된다. 한편, 입사면 내의 전기장 벡터를 갖는 p 편광은 입사광과 반사광의 위상차가 작기 때문에 전기장 벡터가 보강 간섭하고, 표면에서의 실효 전기장 벡터의 표면 수직 성분은 대략 2배가 된다(그림 1의 모식도 참조). 표면에 흡착한 분자의 진동여기에 따른 빛의 흡수 강도는 전기장 벡터의 2승에 비례하므로, 같은 광자 수에 대해 4배가 된다. 또 집광된 입사광의 조사면적은 입사각을 ϕ_0로 놓으면 $\cos\phi_0$에 반비례하기 때문에, ϕ_0가 90°에 가까워질수록 실효적으로 측정하는 표면적이 커진다. 이 두 요소에 의해 분자의 진동여기에 따른 적외선의 흡수 강도는 다음 식 (1)에 비례하게 되어, 아슬아슬한 각도에서 극댓값을 갖는다. 그 모습이 그림 1에 나타나 있다.

$$\left|\frac{E_{\mathrm{p}}^{\perp}}{E_{\mathrm{p}}^{i}}\right|^2 \sec\phi_0 \tag{1}$$

계면(이나 표면)에서 p 편광의 빛 반사율 R_{p}는, 계면을 형성하는 양쪽 물질의 (파장에 의존하는) 복소 굴절률(복소 유전율)을 알고 있다면 계면에서의 전기장 또는 자기장의 접속조건으로부터 유도되는 Fresnel 식으로 쉽게 계산할 수 있다. 또, 그 결과를 이용해 적외선의 흡수 강도에 비례하는 양으로서 다음을 계산할 수 있다.

$$\left|\frac{E_{\mathrm{p}}^{\perp}}{E_{\mathrm{p}}^{i}}\right|^2 \sec\phi_0 = \sin^2\phi_0 \sec\phi_0\{(1 + R_{\mathrm{p}}) + 2\sqrt{R_{\mathrm{p}}}\cos\delta_{\mathrm{p}}\} \tag{2}$$

단, δ_{p}는 입사파에 대한 반사파의 위상차를 의미한다. 이 식에 근거해 텅스텐(W) 금속과 SiO_2에 대해 계산한 결과가 그림 1이다. 금속 이외의 물질

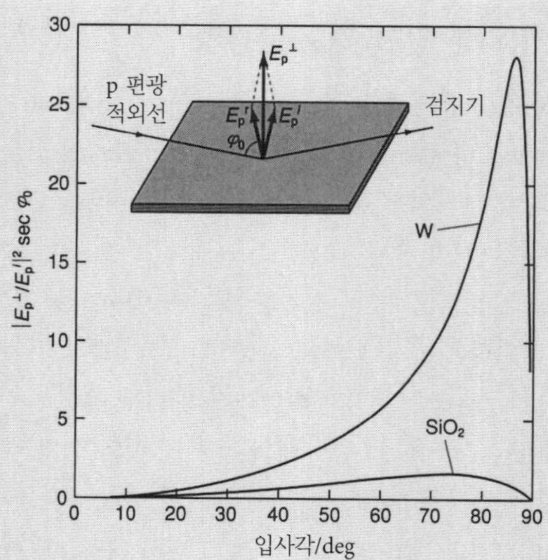

그림 1. ▶ IRAS에서 전기장 강도의 입사각 의존성.

[여기서는 극단적 예로서 석영유리(SiO_2)]의 경우 적외선의 반사율이 작고(투과율이 크고), 각도에 따른 δ_p의 변화가 커서 흡수 강도 증가를 기대하기 어렵다. 또, 이에 따라 s 편광 성분의 전기장 강도도 0이 아닌 값을 가진다. 이와 같은 이유로 IRAS 측정의 대부분은 금속 표면 또는 금속 표면상에 제작된 (측정에 사용하는 적외선의 파장보다 훨씬 얇은) 박막 표면에서의 측정이다.

적외선 흡수가 일어나기 위해서는 영구 쌍극자를 갖는 진동 모드에 대해 실효적인 전기장이 걸려 있어야 한다. 앞서 적외선의 전기장 증강을 고려하였는데, 이번에는 분자의 영구 쌍극자 측면에서 생각해보자. 적외선 활성인 영구 쌍극자가 금속 표면에 평행 방향을 향해 있다고 하면, 금속 내부에 반대의 전하를 가진 거울상 전하(역방향의 영구 쌍극자)를 두었을 때와 동등한 전기장이 발생하므로, 장파장 적외선의 관점에서는 전하가 상쇄되어 있는 것과 같다(그림 2a). 반대로 영구 쌍극자가 금속 표면에 수직 방향을 향해 있다고 하면, 금속 내부에 놓인 가상적인 거울상 전하는 실효적인 쌍극자를 크게 하는 방향으로 작용하여 흡수 강도를 증가시키게 된다(그림 2b).

즉, 어떠한 설명을 선택하든 금속 표면상 흡착 분자의 적외선 흡수에서는 표면 수직 성분만이 관찰된다는 선택 규칙이 있음을 알 수 있다. 이 엄

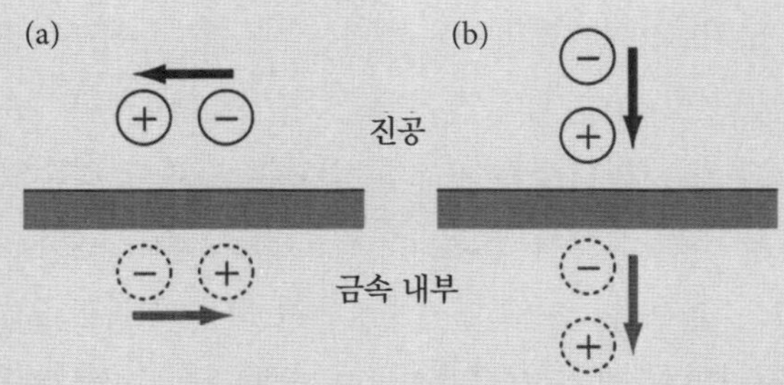

그림 2. ▶ 금속 표면에 흡착한 영구 쌍극자를 가진 분자와 그 거울상 전하의 관계.

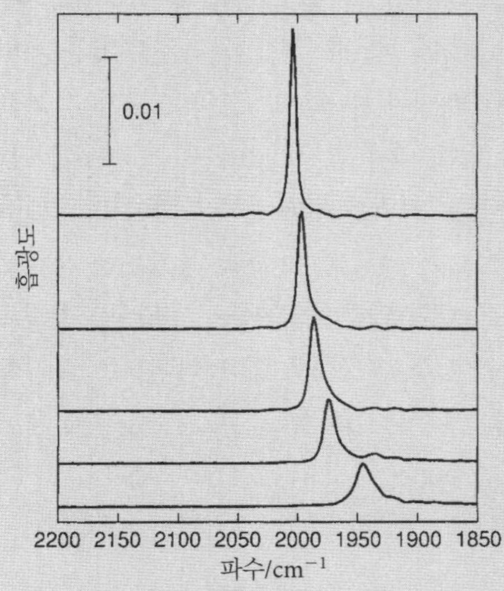

그림 3. ▶ Pd(110) 표면에 흡착한 CO 분자의 IRAS 스펙트럼.

밀한 선택 규칙에는 흡착 분자의 배향을 추정하는 데 도움이 된다는 긍정적인 면과 한정된 진동 밖에는 관찰할 수 없다는 부정적인 면이 함께 존재한다.

CO 분자의 CO 신축 진동은 강한 적외선 흡수를 보이는 진동 중 하나이다. 그림 3은 180 K에서 Pd(110) 표면에 CO 분자를 흡착시켰을 때의 IRAS 스펙트럼인데, 흡착량의 차이에 따라 진동수가 변한다. 이는 흡착 구조, 분자간 상호작용, 분자-기판 간 상호작용의 변화를 반영한다.

이 기법의 특징은 전자가 아닌 빛을 탐침으로 사용해 높은 압력의 고체-기체 계면이나 고체-액체 계면에도 응용이 가능하다는 점이다. 기체 분자나 용매 분자가 적외선을 흡수하는 경우라도, 측정 중에 농도가 변하지만 않는다면 백그라운드(background)로서 제거하는 것이 원리적으로는 가능하다. 하지만, 백그라운드를 제거한 깨끗한 스펙트럼을 얻기 위해서는 실험 장비의 설치(셋업)에 많은 공부가 필요하다.

또, 이와 연관된 기법으로 고굴절률 적외선 투과 프리즘의 내부 반사를 이용한 감쇠 전반사 분광법(attenuated total reflection spectroscopy, ATR법)이 있다. 빛을 굴절률이 큰 매질에서 작은 매질로 임계각 이상의 각도로 입사시키면 계면에서 전반사를 일으킨다. 이 입사파와 반사파의 중첩으로 생기는 전기장은 저굴절률 매질 쪽으로 미세하게 스며 나와 강도가 지수함수적으로 감쇠하는 소실광(evanescent light)을 생성한다. 이 소실광이 미치는 범위에 광자를 흡수하는 분자나 물질이 존재하면, 투과광 중에서 그 흡수 파장에 해당하는 빛의 강도가 감쇠한다. ATR법에서는 감도를 높이기 위해 다중 반사를 이용하는 경우가 많다. 반대로 ATR법에서 프리즘 자체는 적외선 투과성이 높아야 하므로 Si, Ge, ZnSe, 다이아몬드 등의 재료가 사용된다. Si 프리즘 표면을 시료로 사용해 표면에 흡착한 수소 원자와 다양한 분자의 진동 스펙트럼 측정이 이루어지고 있다. 또, 소실광이 스며 나올 정도의 얇은 막이라면 프리즘 표면에 증착시킨 박막 표면 등에도 적용할 수 있다. 프리즘 표면에 시료 표면을 밀착시켜 측정하는 경우도 있다.

6.2 표면 확산

6.2.1 활성화 에너지와 확산 이동도

흡착한 원자 · 분자가 고체 표면상을 이동하는 현상을 **표면 확산**(surface diffusion)이라고 부른다. 표면 확산은 결정과 박막의 성장에서 중요한 역할을 담당한다. 더욱이 고체 표면에서 원자 · 분자가 확산하여 만나지 않는다면 반응은 일어나지 않으므로 촉매 반응의 소과정(elementary process)으로서도 매우 중요하다.

그림 6.11에 흡착 퍼텐셜 에너지 그림을 나타내었다. 이 그림에서는 흡착자(원자, 분자)가 표면으로부터 무한히 떨어져 있을 때의 에너지를 0으로 하여, 비해리(undissociated) 비활성화 흡착인 경우를 표현했다. 즉, 흡착 에너

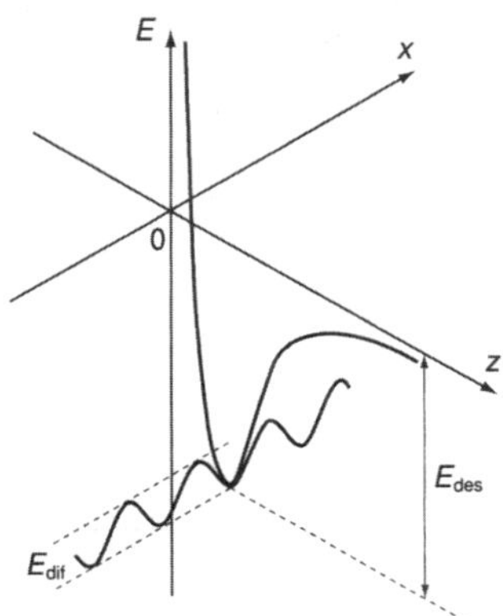

그림 6.11 ▶ 흡착 및 표면 확산의 퍼텐셜 에너지 그림. 표면 수직 방향을 z, 표면 평행 방향을 x로 하였다.

지 E_{ad}는 탈착의 활성화 에너지 E_{des}와 동일하다. 표면에 평행인 방향의 퍼텐셜 에너지 면에서는 이웃한 흡착 자리(극소점) 사이에 장벽이 존재한다. 흡착한 원자 · 분자가 기판에서 열에너지에 의해 여기되어 활성화 장벽을 넘으면 주변 자리로의 확산(이동)이 일어난다.

확산 소과정이 흡착 자리간의 퍼텐셜 장벽을 넘는 Arrhenius형 활성화 과정이라고 생각하면, 일반적으로 다음과 같이 쓸 수 있다.

$$D = D_0 \exp\left(-\frac{E_{dif}}{k_B T}\right) \tag{6.24}$$

확산계수 D의 온도 의존성을 측정함으로써 지수 앞 인자(확산 이동도) D_0와 활성화 에너지 E_{dif}를 실험적으로 구할 수 있다.

표면 확산의 모델로, 균일한 흡착 자리로 구성된 표면(예를 들면, 단결정 표면의 테라스)에서 독립 흡착자의 자리간 도약(hopping)을 생각하자. 열여기에 의한 표면 확산은 무작위 행보(random work)로 볼 수 있다. 무작위 행보에 따른 도약으로 흡착자가 표면 확산하는 경우의 확산계수를, 특별히 트레이서(추적자) 확산계수 D_t로 부르며 아래 식이 수학적으로 유도된다.

$$2mD_t t = \langle |x|^2 \rangle \tag{6.25}$$

$$\langle |x|^2 \rangle = \overline{N}a^2 \tag{6.26}$$

여기서 a는 최단 도약 거리(자리 간 거리), t는 관측 시간, N은 t 동안의 점프

표 6.4 ▶ 전형적인 흡착계의 표면 확산 활성화 에너지와 확산 이동도

흡착계	E_{dif}/eV	D_0/cm^2s^{-1}
N/Ru(0001)	0.94	$1 \times 10^{-1.7}$
H/Pt(111)	0.07	1.1×10^{-3}
CO/Ni(100)	0.03	5×10^{-3}
CO/Pt(111)	0.17	4×10^{-7}
Xe/Pt(111)	0.05	3.4×10^{-4}
NH_3/Re(0001)	0.15	2.8×10^{-3}

수, m은 차원이다(2차원 표면의 경우 $m = 2$).

관측 시간 t 동안의 흡착자의 평균 제곱 변위(mean squared displacement, MSD)를 실험적으로 측정하여 D_t를 구할 수 있다. 온도 T와 D_t의 관계를 Arrhenius plot으로 도시하여 E_{dif}와 D_0를 얻는다. 표 6.4에 전형적인 계에서 표면 확산의 매개변수를 나타냈다.

실제 표면에서는 테라스뿐만 아니라 스텝이나 불순물 등 다양한 결함이 존재하며, 이들이 거시적인 확산의 속도 결정 단계가 되는 경우도 많다. 기판 표면의 원자와 동종의 부착 원자가 스텝을 넘어 표면 확산하는 경우를 생각하자(그림 6.12).

테라스에 부착한 원자의 배위수는 스텝 바로 아래 자리와 비교해 작기 때문에 흡착 에너지에도 차이가 발생한다. 스텝 상부에서는 배위수가 더욱 작아진다. 이와 같은 스텝에서의 비대칭적인 확산 장벽을 Ehrlich-Schwoebel 장벽이라고 부른다.

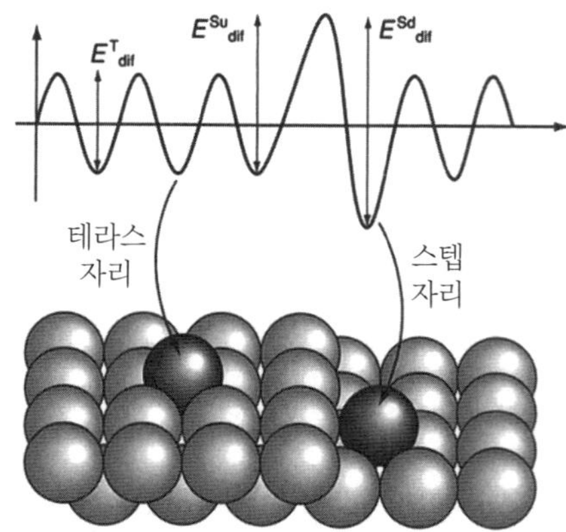

그림 6.12 ▶ 금속 표면의 스텝 부근의 퍼텐셜 에너지.

6.2.2 과도적 표면 확산

기체상에서 입사한 원자 · 분자가 표면에 충돌해 표면의 어떤 자리에 흡착하기까지의 표면상 이동, 즉 흡착 에너지 E_{ad}(그림 6.11에서는 $E_{ad} = E_{des}$)를 손실하는 동안의 비(非)열적(nonthermal)인 표면 확산을 **과도적 표면 확산**(transient surface diffusion)이라고 부르며, 열적 표면 확산(thermal surface diffusion)과 구별한다. 이는 흡착 과정의 동적 전구 상태(2.1절 참조)에 해당한다. 과도적 확산거리를 실험적으로 측정한 예는 매우 적으나, 물리흡착계에서는 수백~수천 Å, 화학흡착계에서는 수~10 Å 이하로 알려져 있다. 금속 표면에 동종의 금속 원자가 입사한 경우에는 최초 충돌점 부근에 부착한다. 과도적 확산은 흡착 퍼텐셜 에너지 곡선의 형태 및 에너지 손실 과정(미시적인 마찰)에 강하게 의존한다.

6.2.3 표면 확산을 관측하는 실험 기법

다양한 실험 기법을 통해 표면 확산이 관찰되어 정량적인 데이터가 얻어지고 있는데, 이 기법들에 대해 간단히 소개한다.

현미경을 이용해 표면 확산을 관찰하는 방법은 이전부터 수행되어 왔는데, 그 중 전기장 이온현미경(FIM), 주사 터널링 현미경(STM)은 개개의 원자 · 분자의 표면 확산을 직접 관찰할 수 있다. 또, 관찰하는 영역은 거시적이나, 미시적인 표면 확산(자리간 도약)을 관측하는 기법으로서 준탄성 He 산란(QHAS)과 시간 분해 적외선 반사 흡수 분광법(TR-IRAS)등이 있다.

한편, 전기장 방사 현미경(FEM), 광방출 전자현미경(PEEM), 저에너지 전자 현미경(LEEM)은 관측하는 영역이 좀 더 넓어, 표면에서의 농도 경사(화학 퍼텐셜 경사)에 기인하는 확산계수가 얻어진다. 레이저 유도 열탈착 분석(LITD)에서는, 흡착 표면의 어떤 특정 영역(μm 스케일)에 펄스 레이저를 조사하고, 흡착자를 열탈착시켜 부분적으로 '청정' 표면을 만든다. 그 후 주변의 흡착자가 이 영역으로 열확산되어 온다. 얼마간 시간이 지난 후 다시 같은 영역에 펄스 레이저를 조사하여, 그동안 주변에서 유입된 흡착자의 양을 측정함으로써 주변으로부터의 확산을 정량적으로 분석할 수 있다. 표면에 흡착 분자에 의한 회절 격자(줄무늬)를 인공적으로 만들어, 표면 확산에 따른 회절 격자의 붕괴를 시간 분해 레이저광 회절로 관찰하는 기법도 개발되고 있다. 표 6.5에 이러한 기법들의 특징을 간단히 정리했다.

표면 확산의 측정 결과는 시료 제조나 측정법의 차이에 따라 편차가 크다.

표 6.5 ▶ 표면 확산을 관측하는 대표적인 실험법

방법	측정량	전형적인 확산 거리	관측되는 $D(cm^2s^{-1})$의 범위	비고
FIM	흡착자의 평균 제곱 변위	수 nm ~10 nm	D_t : 10^{-17}~10^{-15}	단일 흡착자 관찰
STM	흡착자의 평균 제곱 변위	0.3 nm ~수십 nm	D_t : 10^{-19}~10^{-14}	단일 흡착자 관찰
QHAS	준탄성 산란 피크 폭, 즉 동적 구조 인자	1 nm 이하	D_t : 10^{-6}보다 큼	원자 스케일의 표면 확산을 반영
IRAS	흡착 자리 특유의 진동 피크의 시간 변화	수 nm ~수십 nm	D_t	테라스상의 확산과 스텝에서의 포획을 실시간 관측
FEM	탐침 표면의 실공간 상의 변화	10 nm ~100 nm	D_c : 10^{-12}~10^{-10}	비평형 상태의 실공간 측정, 결정면의 평균
PEEM/LEEM	실공간 상의 변화	10 nm ~1 mm	D_c : 10^{-9}~10^{-5}	비평형 상태의 실공간 측정
SHD/LOD	회절광의 감쇠	~1 mm	D_c : 10^{-15}~10^{-7}	이방성 측정이 가능
LITD	청정표면 스팟에 대한 분자 유입량	100 mm ~1000 mm	D_c : 10^{-8}~10^{-5}	관찰 영역이 넓어 구조 결함의 영향을 받기 쉬움

이는 측정법에 따라 '관측하는' 범위가 다르기 때문으로, 거시적인 영역에서는 스텝이나 불순물에 의한 포획(trap)이 확산 속도를 결정하게 되는 경우가 있기 때문으로 생각된다.

› Topics 원자 조작

제9장 마지막의 › Panel 에서도 설명하는 것처럼 원자 · 분자를 관찰하는 현미경인 STM을 이용하면 원자나 분자를 표면에서 하나씩 조작할 수 있는데, 이를 원자 조작(atomic manipulation)이라고 부른다. 이를 최초로

그림 1. ▶ STM 탐침을 이용해 Ni(110) 표면에 Xe 원자를 나열하여 쓴 'IBM' 문자. [D. M. Eigler and E. K. Schweizer, *Nature*, **344**, 524(1990)]

실증한 것은 IBM의 연구 그룹으로, 1990년에 그림 1과 같이 원자를 나열해 마치 디지털 표시와 같이 'IBM'이라고 썼다. 이와 같은 작업은 4 K의 저온에서 냉각한 Ni(110) 표면에 소량의 Xe 원자를 흡착시켜 STM으로 관찰하는 것으로부터 출발한다. Xe는 닫힌 껍질 구조를 갖는 비활성 기체이므로 Ni 표면과 화학 결합을 형성하지 않고 물리흡착한다. Xe 원자가 표면을 마음대로 돌아다니면 글씨를 쓸 수 없기 때문에 극저온 조건이 필요하다. Xe 원자를 움직이기 위해서는 먼저 STM 탐침을 움직여 Xe 원자의 바로 위에 위치시키고 탐침을 Xe 원자에 접근시킨다. 접근한 탐침과 인력이 작용하는 상태에서 Xe 원자를 움직이고자 하는 위치로 드래그(drag)한 뒤 탐침을 멀어지게 하면 Xe 원자는 그 위치에 고정된다. 이러한 조작을 각각의 원자에 대해 수행하면 원자로 글자를 쓰거나 그림을 그릴 수 있게 된다.

STM 탐침에 의한 원자 조작 기술을 응용하면, 표면상에서 분자를 자발적으로 '합성'할 수 있다. 그림 2는 철(Fe) 카보닐 분자를 합성한 예이다. 13 K에서 Ag(110) 표면상에 Fe 원자와 CO 분자를 흡착시킨 후, CO 분자의 바로 위에 STM 탐침을 두고 터널링 조건(바이어스 전압 및 터널링 전류)을 변화(CO 분자에 전자를 주입하며 탐침을 접근시키는 것에 해당)시켜 탐침 쪽으로 CO 분자를 이동시킨다. CO가 흡착한 탐침을 Fe 원자의 바로 위에 이동시켜, 이번에는 방금과 다른 터널링 조건을 설정하여 탐침으로부터 CO 분자를 떼어낸다. 철 카보닐은 생성열이 커서 쉽게 Fe—CO 결합을 형성하며 Fe(CO)가 합성된다. 같은 방법으로 또 하나의 CO 분자를 움직여 Fe(CO) 위에서 떼어내면 $Fe(CO)_2$가 합성된다.

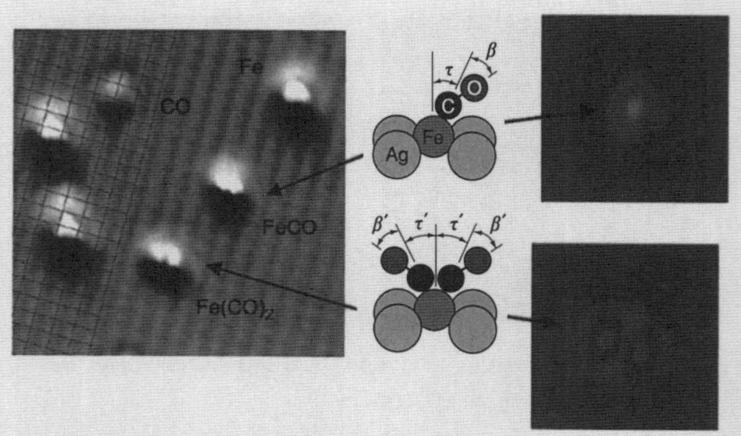

그림 2. ▸ **Ag(110) 표면에서 STM 탐침을 이용한 철 카보닐의 '합성'.** [H. J. Lee and W. Ho, *Science*, **286**, 1719(1999)]

그림 2의 Fe(CO)와 Fe(CO)$_2$는 이렇게 합성된 것으로, Fe(CO)는 비대칭인 극대를, Fe(CO)$_2$는 대칭인 두 개의 극대를 갖는다. 현재는 STM의 최신 기술인 비탄성 터널링 분광법(inelastic electron tunneling spectroscopy, IETS)을 이용해 1분자의 진동 스펙트럼을 측정할 수 있으며, 합성된 철 카보닐 분자의 C—O 신축 진동 영역의 진동 스펙트럼을 측정함으로써 이들 흡착종을 보다 확실하게 식별할 수 있다.

두 예시는 모두 극저온 조건에서 수행되었는데, 이는 원자나 분자가 마음대로 움직일 수 없도록 멈추어 두기 위함으로, 원자 · 분자를 작은 힘으로 움직이기 위해 기판과의 상호작용이 약한 것을 선택했기 때문이다. 한편, 최근에는 표면에 포함된 원자를 실온에서 움직인 예가 보고되었다. 그림 3은 Ge(111) 표면에 Ge와 치환된 Sn 원자를 움직여 'Sn'이라고 쓴 것이다. 이러한 원자 조작을 수행하는 데에는 제11장의 ›Panel 에서 후술할 비접촉 원자힘 현미경(NC-AFM) 기술이 이용되었다. 앞선 예시의 STM으로는 탐침과 흡착 원자 · 분자 사이의 거리는 알 수 있으나 실제로 움직일 때 작용하는 힘은 측정할 수 없다. AFM은 힘을 측정하는 기법으로, 그 중에서도 NC-AFM은 매우 작은 힘도 측정할 수 있기 때문에, Sn 원자에 대해 최적의 힘 상태(여기서는 인력 영역에서)에서 움직이고자 하는 방향으로 드래그하면 Sn 원자와 Ge 원자의 교환이 일어난다. 이 과정을 반복하면 그림 3과 같은 글자를 쓸 수 있다.

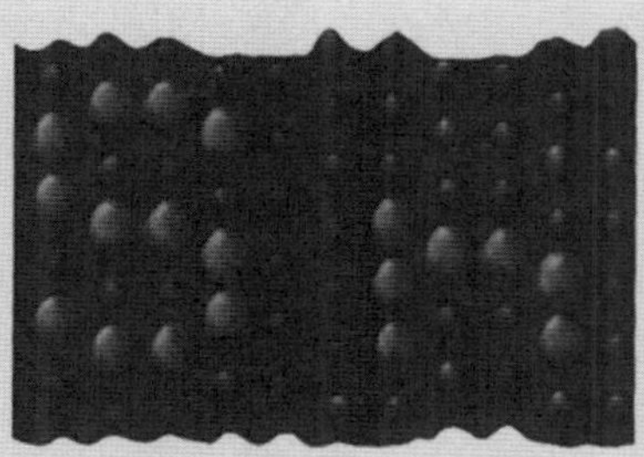

그림 3. ▶ **Ge(111) 표면에서 Sn 원자를 움직여서 쓴 'Sn' 문자.** Ge(111)c(2×8) 표면에 소량의 Sn 원자를 증착시켜, AFM 탐침으로 힘을 가하여 인접한 Ge 원자와 Sn 원자를 교환시키며 나열해 쓴 'Sn' 문자.

원자나 분자로 글자를 쓰거나 그림을 그리는 것은 이를 처음 보는 이들에게 강한 인상을 남긴다. 여기서 소개한 것 외에도 수많은 관련 예가 보고되어 있는데, 이처럼 단순해 보이는 '원자로 글자 쓰기'의 배경에는 표면 전자 상태의 변조계 생성과 같은 심도 있는 기초 연구가 자리하고 있음을 덧붙여둔다.

6.3 분자의 반응

표면에서 분자의 반응, 즉 결합의 생성과 절단(해리)의 메커니즘과 활성화 에너지의 본질이 제1원리 계산(9.3절 Panel 참조)과 표면과학 실험에 의해 밝혀지고 있다. 먼저, 흡착 분자끼리의 반응에서 활성화 에너지는 무엇을 의미하는지에 대해 살펴보자.

Pt(111) 표면상에서 흡착 O와 흡착 CO로부터 이산화탄소(CO_2)가 생성되는 반응을 살펴보자.

$$CO(a) + O(a) \longrightarrow CO_2 \qquad (6.27)$$

여기서 CO(a)와 O(a)는 각각 흡착 CO와 흡착 O를 나타낸다. 이 반응의 속도론에 관해서는 역사적으로 많은 연구가 진행되어 오고 있으며, CO(a)와 O(a)의 흡착 에너지 및 반응의 활성화 에너지는 실험을 통해 정밀하게 측정되었다. 더욱이 제1원리 계산을 통해 이 반응의 메커니즘의 자세한 내용을 이해할 수 있게 되었다. 제1원리 계산 결과는 높은 신뢰성을 보이는데, 활성화 에너

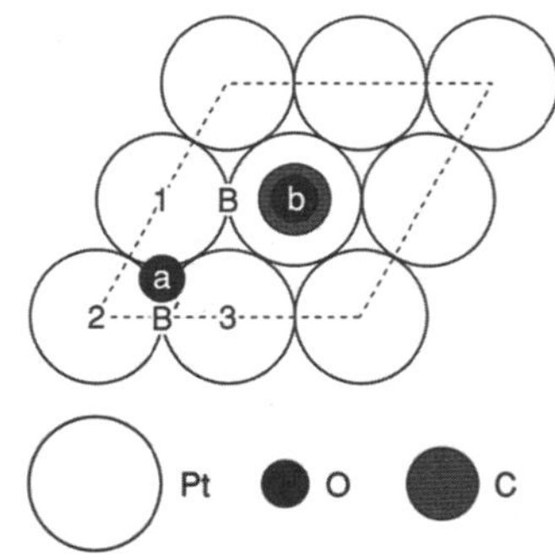

그림 6.13 ▶ Pt(111) 표면상 Pt 3-fold hollow 자리의 O(a)와 on-top 자리의 CO(a).

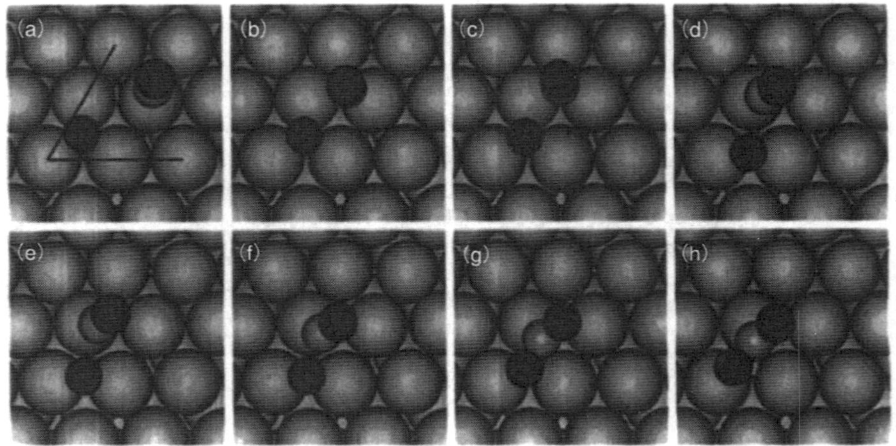

그림 6.14 ▶ **CO(a)와 O(a)가 접근하여 CO_2를 생성할 때까지의 과정.** 왼쪽 상단에서 오른쪽 하단 순서. 큰 구는 백금 원자, 검은색 구는 산소 원자, 작고 흰색인 구는 탄소 원자.

지나 흡착 에너지 등의 실험을 통한 측정값이 계산값과 잘 일치하는 것으로 나타났다.

그림 6.13은 Pt(111) 표면상의 CO(a)와 O(a)의 모습을 나타낸다. CO(a)는 Pt 원자의 바로 위(그림에서 b 위치), 즉 on-top 자리에, O(a)는 Pt 3-fold hollow 자리(그림에서 a 위치)에 흡착해 있다. 이 상태에서 CO(a)와 O(a)가 반응해 CO_2를 생성하는 과정을 나타낸 것이 그림 6.14이다. 제1원리 계산을 통해 이와 같이 원자의 위치를 변화시켜가며 전체 에너지를 계산함으로써 가장 반응이 일어나기 쉬운 경로를 찾아낼 수 있다. 이 그림을 보면 먼저 (a)에서 (b) 및 (c)의 과정에서 CO(a)가 on-top 자리에서 bridge 자리로 이동하는 것을 알 수 있다. 다음으로 (d)를 보면, CO(a)가 bridge 자리에서 O(a)에 인

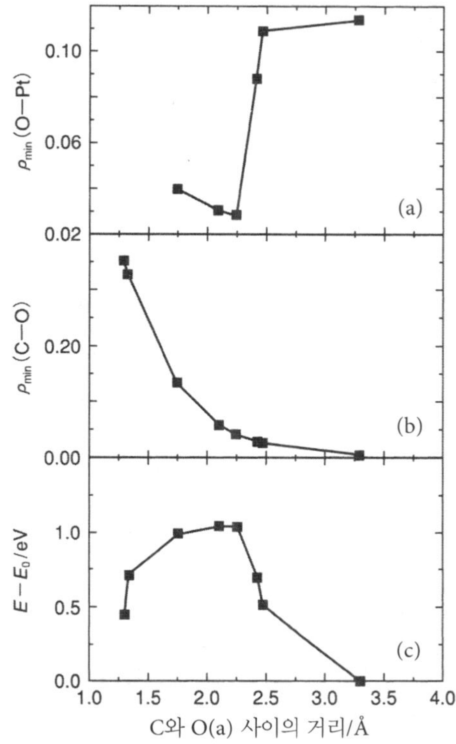

그림 6.15 ▶ CO(a)와 O(a)의 거리에 대한 전자 밀도 변화와 전체 에너지 변화.

접한 Pt 원자의 on-top 자리로 이동한다. 이와 동시에 O(a)는 3-fold hollow 자리에서 bridge 자리로 이동한다. 이어서 (e) → (f) → (g) → (h)의 순서로 CO(a)와 O(a)가 가까워지며 CO_2가 생성된다.

각 과정에서 결합의 절단 및 생성, 그리고 전체 에너지 변화를 그림 6.15에 나타냈다. 그림에서 ρ_{min}(O—Pt)는 그림 6.13에서 Pt 원자 1과 O(a)의 결합에 대한 전자밀도로, 이 값이 크면 결합을 형성하고 있음을 의미한다. ρ_{min}(C—O)는 그림 6.13에서 O(a)와 CO(a)의 C 사이의 전자밀도이다. 가로축은 CO(a)의 C와 O(a) 사이의 거리로, O(a)와 CO(a)가 가까워지는 것은 그림의 오른쪽에서 왼쪽으로 향하는 방향에 대응한다. 그림 6.15c에서 에너지가 1 eV가 되었을 때가 반응의 전이 상태로, 이 높이는 활성화 에너지에 해당한다. 이는 반응 (6.27)의 활성화 에너지의 실험값과 잘 일치한다. 문제는 이 활성화 에너지의 '내용'인데, 오른쪽에서 두 번째 점인 2.5 Å 지점은 CO가 bridge 자리로 이동한 점으로, on-top 자리보다도 0.5 eV 높다. 그리고 그림 6.14d와 같이 CO(a)가 O(a)에 접근해 인접한 on-top 자리로 이동했을 때 전이 상태에 도달한다. 이때 ρ_{min}(O—Pt)가 격감하는 것으로 보아 O(a)는 Pt 원자 1과의 결합이 끊어지며 bridge 자리로 이동했음을 알 수 있다. 즉, 활성화 에너지의 대부분은 O(a)를 Pt 3-fold hollow 자리에서 bridge 자리로 이동시키기 위한 에너지에 해당한다. 이 전이 상태에 도달한 후 ρ_{min}(C—O)가 증가하기 시작한다. 즉, CO(a)와 O(a)의 결합이 형성되기 시작한다.

이상으로부터 CO(a)와 O(a)의 반응에 대한 활성화 에너지의 대부분은 Pt와 O(a) 간 결합의 절단과 관계된 것임을 알았다. 이는 직감적으로도 충분히 이해할 수 있다. 즉, 표면 금속 원자와 강하게 결합하는 흡착 원자를 반응을 통해 제거하는 경우 그 결합을 절단하기 위한 에너지가 필요하다.

6.4 분자의 탈착

표면에 흡착한 원자 · 분자가 방출되는 과정을 탈착이라고 부른다. 분자와 표면의 결합을 절단하기 위해서는 에너지가 필요한데, 열, 빛, 전자로 탈착하는 과정을 각각 **열탈착**(thermal desorption), **광자극 탈착**(photo stimulated desorption, PSD), **전자 자극 탈착**(electron stimulated desorption, ESD)이라고 한다. 이 절에서는 열탈착을 다루고, PSD와 ESD는 6.5절에서 자세히 기술한다.

흡착 퍼텐셜 에너지 다이어그램(그림 6.16)을 바탕으로 탈착 과정의 속도론을 논의하자. 바닥상태에 있는 흡착자는 탈착의 활성화 에너지 E_{des}를 넘으면 흡착 퍼텐셜로부터 탈출할 수 있다. 탈착 속도는 다음 Wigner-Polanyi형 속도식으로 기술된다.

$$-\frac{d\theta}{dt} = \nu_n \theta^n \exp\left(-\frac{E_{des}}{k_B T}\right) \tag{6.28}$$

여기에서 θ는 덮임률, ν_n은 반응 차수 n일 때의 지수 앞 인자(확산 이동도), T는 표면의 절대온도이다.

한편, 전이 상태 이론에 따라 탈착의 속도식을 표현할 수 있다. 간단한 경우인 1차($n = 1$) 탈착을 생각해 보자. 흡착 분자 A*와 탈착 전이 상태 A*# 사이에 평형이 성립한다고 하면(*는 흡착 자리를 나타냄), 탈착 과정을 다음과 같이 표현할 수 있다.

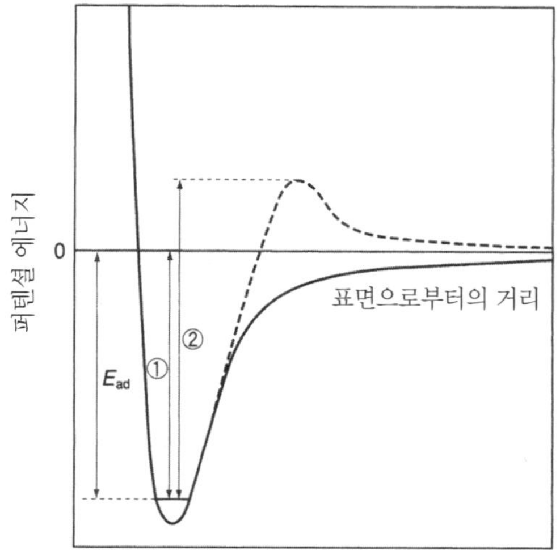

그림 6.16 ▶ 흡착 퍼텐셜 에너지 다이어그램. E_{ad}는 흡착 에너지, E_{des}는 탈착의 활성화 에너지. ①은 비활성화 흡착으로 $E_{des} = E_{ad}$이다. ②는 활성화 흡착으로 $E_{des} > E_{ad}$이다.

$$A^* \rightleftharpoons A^{*\#} \longrightarrow A + * \tag{6.29}$$

이는 흡착 분자계의 단분자 분해 반응으로 간주할 수 있다. 전이 상태 이론에서는 다음과 같은 사항을 가정한다.

① 분자가 전이 상태에 도달하면 탈착한다.
② 에너지 분포는 Maxwell-Boltzmann 분포를 따른다.
③ 흡착 상태와 전이 상태 사이에 평형이 성립한다.
④ 탈착 과정의 반응 좌표는 다른 운동의 좌표로부터 분리할 수 있다.

흡착 상태와 전이 상태 사이의 평형 상수 $K^\#$는 다음과 같다.

$$K^\# = \frac{\theta_a^\#}{\theta_a} = \frac{q_a^\#}{q_a}\exp\left(-\frac{E_{des}}{k_B T}\right) \tag{6.30}$$

여기서 θ_a와 $\theta_a^\#$는 각각 표면의 흡착 분자와 전이 상태에 있는 분자의 농도(덮임률)로, q_a와 $q_a^\#$는 각각의 분배함수이다. 전이 상태의 농도 $\theta_a^\#$는 다음과 같이 쓸 수 있다.

$$\theta_a^\# = \theta_a \frac{q_a^\#}{q_a}\exp\left(-\frac{E_{des}}{k_B T}\right) \tag{6.31}$$

전이 상태에서 탈착에 도달하는 운동에 해당하는 진동은 상당히 느슨하게 속박된 모드로 볼 수 있기 때문에, 그 진동 에너지를 $h\nu$로 하여 묶으면 다음 식이 된다(나머지 모드의 분배함수를 $q_\#$로 놓는다).

$$\theta_a^\# = \theta_a \frac{k_B T}{h\nu} \frac{q_\#}{q_a} \exp\left(-\frac{E_{des}}{k_B T}\right) \tag{6.32}$$

따라서 다음과 같다.

$$\nu\theta_a^\# = \theta_a \frac{k_B T}{h} \frac{q_\#}{q_a} \exp\left(-\frac{E_{des}}{k_B T}\right) \tag{6.33}$$

이 식의 좌변은 전이 상태에 있는 분자가 탈착하는 반응 속도를 표현한다. 전이 상태 이론에 기초한 탈착 속도는 다음과 같이 쓸 수 있다.

$$-\frac{d\theta_a}{dt} = \theta_a \frac{k_B T}{h} \frac{q_\#}{q_a} \exp\left(-\frac{E_{des}}{k_B T}\right) = A\ \theta_a \exp\left(-\frac{E_{des}}{k_B T}\right) \tag{6.34}$$

여기서 A는 탈착 속도의 지수 앞 인자이다.

$$A = \frac{k_B T q_\#}{h q_a} \tag{6.35}$$

$q_a \sim q_\#$로 근사하면, 실온 부근에서 $A = 6 \times 10^{12} \sim 10^{13}\ s^{-1}$이 된다.

전이금속 표면에 흡착한 CO는 1차 탈착한다. 대표적인 전이금속 표면에 흡착한 CO의 흡착 에너지와 탈착 속도의 지수 앞 인자 예시를 표 6.6에 나타냈다.

실험으로 구한 흡착 CO 탈착 속도의 지수 앞 인자는 $10^{14} \sim 10^{16}\ s^{-1}$으로, 실제로는 $q_\# > q_a$임을 시사한다. 즉, 탈착으로의 전이 상태는 흡착 바닥상태와

표 6.6 ▶ 전이금속 표면에 흡착한 CO 탈착 속도의 지수 앞 인자와 흡착 에너지

흡착계	지수 앞 인자/s^{-1}	흡착 에너지/kJ mol^{-1}
CO/Ni(100)	10^{14}	130
CO/Ni(111)	10^{15}	130
CO/Cu(100)	10^{14}	67
CO/Ru(0001)	10^{16}	160
CO/Pd(111)	10^{15}	147
CO/Pt(111)	10^{14}	134

비교해 분배함수가 크고 보다 느슨하게 속박된 상태로, 진동 엔트로피가 증가해 있다고 생각된다(퍼텐셜 에너지 곡선이 완만하면 완만할수록 진동의 상태 수가 증가함을 생각하자).

다음으로 탈착의 활성화 에너지와 지수 앞 인자를 실험적으로 측정하는 방법에 대해 기술한다. 가장 많이 이용되는 방법은 **승온 탈착**(temperature programmed desorption, **TPD**)이다. 원자 · 분자가 흡착한 고체 표면의 온도를 상승시키면, 표면과의 결합이 약한 화학종부터 순서대로 탈착한다. 질량 분석기를 이용해 탈착종의 분압을 측정하고, 온도에 대해 도시하면 탈착종의 스펙트럼이 얻어진다. 실제 실험장치에 대해서는 6.4절의 ›Panel 에서 설명한다. 여기서는 탈착 스펙트럼을 어떻게 해석하여 속도론적 정보를 얻는지에 대해 자세히 기술한다.

간단한 단일 분자의 TPD에 대해 생각해 보자. 진공 용기 내의 물질수지(material balance)로부터 다음 식이 성립한다.

$$\frac{V}{k_B T_c}\frac{\mathrm{d}p}{\mathrm{d}t} = -A_s n_0 \frac{\mathrm{d}\theta}{\mathrm{d}t} - \frac{s}{k_B T_c}p + L \qquad \textbf{(6.36)}$$

$$-\frac{\mathrm{d}\theta}{\mathrm{d}t} = k_\mathrm{d}\theta^n - k_\mathrm{a}p(1-\theta)^m \qquad \textbf{(6.37)}$$

여기서 p는 진공 용기 내의 압력, T_c는 주변 온도, V는 용기의 부피, s는 펌프의 배기 속도, A_s는 단결정 시료의 표면적, n_0는 흡착 자리의 밀도, θ는 흡착 분자의 덮임률, L은 표면에 대한 기체의 유입 속도, k_d와 k_a는 탈착과 흡착의 속도 상수, k_B는 Boltzmann 상수이다. 시료의 표면적이 작고(1 cm^2 정도) 표면으로부터 탈착하는 기체의 압력이 낮은 경우에는 식 (6.37)의 우변의 재흡착항을 무시할 수 있다. 진공 용기 내 기체의 백그라운드 압력을 $p_0 = k_\mathrm{B}T_c L/s$로 놓고, 펌프의 배기 속도가 충분히 클 때 위 두 식 (6.36)과 (6.37)로부터 근사적으로 다음 식을 얻는다.

$$-\frac{\mathrm{d}\theta}{\mathrm{d}t} = k_\mathrm{d}\theta^n = \frac{s}{A_s n_0 k_\mathrm{B} T_c}(p - p_0) \qquad \textbf{(6.38)}$$

즉 탈착 속도는 시시각각 질량 분석기를 통해 관측된 압력 p에서 p_0를 뺀 양에 비례한다.

온도가 상승하면 탈착 속도 상수는 지수함수적으로 증가하지만 흡착량은 감

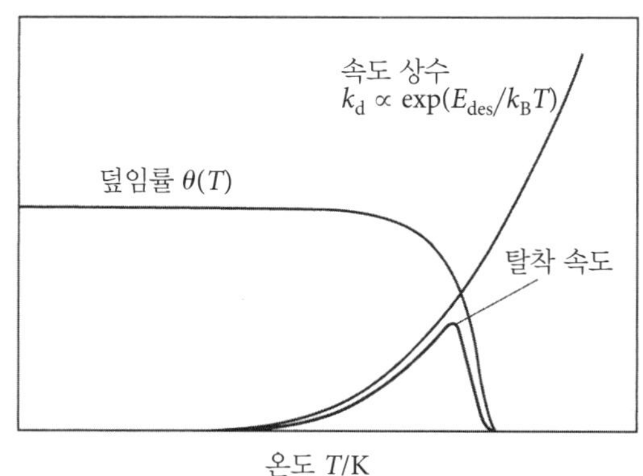

그림 6.17 ▶ **TPD 스펙트럼의 개념도.** 온도 상승과 함께 탈착 속도가 피크를 나타낸다.

소하기 때문에 관측되는 압력 p는 어떤 온도 T_p에서 극대가 된다(그림 6.17).

승온 탈착 질량 분석은 승온 속도 β(K s^{-1})가 일정한 조건에서 수행되는 경우가 많다. 가열 전의 초기 시료 온도를 T_0로 놓으면, 가열을 개시하고 t초 후 온도 T는 $T = T_0 + \beta t$이다. 열탈착이 Arrhenius형 활성화 과정으로 일어난다고 하면, 탈착 속도 상수 k_d는 다음과 같다.

$$k_d = \nu_d \exp\left(-\frac{E_{des}}{k_B T}\right) \tag{6.39}$$

피크 온도 T_p에서는 $d^2\theta/dT^2 = 0$이므로, 다음 식이 얻어진다.

$$2\ln T_p - \ln\beta = \frac{E_{des}}{k_B T_p} + \ln\frac{E_{des}}{k_B \nu_d n \theta_p^{n-1}} \tag{6.40}$$

여기에서 θ_p는 피크 극대에서 표면에 남아 있는 분자의 덮임률이다. 피크 온도 T_p는 β, θ_p 그리고 탈착 과정의 차수 n에 따라 이동하는 것을 알 수 있다. 따라서 TPD 스펙트럼을 해석함으로써 흡착량, 탈착의 활성화 에너지와 지수 앞 인자, 탈착의 차수 등을 구할 수 있다.

그림 6.18은 Wigner-Polanyi형 속도식[식 (6.28)]을 사용해 시뮬레이션한, 탈착의 차수가 0, 1/2, 1, 2일 때의 TPD 스펙트럼이다.

0차 탈착은 원자 · 분자가 그 다층막에서 승화할 때에 잘 관측된다. 탈착 속도가 흡착량에 의존하지 않기 때문에, 탈착 스펙트럼의 저온 측에서는 공통적인 선행 구간(common leading edge)을 나타낸다. 다층막의 승화 외에도 흡착계에서 1차 상전이가 일어날 때는 화학 퍼텐셜이 덮임률에 관계없이 일

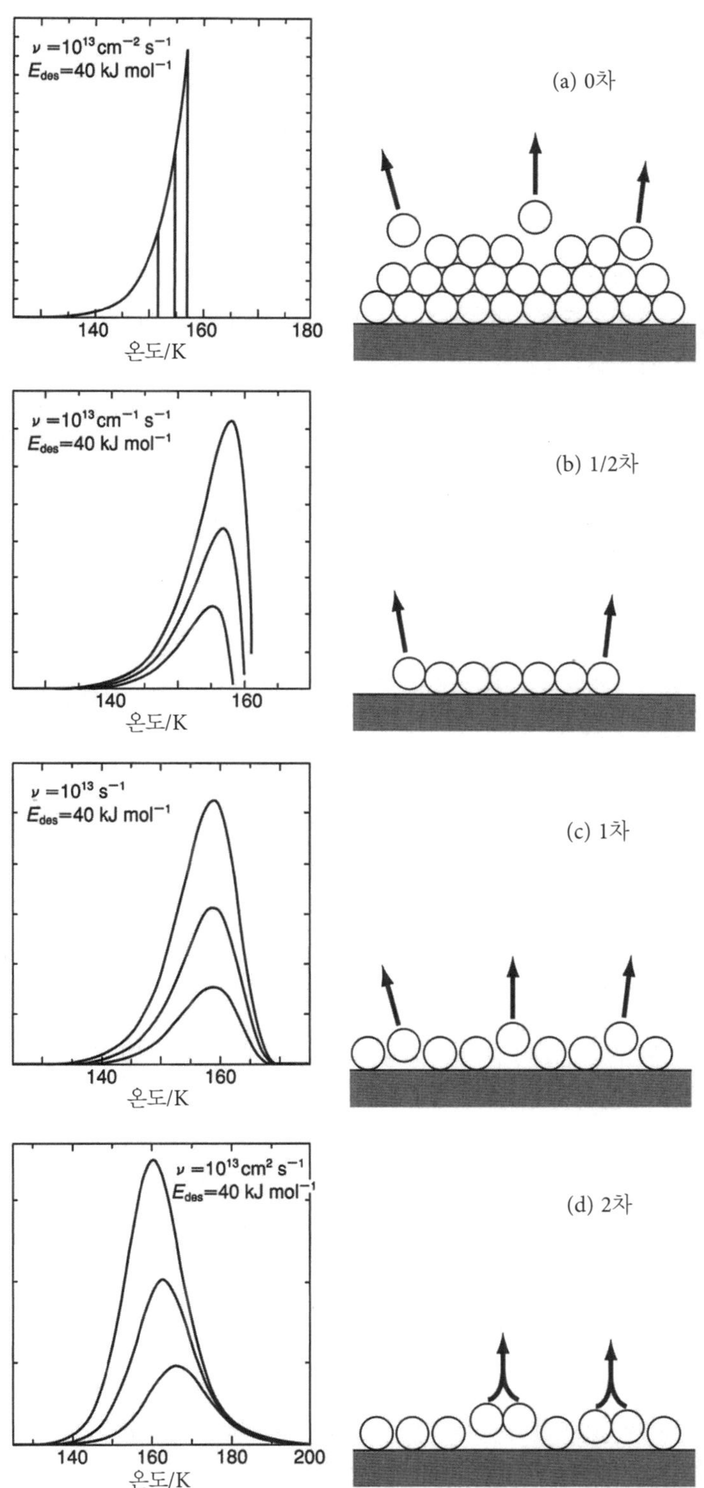

그림 6.18 ▶ Wigner-Polanyi형 속도식을 기반으로 시뮬레이션한 TPD 스펙트럼과 탈착 모델.

정하므로, 0차 탈착이 일어난다는 것이 알려져 있다.

1차 탈착은 표면에 흡착한 분자의 탈착에서 잘 관측된다. 스펙트럼 형상은 비대칭이며, T_p는 흡착량에 관계없이 일정하다.

2차 탈착은 흡착 원자끼리 재결합하여 탈착하는 경우에 잘 관측된다. 스펙트럼 형상은 T_p에 대해 대칭적이다. 흡착량을 증가시키면 피크 온도가 저온 측으로 이동한다.

1/2차 탈착은 조금 특수한데, 표면에서 흡착자가 이차원 아일랜드(island)를 형성하여, 탈착이 그 가장자리에서 일어날 때 관측된다. 원형 아일랜드의 가장자리에 존재하는 분자 수가 $\sqrt{\theta}$에 비례한다고 생각하면 이해할 수 있다.

TPD 스펙트럼을 정량적으로 해석하여 탈착의 활성화 에너지와 지수 앞 인자를 구할 수 있다. 1차 탈착($n = 1$)일 때에는 다음 식이 성립한다.

$$\frac{E_{\mathrm{des}}}{k_{\mathrm{B}}T_{\mathrm{p}}^2} = \frac{\nu_{\mathrm{d}}}{\beta}\exp\left(-\frac{E_{\mathrm{des}}}{k_{\mathrm{B}}T_{\mathrm{p}}}\right) \tag{6.41}$$

Readhead는 실용적인 식으로서 다음 식을 도출하였다.

$$E_{\mathrm{des}} = k_{\mathrm{B}}T_{\mathrm{p}}\left(\ln\frac{\nu_{\mathrm{d}}T_{\mathrm{p}}}{\beta} - 3.46\right) \tag{6.42}$$

지수 앞 인자 ν_d를 가정하면, 탈착의 활성화 에너지를 간편하게 어림할 수 있다. 탈착 스펙트럼의 피크 위치와 형상으로부터 매개변수를 어림하는 방법은 이밖에도 몇 가지가 제안되어 있는데, 자세한 내용은 관련 문헌을 참조하기 바란다.

지금까지 논의에서는 원자 · 분자가 단일 흡착 자리에 흡착하며, 흡착 입자간 상호작용이 없다고 가정했다. 하지만 실제계에서는 ν_d와 E_{des}가 덮임률 θ에 의존하는 경우가 많아 $\nu_d(\theta)$ 및 $E_{des}(\theta)$와 같이 표현한다. 실험적으로 θ에 의존하는 이러한 양을 정량적으로 결정하기 위해 TPD 스펙트럼의 선행 구간 해석법(leading edge analysis)이 사용된다. TPD 스펙트럼은 탈착 속도 그 자체를 나타내므로, 저온부의 선행 구간(초기 흡착량의 수% 정도)을 온도에 대해 Arrhenius plot하면, 그래프의 기울기로부터 초기 흡착량에 대한 탈착의 활성화 에너지 $E_{des}(\theta)$를 실험적으로 직접 얻을 수 있다. 나아가 탈착의 차수를 피크의 형태나 흡착계의 실제 상태에 맞춰 결정하면, Arrhenius plot의

y절편으로부터 지수 앞 인자를 결정할 수 있다. 또 탈착 피크의 면적을 적분하면 흡착량을 추정할 수 있다.

예로서 Pd(111) 표면에 흡착한 CO의 TPD 스펙트럼과, 일련의 스펙트럼으로부터 얻어진 $\nu_d(\theta)$와 $E_{des}(\theta)$의 결과를 그림 6.19에 나타내었다. 이 흡착계에서 TPD 스펙트럼은 덮임률 θ의 증가와 더불어 따라 형상이 복잡하게 변화한다. 이는 덮임률 θ가 큰 영역에서 흡착 입자간 상호작용이 뚜렷해지기 때문

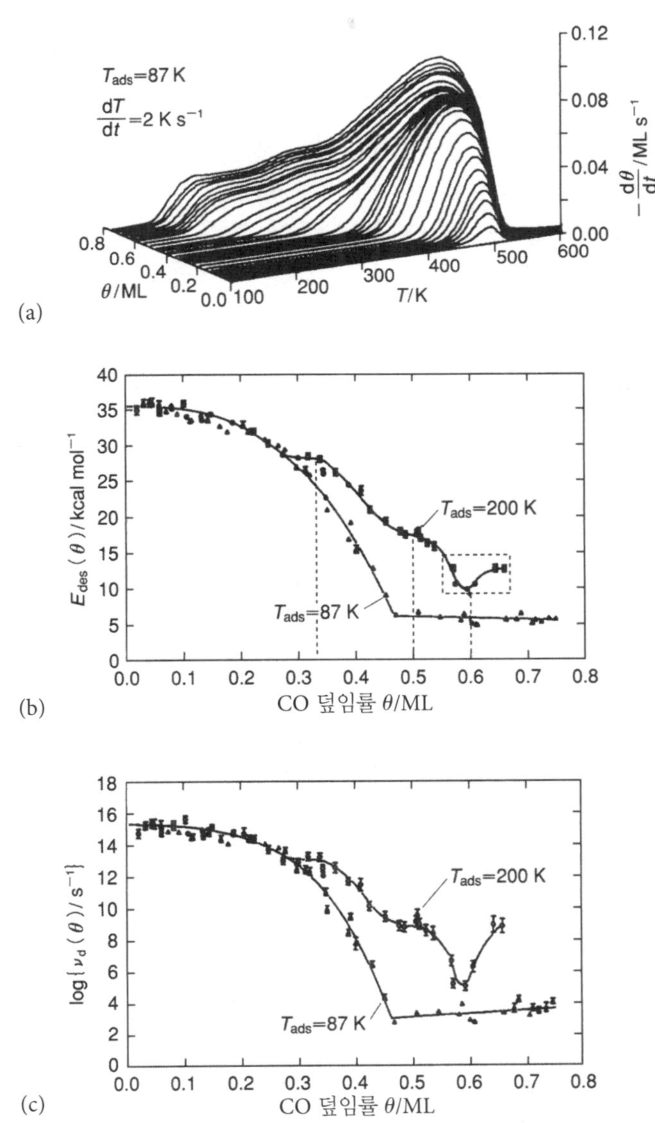

그림 6.19 ▸ 선행 구간 해석법의 예. (a) Pd(111) 표면에 흡착한 CO의 TPD 스펙트럼과 이를 해석하여 얻은 (b) $E_{des}(\theta)$ 및 (c) $\nu_d(\theta)$. [X. Guo and J. T. Yates, Jr., *J. Chem. Phys.*, **90**, 6761(1989)]

이다. 피크 형상이 변화해도 탈착 피크의 선행 구간 해석법은 적용 가능하므로 덮임률 θ에 의존하는 $\nu_d(\theta)$와 $E_{des}(\theta)$를 얻을 수 있다. CO는 Pd(111) 표면에서 흡착 분자간 상호작용의 결과로 여러 가지 초구조를 형성하거나 몇 개의 흡착 자리를 갖는다는 것이 알려져 있다. 이렇게 복잡한 거동을 보이는 흡착계라도, 선행 구간 해석법을 사용하면 덮임률에 의존하는 열탈착의 속도론적 매개변수를 추정할 수 있다.

지금까지 탈착의 속도론(kinetics)에 대해 자세히 기술하였는데, 탈착 과정 전체를 이해하기 위해서는 동역학(dynamics)의 해석 또한 필요하다. 탈착의 동역학에는 탈착 입자의 공간(각도) 분포, 병진 속도 분포, 분자의 내부 상태(진동, 회전)가 포함되며, 에너지의 분배가 논의된다. 하지만 그 중요성에도 불구하고 실험의 어려움으로 현재도 연구가 그다지 진전되지 않고 있다. 여기서는 전형적인 예를 몇 가지 소개한다.

열평형이 성립하고 있는 경우에는 미세 균형 원리(principle of detailed balance)에 따라 표면에 입사하는 분자의 코사인 법칙을 탈착 분자에도 적용시킬 수 있다(Knudsen's cosine law). 흡착 분자가 표면과 열평형을 유지하며 탈착하는 경우, 탈착 분자의 병진 속도 분포는 표면 온도의 u^3-Maxwell 분포(2.1절 참조)를 보이고, 각도 분포는 코사인 법칙을 따른다. 코사인 법칙을 따르는 전형적인 예로서, Ni(111) 표면에 흡착한 CO의 탈착 각도 분포를 그림 6.20에 흰색 원으로 표시했다. 한편, 비평형 탈착은 반응성 탈착(회합, 분해)에서 종종 관측된다. 그림 6.20의 검은색 원이 나타내는 것처럼, Ni(111) 표면

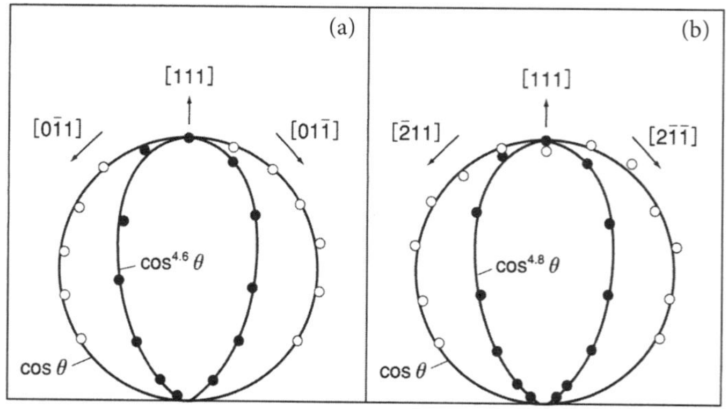

그림 6.20 ▶ Ni(111) 표면에서의 CO 및 H_2 열탈착의 각도 분포. CO의 탈착은 코사인 법칙을 따르나, H_2의 재결합 탈착은 표면 수직 방향에 지향성이 있다. 흰색 원과 검은색 원에 대해서는 본문의 설명을 참조할 것. [H.P. Steinrück *et al.*, *Surf. Sci.*, **152/153,** 323(1985)]

에 흡착한 원자상 수소가 수소 분자로서 탈착할 때의 각도 분포는 코사인 법칙을 따르지 않고, 표면 수직 방향으로 날카롭게 분포한다.

이는 수소 원자가 표면에서 수소 분자를 형성할 때, 수소 분자의 평형 흡착 위치보다 표면에 가까운 위치에서 회합이 일어나기 때문에, 퍼텐셜 곡면에서 반발력을 받기 때문으로 생각된다. 전이금속 표면에서의 CO의 산화 반응 ($CO + O \rightarrow CO_2$)에 따른 CO_2의 탈착에서도 코사인 법칙을 따르지 않는 지향성이 있는 탈착이 관측된다.

표면에서 분해 생성물이 탈착하는 경우에도 코사인 법칙을 따르지 않는 경우가 있다. Pd(110) 표면에서의 N_2O 분해 반응에서 탈착한 N_2의 탈착 분포는 표면 수직 방향으로부터 43° 벗어난 방향을 지향한다. 최근에는 각도 분포와 병진 속도 분포, 나아가 탈착 분자의 내부 상태도 적외선 발광 분광법을 통해 밝혀지고 있으며, 탈착 분자의 동역학에 대해 자세한 정보를 얻을 수 있게 되었다. 이 정보를 이용해 표면 반응장(reaction field)의 대칭성 및 반응종의 구조에 관한 논의가 가능해지고 있다.

› Panel 열탈착 질량 분석

원자 · 분자가 흡착한 시료를 가열하여 표면으로부터 탈착하는 분자를 질량 분석기로 측정하는 분석법을 **열탈착 분석**(thermal desorption spectrometry, TDS)이라고 부른다. 특히 승온 속도가 일정하도록 가열하여 시료 온도에 대해 질량 분석기의 강도를 측정하는 것이 **승온 탈착**(temperature programmed desorption, TPD)이다. 한편, 시료 온도를 일정하게 유지하며 시간에 대해 질량 분석기의 강도를 측정하는 것을 **등온 탈착**(isothermal desorption, ITD)이라고 부른다. 본문 중에 탈착의 속도론과 정량적 해석의 자세한 내용을 기술하였으므로, 여기서는 실험 방법에 대해 설명한다.

시료로 단결정을 사용하는 실험은 통상 TPD, ITD 모두 초고진공 용기 내에서 수행된다. 표면이 1 cm^2 정도인 단결정에 직접 스폿 용접(spot welding)한 아르멜-크로멜 등의 열전대(thermocouple)로 온도를 측정한다. 먼저, 어떤 시료 온도(통상 해당 실험에서 최저 온도)에서 분자를 표면에 흡착시킨다. TPD에서는 측정한 시료 온도를 온도 제어장치에 피드

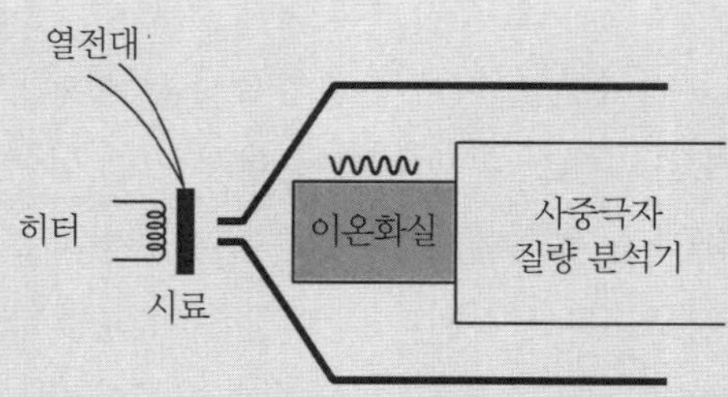

그림 1. ▶ 열탈착 분석 실험의 배치도. 초고진공 용기 내에 설치되며, 상시 배기된다. 단결정 시료를 사용하는 경우, 시료 표면으로부터의 탈착만을 선택적으로 측정하는 것이 중요하다.

백시켜, 승온 속도 β(K s^{-1})가 일정하도록 가열하는 동안 탈착 분자의 진공 용기 내에서의 분압을 사중극자 질량 분석기(QMS)로 측정한다. ITD에서는 어떤 일정 온도까지 시료 온도를 상승시켜, 지정한 온도에 도달한 후에는 온도가 일정하게끔 가열 전력을 제어하며 탈착 분자의 분압을 QMS로 측정한다.

단결정 표면 시료에서 탈착한 분자를 QMS로 정밀하게 측정하기 위해 QMS의 이온화실 선단에 구경 2 mm 정도의 구멍을 낸 유리나 스테인리스제 캡을 씌우고 시료 표면에 수 mm 이하까지 접근시켜 측정을 진행한다(그림 1). 이는 발명자의 이름을 따 Faulner 캡으로 불린다.[1] 이를 통해 시료의 가장자리나 필라멘트로부터의 탈착종이 이온화실에 들어가는 것을 저감하여, 단결정 표면으로부터의 탈착을 선택적으로 측정할 수 있게 된다. 백그라운드 압력을 낮추기 위해 이온화실을 차동 배기(differential exhaust)하는 경우도 있다.

[1] P. Faulner and D. Menzel, *J. Vac. Sci. Technol.*, 17, 662(1980).

QMS의 출력(이온 전류량)은 탈착 속도에 비례하는 양이므로(본문 참조), 피크 강도의 적분값은 탈착 분자의 양에 해당한다. 질량 분석기의 감도가 높아 덮임률이 1/1000 정도인 분자를 측정하는 것도 가능하다.

QMS로 관측하는 질량수(amu/e)를 밀리초(ms) 스케일로 바꾸어 1회 실험으로 여러 탈착종의 TPD를 측정할 수 있다. 이는 특히 유기 분자의 표면 반응을 추적할 때에 유효하며, 승온 반응 분석(temperature programmed reaction spectrometry, TPRS)으로 불린다. Ni(110) 표면에 흡착한 포름산(HCOOD)의 TPRS 스펙트럼을 그림 2에 나타내었다. 포름산이 표면 반응으로 분해되어 수소, 물, 이산화탄소, 일산화탄소가 열탈착하는 것을 알 수 있다. 또 수소(H)와 중수소(D)로 포름산 분자의 수소

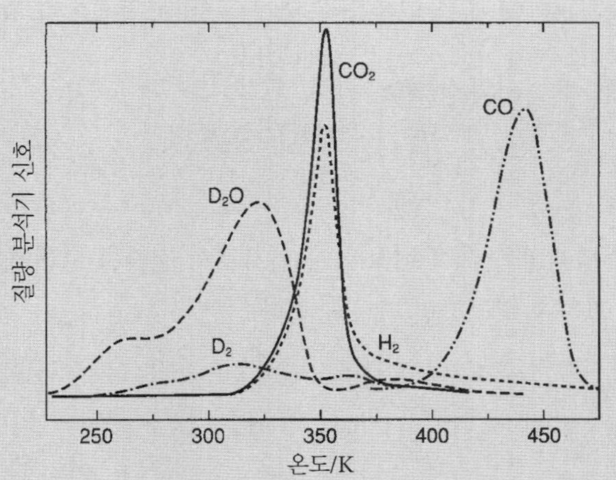

그림 2. ▶ **Ni(110) 표면에 흡착한 HCOOD의 TPRS 스펙트럼.** [R. J. Madix, *Acc. Chem. Res.*, 12, 265(1979)]

원자를 표지(labeling)하여 표면화학 반응의 메커니즘에 대해 자세한 정보를 얻을 수 있다.

6.5 표면 여기 과정

6.5.1 시작하며

표면에서의 여기 과정은 열여기에 의한 것과 전자여기에 의한 것의 두 가지로 구분할 수 있다. 열여기에 의한 과정에는 표면 확산, 열반응, 열탈착 등이 있으며, 일반적으로 Arrhenius형 열 활성화 과정으로서 속도론적으로 기술된다. 이들은 이미 다른 절에서 자세히 설명하였으므로 이 절에서는 기술하지 않는다.

여기서는 빛 또는 하전 입자(주로 전자)를 여기원(excitation source)으로 하는 표면 여기 과정에 대해 기술한다. 여기 과정은 물리적으로 단전자여기(전자-정공 쌍 생성, 밴드 간 전이, 광전자 방출 등)와 집단여기(포논, 플라스몬 여기)로 분류할 수 있다. 먼저 표면화학적으로 흥미로운 원자 · 분자의 운동을 유도하는 과정을 설명하는 현상론적인 모델에 대해 기술한 후에, 구체적인 예를 살펴보도록 한다.

에너지 E_i을 갖는 질량이 m인 입자가, 질량이 M인 정지한 입자에 충돌했을 때의 에너지 교환에 대한 역학을 복습해 두자. 고전역학의 범위 내에서 강체구 산란의 경우를 생각하면 다음 식이 얻어진다.

$$\frac{\Delta E}{E_i} = \frac{2mM(1 - \cos\theta)}{(m + M)^2} \tag{6.43}$$

여기서 θ는 중심계의 산란각이다. 입사 입자로서 전자를 고려하면 $m \ll M$이고, 산란각에 관하여 평균하면 다음과 같다.

$$\frac{\Delta E}{E_i} \approx \frac{2m}{M} \tag{6.44}$$

예를 들어 수소 원자를 흡착자로 하면, 이 값은 2/1836, 약 0.001이 된다. 즉 50 eV의 전자를 입사시켜도, 수소 원자에는 입자의 충돌로부터 0.05 eV밖에 분배되지 않는다. 그러나 실제로 수소가 흡착한 금속 표면에 저에너지 전자를 입사시키면, 수 eV의 에너지를 가진 흡착종의 탈착이 관측된다. 고전적인 충돌로는 이 현상을 설명하는 것이 불가능하기 때문에 전자여기와 그로 인해 유도되는 과정을 생각해야 한다.

한편, 입사 입자로서 열에너지 이상의 에너지(1~수 eV)를 가진 하이퍼써멀(hyperthermal) 비활성 기체를 사용하면, 고전역학적 충돌에 의해 흡착자를 움직일 수 있다. 이 절의 마지막에 하이퍼써멀 중성 입자에 의한 충돌 유도 표면 과정에 대해서도 간단히 소개한다.

6.5.2 표면의 가전자여기 과정과 퍼텐셜 에너지

원자 · 분자(이하 '흡착자'로 표기)가 흡착한 고체 표면(여기서는 금속 표면)이 가시 · 자외선 혹은 저에너지 전자빔에 조사된 경우를 그림 6.21에 나

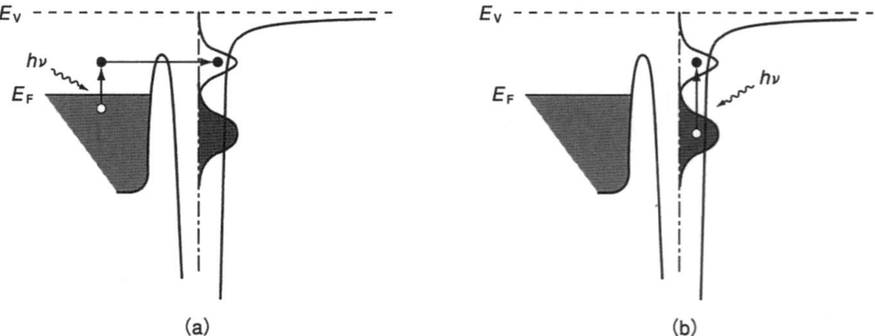

그림 6.21 ▶ **금속 표면에 흡착한 흡착자의 전자 에너지 준위도.** [J. Yoshinubu et al., *J. Vac. Sci. Technol.*, **A9**, 1726(1991)]

타낸 전자 에너지 준위도로 생각해 보자.

금속 기판에서는 밴드가 부분적으로 점유되어 있으므로, 기판의 전자는 임계치를 갖지 않고 연속적으로 여기된다. 진공 준위 E_V를 넘어 진공 중으로 방출되는 것을 광전자, E_V 이하로 여기된 전자를 열전자(hot electron)라고 부른다(그림 6.21a). 열전자의 대부분은 기판의 전자계로 탈여기하지만 흡착자의 비점유 준위로 터널링 전이하는 경우도 있다. 이때, 흡착자는 일시적으로 음이온이 된 것으로 생각할 수 있다.

한편, 빛이나 전자빔의 조사에 의해 흡착자의 점유 준위에서 비점유 준위로 직접여기가 발생하는 경우가 있다(그림 6.21b). 준위 간 전이이므로 여기 에너지에는 임계치가 존재한다. 여기상태에서는 점유 준위에 일시적으로 정공이 생성되고, 비점유 준위에 전자가 존재하게 된다. 흡착자는 금속 표면과 상호작용하므로 기체상의 이산적인 에너지 준위와 비교하면 에너지적으로 퍼져 있다. 바꿔 말하면 흡착자와 기판 사이를 전자가 오고갈 수 있으며, 흡착자에서 전자의 존재에는 수명이 있음을 의미한다. 따라서 흡착자에 생성된 전자-정공 쌍은 대부분의 경우 기판과의 상호작용에 의해 탈여기하는 것으로 생각된다.

그림 6.22에 금속 표면에 결합한 흡착자의 바닥상태와 여기상태의 퍼텐셜 에너지 곡선을 나타냈다. 분자-표면 간의 반결합성 궤도로의 국소적 여기가

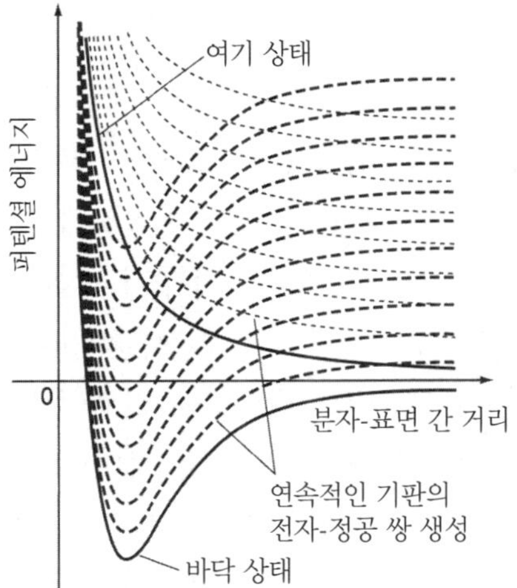

그림 6.22 ▸ 금속 표면에 결합한 흡착자의 퍼텐셜 에너지 곡선. 흡착자에 편재된 여기가 일어나면, 결합성인 바닥 상태에서 반발성인 여기 상태로 퍼텐셜 에너지 면이 변화한다(실선). 비편재화된 기판의 여기(전자-정공 쌍 생성)를 통해, 흡착계의 전자 상태는 연속적으로 존재할 수 있다(점선).

일어나면, 반발 퍼텐셜로 변화한다. 한편, 금속 기판의 전자-정공 쌍 생성은 연속적이며 비편재적이므로, 흡착계(흡착자+기판)의 퍼텐셜 곡선은 그 형상을 거의 유지한 채로 에너지가 상승한 것으로서 기술할 수 있다. 즉, 연속한 상태가 무한히 존재한다.

흡착계에 빛이나 전자를 조사하면 종종 흡착자의 해리, 반응, 탈착 등이 전자여기로 유도되어 발생한다. 역사적으로는 여기원으로 전자를 사용한 실험이 1960년대부터 활발하게 진행되고 있으며, 많은 실험적 식견이 얻어졌다. **전자 자극 탈착**(electron stimulated desorption, **ESD**)의 특징을 정리하면 다음과 같다.

① 전자 조사에 의해 표면으로부터 이온이나 중성 입자가 탈착한다.
② 탈착 생성물의 운동 에너지는 수 eV 이상이다.
③ ESD에는 임계치 이상의 입사 전자 에너지가 필요하다.
④ 탈착에서 동위원소 효과(isotope effect)가 관측된다.
⑤ 탈착종에는 흡착계에 고유한 각도 분포가 관측되는 경우가 있다.

ESD의 메커니즘은 이러한 실험적 사실을 설명 가능한 모델이어야 한다. Menzel과 Gomer 그리고 Readhead는 전자여기에 따른 탈착현상을 설명하기 위해 1964년에 아래와 같은 **MGR 모델**(MGR model)을 제안했다.

먼저, 빛 또는 전자의 조사에 의해 흡착계가 결합성인 전자 바닥상태에서 반결합성 상태로 여기된다(그림 6.23a). 시간상으로는 10^{-16} s 정도이므로, 분자-표면 간 거리는 변화하지 않는다(Franck-Condon 과정). 그 후 여기상태의 반발 퍼텐셜 면을 따라 흡착 분자[그림에서 파속(wave packet)으로 표현]는 운동하고, 운동 에너지 E_k를 얻는다. 여기상태의 유한 수명 τ 이후(τ는 10^{-15}~10^{-14} s 정도) 탈여기하여 원래의 전자 바닥상태 퍼텐셜로 돌아가는데, 탈여기 과정에서 표면 전자계의 전자-정공 쌍 생성을 동반한다(그림 6.22). 운동 에너지 E_k가 충분히 크면 바닥상태의 속박 퍼텐셜로부터 벗어나는 것이 가능하여, E_{kin}을 갖는 입자로서 진공 중으로 탈착한다(10^{-14}~10^{-13} s 정도).

다음으로, MGR 모델의 범주에 들어가나 비활성 기체와 같이 약하게 흡착한 흡착자의 전자 유도 탈착을 설명하기 위해 Antoniewicz가 제안한 모델을 그림 6.23b에 나타내었다. 흡착자는 여기빔에 의해 이온화되어 여기상태의 퍼텐셜에 수직으로 이동한다(Franck-Condon 과정). 금속 기판 내의 거울상에 의한 인력(거울상 힘)에 의해 퍼텐셜의 극소점은 바닥상태보다도 표면에

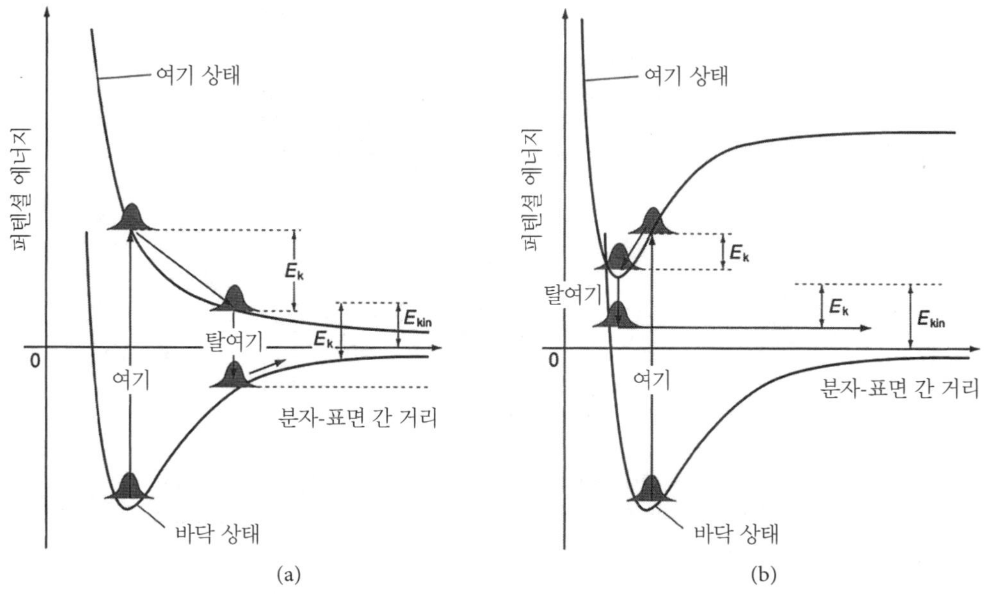

그림 6.23 ▶ 흡착자의 바닥 상태와 전자여기 상태의 퍼텐셜 에너지 그림. 흡착자의 상태는 파속으로 표현했다. (a)는 여기 상태가 반발 퍼텐셜인 경우, (b)는 여기 상태가 이온화 상태로, 금속 기판의 거울상에 의해 흡착자에 인력이 작용하는 경우. 여기 상태의 퍼텐셜 곡선을 따라 이동하였을 때의 운동 에너지를 E_k, 표면으로부터 탈착할 때의 운동 에너지를 E_{kin}로 둔다.

가까운 곳에 위치하므로, 파속은 표면을 향해 운동한다. 수명이 지난 후 탈여기(중성화)가 일어나는데, 바닥상태 퍼텐셜의 반발 부분에 떨어지므로, 흡착자는 표면으로부터 탈착한다.

이와 같이 MGR 모델에서는 전자여기 과정으로서 가전자여기를 고려하고 있는데, 여기상태의 퍼텐셜 형상과 위치는 흡착계에 의존한다. MGR 모델은 가전자여기가 유발하는 ESD의 표준 모델이다(동등한 실험과 아이디어가 1942년부터 1944년에 걸쳐서 교토대학 이학부의 Ishikawa와 Ohta에 의해 이미 발표되었다. 이들의 논문에서는 두 개의 퍼텐셜을 사용해 Franck-Condon 과정 및 이어서 발생하는 탈착 과정이 논의되고 있으며 ESD의 본질을 파악하고 있다. 그들의 아이디어는 MGR 모델의 발표보다 약 20년 선행되었으나, 시대적인 이유로 인해 거의 알려져 있지 않다.

6.5.3 내각여기와 그에 따른 표면 원자 · 분자의 동적 과정

전술한 가전자여기에 따른 탈착에 이어서, 내각여기에 의해 유도되는 표면 과정을 생각하자.

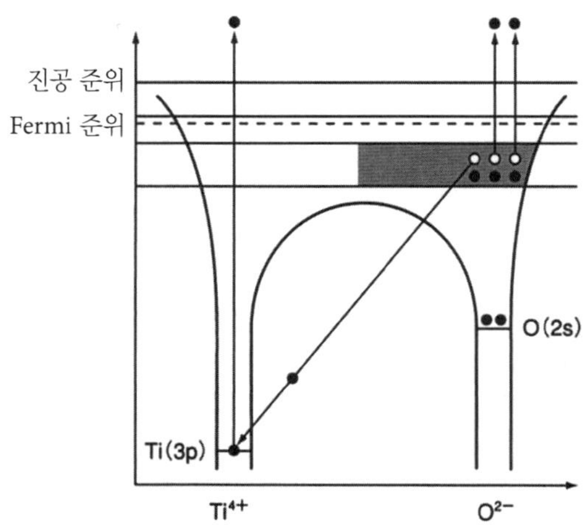

그림 6.24 ▸ 전자 충격에 의한 TiO_2 결정으로부터의 O^+ 탈착을 설명하기 위한 내각 이온화 및 그에 따른 원자 간 Auger 전이 메커니즘(Knotek-Feibelman 모델). [R. D. Ramsier and J. T. Yates, Jr., *Surf. Sci. Rep.*, **12**, 246(1991)]

TiO_2(100) 표면에 Ti 3p 내각을 이온화시킬 수 있는 전자를 입사시킨 경우, 산소 원자는 결정 내에서 O^{2-}로 존재함에도 불구하고 O^+의 탈착이 관측되었다. 가전자여기의 메커니즘으로는 3개의 전자 감소를 설명할 수 없기 때문에, Knotek과 Feibelman은 내각 이온화와 그에 따른 원자간 Auger 전이 메커니즘을 제안했다(그림 6.24).

먼저, 전자 충격에 의해 Ti 3p 준위에 정공이 생긴다. Ti의 원자가 준위에는 전자가 없으므로, Ti 3p 준위에 정공이 생기면 원자간 Auger 전이에 의해 O 2p 준위의 1개의 전자가 그 정공을 채우고, 2개의 Auger 전자가 방출된다. 결과적으로 산소 원자는 O^+ 상태가 되고, 결정 내 Ti^{4+}와의 강한 Coulomb 반발력에 의해 O^+가 표면에서 탈착한다. 이 과정은 기체상 Coulomb 폭발(Coulomb explosion)에 의한 해리 반응과 유사한 현상으로 볼 수 있다.

흡착 분자의 내각을 여기시키면 종종 분자 해리가 일어난다는 것은 예전부터 알려져 있었다. 분자의 내각 준위는 화학적 환경에 따라 이동(chemical shift)하기 때문에, 여기 에너지를 선택함으로써 분자 내 특정 원자의 내각 준위를 여기시킬 수 있다. 내각 정공의 Auger 과정을 통해 여기된 원자의 근방에서는 선택적으로 화학 반응이 일어날 가능성이 있어 '분자 메스(scalpel)'로서의 활용이 기대되고 있다. 최근에는 싱크로트론 방사광을 이용한 정밀한 실험에 의해 내각여기 표면 반응에 대한 연구가 진행되고 있다.

6.5.4 표면 광반응과 광탈착

전자여기에 의해 유도되는 표면 과정과 관련해 ESD 연구와 더불어 최근에는 표면 광반응과 광탈착 연구도 활발히 진행되고 있다. 입사광으로는 수은 램프와 Xe 램프에서 방출된 자외선을 분광기나 필터로 단색화시킨 빛이나 가시 · 자외 레이저광, 그리고 방사광이 사용되고 있다. 표면 광반응의 생성물 조사에는 HREELS나 IRAS 등의 표면 진동 분광법이 사용되고, 탈착 생성물의 측정에는 질량 분석기가 자주 사용된다.

아래와 같은 실험적 증거에 의해, 관측된 과정이 비열적(nonthermal)인 광유도에 해당함이 실증되었다(전부 만족할 필요는 없음).

① 광조사 후 즉시 현상이 관측된다(응답이 빠름).
② 광조사 중 시료 표면의 온도 상승을 무시할 수 있다.
③ 광반응에 의한 생성량이 입사광의 강도에 대해 선형이다.
④ 광반응 단면적이 입사광의 파장에 의존한다.
⑤ 탈착종의 속도 분포가 시료의 온도로부터 예상되는 값보다 훨씬 크다.

광탈착 실험의 일례로, $Mo(CO)_6$를 흡착시킨 Cu(111) 표면에 파장 298 nm(출력 14 mW cm^{-2})인 빛을 조사하여 CO의 탈착을 질량 분석기로 관측한 결과를 그림 6.25에 나타내었다. 셔터를 엶과 거의 동시에 CO의 탈착이 관측되며, 시간이 흐르며 강도가 단조 감소한다. 이는 표면에 흡착한 $Mo(CO)_6$가

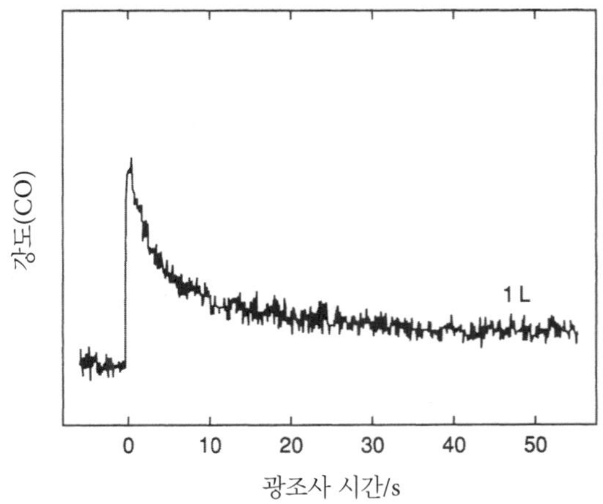

그림 6.25 ▶ $Mo(CO)_6$을 흡착시킨 Cu(111) 표면에 자외선을 조사했을 때의 CO의 탈착 속도 측정. [Z. C. Ying and W. Ho, *J. Chem. Phys.*, **93**, 9077(1990); *J. Chem. Phys.*, **94**, 5701(1991)]

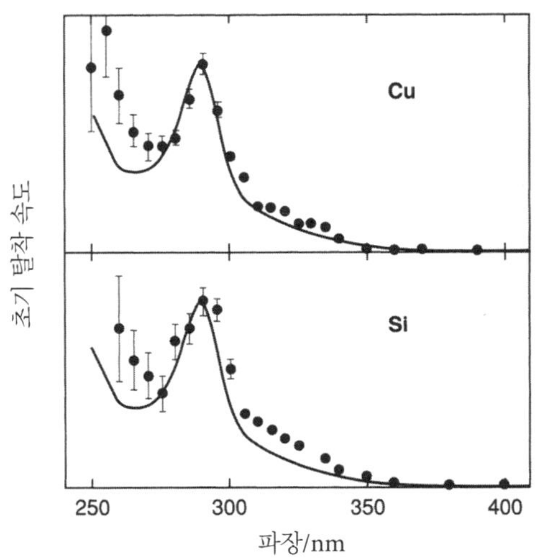

그림 6.26 ▶ **$Mo(CO)_6$을 흡착시킨 Cu(111) 및 Si(111)(7×7) 표면에 자외선을 조사했을 때 CO 초기 탈착 속도의 파장 의존성.** 실선은 $Mo(CO)_6$의 사이클로헥세인 중에서의 흡수 특성을 나타낸다. [Z. C. Ying and W. Ho, *J. Chem. Phys.*, **93**, 9077(1990); *J. Chem. Phys.*, **94**, 5701(1991)]

자외선 조사에 의해 해리하여 CO가 표면에서 탈착했음을 나타낸다. 광반응에 의해 흡착 $Mo(CO)_6$가 감소했으므로 탈착 CO의 강도도 감소한다.

초기 탈착 피크의 높이를 입사광의 파장(에너지)에 대해 정리한 것이 그림 6.26으로, Cu(111)과 Si(111)(7×7) 2종의 기판에 대한 결과를 나타내고 있다. 탈착 CO의 강도는 입사광의 파장에 대해 290 nm 지점에서 피크를 가지며, 두 기판에 흡착한 경우 모두 $Mo(CO)_6$ 분자의 광흡수 스펙트럼과 유사하다는 것을 알 수 있다. 이 결과로부터 두 기판에 흡착한 $Mo(CO)_6$ 분자에 빛을 조사하면, 흡착 분자가 빛을 직접 흡수한 결과(그림 6.21b)로서 해리가 발생해 해리 생성물인 CO의 탈착이 관측된 것으로 생각된다. 이와 같이 흡착 분자의 직접여기가 원인이 되어 비열적인 표면 반응이 유도되는 예가 몇 가지 관측되었다.

한편, 금속 표면에 대한 화학흡착 계에서는 기판의 전자계가 광여기되며 생성한 열전자가 흡착 분자의 비점유 준위에 터널링 전이하고, 일시적으로 음이온 여기상태가 되어 그로부터 비열적 과정이 야기되는 예도 보고되고 있다(그림 6.21a).

광탈착 및 광유도 표면 반응의 메커니즘을 규명하기 위해서는 속도 측정으로부터 구한 광반응 단면적의 파장 의존성이나 빛의 입사각 의존성, 편광 의존성 등의 해석이 요구된다. 나아가 탈착분자의 속도 분포, 각도 분포, 내부 상태 등 동역학에 관한 정보를 실험적으로 관측함으로써 메커니즘에 관한 자세한 정보를 얻을 수 있다.

6.5.5 터널링 전자 유도 과정

STM을 이용하면 고체 표면의 원자나 분자를 1개 단위로 관찰할 수 있을 뿐만 아니라 STM 탐침의 터널링 전자나 탐침-표면 사이의 고전기장(수 V nm^{-1})을 이용하여 흡착 원자나 분자를 조작할 수도 있다. 원자 조작의 시작이자 가장 유명한 예는 1990년에 IBM의 연구 그룹이 극저온 Ni(110) 표면에 Xe 원자를 인공적으로 배열하여 글씨를 쓴 일일 것이다. 이후 Cu(111) 표면에 금속 원자를 고리상으로 나열해 이차원 자유 전자를 가둠으로써 정상파를 관찰하는 실험, 수소 종단(hydrogen termination)시킨 Si 표면에서 수소 원자를 선택적으로 뽑아내 국소적으로 불포화 결합(dangling bond)을 재생하는 실험, 독립한 흡착 분자를 해리시키는 실험 등이 수행되어 왔다. 여기서는 Cu(111) 표면에 흡착한 CO가 표면과 STM 탐침 사이를 왕래하는 실험을 소개한다.

극저온 STM으로 Cu(111) 표면에 흡착한 CO 분자를 포착하여 탐침을 CO 분자 바로 위에 위치시키고, Cu(111) 기판의 바이어스 전압을 2.4 V 이상으로 올리면 흡착 CO 분자가 탐침으로 옮겨가거나 수 원자만큼 떨어진 자리로 이동하는 것을 관측할 수 있다(그림 6.27). 이는 도약(hopping)이 1전자 과정임을 의미한다.

이 현상은 MGR 모델을 이용해 해석할 수 있다(그림 6.28). 먼저, 탐침에서 터널링 전자가 흡착 분자의 비점유 준위 $2\pi^*$로 공명 터널링한다. 그러면

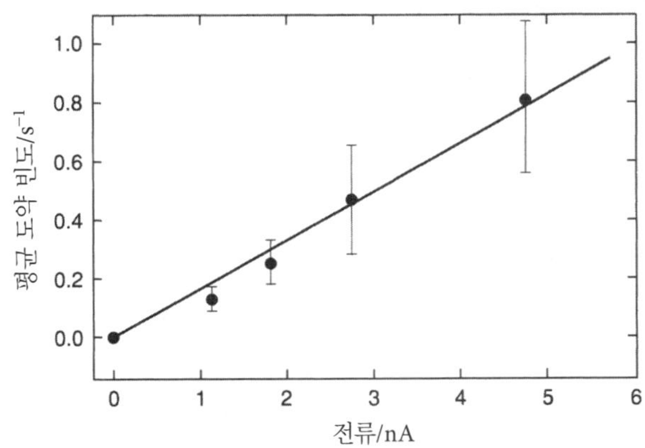

그림 6.27 ▸ Cu(111) 표면에 흡착한 CO 분자에 STM 탐침으로부터 터널링 전류를 주입했을 때의 도약 빈도. $^{12}C^{16}O$에 대한 양자 수율은 1전자당 2.7×10^{-11}. [L. Bartels *et al.*, *Phys. Rev. Lett.*, **80**, 2004(1998)]

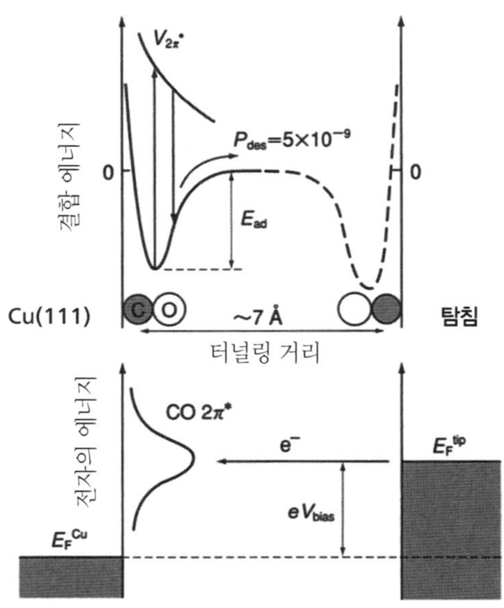

그림 6.28 ▶ Cu(111) 표면에 흡착한 CO 분자의 비점유 준위 $2\pi^*$에 STM 탐침으로부터 터널링 전류를 주입할 때의 에너지 준위와 퍼텐셜의 모식도. [L. Batels *et al.*, *Phys. Rev. Lett.*, **80**, 2004(1998)]

흡착 분자는 바닥상태의 퍼텐셜에서 반발 퍼텐셜로 여기된다(음이온 여기상태). 비점유 준위로 여기된 전자의 수명은 2광자 광전자 분광법(two-photon photoelectron spectroscopy) 실험으로부터 0.8~5 fs 정도인 것으로 보고되었는데, 그 사이에 반발 퍼텐셜상을 이동한다. 그 후 바닥상태의 퍼텐셜로 탈여기가 일어나는데, 퍼텐셜 장벽을 넘는 운동 에너지를 가진 경우에는 탐침이나 인접한 자리로의 도약이 발생한다(그림 6.23a 참조). $^{12}C^{16}O$와 $^{13}C^{18}O$를 이용해 실험을 수행한 결과 2.7배의 동위원소 효과가 관측되었기 때문에, 이 현상은 MGR 모델의 범주에서 설명할 수 있다.

이와 같이 최첨단 기술인 STM을 이용한 단분자 조작 또한 전자 전이 유도 과정과 깊이 관련되어 있으며, 그 현상은 MGR 모델로 설명된다.

6.5.6 충돌 유도 표면 과정

열에너지 이상의 운동 에너지(하이퍼써멀 에너지)를 갖는 원자 · 분자빔은 초음속 분자선이나 이온빔을 중성화시켜 얻는다. 하이퍼써멀 에너지를 갖는 비활성 기체를 흡착 분자에 충돌시킴으로써 고전역학적으로 에너지를 이동시켜, 열적으로는 불가능한 과정을 유도할 수 있다.

대표적인 예로, Ni(111) 표면에 물리흡착한 메테인 분자에 Ar, Kr, Xe 등의 빔을 조사하여 충돌 유도 탈착이나 충돌 유도 해리를 유도하는 실험이 있다. 비활성 기체 원자를 해머(hammer)로 사용해 일격(충돌)을 가하여 흡착 메테인을 분해시킬 수 있다. 또 Pt(111) 표면에 흡착한 암모니아 분자 NH_3에 Ar 빔을 조사해 암모니아를 탈착시켜 암모니아와 Pt 원자의 결합력을 추정한 실험도 보고되었다. 최근에는 Pt(997) 스텝 표면에 흡착한 CO에 대해 Ne나 Ar 빔을 조사하여 흡착 CO 분자를 특정 방향으로 이동시키는 실험이 수행되었다. 스텝 표면의 상류에서 비활성 기체를 입사시킨 경우와 하류에서 입사시킨 경우에서 각각 다른 표면 이동 과정이 관찰된다. 하이퍼써멀 빔의 충돌을 이용해 특정한 반응 좌표를 따라 흡착 분자에 에너지를 전달하여 표면상을 이동시킬 수 있게 되었다.

더욱이 반응성 분자를 고속 분자빔으로 사용하여 표면 나노 영역의 산화, 질화, 에칭(etching) 등의 프로세스에 이용하는 방법의 탐색이 이루어지고 있다. 높은 운동 에너지를 가진 분자를 표면에 입사시킴으로써 열에너지로는 넘기 어려운 에너지 장벽을 넘겨, 직접해리흡착 등의 표면 반응을 저온에서 유도할 수 있다.

6.6 표면에서의 박막 성장

6.6.1 박막의 성장양식

표면에 입사한 원자 · 분자는 충돌점에서 흡착하거나 과도적으로 표면을 확산한 후에 흡착 퍼텐셜의 극소점에서 흡착한다(제2장 및 6.2절 참조). 기판 온도가 충분히 높으면 열적으로 표면을 확산할 수 있다. 원자 · 분자를 표면에 계속 공급하면, 확산 중인 흡착자끼리 표면에서 충돌하여 응집할 가능성이 발생한다. 흡착자와 기판 사이의 결합 에너지(흡착 에너지) 및 흡착자 간의 결합 에너지의 균형에 따라 표면 응집상의 성장양식이 결정된다.

먼저, 표면에 입사한 입자가 충돌과 동시에 흡착하는 모델을 생각하자(hit-and-stick model). 기체상 입자는 표면에 무작위로 충돌한다고 생각할 수 있으므로 거시적인 영역에서 평균하면 평탄한 박막이 성장할 것으로 예상되나, 미시적인 관점에서 본다면 상당한 요철이 있을 것으로 생각된다(그림 6.29a). 예를 들면, 극저온에서 물 분자를 기판에 계속 공급하면 물 분자는 충돌과 동시에 응집하여 비결정성(amorphous) 얼음을 생성되는 것으로 알려져 있다.

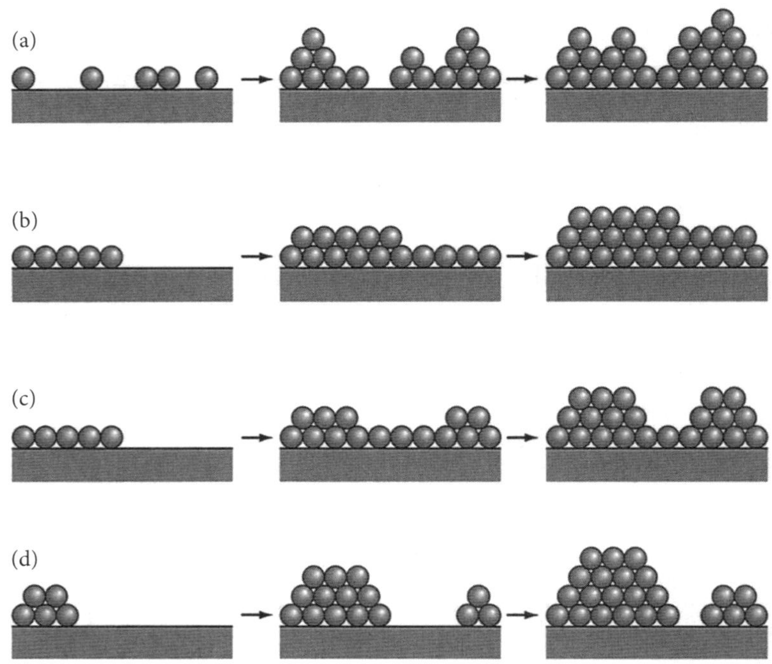

그림 6.29 ▶ 표면에서의 박막 성장 모드. (a) hit-and-stick(충돌 부착) 모드, (b) Frank-Van der Merwe(층상 성장) 모드, (c) Stranski-Krastanov(층상+도상 성장) 모드, (d) Volmer-Weber(도상 성장) 모드.

원자(분자)와 기판의 상호작용이 강하면 흡착자는 화학 결합하고, 표면은 흡착자로 피복된다(이를, 표면이 '젖는다'라고 표현하기도 함). 1층이 형성된 후에 입사하는 원자가 상호작용하는 상대는 동종의 단층 흡착 원자이다. 입자는 2층에서 확산하고, 충돌하면 응집한다. 부분적으로 형성된 2층 위에 입사한 분자는 도메인의 가장자리까지 확산한다. 스텝을 내려와 배위수가 큰 안정한 자리에 흡착하면 도메인이 넓어진다. 이와 같이 박막이 한 층씩 성장하는 모드를 **층상 성장**(layer-by-layer growth 또는 Frank-Van der Merwe mode)이라고 부른다(그림 6.29b).

2층 이상은 입사하는 입자 간의 상호작용에 의해 응집하므로, 삼차원 미결정(microcrystalline)을 형성하는 쪽이 에너지 면에서 안정한 경우도 있다. 이와 같이 1층은 기판 표면에 '젖고', 2층 이후로는 삼차원 성장하는 모드를 **Stranski-Krastanov 모드**(Stranski-Krastanov mode)라고 부른다(그림 6.29c).

한편, 원자(분자)와 기판 간의 결합이 약하고 공급된 입자끼리의 응집력

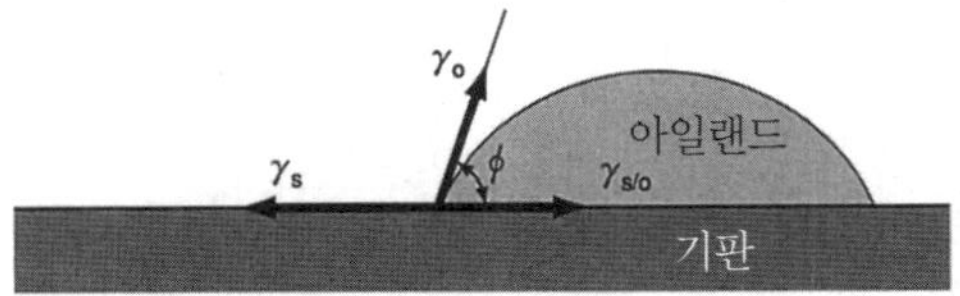

그림 6.30 ▶ 기판 표면의 아일랜드와 접촉각 ϕ.

이 강한 경우에 표면은 '젖지 않고', 기판상에서 삼차원 결정을 형성한다(그림 6.29d). 이를 **도상 성장**(아일랜드 성장, island growth) 또는 **Volmer–Weber 모드**(Volmer–Weber mode)라고 부른다.

6.6.2 표면장력과 '젖음'의 현상론

국소적인 단위 면적당 표면(계면) 자유 에너지 γ를 사용해 성장양식을 논의할 수 있다. 그림 6.30은 진공 중에서 기판에 부착한 원자의 아일랜드(island)를 나타낸다. 여기서 3개의 γ를 정의하자. γ_s는 기판과 진공의 표면 자유 에너지, γ_o는 부착 원자의 아일랜드와 진공의 표면 자유 에너지, $\gamma_{s/o}$는 기판과 부착 원자 사이의 표면 자유 에너지이다. γ는 표면을 단위 면적 분만큼 증가시키는 데 필요한 에너지로 **표면장력**(surface tension)이라고 부른다. 기판과 아일랜드와 진공이 동시에 접촉하고 있는 점에서는 힘의 평형으로부터 다음 관계가 성립한다.

$$\gamma_s = \gamma_{s/o} + \gamma_o \cos\phi \qquad (6.45)$$

여기서 ϕ는 접촉각이다. 층상 성장 모드에서 기판 표면은 흡착자로 완전히 젖어(wetting) 있으므로 $\phi = 0°$이다. 한편, 도상 성장에서는 불완전 젖음(dewetting)이 발생하므로 $\phi > 0°$이다. 따라서 $\Delta\gamma = \gamma_o + \gamma_{s/o} - \gamma_s$로 놓으면, $\Delta\gamma \leq 0$인 경우에는 젖음이 일어나며, $\Delta\gamma > 0$인 경우는 불완전 젖음으로 분류한다.

6.6.3 박막 성장의 관찰과 박막 제작

고체 표면에서 박막의 성장과정은 다양한 실험 기법을 통해 관찰할 수 있다. 그 예로서 Auger 전자 분광법에 의한 표면 조성의 시간 변화(uptake curve) 관찰에 대하여 기술한다. 그림 6.31은 박막 성장 중인 기판과 흡착 원자의 Auger 피크 강도 변화를 모식적으로 나타낸다. 층상 성장 모드에서는(그림 6.31a), 그래프는 직선적으로 변화하여 1층(t_1), 2층(t_2), 3층(t_3)이 완성

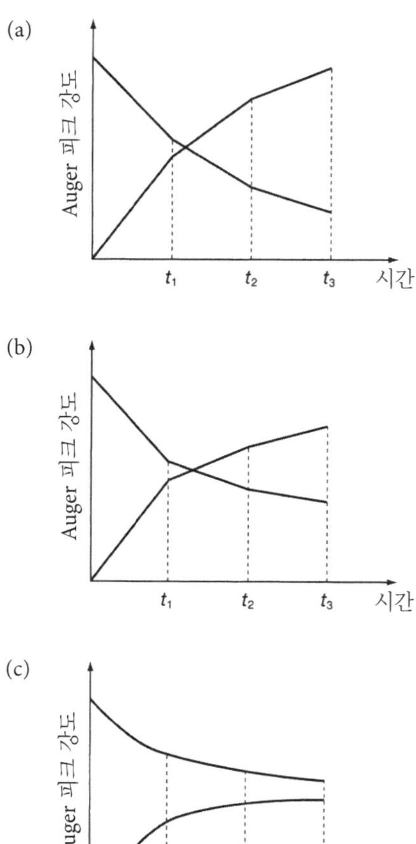

그림 6.31 ▸ 박막 성장 중인 기판과 흡착 원자의 Auger 피크 강도 변화. (a) 층상 성장, (b) SK 성장, (c) 도상 성장.

될 때마다 기울기가 변화한다. 이는 두께가 증가함에 따라 Auger 전자의 탈출 깊이가 변화하기 때문이다. Stranski-Krastanov 모드에서는 제1층의 완성까지는 층상 성장과 같으나 그 후는 완만하게 변화한다. 도상 성장에서는 성장이 진행됨에 따라 기판의 피크 강도는 완만하게 감소하는 한편, 흡착물의 강도는 완만하게 증가한다.

박막 성장 중인 구조는 반사 고에너지 전자 회절(RHEED)로 모니터되는 경우가 많다. STM이나 AFM을 이용하면 원자 스케일로 관찰할 수 있다. 최근에는 저에너지 전자 현미경(LEEM)이나 광방출 전자현미경(PEEM)이라고 하는 새로운 현미경법이 개발되어, 수 nm의 분해능으로 μm 스케일의 영역을 관찰할 수 있다. 또한 PEEM의 광원으로 연 X선 광원(방사광)을 사용함으로써 원소 선택성이 부가되어, 표면의 조성과 구조를 동시에 조사할 수 있게 되었다.

기판, 증착 물질, 성장 환경에 따라 성장 모드가 결정되므로, 이를 잘 이용하면 표면에 다양한 인공 구조물을 제작할 수 있다. 단결정 표면에 결정성 박막을 제작하기 위해 적층 성장이 이용된다. **적층 성장**(epitaxial growth)은 단결정 기판 표면에서 박막 성장을 수행하여, 기판 단결정을 템플릿으로 박막의 결정 구조와 방위를 정렬하여 성장하는 것을 의미한다. 기판과 박막이 같은 물질인 경우를 호모에피택셜(homoepitaxial), 다른 물질인 경우를 헤테로에피택셜(heteroepitaxial)이라고 부른다. 성장 중인 박막의 구조, 형태, 조성 등을 모니터하며 기판 온도, 증착 속도, 기체 압력 등을 정밀하게 조정하면, 원자 스케일로 제어된 박막을 제작할 수 있다.

또한 서로 다른 입자를 한 층씩 공급해 층상 성장 모드로 성장시키면, 원자 수준으로 제어된 인공 격자 박막을 제작할 수 있다. 분자선 적층 성장(MBE)을 사용해 여러 가지 반도체 인공 초격자가 제작되고 있다. 또 철과 크롬을 상호 증착하여 제작한 자성 인공 격자에서는 거대 자기 저항 효과가 나타나는 것이 발견되었는데, 현재는 나노미터 수준으로 제어된 교차 스퍼터링(alternating sputtering)을 통해 공업적으로 생산되어, 하드디스크 헤드에 이용되고 있다(2007년 노벨 물리학상). 한편, GaAs(001) 표면에 InAs를 성장시키면 기판 상에 InAs의 결정 아일랜드(양자점, quantum dot)를 제작할 수 있으며, 이를 발광 소자로 사용하기 위한 기술 연구가 진행되고 있다.

› Panel Auger 전자 분광법

Auger 전자 분광법(Auger electron spectroscopy, AES)은 수 keV의 전자선을 고체 표면에 조사하여 발생하는 Auger 전자의 에너지와 수를 측정함으로써 고체 표면에 존재하는 원소의 종류와 양을 측정하는 기법으로 널리 이용되고 있다. Auger 전자 분광법의 원리인 Auger 과정은 전자여기 상태인 원자(이온)의 탈여기 과정의 하나이다. 즉, 원자가 어떤 여기원(전자, 빛, X선, 이온 등)으로부터의 자극에 의해 내각 전자를 잃고 정공이 생성되면, 그 정공을 메우기 위해 보다 높은 에너지 상태에 있는 전자가 그 정공으로 이동해 에너지 차이만큼의 X선을 방출하거나, 또는 그 에너지 차이를 이용해 다른 전자를 진공 중으로 방출시켜 원자가 또 하나의 전자를 잃어버린 상태가 된다. 여기서 후자가 Auger 과정(그림 1)에 해당한다.

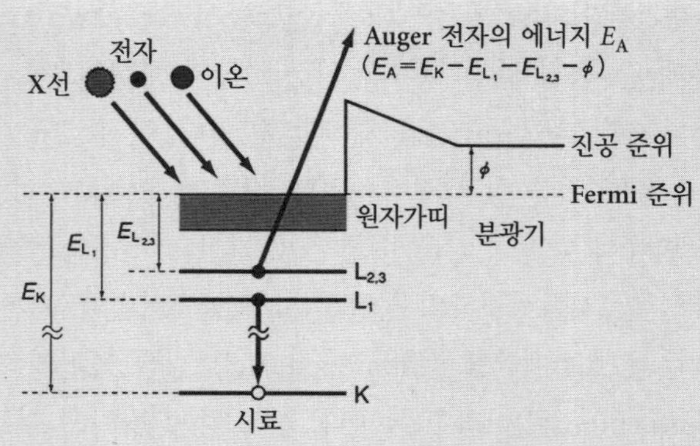

그림 1. ▶ Auger 과정.

Auger 피크의 명명은 X선 표기의 *j-j* 결합법에 기초해 이루어진다. 이는 Auger 전자의 발생이 특성 X선의 발생과 밀접하게 연관된 탈여기 과정이기 때문이다. 원자 내 전자의 전체 각운동량 ***j***는 궤도 각운동량 ***l***과 스핀 각운동량 ***s***의 벡터합으로 주어진다. X선 표기의 *j-j* 결합에서는 원자의 주양자수 $n = 1, 2, 3, 4, \cdots$ 에 대해 K, L, M, N, … 의 껍질 기호를 부여하고, 첨자로 각운동량의 크기를 결정하는 양자수 *l*과 *j*의 쌍, 즉 $(l, j) = (0, 1/2), (1, 1/2), (1, 3/2), (2, 3/2), (2, 5/2), \cdots$ 에 대해 1, 2, 3, 4, 5, … 를 부여한다. 첫 번째에 초기 상태의 정공 위치를 표시하고, 두 번째와 세 번째에 최종 상태의 2개 정공의 위치를 표시한다. 예를 들면 KL_1L_2 전이, $L_1M_1M_{2,3}(L_1M_1M_2, L_1M_1M_3)$ 전이 등으로 기술한다. 만약 최종 상태에서 정공이 원자가띠에 있는 경우는 이 기호를 V로 대체한다.

그림 1에 나타낸 바와 같이 예를 들어 $KL_1L_{2,3}$ 전이로 방출되는 Auger 전자의 운동 에너지 E_A를 분광기로 측정할 경우 E_A는 다음과 같다.

$$E_A = E_K - E_{L_1} - E_{L_{2,3}} - \phi \tag{1}$$

여기서 ϕ는 분광기의 일함수이다. 전자의 결합 에너지는 원소 고유의 값이므로 그림 3에 나타낸 바와 같이 E_A도 원소 고유의 값이 되어 원소 분석이 가능하다. 또 식 (1)에서 알 수 있듯이 Auger 과정은 내각에 정공이 생긴 상태를 초기 상태로 하여 발생하기 때문에, Auger 전자의 운동 에너지는 여기원의 에너지에는 의존하지 않는다는 점에 주의하자.

전자 에너지 분포의 측정에는 다양한 방법이 있는데, 동심원통 거울형

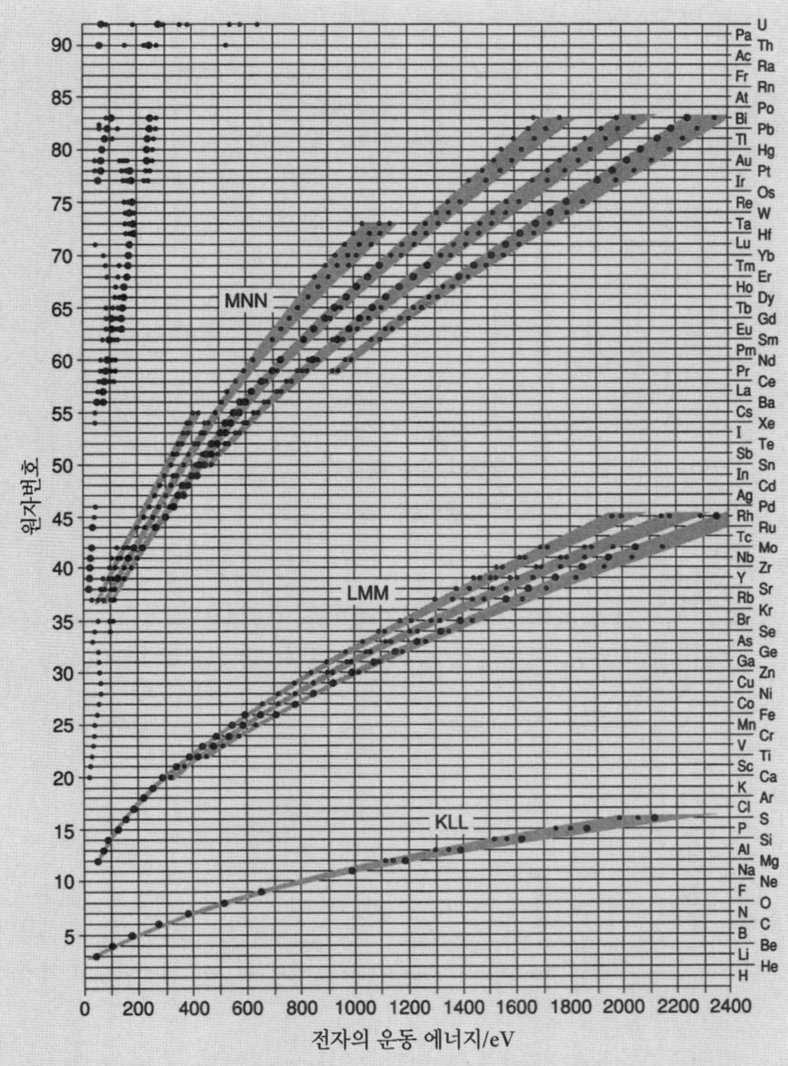

그림 2. ▶ Auger 전자의 에너지.

(cylindrical mirror analyzer, CMA), 동심반구형(concentric hemi-spherical analyzer, CHA) 분석기가 통상적으로 이용되고 있다. 또 LEED의 전자 광학계를 저지형 전자 에너지 분석기로 전용하는 경우도 있으나, 에너지 분해능이나 감도가 떨어진다. 그림 2에 나타낸 바와 같이 전자여기에 의해 방출되는 전자 중에서 Auger 전자의 비율은 작다. 따라서 종종 에너지 선별을 위한 전기장에 미소 교류 성분을 더하여, lock-in 증폭기(lock-in amplifier) 등을 이용해 전자 분포의 에너지 미분 d$N(E)$/dE에 해당하

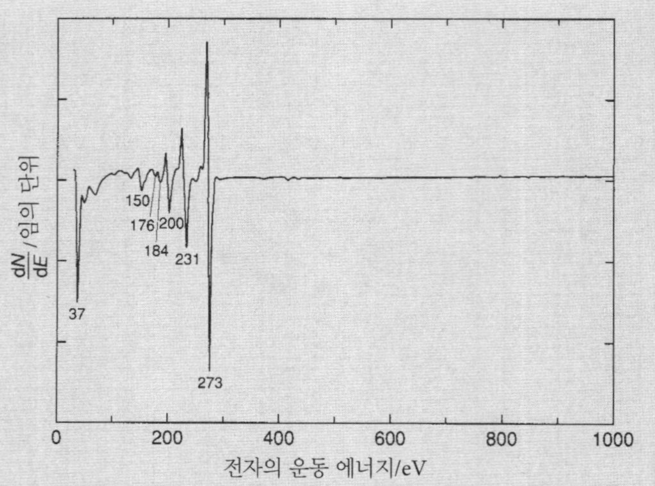

그림 3. ▸ **Auger 스펙트럼의 예.** Ru 단결정 표면. $E_p = 3$ keV.

는 신호를 기록하여 스펙트럼으로 나타낸다. 그림 3에 이 미분형 스펙트럼을 나타내었으며, 아래를 향한 피크 위치를 각 Auger 전이의 위치로 표기하였다.

연습 문제

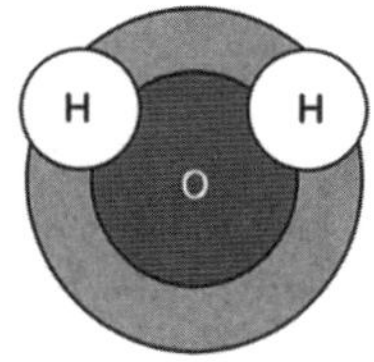

그림 6.A

6.1 물 분자가 금속 원자의 on-top 자리에 그림 6.A와 같이 화학흡착한다고 가정하자(그림은 위에서 본 모습을 나타낸다).

(a) 이때 흡착계의 표면 점군은 무엇인가?

(b) 점군을 이용하여 흡착 물 분자의 진동 모드를 분류하시오. 물 분자는 3원자 분자이므로 9개의 모드가 있다.

6.2 실제 흡착계에서는 농도 경사에 따른 표면 확산도 일어난다. Fick의 제1법칙과 제2법칙에 대해 조사하시오.

6.3 그림 6.19에 나타낸 Pd(111) 표면에 흡착한 CO의 승온 탈착(TPD) 스펙트럼을 보면, 초기 흡착량이 작은 영역에서는 단일 피크이지만 흡착량이 증가하면 저온 쪽에서 여러 개의 피크가 관측된다. 이유를 설명하시오.

제 7 장 표면 반응

이 장에서는 표면 반응에 대한 기본적인 개념을 학습한다. 특히 표면 반응의 **속도론**(kinetics)과 평형론에 대해 이해하는 것이 목적이다. 근본적으로는 기체 및 액체상의 속도론 · 평형론과 동일한 원리이지만, 표면 반응의 경우 기체상과 고체상의 계면에서 반응이 일어난다는 점에서 차이가 있다. 즉, 고체 표면이라고 하는 한정된 공간(반응장)에서 반응이 진행된다는 특징이 있다. 기체상에서는 압력, 액체상에서는 농도를 사용해 반응의 진행을 표현하는데, 표면 반응에서는 흡착종의 농도를 이용한다. 흡착종의 농도는 **덮임률**(coverage)로 나타낸다.

먼저 표면 반응이 여러 소과정(elementary process)으로 구성된다는 것을 알아두자. 소과정에는 **흡착**(adsorption), **해리**(dissociation), **표면 확산**(surface diffusion), **회합 반응**(associative reaction), **탈착**(desorption)이 있다. 화학 반응은 분자 내 화학 결합의 절단과 형성의 소과정을 반드시 포함하는데, 표면 반응의 소과정에서 결합의 절단은 흡착 분자의 '해리'에 해당하고, 결합의 형성은 흡착종끼리의 충돌에 의한 '회합 반응'에 해당한다. 또 기체 분자가 표면에 출입하는 과정이 '흡착'과 '탈착'이다. 표면 반응을 이해하기 위해서는 이러한 일련의 소과정에 대한 메커니즘을 이해해야 한다.

7.1 회합 반응: 표면에서 화학 결합의 형성

7.1.1 회합 반응의 메커니즘

이 절에서는 먼저 화학 결합의 형성 과정인 **회합 반응**(associative reaction)

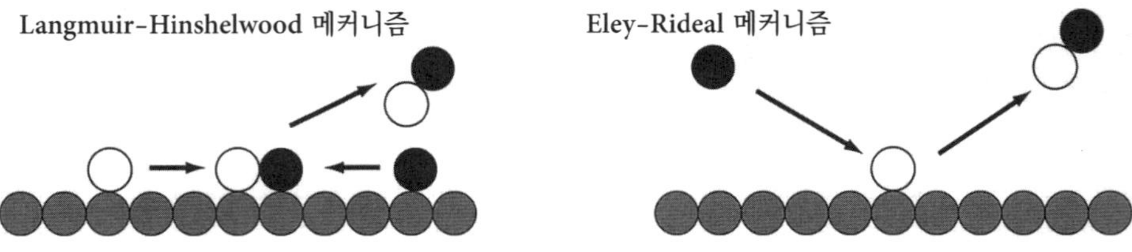

그림 7.1 ▶ Langmuir-Hinshelwood 메커니즘과 Eley-Rideal 메커니즘.

에 대해 기술한다. 회합 반응이란 흡착종끼리 표면에서 충돌하여 반응하는 소과정이다. 예를 들면, 백금 표면에 흡착한 일산화탄소와 산소 원자는 다음 반응식과 같은 회합 반응을 통해 이산화탄소를 생성한다.

$$CO(a) + O(a) \longrightarrow CO_2 \tag{7.1}$$

회합 반응은 하나의 표면 반응 메커니즘으로서 **Langmuir-Hinshelwood 메커니즘**(Langmuir-Hinshelwood mechanism)으로 불린다. 별도의 메커니즘으로 **Eley-Rideal 메커니즘**(Eley-Rideal mechanism)이 있다. 그림 7.1에 나타낸 바와 같이 Langmuir-Hinshelwood 메커니즘에서는 2종의 분자 또는 원자가 표면에 흡착하고, **표면 확산**(surface diffusion)에 의해 충돌하여 반응이 일어난다. 한편, Eley-Rideal 메커니즘에서는 한 분자 또는 원자가 먼저 흡착하는데, 다른 한 분자 또는 원자는 흡착하지 않고 흡착종에 직접 충돌하여 반응한 뒤 그대로 기체상으로 날아가 버린다. 표면 반응의 대부분은 Langmuir-Hinshelwood 메커니즘인 것으로 알려져 있다. Eley-Rideal 메커니즘을 따르는 것으로 보이는 예도 있기는 하지만 확실하게 알려진 것은 거의 없는데, Cu 표면상의 수소 원자에 수소 원자를 조사하면 Eley-Rideal 메커니즘으로 반응이 일어난다고 알려져 있다.

7.1.2 회합 반응의 속도론

여기서는 Langmuir-Hinshelwood 메커니즘에 초점을 두고 메커니즘 및 속도론적 이해를 다지기로 한다. 흡착종 X와 Y가 있고, X와 Y 중 한 쪽 또는 양쪽 모두가 확산 및 충돌하여 다음 반응식과 같이 회합 반응이 일어난다고 하자.

$$X(a) + Y(a) \longrightarrow XY(a) \tag{7.2}$$

이에 대한 속도론을 다룰 때 먼저 주의해야 할 것은 흡착종의 양이다. 즉, **덮임률**(coverage)이 작은 경우와 큰 경우에서 속도식이 다른 경우가 많다. 또,

(a)

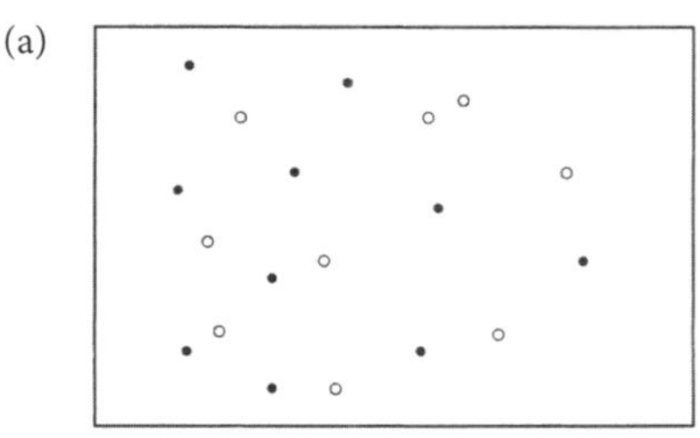

(b)

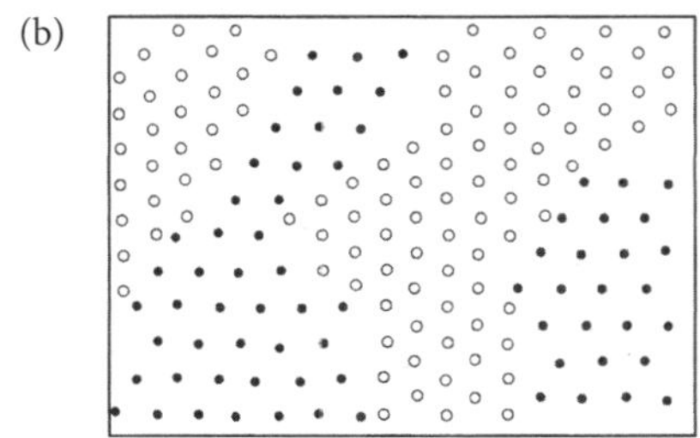

그림 7.2 ▶ Langmuir–Hinshelwood 메커니즘에서의 속도론적 취급. (a) 덮임률이 작은 흡착종 X와 Y가 무작위로 운동하는 경우. (b) 덮임률이 큰 흡착종 X와 Y가 각각 도메인을 형성하는 경우.

흡착종끼리 아일랜드를 만드는 경우의 속도식에도 주의가 필요하다. 구체적으로 나타내어 보자.

그림 7.2a와 같이 X와 Y가 무작위로 운동하고, 두 흡착종 모두 덮임률이 작은 경우를 생각하자. 반응은 반드시 충돌하고 나서부터 일어나기 때문에 속도식에는 충돌 수 항이 포함된다. X와 Y가 표면에서 자유롭게 운동하고 있는 경우, 충돌 수는 X와 Y 각각의 덮임률 θ_X와 θ_Y의 곱 $\theta_X\theta_Y$에 비례한다. 따라서 속도식은 다음 식과 같이 쓴다. 여기서 k는 속도 상수이다.

$$r = k\theta_X\theta_Y \tag{7.3}$$

이는 Langmuir가 가정한, 흡착종 사이에 상호작용이 없으며 자유롭게 운동하는 경우에 해당한다.

다음으로 2종의 흡착종 사이에 상호작용이 발생하는 경우를 생각하자. 동종의 흡착종 사이에는 인력이 작용하고, 다른 종의 흡착종 사이에는 반발력이 작용하는 경우에 흡착종은 2개의 상으로 분리된다. 이와 같이 액체상 물과 기름과 같은 상분리가 표면에서도 일어난다. 이 2종의 흡착종이 회합 반응할 때 두 상의 계면에서 반응이 진행된다. 분리된 각각의 상은 도메인 또는 아일랜드(island)로 불린다.

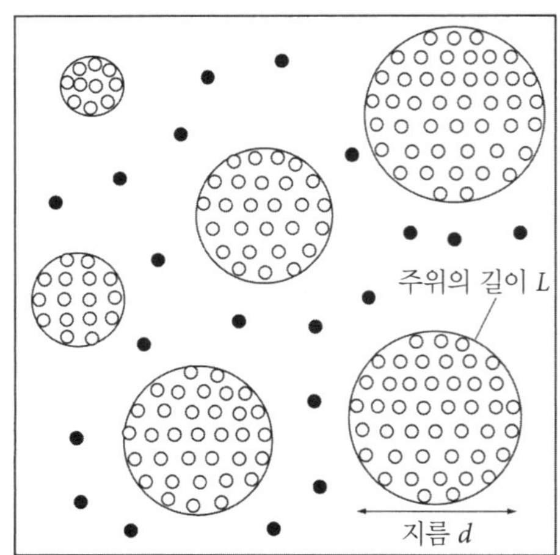

그림 7.3 ▶ 아일랜드 주변을 다른 흡착종이 자유롭게 확산하는 경우.

한 흡착종이 아일랜드를 형성하고, 다른 흡착종이 그 주위를 자유롭게 확산하는 경우도 있다. 이 경우의 속도식을 생각해 보자. X의 도메인으로 그림 7.3에서와 같은 동그란 형태(지름 d)를 생각하고, Y가 확산해 도메인 주위(길이 L)에 충돌하여 반응이 일어난다고 가정하자. 충돌 빈도는 L과 θ_Y에 비례하므로, 반응 속도 r은 다음 식과 같이 쓸 수 있다.

$$r \propto L\theta_{Y} \tag{7.4}$$

또, 다음과 같다.

$$L \propto d \qquad \text{및} \qquad \theta_{X} \propto d^{2} \tag{7.5}$$

그러므로 다음 관계가 성립한다.

$$L \propto \theta_{X}^{0.5} \tag{7.6}$$

따라서 결국 다음과 같이 반응 속도 r은 X의 덮임률 θ_X의 0.5승에 비례하게 된다.

$$r \propto \theta_{X}^{0.5}\theta_{Y} \tag{7.7}$$

이와 같은 속도식 변화의 원인을 생각하는 것이 중요한데, 식 (7.7)과 같이 흡착종의 덮임률 의존성을 0.5차로 만드는 원인은 분자간에 작용하는 상호작용(인력과 반발력)이다. 즉, 분자간 힘이 속도식에 큰 영향을 미치는 것이다.

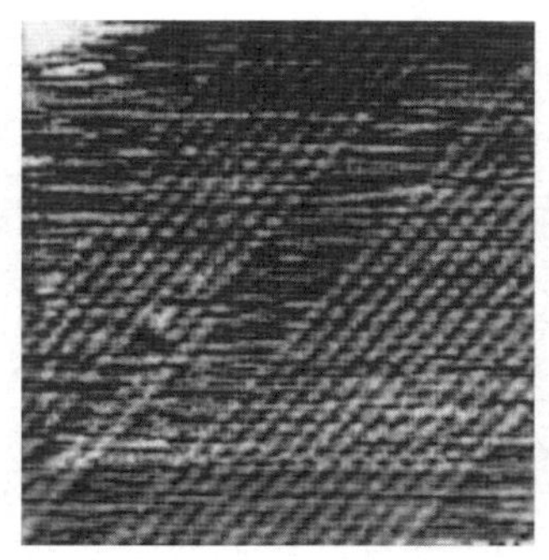
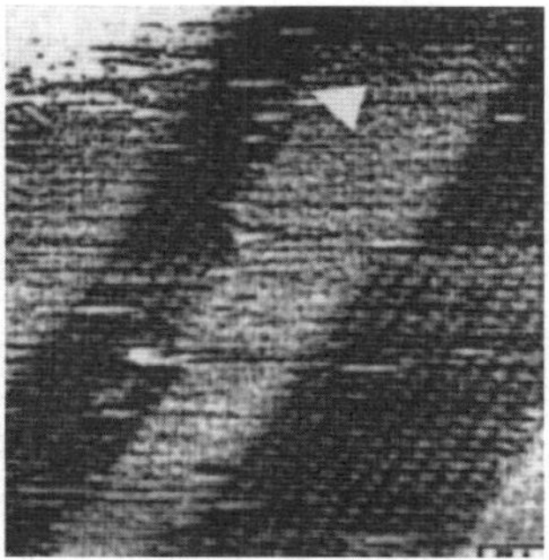

그림 7.4 ▶ Cu(110) 표면에서의 일차원 사슬(체인)형 산소와 일산화탄소의 반응.

분자간 상호작용과 도메인의 형성에 대해 조금 더 생각해 보자. X끼리 인력이 작용하는 경우에는 X가 집합해 도메인을 만드는 경향이 있다. 하지만 X와 Y 사이에 보다 강한 인력이 작용하는 경우 X와 Y는 잘 혼합된다. 한편, X끼리, Y끼리, X와 Y 사이에 모두 반발력이 작용하는 경우 도메인 형성의 거동은 덮임률에 따라 다르다. 덮임률이 작은 경우 X와 Y는 무작위로 존재한다. 덮임률이 크고 X끼리, Y끼리의 반발력보다도 X와 Y 사이의 반발력이 강하면 X와 Y의 도메인이 형성되는 경향이 있다. 여기서 '경향'이라고 쓴 이유는 온도 또한 고려해야 하기 때문이다. 온도가 높아지면 도메인이 형성되지 않고 X와 Y는 혼합된다. 이와 같이 도메인 형성은 분자간 상호작용, 온도 및 덮임률에 따라 결정된다. 그 결과로서 회합 반응의 반응차수가 결정된다.

2차원 아일랜드 형상의 도메인이 아닌 1차원적인 흡착상의 형성이 최근 들어 밝혀졌다. 그림 7.4에 나타낸 바와 같이 Cu(110) 표면상에 산소 분자를 흡착시키면 —Cu—O—Cu—O—Cu—O—와 같은 사슬이 생성된다는 것이 알려져 있다. 마치 1차원 물질과도 같이 보여 **유사 분자**(pseudo molecule)라고 부르기도 한다. 여기에 CO를 도입하면 사슬의 산소와 반응해 CO_2가 생성된다. 이 반응의 거동이 STM(9장 마지막 부분의 ›Panel 참조)으로 관찰되었다. 사슬의 말단(끝) 부분에서 반응이 일어나며 산소가 제거되는데, 사슬의 측면에서는 반응하지 않는다. 즉, 반응하는 부위가 한정되어 있다. 이 경우에는 사슬의 길이가 변화해도 반응 부위의 수는 변하지 않게 된다. 따라서 다음 식과 같이 반응 속도 r은 산소의 덮임률 θ_o에 대하여 0차인 것으로 생각된다.

$$r \propto \theta_o^0 \tag{7.8}$$

이와 같이 표면 반응의 속도식은 분자간 상호작용에 기인해 다양하게 변화한다. 앞서 기술했듯이 분자간 상호작용(인력, 반발력)에 따라 충돌 빈도가 바뀌기 때문이다.

도메인을 형성하는 경우의 회합 반응에서 주의해야 할 점을 알아보자. 지금까지의 예에서는 도메인의 주위(그림 7.3) 또는 말단(그림 7.4)의 원자가 정지해 있고, 거기에 별도의 원자(또는 분자)가 확산하여 충돌해 반응한다는 가정이 있었다. 그러나 도메인 주위의 원자가 반드시 정지해 있는 것은 아니라는 사실이 STM 관찰을 통해 알려졌다. 즉, 도메인 주위의 원자가 단일 원자로서 도메인에서 떨어져 나와서 다시 도메인으로 돌아가는 과정이 반복되고 있다는 것이 밝혀졌다. 도메인 주위에서 튀어 나갔을 때의 원자의 전자 상태는 도메인 주위의 그것과 다르므로 더 활성적인 경우도 있을 것이다. 실제로 —Cu—O—Cu—O—Cu—O— 사슬의 산소와 Cu(110) 표면에서의 독립한 산소(저온에서 존재)의 반응성을 비교하면 후자 쪽이 높다고 생각된다. 즉, 도메인에서 떨어진 원자가 회합 반응한다고 하는 메커니즘도 고려할 필요가 있다.

7.2 해리: 표면에서 결합의 절단

7.2.1 해리 메커니즘

해리(dissociation)는 분자 내 결합의 절단과정으로서 표면 반응에서 매우 중요한 소과정이다. 이 절에서는 여러 가지 해리 과정의 예를 들어 설명하고, 해리에 대한 이해를 심화한다.

해리 과정은 크게 두 가지 유형으로 나눌 수 있다. 하나는 그림 7.5a에 나타낸 바와 같이 분자상 흡착 상태를 경유하는 경우이고, 다른 하나는 그림 7.5b와 같이 분자상 흡착을 경유하지 않는 경우이다. 둘 사이의 큰 차이점은 분자가 가지고 있던 운동 에너지(진동, 회전, 병진)가 어디로 이동하느냐는 것이다.

그림 7.5a와 같이 분자상 흡착 상태를 경유하는 경우, 흡착 상태가 된 순간에 분자는 고체의 일부가 되어 분자가 가지고 있던 운동 에너지는 고체 표면으로 이동한다. 그리고 고체 표면과 흡착 분자는 같은 온도가 된다. 이 상태를 열적 평형이라고 부른다. 그리고 분자상 흡착 상태에서 해리 상태로 바뀌는 과정의 **활성화 에너지**(activation energy)는 표면의 열로부터 공급받게 된다. 또, 이와 같이 퍼텐셜 곡면을 따라서 변화가 일어나는 경우를 **단열 전이**(adiabatic transition)라고 부른다.

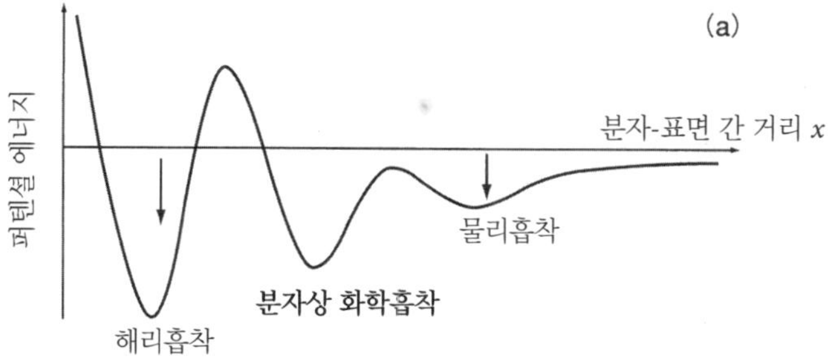

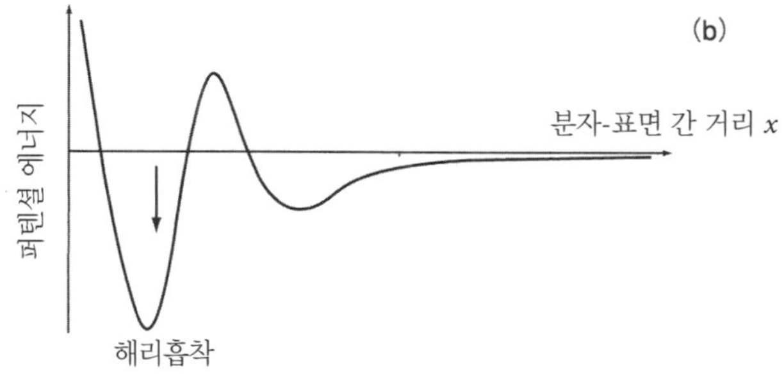

그림 7.5 ▸ 해리 과정의 두 가지 유형. (a) 분자상 흡착 상태를 경유하는 해리의 퍼텐셜 다이어그램, (b) 분자상 흡착 상태를 경유하지 않는 해리의 퍼텐셜 다이어그램.

한편, 그림 7.5b와 같이 퍼텐셜 곡면을 따라 반응이 일어나지 않고, 흡착 상태를 경유하지 않는 경우가 있다. 분자가 가지고 있는 운동 에너지가 활성화 장벽(그래프의 봉우리 부분)을 넘는 데 사용된다. 즉, 해리는 고체 표면의 온도에 의존하지 않고 기체상 분자의 온도로 결정된다. 이를 **비단열 전이**(non-adiabatic transition)라고 부른다.

어느 형태를 따르는지에 관해서는 분자선 실험을 통해 조사한다. 실험에서는 해리의 속도가 기체 분자의 온도에 의존하는지, 표면 온도에 의존하는지를 측정한다. 앞서 설명하였듯이 표면 온도에 의존한다면 흡착 상태를 경유하는 경우이며, 반대로 기체 분자의 온도에 의존한다면 흡착 상태를 경유하지 않는 경우이다.

분자선 실험으로 잘 알려져 있는 해리의 연구 예로서 텅스텐과 니켈 표면에서의 메탄 분자의 해리, 구리 표면에서의 수소의 해리가 있다. 메탄 분자의 해리에는 표면 수직 방향의 **병진 에너지**(translational energy)가 유효한 것으로 알려져 있다. 표면 온도에는 그다지 의존하지 않기 때문에, 메탄 분자(CH_4)의 운동 에너지를 사용해 해리한다는 것을 알 수 있다. CH_4의 분자 구조는 탄소를 정사면체의 중앙에 두고 각 꼭짓점에 수소 원자가 있는 구조로 H—C—H의 각도는 109.5°이다. CH_4 분자가 높은 병진 에너지로 표면에 충돌하면 CH_4의 분자 구조가 변형되어, H—C—H의 각도가 109.5°보다 커지거나 C—H의 결합 길이가 커지거나 하면서 분자는 불안정화되어 해리 장벽을 오르게 된다. CD_4 분자선을 이용한 실험으로부터 CH_4의 해리 확률이 상대적으로 크다는 뚜렷한 동위원소 효과가 밝혀졌는데, 이는 수소 원자가 활성화 장벽을 터널링함을 시사한다. 많은 연구들이 진행되고 있으나 아직 상세하게 밝혀지지 않은 점들이 남아 있다.

앞서 해리 과정을 분자상 흡착을 경유하는 단열 전이와 분자상 흡착을 경유하지 않고 자신의 운동 에너지를 사용해 해리하는 경우의 두 가지로 크게 나누었는데, 이들은 모두 해리 활성화 장벽을 갖는 경우이다. 한편, 양쪽 모두에 적용되지 않는 케이스, 즉 활성화 장벽을 가지지 않는 해리의 예가 있다. Ni(110) 표면에서 H_2의 해리와 같이 해리흡착 확률이 거의 1에 가깝고, 표면 온도와 분자의 운동 에너지 모두에 의존하지 않는 경우이다. 표면에 충돌하면 전부 해리하는 케이스이다.

7.2.2 해리 동역학

그림 7.6은 고체 표면에서 분자의 해리에 대한 퍼텐셜 다이어그램이다. 세로축 y는 분자-표면 간 거리, 가로축 x는 분자 내 원자간 거리이다. 등고선은 퍼텐셜 에너지의 총합을 나타낸다. 바깥쪽 선이 상대적으로 에너지가 높고, 안쪽은 낮아 안정하다. 분자가 표면에 접근해 해리하는 과정은 그림의 왼쪽 위에서 왼쪽 아래로, 이어서 왼쪽 아래에서 오른쪽 아래로 이르는 경로로,

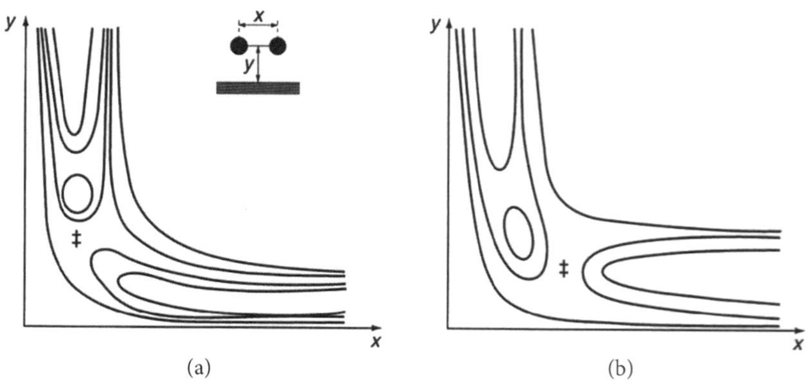

그림 7.6 ▸ 해리흡착의 이차원 퍼텐셜 다이어그램. (a) 병진 에너지에 의한 활성화, (b) 진동 에너지에 의한 활성화.

그 길은 등고선이 낮아져 있다. ‡ 기호가 표시된 부분은 에너지가 높은 부분으로, 반응의 **전이 상태**(transition state)이다. 즉 활성화 에너지의 설명에서 사용되는 1차원적인 퍼텐셜 다이어그램은 그림 7.6의 조감도의 경로를 위에서 자른 단면에 해당한다. 그림 7.6의 요점은 ‡ 표시한 전이 상태의 위치가 (a)와 (b)로 다른 경우이다. (a)의 경우를 전기 해리, (b)의 경우를 후기 해리라고 부른다. (a)에서는 표면에 접근하는 단계에 장벽이 있어, 이를 극복하기 위해서는 병진 에너지를 필요로 한다. 한편, (b)에서는 x가 커지는 과정에 전이 상태가 있다. 이 장벽을 극복하기 위해서는 **진동 에너지**(vibrational energy)에 의한 여기를 필요로 한다.

7.2.3 해리 자리

먼저 그림 7.7에 나타낸 바와 같이 N_2 등의 이원자 분자 X_2가 표면에 흡착하여 해리하는 과정, 즉 **해리흡착**(dissociative adsorption)을 생각하자. 해리하기 직전에 분자가 가로로 눕는 경우가 많은데, 이 상태를 **사이드 온**(side-on)이라고 부른다. 따라서 해리하기 위해서는 인접하는 빈 자리가 두 개 필요하다. 반응식은 빈 자리를 ∗로 하여 다음과 같이 쓸 수 있다.

$$X_2 + 2* \longrightarrow 2X(a) \tag{7.9}$$

이를 속도식으로 표현하면 다음과 같다.

$$r = kp_{X_2}(1 - \theta_X)^2 \tag{7.10}$$

빈 자리는 $(1 - \theta_X)$로 나타낼 수 있으므로 인접하여 비어 있을 확률은 $(1 - \theta_X)^2$가 된다.

해리하기 위해서 필요한 빈 자리의 집단을 **앙상블**(ensemble)이라고 부른다. 큰 분자가 해리하기 위해서는 인접하는 넓은 빈 자리를 필요로 한다. 즉, 큰 앙상블이 필요하다. Pt 표면에서 사이클로헥세인(cyclohexane)이라고

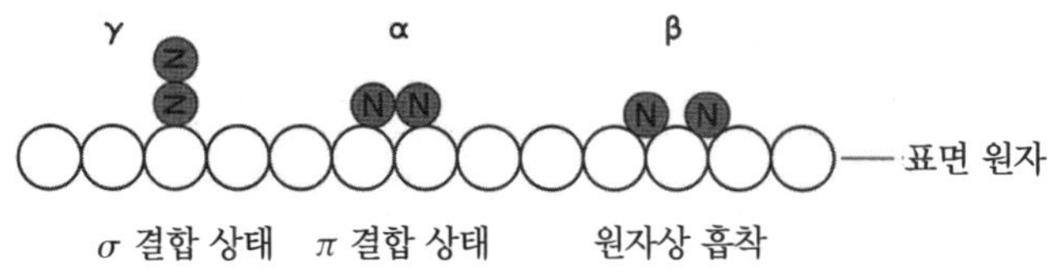

그림 7.7 ▸ Fe 표면에서 질소의 흡착 상태.

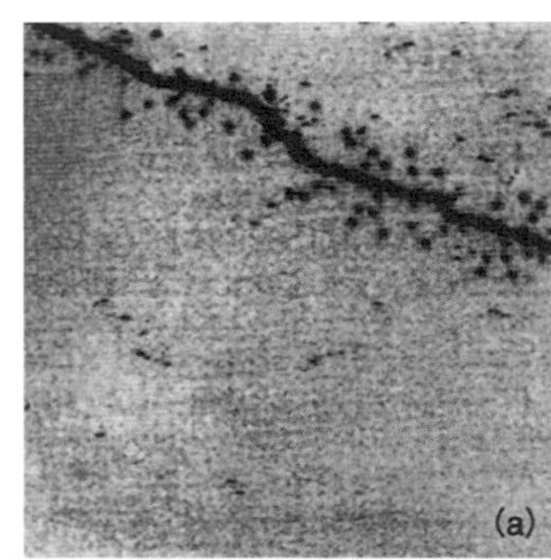

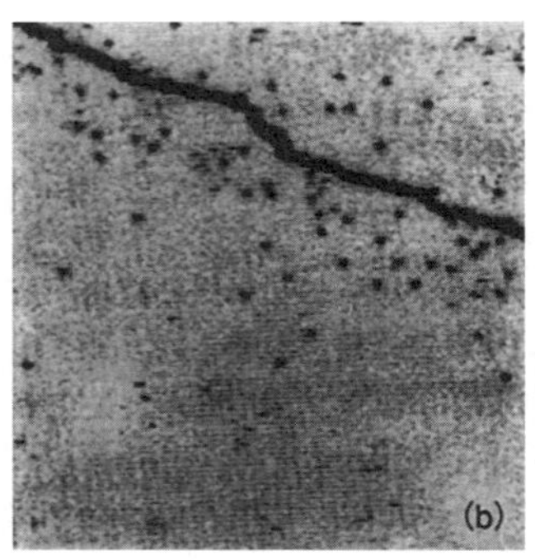

그림 7.8 ▶ Ru(0001) 표면에서 NO 분자의 해리. (a) 0.1 L의 NO에 노출시키고 6분 후의 STM 상, (b) 2시간 후의 STM 상.

하는 큰 분자가 해리하기 위한 앙상블은 8~13으로 추측된다. 만약 8이라고 가정하면 다음과 같이 된다.

$$r = kp(1-\theta)^8$$

이 식에 따르면 사이클로헥세인이 소량만 해리하더라도 넓은 빈 자리 영역이 급격히 감소하기 때문에 Pt 표면에서 사이클로헥세인의 해리 속도도 격감한다. 그밖에도 Pt 표면에서의 해리에 필요한 앙상블은 사이클로펜텐(cyclopentene)의 경우 5~10, 벤젠(benzene)의 경우 6~11 정도로 추정된다.

또 금속 표면의 **스텝 엣지**(step edge)가 분자의 해리 자리가 되는 것으로 알려져 있다. 그림 7.8은 Ru(0001) 표면의 스텝 엣지에서 NO의 해리가 일어남을 보여주는 STM 상이다. (a)는 NO에 노출시킨 후 6분이 지난 시점에서의 결과로, 해리로 생성된 질소 원자가 스텝 엣지 근방에서 다수 관찰된다. 산소는 표면 확산이 빠르기 때문에 스텝에서 떨어진 곳에도 분산되어 있다. (b)는 2시간 후의 결과이며 질소 원자가 표면 확산에 의해 점점 스텝 엣지에서 멀어지고 있음을 알 수 있다. 이 결과는 스텝 엣지가 NO 분자의 해리 자리임을 보여준다.

7.2.4 해리흡착의 속도론

분자를 해리하는 능력은 금속 표면의 중요한 특성 중 하나이다. 예를 들면 철 표면은 안정한 질소 분자의 N≡N 결합을 절단하는 능력이 있다. 이와 같은 금속 표면의 능력(반응성)을 수치로 표현한 것으로 해리흡착 확률이 있다. 부착 확률과 마찬가지로, 표면에 충돌한 분자가 해리할 확률을 의미한다. 해리 속도에 대응한다고 생각해도 좋다. 표 7.1에 정리한 바와 같이 분자와 금

표 7.1 ▶ 해리흡착 확률

분자	표면	온도/K	해리흡착 확률	비고	분자	표면	온도/K	해리흡착 확률	비고
O_2	Pt(111) Pt(111) Cu(100) Ni(100)	300 600 300	0.06 0.025 0.03 1		N_2	W(110) W(111)		$1\sim5 \times 10^{-3}$ 0.08	
					CO	Ni(100)	512	0.01	$p = 10^{-7}\sim10^{-6}$ Torr
H_2	Cu(100) Ni(100) Ni(111) Ni(110) Pt(111)	250	5×10^{-13} 0.06 ≥ 0.01 ≈ 1 0.1		CO_2	Rh(111) Cu(110) Ni(100) Ni(110)	444 500 600 600	10^{-8} 10^{-10} 0.007 0.14	
N_2	Fe(111)	423	5×10^{-6}	β-N	CH_4	Rh(111) Ni(111) Cu(100)	600 800 1000	4×10^{-5} 4×10^{-8} 8.6×10^{-9}	

속의 조합에 따라 해리흡착 확률은 1에 가까운 것부터 10^{-13}의 매우 작은 것까지 다양하며, 이는 금속 표면의 반응성의 차이를 여실히 나타낸다. 산소 분자는 금속 표면에서 쉽게 해리하므로 전반적으로 해리 확률이 큰 것을 확인할 수 있다. 수소는 VIII족 금속 표면에서 쉽게 해리한다. 또 이들에 비하면 N_2와 CO_2의 해리 확률은 일반적으로 작다. 이와 같은 차이를 속도론적인 관점에서 생각해 보자.

전술한 바와 같이 해리흡착에는 분자상 흡착을 경유하는 경우와 경유하지 않는 경우가 있다. 여기서는 분자상 흡착을 경유하는 경우의 속도론에 대해 기술한다. N_2와 CO_2의 해리흡착은 분자상 흡착을 경유하는 케이스로 알려져 있다.

다음 식 (7.11)과 같이 A_2와 $A_2(a)$가 미시적인 평형 상태에 있는 경우, 즉 역반응인 탈착이 빠른 속도로 일어나고 있는 상황에서의 해리 속도를 생각하자. 여기서 해리로 생성된 A(a)에서 $A_2(a)$로의 반응은 무시한다. 일반적으로 원자상 흡착은 분자상 흡착보다 강하므로 이와 같은 가정이 성립한다.

$$A_2 \underset{k_1^-}{\overset{k_1^+}{\rightleftharpoons}} A_2(a) \xrightarrow{k_2^+} 2A(a) \tag{7.11}$$

반응이 진행 중인 정상상태(steady state)에서 $A_2(a)$의 덮임률이 작은 경우($\theta_A \ll 1$)를 생각하면, 해리흡착에 대한 겉보기 속도식은 다음 식과 같이 표현된다. 여기서 k는 겉보기 속도 상수이다.

$$r = kp_{A_2} \tag{7.12}$$

다음으로 A_2의 흡착, A_2(a)의 탈착 및 A_2(a)의 해리 과정의 속도식을 아래에 나타내었다.

$$r = k_1^+ p_{A_2} \quad (\text{흡착}) \tag{7.13}$$

$$r = k_1^- \theta_{A_2} \quad (\text{탈착}) \tag{7.14}$$

$$r = k_2^+ \theta_{A_2} \quad (\text{해리}) \tag{7.15}$$

따라서 해리 속도 r은 다음과 같이 쓸 수 있다.

$$r = \frac{k_1^+ p_{A_2} k_2^+ \theta_{A_2}}{k_2^+ \theta_{A_2} + k_1^- \theta_{A_2}} = \frac{k_1^+ k_2^+}{k_2^+ + k_1^-} p_{A_2} = kp_{A_2} \tag{7.16}$$

즉, 해리 속도는 흡착 속도 $k_1^+ p_{A_2}$에 탈착과 해리의 갈래의 비율 $k_2^+ \theta_{A_2}/(k_2^+ \theta_{A_2} + k_1^- \theta_{A_2})$를 곱한 것과 같다. 그 결과, 겉보기 속도 상수 k는 아래와 같이 표현된다.

$$k = \frac{k_1^+ k_2^+}{k_2^+ + k_1^-} \tag{7.17}$$

금속 표면에 대한 분자의 흡착에서, 흡착 속도 상수 k_1^+에 큰 차이는 없다. 따라서 해리 속도는 k_2^+와 k_1^-의 비로 결정된다. 분자의 흡착이 약하여 탈착 속도가 큰 경우, 즉 k_1^-이 k_2^+와 비교해 큰 경우에 k는 작아진다. 즉, 해리 속도는 작아진다. 이러한 경우의 속도 해석을 진행해 보자.

먼저, $k_1^- \gg k_2^+$이므로 다음 식이 성립한다.

$$k = \frac{k_1^+ k_2^+}{k_1^-} \tag{7.18}$$

Arrhenius 식에서 k_1^+, k_2^+, k_1^-의 활성화 에너지와 지수 앞 인자를 각각 E_1^+, E_2^+, E_1^- 및 ν_1^+, ν_2^+, ν_1^-이라고 하면 다음과 같이 쓸 수 있다.

$$k = \nu \exp\left(-\frac{E}{RT}\right) = \frac{\nu_1^+ \nu_2^+}{\nu_1^-} \exp\left(-\frac{E_1^+ + E_2^+ - E_1^-}{RT}\right) \tag{7.19}$$

따라서 겉보기 활성화 에너지는 $E_1^+ + E_2^+ - E_1^-$가 된다. 표면과학 실험을 통해 소과정의 ν나 E를 측정할 수 있으며, 이와 같은 속도 해석을 수행함으로써 해리 속도, 즉 쉽게 해리되는 정도의 원인 및 내용을 논의할 수 있게 된다.

7.3 흡착-탈착 평형

고체 표면에서 분자나 원자의 흡착 속도와 탈착 속도가 같은 상태를 흡착 평형 또는 흡착-탈착 평형이라고 부른다. 또, 그때의 흡착량을 평형 흡착량 또는 **평형 덮임률**(equilibrium coverage)이라고 한다. 따라서 흡착 속도와 탈착 속도가 같다고 가정한 식으로부터 평형 흡착량을 구할 수 있다. 흡착 분자와 표면의 종류에 따라 흡착식 또는 탈착식에 차이가 발생하게 되므로 주의가 요구된다. 예를 들면, 흡착이 분자의 해리를 동반하는지의 여부에 따라 흡착 속도식은 완전히 달라진다. 전자를 **해리흡착**(dissociative adsorption), 후자를 **분자상 흡착**(molecular adsorption) 또는 **비해리흡착**[non-dissociative adsorption, **회합흡착**(associative adsorption)이라고도 함]이라고 한다. 또 2종의 분자가 동시에 흡착하는 경우를 다룰 때에는 경쟁흡착이라고 하는 개념을 사용한다.

여기서는 여러 가지 흡착식 및 탈착식을 보이고, 평형 덮임률을 구하는 과정을 설명한다. 이를 통해 압력과 온도에 따라 평형 덮임률이 어떻게 변화하는지 알 수 있다. 흡착-탈착 평형의 개념은 넓은 의미에서 화학 반응의 평형론과 같으므로 **평형 상수**(equilibrium constant)의 측정과 해석이 핵심이 된다.

7.3.1 Langmuir 흡착등온식

분자상 흡착에 대한 흡착 평형식을 생각하자. 분자상 흡착(비해리흡착)이란 분자의 해리를 수반하지 않는 흡착으로 원자의 흡착도 이에 해당한다. 여기서는 흡착의 해석과 관련해 가장 잘 알려진 Langmuir 흡착등온식에 대해 기술한다. 다음과 같은 A의 분자상 흡착을 생각하자.

$$\mathrm{A} + * \xrightarrow{k} \mathrm{A}^* \tag{7.20}$$

흡착 속도 r_a 및 탈착 속도 r_d는 각각 식 (7.21) 및 (7.22)와 같다.

$$r_\mathrm{a} = k_\mathrm{A}^{+}(1 - \theta_\mathrm{A})p_\mathrm{A} \tag{7.21}$$

$$r_\mathrm{d} = k_\mathrm{A}^{-}\theta_\mathrm{A} \tag{7.22}$$

여기서 k_A^{+}와 k_A^{-}는 각각 흡착 및 탈착의 속도 상수이다. 또 θ_A는 A의 덮임률로,

$\theta_A = 1$은 포화 덮임률을 의미한다. 즉, 표면이 흡착 분자로 포화되면 흡착 속도는 0이 된다. 흡착과 탈착이 동시에 일어나고 있을 때의 덮임률의 시간 변화는 다음과 같이 표현된다.

$$\frac{d\theta_A}{dt} = k_A^+(1 - \theta_A)p_A - k_A^-\theta_A \tag{7.23}$$

흡착-탈착 평형 시에는 흡착 속도와 탈착 속도가 같아 $d\theta_A/dt = 0$이므로, 식 (7.21)과 (7.22)로부터 다음 식이 성립한다.

$$\theta_A = \frac{K_A p_A}{1 + K_A p_A} \tag{7.24}$$

여기서 K_A는 다음과 같다.

$$K_A = \frac{k_A^+}{k_A^-} \tag{7.25}$$

K_A는 흡착 평형 상수이다. 식 (7.24)를 통상 **Langmuir 흡착등온식**(Langmuir adsorption isotherm)이라고 부른다.

표면의 빈 자리의 덮임률을 θ^*로 놓으면, 식 (7.24)는 (7.26)과 같이 변형할 수 있다.

$$\theta^* = 1 - \theta_A = \frac{1}{1 + K_A p_A} \tag{7.26}$$

$$\theta_A = K_A p_A \theta^* \tag{7.27}$$

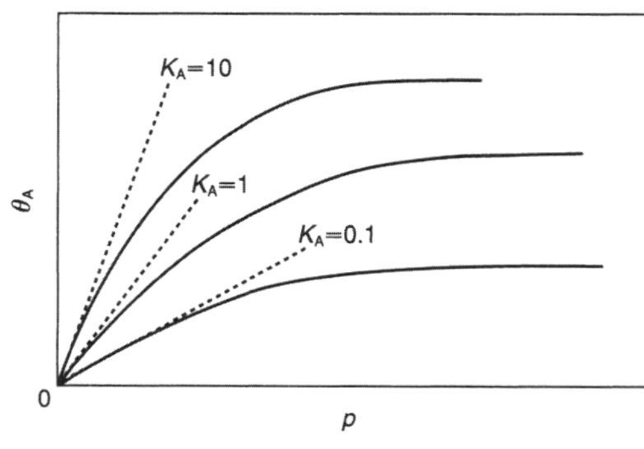

그림 7.9 ▸ 흡착 평형 상수 K_A의 측정.

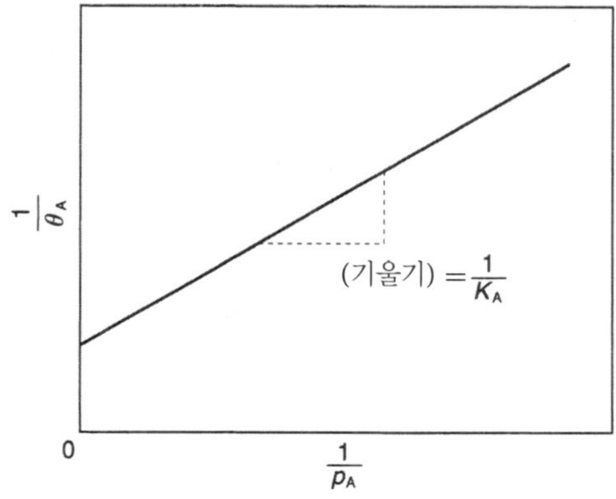

그림 7.10 ▶ 흡착 평형 상수 K_A의 측정.

K_A는 그림 7.9와 같은 흡착량의 압력 의존성 실험으로 구한다. 압력 $p = 0$일 때의 기울기는 $\theta_A = 0$이고, 또 $\theta_A^* = 1$이므로 식 (7.27)에서 기울기는 결국 K_A에 대응한다. 이와 같은 방법으로 K_A를 구하면 평형 흡착량을 알 수 있다.

또, 별도의 방법으로도 K_A를 구할 수 있다. 식 (7.24)를 변형하면 다음과 같다.

$$\frac{1}{\theta_A} = 1 + \frac{1}{K_A}\frac{1}{p_A} \tag{7.28}$$

따라서 그림 7.10과 같이 $1/\theta_A$를 $1/p_A$에 대해 도시함으로써 K_A를 구할 수 있다.

7.3.2 흡착 평형 상수와 흡착열

이전 항에서 측정을 통해 분자상 흡착에 대한 평형 상수 K_A를 구할 수 있다는 것을 알았다. 이 결과를 바탕으로 **흡착열**(heat of adsorption)을 구하는 과정을 보자.

흡착 평형 상수 K_A는 흡착의 표준 Gibbs 자유 에너지 $\Delta G°$에 따라 다음과 같이 표현된다.†

$$\Delta G° = -RT \ln K_A° = \Delta H° - T\Delta S° \tag{7.29}$$

$$\ln K_A° = -\frac{\Delta H°}{RT} + \frac{\Delta S°}{R} \tag{7.30}$$

$\Delta H°$ 및 $\Delta S°$는 각각 흡착에 대한 엔탈피와 엔트로피이며, 전자는 흡착열에 대응한다. 덮임률 θ_A를 일정하다고 놓고, 식 (7.30)을 T로 미분하면 다음과 같다.

† '표준'은 1 atm인 상태를 의미한다.

$$\left\{\frac{\partial}{\partial T}(\ln K_A^\circ)\right\}_{\theta_A} = \frac{\Delta H^\circ}{RT^2} \tag{7.31}$$

여기서 식 (7.24)를 변형해 다음과 같이 쓸 수 있다.

$$K_A p_A = \frac{\theta_A}{1-\theta_A} \tag{7.32}$$

미분하면 다음과 같다.

$$\ln K_A + \ln p_A = \ln\frac{\theta_A}{1-\theta_A} \tag{7.33}$$

덮임률 θ_A가 일정할 때, 식 (7.33)을 T로 미분하면 다음과 같다.

$$\left\{\frac{\partial}{\partial T}(\ln K_A)\right\}_{\theta_A} + \left\{\frac{\partial}{\partial T}(\ln p_A)\right\}_{\theta_A} = 0 \tag{7.34}$$

한 번 더 변형하면 다음과 같이 쓸 수 있다.

$$\left\{\frac{\partial}{\partial T}(\ln K_A)\right\}_{\theta_A} = -\left\{\frac{\partial}{\partial T}(\ln p_A)\right\}_{\theta_A} \tag{7.35}$$

식 (7.35)를 (7.31)에 대입하면 다음 식이 성립한다.

$$\left\{\frac{\partial}{\partial T}(\ln p_A)\right\}_{\theta_A} = -\frac{\Delta H^\circ}{RT^2} \tag{7.36}$$

또는 다음과 같이 쓸 수 있다.

$$\left\{\frac{\partial(\ln p_A)}{\partial(1/T)}\right\}_{\theta_A} = \frac{\Delta H^\circ}{R} \tag{7.37}$$

즉 온도의 역수에 대하여 압력의 로그를 도시하면 그 기울기로부터 흡착열을 구할 수 있다. 이 방법은 액체와 기체의 평형으로부터 증발열을 Clapeyron-Clausius 식을 이용해 구하는 것과 동일하다. 상평형 상태에 있는 점에서는 기체 분자와 고체 표면의 평형(흡착)과, 증기와 액체의 평형을 완전히 같은 방식으로 생각할 수 있다. Clapeyron-Clausius 식에서도 온도의 역수에 대해 증기압의 로그를 도시하여 그 기울기로부터 증발열을 구한다.

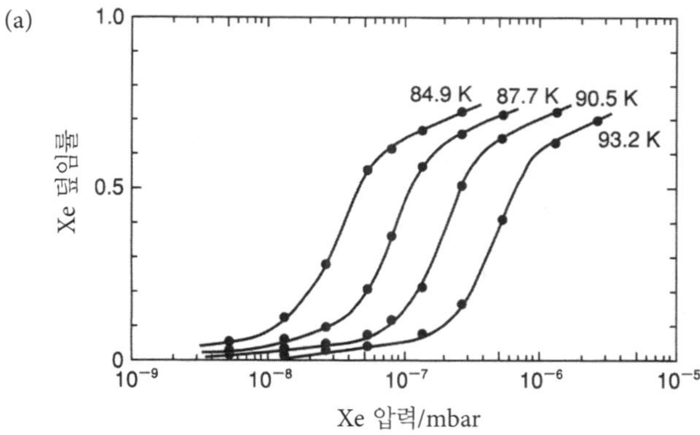

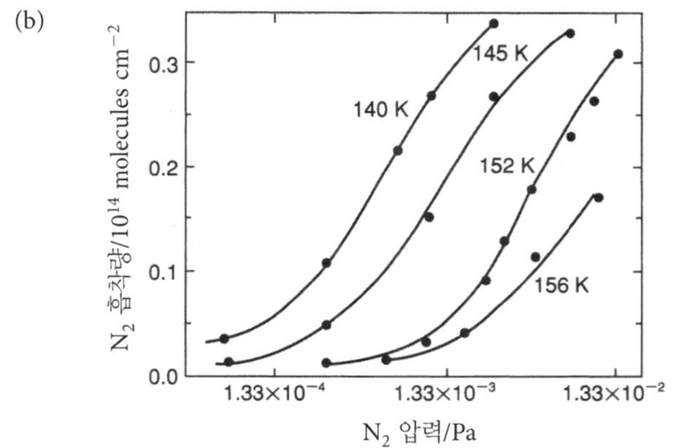

그림 7.11 ▶ 흡착등온선. (a) Ni(100) 표면에 대한 Xe의 흡착, (b) Fe(111) 표면에 대한 N_2 분자의 흡착.

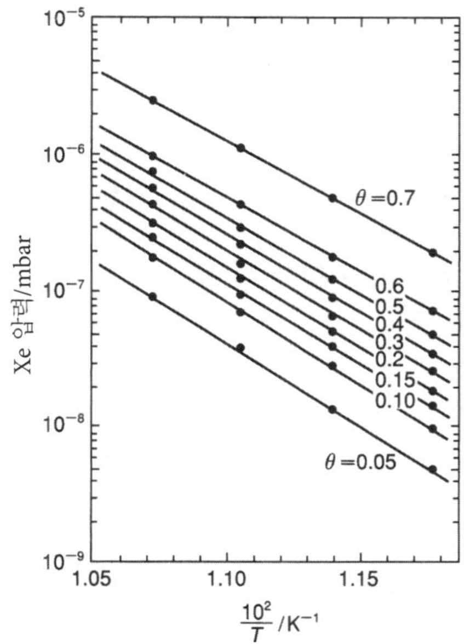

그림 7.12 ▶ 등량 덮임률에서 온도와 압력의 관계. Ni(100) 표면에 대한 Xe의 흡착.

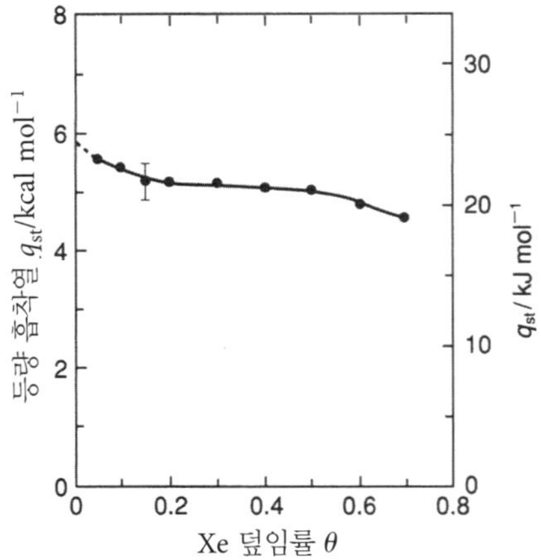

그림 7.13 ▸ 흡착열의 덮임률 의존성.

실제 예를 보자. 그림 7.11은 흡착등온선으로 불리는 것으로, 온도를 일정하게 하고 압력을 변화시키며 덮임률을 측정한 결과이다. Ni(100) 표면에 대한 Xe의 흡착은 상당히 약하기 때문에 흡착온도가 낮다는 것을 알 수 있다. Fe(111) 표면에 대한 N_2 분자의 흡착에서는 비교적 흡착온도가 높다.

덮임률이 같은 지점에서의 흡착열을 등량(isosteric) 흡착열이라고 부르는데, 그림 7.11의 가로축에 평행한 선을 그었을 때 생기는 등온선과의 교점으로부터 여러 가지 덮임률에 대한 온도와 압력의 데이터가 얻어진다. 온도의 역수에 대한 압력의 로그를 도시한 그래프가 그림 7.12로, 식 (7.37)에서 알 수 있는 것처럼 그 기울기가 $\Delta H°$에 대응한다. 기울기가 음수인 것은 흡착열이 양(+)의 값을 가진다는 것을 의미한다. 흡착은 발열 현상이므로, $\Delta H°$는 음수이다.

더하여 그림 7.13은 얻어진 흡착열을 덮임률에 대해 도시한 그래프이다. 흡착열이 5 kcal mol^{-1} 정도로 상당히 작은 물리흡착임을 나타낸다.

7.3.3 해리흡착에서의 흡착-탈착 평형

CO나 O_2와 같은 분자가 해리하는 경우, 다음 식과 같이 기술한다. 여기서 *는 빈 자리를 의미한다.

$$CO + 2* \longrightarrow C(a) + O(a) \quad (7.38)$$

$$O_2 + 2* \longrightarrow 2O(a) \quad (7.39)$$

이원자 분자의 해리흡착은 속도 상수를 k_A^+ 및 k_A^-로 하여 다음과 같이 기술된다.

$$A_2 + 2* \rightleftharpoons 2\ A(a) \tag{7.40}$$

$$\frac{d\theta_A}{dt} = k_A^+(1-\theta_A)^2 p_{A_2} - k_A^- \theta_A^2 \tag{7.41}$$

평형 시에는 $d\theta_A/dt = 0$이므로 다음 식이 성립한다.

$$\theta_A = \frac{\sqrt{K_{A_2} p_{A_2}}}{1+\sqrt{K_{A_2} p_{A_2}}} \tag{7.42}$$

평형식을 세우는 방법은 비해리 평형의 경우와 거의 같다. 다만 앞서 기술한 바와 같이 해리의 경우에는 복수의 이웃한 표면 원자, 즉 앙상블을 필요로 한다.

7.3.4 경쟁흡착

기체 A와 B가 동일한 표면에 흡착하는 경우를 **경쟁흡착**(competitive adsorption) 또는 **혼합흡착**이라고 부른다.

$$A + * \longrightarrow A(a) \tag{7.43}$$

$$B + * \longrightarrow B(a) \tag{7.44}$$

A와 B가 흡착-탈착 평형에 있을 때의 흡착량은 아래와 같은 방법으로 구한다.

평형 상태에서는 A와 B 각각에 대하여 흡착 속도와 탈착 속도가 같으므로, 속도 상수를 각각 k_A^+, k_A^-, k_B^+, k_B^-로 놓으면 다음과 같이 나타낼 수 있다.

$$k_A^+ p_A(1-\theta_A-\theta_B) = k_A^- \theta_A \tag{7.45}$$

$$k_B^+ p_B(1-\theta_A-\theta_B) = k_B^- \theta_B \tag{7.46}$$

따라서 다음 식이 성립한다.

$$\theta_A = \frac{K_A p_A}{1+K_A p_A + K_B p_B} \tag{7.47}$$

$$\theta_B = \frac{K_B p_B}{1+K_A p_A + K_B p_B} \tag{7.48}$$

여기서 각각의 흡착 평형 상수 K_A와 K_B는 다음과 같다.

$$K_A = \frac{k_A^+}{k_A^-} \tag{7.49}$$

$$K_B = \frac{k_B^+}{k_B^-} \tag{7.50}$$

따라서 A와 B의 흡착량의 비는 다음과 같이 표현된다.

$$\frac{\theta_A}{\theta_B} = \frac{K_A p_A}{K_B p_B} \tag{7.51}$$

Kp가 클수록 흡착량은 상대적으로 커진다. A가 B보다 강하게 흡착하는 경우에도 B의 압력이 A보다 훨씬 크다면 B의 평형 흡착량은 A의 평형 흡착량보다 커진다. 즉, 강하게 흡착한다고 해서 꼭 다량으로 흡착한다고는 할 수 없다는 점에 주의해야 한다. 흡착량은 K와 p의 곱의 크기로 결정된다.

7.4 부착 확률을 이용한 흡착 속도식

지금까지는 속도 상수를 사용해 흡착 속도식을 표현했다. 하지만 표면과학 실험에서는 흡착 속도식에 부착 확률을 사용하는 경우가 많다.

여기서는 흡착 속도 상수와 부착 확률을 사용한 속도식의 관계를 나타내 보고자 한다. r을 A의 흡착 속도, θ_A를 A의 덮임률, m을 분자의 질량, k_B를 Boltzmann 상수로 놓으면 다음 식이 성립한다.

$$r = k_a p_A (1 - \theta_A) = \frac{s_0 p_A}{\sqrt{2\pi m k_B T}}(1 - \theta_A) \tag{7.52}$$

따라서 흡착 속도 상수 k_a는 다음과 같이 쓸 수 있다.

$$k_a = \frac{s_0}{\sqrt{2\pi m k_B T}} \tag{7.53}$$

2.1절에서 기술한 바와 같이 $p_A/\sqrt{2\pi m k_B T}$는 고체 표면에 대한 분자의 충돌 빈도이다. 이 식은 분자 운동론에서 도출된다. 단위는 보통 $cm^{-2}\ s^{-1}$이며, 단위 표면적 · 단위 시간당 충돌 횟수이다. s는 **부착 확률**(sticking probability)로 1회 충돌에 대한 흡착 확률을 의미한다. $s = 1$은 충돌하는 분자가 모두 흡착하고, $s = 0.01$은 충돌하는 분자의 1 %가 흡착한다는 의미이다. 즉 흡착하

표 7.2 ▶ 분자상 흡착의 초기 부착 확률

분자	표면	온도/K	초기 부착 확률	비고
O_2	Pt(111)	300~800	0.25	온도에 의존하지 않음
N_2	Fe(111)	91	>0.7	γ-N_2
CO	Pd(111) Pt(111) Ni(100)	300 300~450 300	0.96 0.84 ~1	온도에 의존하지 않음

기 쉬운 정도를 나타내는 s가 흡착 속도의 지표가 된다. s_0의 첨자 0은 표면에 분자가 전혀 흡착하고 있지 않은 상태임을 나타내며, 초기 부착 확률이라고 부른다.

표 7.2에 초기 부착 확률 s_0의 예를 나타내었다. s_0의 값은 0.1~1임을 알 수 있다. 금속 표면을 예로 들고 있는데, 어떤 충돌에 대해 해리흡착보다 높은 확률로 흡착한다는 것을 알 수 있다.

이제 이 절의 주제인 부착 확률과 덮임률의 관계를 기술해 보자. 이 관계에는 크게 Langmuir형과 전구체형의 두 가지 유형이 있다. 전자의 경우 s가 덮임률 θ에 대해 직선적으로 감소한다.

$$s = s_0(1 - \theta) \tag{7.54}$$

따라서 흡착 속도 r_a는 다음과 같이 쓸 수 있다.

$$r_a = k_a p(1 - \theta) = \frac{ps}{\sqrt{2\pi m k_B T}} = \frac{ps_0}{\sqrt{2\pi m k_B T}}(1 - \theta) \tag{7.55}$$

즉, 표면에 충돌한 분자가 흡착할지 말지의 여부는 그곳에 이미 분자가 흡착하고 있는지 아닌지에 달려 있다. 반면에 후자인 전구체형의 경우에는 덮임률이 증가해도 부착 확률이 감소하지 않으며, 포화 덮임률에 가깝게 되어서야 $s = 0$이 된다. 이는 기체 분자가 표면에 충돌한 후 물리흡착 상태에서 표면상을 돌아다니며 빈 자리를 찾아 그곳에 흡착함을 나타낸다. 물리흡착 상태의 퍼텐셜 최솟값은 화학흡착 상태와 비교하면 표면과 분자 사이의 거리가 멀다. 이미 분자가 흡착하고 있는 곳에도, 흡착하지 않은 곳에도 분자는 물리흡착할 수 있다. 전자를 extrinsic precursor, 후자를 intrinsic precursor라고 부른다. 전구체형 흡착에 대해서는 Kisliuk에 의한 해석이 이루어져 있다(2.2절 참조).

7.5 표면 화합물

7.5.1 화학흡착열과 산화물의 표준 생성열

화학흡착은 일종의 화학 반응으로 간주할 수 있다. 그림 7.14에 금속 표면에 대한 산소, 질소 및 수소의 초기 흡착열과 그에 상응하는 금속 산화물, 금속 질화물 및 금속 수소화물의 **표준 생성열**(standard heat of formation)의 관계를 나타냈다. 여기서 초기 흡착열이란 흡착량을 0으로 외삽했을 때의 흡착열이다. 측정한 흡착열과 그에 상응하는 화합물의 생성열 사이에 거의 직선관계가 성립한다. 그 값의 크기로 보아도 화학흡착이 화학 반응의 일종임을 알 수 있는데, 예를 들어 산소의 흡착열에 주목해 보자. Pt, Pd, Rh, Ir은 산화물의 표준 생성열($-\Delta H$)이 작다. 산화물을 만들기 어려운 금속이기 때문이다. 이들 금속 표면에서의 산소의 흡착열은 예상대로 작다. 한편, 산화물의 표준 생성열($-\Delta H$)이 큰 Ta, Ti, Nb, Al 등에서는 산소의 흡착열도 크다는 것을 알 수 있다. 이와 같이 산소 흡착열의 크기와 산화물의 표준 생성열이 잘 대응한다는 사실로 보아 화학흡착은 일종의 화학 반응이라고 할 수 있으며, 금속 표면의 원자와 산소가 표면 산화물을 생성하는 과정으로 간주할 수 있다. 질화물과 수소화물에 관해서도 마찬가지이다.

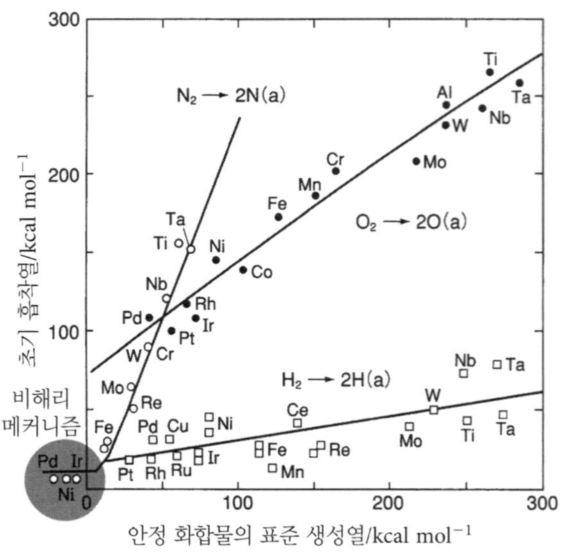

그림 7.14 ▶ 다양한 금속 표면에 대한 N_2, O_2 및 H_2의 초기 흡착열과 그에 대응하는 안정 화합물의 표준 생성열의 관계.

흡착열은 흡착 에너지에 대응하는 것으로 생각할 수 있는데, 흡착열의 크기를 대략 파악해 두는 것도 좋다. 그림 7.14에 나타낸 바와 같이 산소의 흡착열은 100~250 kcal mol^{-1} 정도로 큰 값을 보인다. 이는 산소 분자가 해리흡착하여 산소 원자 상태로 표면에 강하게 흡착하기 때문이다. Pt, Pd, Rh 등의 귀금속 표면에서 산소의 흡착열은 비교적 작으나 Cr, Mo, W 등은 산소 원자의 흡착열이 크다. 강하게 흡착한 산소를 제거하기 위해서는 고온이 필요하다. 한편, 수소의 흡착열은 비교적 작아 20~50 kcal mol^{-1} 정도이다. 바꿔 말하면, 수소 원자와 금속의 결합은 산소의 경우와 비교해 작다고 할 수 있다. 일반적으로 흡착열이 10 kcal mol^{-1} 이상인 경우를 화학흡착이라고 한다. 앞서 물리흡착의 예로 든 Ni(100) 표면에서 Xe의 흡착열은 5 kcal mol^{-1}로 매우 작다(그림 7.13).

그림 7.15는 CO의 흡착열과 화합물의 생성열 사이의 상관관계를 나타낸다. 왼쪽은 금속 산화물의 생성열이 작은 금속, 즉 산화물이 비교적 불안정한 금속이다. Pt나 Rh 등이 이에 해당하며, 이 경우에 CO는 해리하기 어렵다. Co나 Fe에서는 표면 구조에 따라 CO가 해리하는 경우가 있다. 여기서 특징적인 것은 비해리 CO 흡착의 경우 흡착 에너지가 30~50 kcal mol^{-1} 정도로 금속종 간에 그다지 큰 차이가 없다는 것이다. 그러나 해리흡착의 경우 흡착열이 금속에 따라 크게 달라진다. 이는 그림 7.14에 나타난 산소 흡착의 결과와 마찬가지로, 분자가 해리하여 산소 원자 및 탄소 원자가 표면금속 원자와

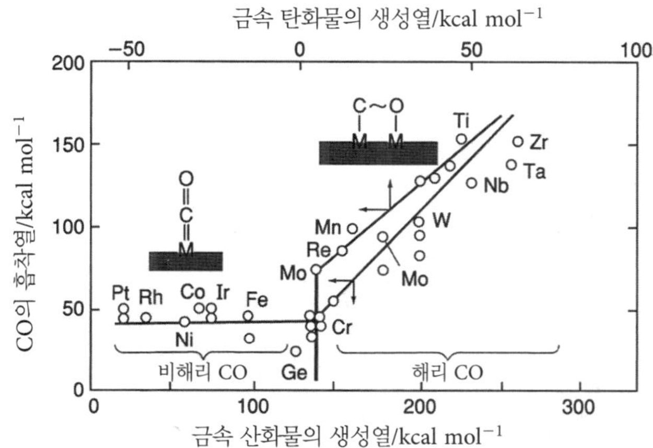

그림 7.15 ▶ 다양한 금속 표면에 대한 CO의 흡착열과 금속 산화물 및 금속 탄화물의 생성열과의 관계.

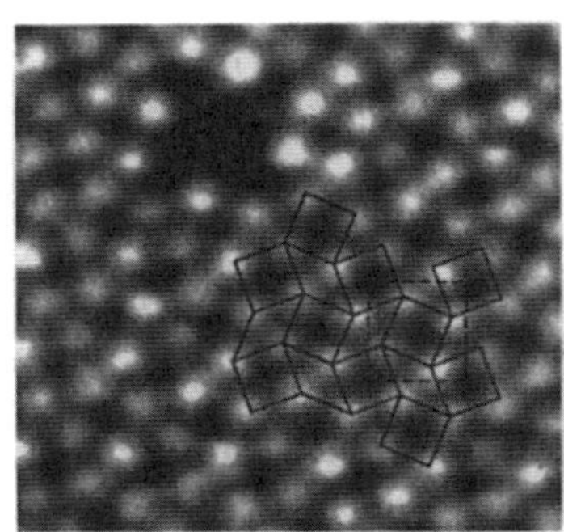
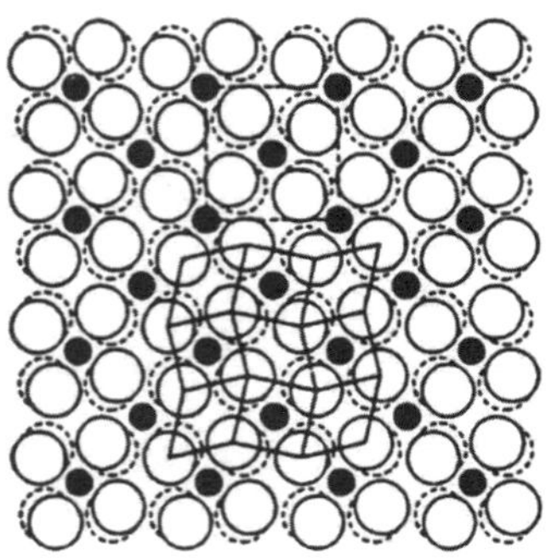

그림 7.16 ▶ Ni(100) 표면에 탄소가 흡착했을 때의 표면 재구성. 왼쪽은 STM 상으로, 흰색 원은 1개의 니켈 원자에 대응한다. 오른쪽은 흡착 모델로서 흰색 원은 니켈 원자, 검은색 원은 탄소 원자에 대응한다. 점선은 재구성 전 니켈 원자의 위치.

강하게 결합하기 때문이다. CO 해리흡착의 흡착열과 금속 산화물 및 금속 탄화물의 생성열의 관계를 보면, 생성열이 클수록 해리흡착열이 크다는 것을 알 수 있다.

고체 표면의 구조는 벌크 구조의 연속으로 한정되지 않는다. 표면 구조가 현저하게 다른 경우가 있는데, 예를 들면 흡착 물질이 존재할 때 표면 구조가 변화하는 경우가 많다. 산소 원자나 탄소 원자 등은 특히 금속 표면 원자와 강한 화학 결합을 형성하기 때문에, 표면에 산화물이나 탄화물이 생성된 것으로 간주할 수 있다. 그 결과, 표면 구조가 변화하는 경우가 있다. 그림 7.16은 Ni(100) 표면에 탄소가 존재할 때의 구조로, Ni(100) 정방격자가 회전한 것과 같은 구조가 된다. 이는 탄소가 니켈 원자와 결합하여 니켈 원자끼리의 거리가 멀어지게 되고, 그에 따른 격자 뒤틀림을 완화하기 위해 니켈 원자의 위치가 움직인 것으로 볼 수 있다. 탄소와 결합한 니켈 원자는 금속 니켈 원자와 다른 특성을 나타낸다.

› Topics 오존 홀과 표면화학

오존층은 상공 15~40 km의 성층권에 분포하며, 성층권을 구성하는 대기 중 ppm 수준의 농도에 해당한다. 대기 중의 오존(O_3)은 다음의 Chapman 메커니즘(기체상 반응)에 따라 생성과 소멸을 반복한다. 태양에서 나오는 자외선에 의한 광화학 반응과 기체상 반응이 다음과 같이 일어난다.

$$O_2 + h\nu(< 0.246\ \text{nm}) \longrightarrow 2\,O\cdot$$

$$O\cdot + O\cdot + M \longrightarrow O_2 + M$$

$$O\cdot + O_2 + M \longrightarrow O_3 + M$$

$$O\cdot + O_3 \longrightarrow 2O_2$$

$$O_3 + h\nu(< 290\ \text{nm}) \longrightarrow O_2 + O\cdot$$

이와 같은 일련의 반응을 Chapman 순환이라고 부른다. 여기서 M은 제3체 분자(third body, O_2나 N_2)로서 생성열을 흡수하여 생성 분자를 안정화시킨다. 성층권에서는 이와 같은 일련의 반응이 동적 평형 상태에 있다. 오존은 지구상에서 살고 있는 생물의 DNA를 손상시켜 피부염이나 피부암을 일으키는 자외선을 흡수하는 필터 역할을 하고 있다.

인간이 인공적으로 만들어 낸 클로로플루오르카본(CFCs, 통칭 프레온 가스)류가 광화학 반응을 하여 생성된 염소 원자(Cl)가 다음과 같은 기체상 연쇄 순환 반응을 일으킨다는 것이 Rowland와 Molina에 의해 제안되었고, 이로써 오존층의 파괴가 설명되었다(1995년 노벨화학상).

$$Cl + O_3 \longrightarrow ClO + O_2$$

$$ClO + O \longrightarrow Cl + O_2$$

$$\overline{O_3 + O \longrightarrow 2O_2}$$

한편, 염소 원자는 다음과 같은 반응에 의해 소실되어, 연쇄적인 오존 파괴 사이클을 정지시킨다는 것이 밝혀졌다.

$$Cl + CH_4 \longrightarrow HCl + CH_3$$

$$ClO + NO_2 \longrightarrow ClONO_2$$

따라서 활성 Cl종(種)은 이들 반응에 의해 HCl이나 $ClONO_2$ 등의 비교적 안정한 염소 화합물로서 축적된다.

그러나 1970년대 후반부터 1980년대 전반에 걸쳐, 예상을 벗어난 남극의 오존층 파괴가 남극의 봄(9~10월)에 한하여 발생한다는 것이 일본 남극 관측대의 Chubachi와 영국대의 Farman 등에 의해 보고되었다. 이 현상을 오존 홀(Ozone hole)이라고 부른다. 미국의 Solomon 등은 다음과 같은 얼음 표면에서의 불균일 반응설을 제안하였고, 직접 남극 상공의 화

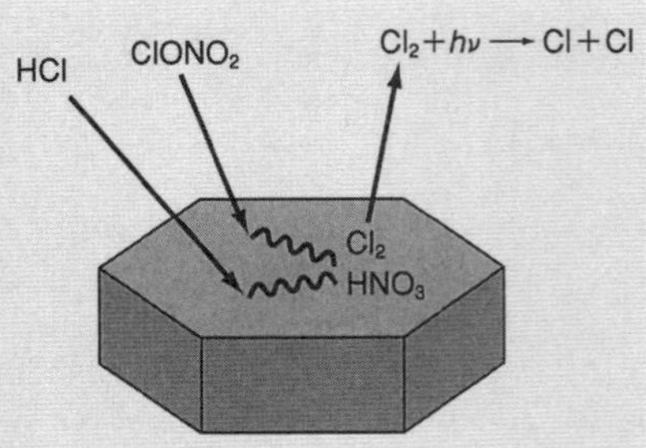

그림 1. ▶ **얼음 미립자 표면에서의 염산(HCl)과 질산화염소($ClONO_2$)의 반응.** 얼음 표면에서 질산과 염소가 생성된다. 탈착한 염소는 광분해를 통해 염소 원자가 된다.

학종 관측을 수행하여 이를 실증했다. 기체상 중에서는 발생하기 어려운 염산(HCl)과 질산화염소($ClONO_2$)의 반응이, 남극의 겨울에 형성되는 극지 성층권운 내부의 에어로졸(얼음 미립자 표면)에서는 상당히 빠르게 일어나 질산과 염소를 생성한다(그림 1). 또한 얼음 표면의 물 분자도 반응에 참여한다.

$$HCl + ClONO_2 \longrightarrow HNO_3 + Cl_2$$

$$H_2O + ClONO_2 \longrightarrow HNO_3 + HOCl$$

얼음 미립자 표면의 염소종은 남극의 봄에 태양광이 내리쬐기 시작하면 광화학 반응을 통해 쉽게 분해되어, 염소 라디칼(Cl•)이나 산화염소(ClO)의 형태로 단숨에 기체상으로 방출된다(그림 1). 이 불균일 반응과 광화학 반응에 의해 기체상 반응과 비교해 100배 이상의 활성 염소종이 생성된다. 이들이 오존을 파괴하여 남극의 봄에 오존 홀이 발생하는 것이다.

상술한 바와 같이 남극의 오존 홀 발생 메커니즘에서 중요한 포인트는 염소종과 질소화합물이 얼음 미립자 표면에서 불균일 반응을 일으킨다는 것이다. 이전에는 대기화학 현상을 기체상 반응만으로 설명할 수 있다고 여겨졌으나, 1980년대 이후 남극에서의 오존 홀 발견과 불균일 반응설의 실증을 통해 대기화학 및 환경화학 분야에 있어서 표면 반응의 중요성이 확립되었다. 대기화학 분야에서 미래 예측의 신뢰성을 높이기 위해서는 얼음 표면의 불균일 반응을 정확히 이해하는 것이 필수 불가결하다. 물 분자 자체가 표면 반응에 관여한다는 점에서 금속 촉매 표면에서의 불균일 반응과 달라 복잡하기는 하나, 이와 관련된 문제를 해결하기 위해 얼음 표면의 화학 반응에 대한 연구가 지금도 활발하게 진행되고 있다.

Panel BET 흡착식

물리흡착(physisorption)을 이용하여 고체의 표면적을 측정하는 잘 알려진 방법으로 BET법이 있다. Brunauer, Emmett 및 Teller 등이 도출한 식으로서 이름 앞 글자를 따서 BET라고 불린다. 이 방법은 그림 1에 나타낸 것과 같은 다분자층 흡착을 모델로 한다. 먼저, 고체 표면에서의 흡착 평형식은 다음과 같이 쓸 수 있다. 좌변이 고체 표면에 대한 흡착 속도, 우변이 고체 표면에서의 탈착 속도이다.

$$k_\mathrm{a} p N_0 = k_\mathrm{d} N_1 \tag{1}$$

여기서 k_a와 k_d는 각각 흡착 및 탈착의 속도 상수이며, p는 압력이다. 또 N_0과 N_1은 각각 비어 있는 흡착 자리의 수와 제1층 흡착 분자의 수이다.

다음으로, 제2층 이상의 다분자 흡착층의 흡착은 고체 표면에 대한 흡착이 아닌 분자층에 대한 흡착이기 때문에 흡착 평형식은 다음과 같이 쓸 수 있다. 좌변이 i층에 대한 흡착 속도이며, 우변이 $i+1$층에서의 탈착 속도이다.

$$k'_\mathrm{a} p N_i = k'_\mathrm{d} N_{i+1} \tag{2}$$

여기서 N_i와 N_{i+1}은 각각 i 층 및 $i+1$층의 분자 수이다. 따라서 위의 두 식으로부터 다음의 관계가 성립한다.

$$\begin{aligned} N_i &= \left(\frac{k'_\mathrm{a}}{k'_\mathrm{d}}\right)^{i-1} p^{i-1} \times N_1 \\ &= \left(\frac{k'_\mathrm{a}}{k'_\mathrm{d}}\right)^{i-1} p^{i-1} \times \frac{k_\mathrm{a}}{k_\mathrm{d}} p N_0 \\ &= \left(\frac{k'_\mathrm{a}}{k'_\mathrm{d}}\right)^{i-1} \frac{k_\mathrm{a}}{k_\mathrm{d}} p^i N_0 \end{aligned} \tag{3}$$

여기서 다음과 같이 놓는다.

$$\frac{k'_\mathrm{a}}{k'_\mathrm{d}} = x, \qquad \frac{k_\mathrm{a}}{k_\mathrm{d}} = cx \tag{4}$$

그러면 식 (3)은 다음과 같이 쓸 수 있다.

$$N_i = c(xp)^i N_0 \tag{5}$$

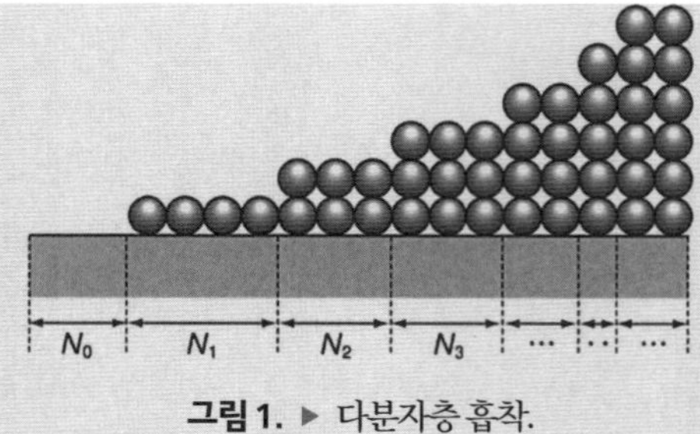

그림 1. ▶ 다분자층 흡착.

여기서 그림 1을 참고하면, 흡착 자리 수는 $\sum_{i=0}^{\infty} N_i$, 전체 흡착 분자 수는 $\sum_{i=1}^{\infty} iN_i$에 대응함을 알 수 있다. 이들 흡착 자리 수와 전체 흡착 분자 수는 흡착 분자가 점유하는 부피에 비례한다.

$$V \propto \sum_{i=1}^{\infty} iN_i \tag{6}$$

$$V_{\mathrm{m}} \propto \sum_{i=0}^{\infty} N_i \tag{7}$$

여기서 V_{m}은 단분자층 흡착에 대한 흡착 분자의 부피이다. 위 두 식의 비례상수는 흡착 분자 1개가 점유하는 부피이다. 따라서 다음과 같이 쓸 수 있다.

$$\frac{V}{V_{\mathrm{m}}} = \frac{\sum_{i=1}^{\infty} iN_i}{\sum_{i=0}^{\infty} N_i} = \frac{cN_0 \sum_{i=1}^{\infty} i(xp)^i}{N_0 + cN_0 \sum_{i=1}^{\infty} (xp)^i} = \frac{cxp}{1 - xp + cxp} \times \frac{1}{1 - xp} \tag{8}$$

여기서 흡착 분자층과 기체상 분자가 평형을 이루고 있을 때의 압력, 즉 포화 증기압 p^*를 도입하자. p^*보다 압력이 커지면 무한대로 흡착한다. 평형 상태일 때, N_i 층에서의 탈착과 N_i 층으로의 흡착 속도가 균형을 이룬다.

$$k'_{\mathrm{a}} p^* N_i = k'_{\mathrm{d}} N_i \tag{9}$$

그러므로 다음과 같다.

$$k'_a p^* = k'_d \tag{10}$$

$$x = \frac{k'_a}{k'_d} = \frac{1}{p^*} \tag{11}$$

z를 다음과 같이 두자.

$$z = \frac{p}{p^*} \tag{12}$$

그러면 다음 식이 성립한다.

$$\frac{V}{V_m} = \frac{cz}{1 - z + cz} \times \frac{1}{1 - z} \tag{13}$$

이를 한 번 더 변형하면 다음 식을 얻는다.

$$\frac{z}{V(1 - z)} = \frac{1}{cV_m} + \frac{(c - 1)z}{cV_m} \tag{14}$$

세로축을 $z/\{V(1 - z)\}$. 가로축을 z로 놓으면, 기울기가 $(c - 1)/cV_m$, 절편이 $1/cV_m$인 직선을 얻을 수 있다. 따라서 c와 V_m이 구해진다. 다음으로 단분자층의 부피 V_m에서 흡착 분자 수를 구해, 흡착 분자 1개의 점유 면적을 곱하여 표면적을 구한다. 이와 같이 $z = p/p^*$를 매개변수로 하여 흡착량 V를 측정하는 실험을 통해 다공질이나 미립자 등의 큰 표면적을 갖는 물질의 표면적을 측정한다.

연습 문제

7.1 분자의 해리 확률이 예를 들면 10^{-9}과 같이 매우 작은 경우, 이를 측정하기 위해서는 고압 반응기가 필요하다. 왜 고압 반응기가 필요한지 그 이유를 기술하시오.

7.2 Pd 표면에 대한 CO의 흡착 에너지는 덮임률(0에서 0.5)의 증가에 따라 어떻게 변화할 것으로 예상되는가? 또, 그 이유는 무엇인가?

7.3 Pt 표면상에 CO와 CO_2가 기체상 분자로서 존재한다. CO와 CO_2의 덮임률이 같을 때, 흡착의 평형 상수 K_{CO}, K_{CO_2}와 압력 p_{CO}, p_{CO_2} 사이의 관계식을 나타내시오.

7.4 일정한 덮임률에 대한 흡착 에너지를 실험적으로 구하는 방법을 생각하자. 어떠한 표면 분석 기법(예를 들면 적외선 분광법)으로 덮임률을 측정하는 동시에 온도와 압력을 측정한다고 하자. 어떠한 그래프를 작도함으로써 흡착 에너지를 구할 수 있는가? 구체적으로 그림을 그려 설명하시오.

7.5 Fe 표면에 대한 N_2 분자의 해리 확률은, N_2 분자를 표면에 충돌시킬 때의 병진 에너지에 의존하지 않고, Fe 표면의 온도에는 의존한다는 실험 결과가 얻어졌다. 이 사실로부터 N_2 분자의 해리 메커니즘에 대하여 어떤 것들을 알 수 있는가?

제8장

고체 촉매 반응

촉매의 가장 중요한 성질은 '활성'과 '선택성'이다. 활성이 높다는 것은 반응 속도가 크다는 것을 의미한다. 한편, 선택성이란 어떠한 종류의 생성물이 생성되는가에 관여하는 성질이다. 일산화탄소(CO)와 수소(H_2)의 반응을 예로 들면, 니켈 촉매를 사용하면 메테인(CH_4)과 물(H_2O)이 생성되나, 구리 촉매를 사용하면 메탄올(CH_3OH)이 생성된다. 이 차이는 특정한 표면 소과정의 반응 속도 차이에 기인한다. 이와 같이 고체 촉매 작용을 이해하기 위해서는 표면 소과정의 속도론에 대한 이해가 필수 불가결하다.

이 장에서는 속도론을 중심으로 고체 촉매 작용의 본질에 대하여 개론적으로 기술한다.

8.1 고체 촉매 반응의 개념

고체 촉매 연구는 석유화학 공업의 발전과 함께 두드러지게 진보하였다. 석유에 포함된 탄화수소(알케인과 알켄)를 원하는 탄소 사슬로 바꾸기 위해 탄소-탄소 결합을 절단(cracking)하는 반응과 수소화 또는 탈수소화 공정이 개발되었는데, 여기에는 반드시 **촉매**(catalyst)가 사용된다. 탄화수소로부터 알코올, 알데하이드, 카복실산 등의 산화물이 합성되었으며, 고분자 합성 공정이 발전하였다. 이렇게 대규모의 유기 공업화학 체계가 탄생하였다. 또한 촉매는 우리 생활과 밀접하게 관련된 물질을 합성하는 데에도 사용되고 있으며, 지금도 우수한 촉매의 탐색이 활발하게 이루어지고 있다. 최근에는 환경 · 에너지와 관련된 고체 촉매 연구가 왕성하게 수행되고 있다. 예로서 자동차에는 배기가스 정화(무해화)를 위한 촉매가 사용되고 있는데, 앞으로는 아시아 지역에서 자동차의 급격한 증가에 따라 효율이 높고 가격이 싼 촉매의 개발이 필요해질 것이다. 또, 촉매 분야의 도전적인 과제로서 연료 전지(fuel cell)용 촉매와 광촉매의 개발이 있다. 연료 전지용 촉매에는 고가의 희소금속인 백금이 사용되는데, 이 백금을 다른 금속으로 대체하려는 시도가 이루어지고 있다. 또 광촉매 등을 이용해 물을 분해하여 수소를 제조하는 연구도 진행되고 있다. 이들 모두 몹시 어려운 과제이나 물질 변환의 역할을 하는 촉매 연구의 중요성은 앞으로도 더욱 커질 것이다. 촉매에는 다양한 특성을 가진 종류가 존재하나 그에 대한 설명은 관련 참고서에 맡기고, 이 책에서는 표면화학적 관점에서 촉매의 메커니즘과 개념(concept)에 대해 원자 · 분자 수준에서 상세히 설명한다.

촉매 작용(catalysis)이란 반응의 평형은 변화시키지 않고 반응의 속도만을 변화시키는 것을 말한다. 일반적으로 촉매는 반응 속도를 증가시키는 것을 의미하지만 속도를 저하시키는 촉매(부촉매)도 존재한다. 그런데 촉매는 어떻게 속도를 변화시키는 것일까? 먼저 일반적인 속도식을 나타내 보자.

$$r = k[\mathrm{X}]^n \tag{8.1}$$

반응성의 지표는 k이다. k는 다음 식으로 표현된다.

$$k = A\exp\left(-\frac{E}{RT}\right) \tag{8.2}$$

즉, 다음과 같다.

$$r = A\exp\left(-\frac{E}{RT}\right)[\mathrm{X}]^n \tag{8.3}$$

여기서 A는 지수 앞 인자(또는 빈도 인자)로 불리며, $A[\mathrm{X}]^n$은 반응이 일어날 수 있는 각도로 분자가 충돌하는 빈도(회 s^{-1})와 일치한다. 한편, $\exp(-E/RT)$는 활성화 에너지 E 이상에서 충돌하는 비율을 의미하는 무차원 수이다. $E = 0$이면 $\exp(-E/RT) = 1$이 되어 100% 반응함을 의미하며, E가 커지면 0에 가까워진다. 반응 속도는 활성화 에너지 이상의 에너지에서 분자의 충돌 빈도와 같다. 종종 활성화 에너지가 반응성을 의미한다고 생각하기 쉬우나 지수 앞 인자 A의 기여 또한 크다. 즉 활성화 에너지가 작다고 해서 속도가 빠르다고만은 할 수 없다. 분자의 특정 충돌 각도에서만 반응이 일어나는 큰 분자의 경우에는 지수 앞 인자가 작다. 즉, 속도를 제어한다는 것은 A와 E를 제어한다는 것을 의미한다.

고체 촉매는 어떻게 반응 속도를 변화시키는 것일까? 고체 촉매 반응의 특징은 기체와 고체라고 하는 서로 다른 상의 계면에서 반응이 진행된다는 점이다. 즉, 반응의 장은 2차원의 고체 표면이다. 공간에서 3차원적으로 운동하고 있던 기체 분자가 표면에 흡착하면, 분자가 표면에 축적되어 표면에서 분자끼리의 충돌이 일어나고 새로운 분자가 표면에서 생성된다. 반응이 종료되면 표면으로부터 생성물이 탈착하여 3차원 공간으로 날아가 버린다. 그러나 차원이 하나 줄었다는 것이 본질은 아니다. 중요한 것은 표면 원자가 날아온 분자와 반응하여 반응 중간체를 형성한다는 것이다. 반응성이 큰 이 중간체를 경유하여 최종 생성물에 도달한다. 즉 활성화 에너지 E가 작은 소과정이 고체 표면에서 진행된다. 표면에서는 중간체가 차례로 충돌하기 때문에 A도 커지는 경우가 많다. 이러한 내용을 종합하면 촉매에 의한 반응 속도 향상은 $A\exp(-E/RT)$에 기인하며, 그 본질은 A와 E에 있다. E의 감소는 별도의 반응 메커니즘으로 반응이 진행되기 때문이며, 그 반응 메커니즘은 '표면'이라는 장소에서의 반응을 의미한다.

그렇다면 왜 고체 표면에서 반응하면 활성화 에너지가 낮아지는 것일까? 잘 알려져 있는 철 촉매에 의한 질소와 수소의 **암모니아 합성**(ammonia synthesis)을 예로 들어 설명한다.

$$N_2 + 3H_2 \longrightarrow 2NH_3, \qquad -\Delta H = 46\ \mathrm{kJ\ mol^{-1}} \tag{8.4}$$

이 촉매 반응은 다음과 같은 소과정으로 구성된다.

$$N_2 + * \longrightarrow N_2(a) \tag{8.5}$$

$$N_2(a) + * \longrightarrow 2N(a) \tag{8.6}$$

$$H_2 + 2* \longrightarrow 2H(a) \tag{8.7}$$

$$N(a) + H(a) \longrightarrow NH(a) \tag{8.8}$$

$$NH(a) + H(a) \longrightarrow NH_2(a) \qquad (8.9)$$

$$NH_2(a) + H(a) \longrightarrow NH_3(a) \qquad (8.10)$$

$$NH_3(a) \longrightarrow NH_3 \qquad (8.11)$$

즉, 질소 분자와 수소 분자가 철 표면에서 해리하여 질소 원자와 수소 원자가 되고, 이어서 질소 원자가 순차적으로 수소 원자와 반응하여 암모니아 분자가 생성된다. 여기서 강조할 것은 질소 원자와 수소 원자는 철 원자와 화학 결합을 형성한다는 것이다. 표면 화합물을 형성한다고 생각해도 된다. 철 원자와 비교적 안정한 결합을 형성함으로써 질소 분자의 강한 삼중 결합이 끊어진다. 이와 같이 고체 표면의 원자가 반응 분자와 화학 결합을 형성하여, 반응 분자내의 화학 결합이 쉽게 끊어진다. 즉, 반응 분자 내 결합성 분자 궤도의 전자가 금속 쪽으로 흘러들어가거나, 금속으로부터 반결합성 분자 궤도에 전자가 흘러들어옴으로 인해 반응 분자내의 결합이 끊어진다. 이와 같이 표면 원자가 반응 분자와 화학 결합을 형성하는 점이 활성화 에너지 감소의 본질이다.

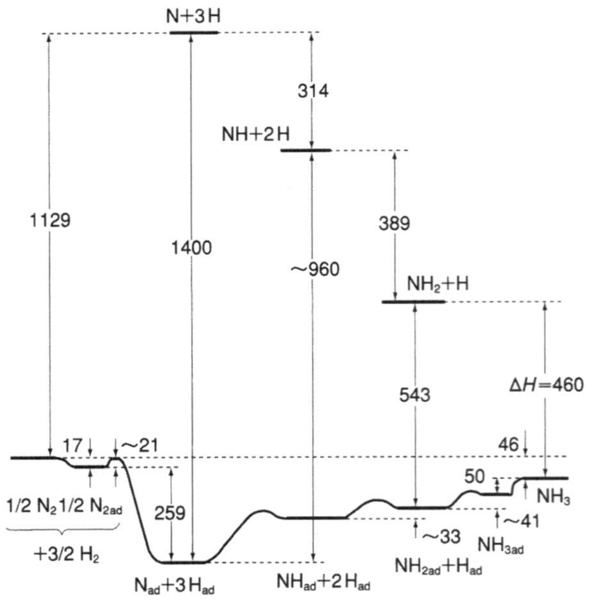

그림 8.1 ▶ Fe(111) 표면에서 암모니아 합성의 에너지 다이어그램. 질소 저덮임률 조건. 단위는 kJ mol^{-1}. 그림에서 아래 첨자로 표시한 ad는 본문 중에서 (a)로 나타내고 있다. [G. Ertl, in "Catalytic Ammonia Synthesis: Fundamentals and Practice", ed. J. R. Jennings, Plenum Publishing (1991), p. 109]

철 촉매에 의한 암모니아 합성이 어떻게 진행되는지를 표현할 때, 그림 8.1과 같은 에너지 다이어그램을 이용한다. 절반을 기준으로 위쪽의 이산 준위는 촉매를 사용하지 않은 경우의 이론값으로, 질소 분자와 수소 분자의 결합을 절단하는 데 1129 kJ mol^{-1}이 요구되는 것을 알 수 있다. 이에 비해 철 촉매를 사용하면, 흡착 질소 분자와 수소 분자를 해리하는 데 요구되는 활성화 에너지는 21 kJ mol^{-1} 정도임을 알 수 있다. 즉, 생성된 질소 원자와 수소 원자는 각각의 분자에 비해 271 kJ mol^{-1}(= 1400 − 1129 kJ mol^{-1})만큼 안정하며, 이 그림에서 가장 안정한 상태이다. 실제로는 흡착 질소 원자 쪽이 흡착 수소 원자보다 안정하지만 이 그림에는 나타나 있지 않다. 어쨌든 질소 원자는 NH → NH_2 → NH_3와 같이 순차적으로 수소화되며, 마지막에는 암모니아 분자가 표면에서 탈착한다. 이 그림으로부터 수소화가 진행됨에 따라 흡착종인 NH와 NH_2 중간체의 흡착 에너지가 감소해간다는 것을 알 수 있다.

그런데 여기서 의문이 발생한다. 앞서 반응식 (8.4)에서 나타낸 암모니아 합성 반응의 엔탈피 변화는 46 kJ mol^{-1}이다. 이와 비교해 흡착한 질소 원자와 수소 원자의 상태가 271 kJ mol^{-1}만큼 안정하다면, 왜 이와 같은 안정한 상태에서 반응이 정지되지 않는 것일까? 왜 질소 원자가 수소화되고 에너지가 불안정해지는 방향으로 변화가 일어나 암모니아가 생성되는 것일까? 본래는 변화를 논의할 때에 자유 에너지를 이용해야만 하나, 여기서는 촉매의 보다 본질적인 부분을 설명하여 그 의문에 답하고자 한다. 이와 같은 효과를 얻기 위해서는 촉매가 소량이어야만 한다. 만약 반응하는 질소 분자 및 수소 분자와 비슷한 양만큼의 철 표면 원자가 있다면, 철 질화물과 철 수소화물이 표면에 생성된 후 반응은 정지한다. 그러나 흡착 에너지의 단위(kJ mol^{-1})에서 알 수 있듯이 철 촉매가 소량(작은 mol 수)이라면 N(a), NH(a), H(a) 등의 흡착에 따른 전체 에너지 안정화도 작아진다. 즉, 압도적 다수인 질소 분자와 수소 분자 중 일부만이 흡착 안정화하는 것으로 볼 수 있다. 근본적인 반응의 구동력은 생성물인 암모니아 분자와 반응물인 질소 분자 및 수소 분자의 에너지 차이이다. 그 구동력이 있기 때문에 NH → NH_2 → NH_3와 같이 순차적으로 수소화된다. 촉매는 평형을 바꾸지 않는다고 앞에서 기술하였다. 그러나 이는 촉매가 소량일 경우에 해당한다. 촉매가 대량으로 존재하면, 촉매 표면 원자와 분자의 반응에 크게 영향을 미쳐 평형이 변하게 된다.

Topics 연료 전지

연료 전지란?

연료 전지(fuel cell)란 전지 외부에서 반응물(연료)을 공급해 화학 반응에 의해 전기를 생산한 후, 생성물을 외부로 방출하는 흐름으로 구성된 발전기를 말한다. 일반적인 전지(일차전지와 이차전지)에는 이와 같은 물질의 공급과 배출이 없다. 연료 전지는 표 1과 같이 전해질의 종류로 알칼리형, 고체 고분자형, 인산형, 용융 탄산염형 및 고체 산화물형으로 분류된다. 알칼리형은 작동 온도가 낮고 고성능이며, 전극 촉매로는 백금보다 저렴한 은을 사용할 수 있다. 인산형은 연구가 가장 많이 진행된 연료 전지로서 실용화 단계에 도달하여, 폐열을 유효하게 사용할 수 있는 공장, 호텔, 병원 등에 이미 도입되고 있다. 용융 탄산염형은 화력발전을 대체할 고효율 발전 기술로 기대를 모으고 있다. 고체 산화물형은 높은 종합 변환 효율이 기대되는 연료 전지로, 천연가스(주성분은 메테인)를 연료로 한 실증 시험에 성공하였다. 고체 고분자형은 전기 자동차용 구동 전원이나 가정용 코제너레이션(열병합)으로서 기대를 모으고 있으며, 활발한 연구가 진행되고 있다.

고체 고분자형 연료 전지

그림 1에 **고체 고분자형 연료 전지**(polymer electrolyte fuel cell, PEFC)의 원리를 나타내었다. 양성자 전도성 고분자 전해질막(polymer electrolyte membrane, PEM)을 음극(anode)과

표 1. ▸ 다양한 연료 전지

	고체 고분자형 (PEFC)	알칼리형 (AFC)	인산형 (PAFC)	용융 탄산염형 (MCFC)	고체 산화물형 (SOFC)
전해형	고체 고분자막	수산화칼륨 수용액	인산 수용액	Li—Na계 탄산염, Li—Ca계 탄산염	지르코니아계 세라믹 등
작동 온도	60~100°C	실온~150°C	200°C	650~700°C	700~1000°C
연료	수소, 천연가스 · 메탄올(개질)	순수소	천연가스 · 메탄올(개질)	천연가스(개질), 석탄가스화 가스	천연가스(개질), 석탄가스화 가스
확산종 (이온)	수소 H^+	수소 H^+	수소 H^+	탄산 이온 CO_3^{2-}	산소 이온 O^{2-}
발전 효율 (HHV)	30~40%	60%	35~42%	40~60%	40~65%
특징	저온 작동, 소형, 휴대전화의 전원 및 이동체의 전원에 적용	순수소만을 연료로 사용해야 함	분산형 전원 (상용화)	귀금속 불필요, 고효율 발전	귀금속 불필요, 고효율 발전, 가스 터빈 등과의 컴바인드 발전 (85% 효율)

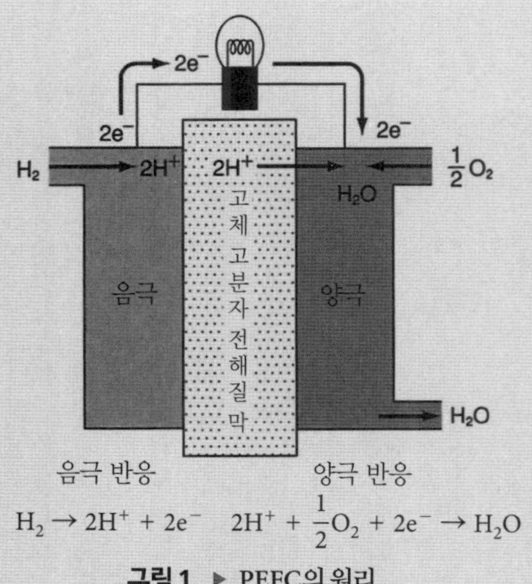

음극 반응 양극 반응

$H_2 \rightarrow 2H^+ + 2e^-$ $2H^+ + \frac{1}{2}O_2 + 2e^- \rightarrow H_2O$

그림 1. ▶ PEFC의 원리.

양극(cathode) 사이에 끼고 있다. 일반적으로 연료로는 수소를 사용하며, 산화제로 공기 중의 산소를 공급하여 60~100℃의 저온에서 작동시킨다. 촉매로는 백금을 사용한다. 반응식은 아래와 같이 표현된다.

$$\text{음극:} \quad H_2 \longrightarrow 2H^+ + 2e^-$$

$$\text{양극:} \quad 2H^+ + \frac{1}{2}O_2 + 2e^- \longrightarrow H_2O$$

$$\text{전체 반응:} \quad H_2 + \frac{1}{2}O_2 \longrightarrow H_2O$$

음극의 백금 촉매 표면에서 수소 분자가 해리하여 수소 이온(양성자)과 전자가 된다. 전자는 외부 회로를 통해 양극으로 흐르고, 수소 이온은 음극 쪽에서 고체 고분자 전해질막을 통해 양극 쪽으로 이동한다. 양극의 백금 촉매 표면에서 수소 이온과 전자와 산소 분자가 반응해 물을 생성하고, 외부로 배출된다.

발전 효율

25℃에서 물 생성 반응의 엔탈피 변화 ΔH와 자유 에너지 변화 ΔG는 각각 −285.83 kJ mol^{-1} 및 −237.13 kJ mol^{-1}이다. 여기서 기전력 E는 다음 식으로 표현된다.

$$E = -\frac{\Delta G}{nF}$$

n은 반응의 전자 수($n = 2$), F는 Faraday 상수(96500 C mol^{-1})이다. 따라서 이론 기전력 E_0가 1.23 V로 계산된다. 또 연료 전지의 이론 발전 효율은 다음과 같이 82.9%로 계산된다.

$$\frac{\Delta G}{\Delta H} = \frac{-237.13}{-285.83} = 0.829$$

이 값이 Carnot 순환(Carnot cycle)의 이론 효율(64%)보다 크기 때문에, 연료 전지는 발전 효율이 높은 발전기로서 기대를 모으고 있다.

연료 전지의 열손실

그림 2는 연료 전지의 특성을 나타내는 전압-전류밀도 곡선이다. 연료 전지 내에서의 열손실은 저항 분극, 활성화 분극, 확산 분극의 세 가지로 나눌 수 있다. 저항 분극이란 전극, 고체 고분자막, 세퍼레이터(separator)의 전기저항이다. 활성화 분극에 관해서는 촉매 활성의 대소가 전류치를 좌우하므로, 활성이 낮은 경우에는 저항이 커 분극이 크다. 전류밀도가 작은 영역에서의 전압 강하는 활성화 분극에 의한 것이다. 확산 분극이란 수소와 산소의 전극 촉매 표면으로의 공급에 관련된 것으로, 확산이 느려지면 전류가 흐르는 것을 방해하는 효과를 낳아 겉보기상의 저항(분극)이 커진다. 전류밀도가 큰 영역에서 확산 분극의 기여가 크다.

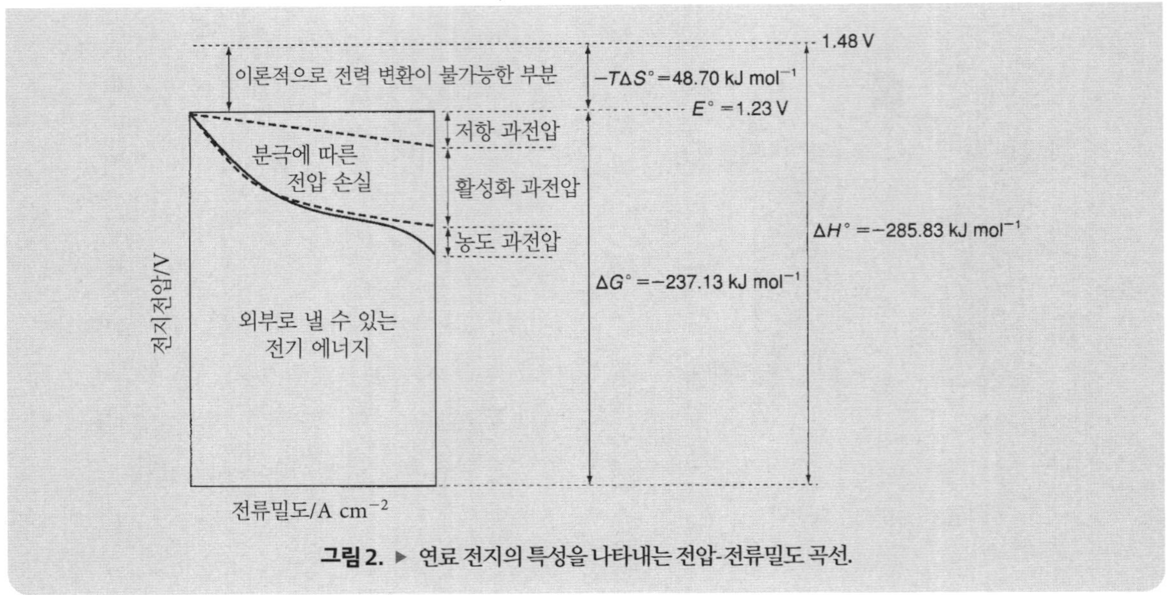

그림 2. ▶ 연료 전지의 특성을 나타내는 전압-전류밀도 곡선.

8.2 고체 촉매 반응의 속도론

앞 절에서 촉매의 본질은 반응의 속도를 제어하는 점에 있다고 하였다. 또, 고체 표면 원자와 반응 분자가 화학 결합한 중간체를 생성함으로써 새로운 반응 메커니즘이 생긴다는 것을 기술하였다. 나아가 이 절에서는 반응 속도 제어의 자세한 내용에 대하여 서술한다.

일반적으로 촉매의 능력은 **활성**(activity)과 **선택성**(selectivity)이라는 관점에서 평가된다. '촉매 활성이 높다'라고 할 때, 이는 반응 속도가 크다는 것을 의미한다. 또 원하는 생성물을 선택적으로 다량 얻을 수 있다면 좋은 촉매라고 할 수 있을 것이다. 그러기 위해서는 원하는 물질을 생성하는 소과정의 속도를 선택적으로 증가시키고, 부반응의 속도를 저하시킬 필요가 있다. 여기서 포인트는 반응을 구성하는 소과정의 속도 균형으로 촉매 반응 속도의 크기가 결정된다는 것이다. 모든 소과정이 진행함으로써 촉매 반응이 구현된다. 만약 하나의 소과정을 멈춘다면 그 촉매 반응은 진행하지 않게 된다. 이와 같이 촉매의 본질을 탐색하는 것은 소과정의 속도 균형, 즉 속도론의 자세한 내용을 추구하는 것과 동일하다. '촉매 활성은 속도식으로 기술된다'라고도 할 수 있을 것이다.

속도론적 해석의 출발점은 속도식을 유도하는 것이다. 실험적으로든, 이론적으로든, 속도식이 어떠한 형태로 되어 있는지를 이끌어내는 것이 중요하다. 속도식은 **반응 메커니즘**(reaction mechanism)을 반영한 것이다. 여기서는 먼저 반응 메커니즘을 가정하고, 반응의 속도 결정 단계를 고려하여 가능한 속도식을 몇 개 제시한다. 그리고 실험을 통해 속도식이 맞는지 틀린지를 확인한다. 반응 메커니즘이 이미 밝혀져 있다면 보다 쉽게 속도식을 얻을 수 있다. 그렇다면 어떻게 속도식을 유도하는지를 보자.

먼저, 메커니즘을 아래와 같이 가정한다. A와 B가 각각 흡착한 후 Langmuir-Hinshelwood 메커니즘에 따라 생성된 C가 탈착하는 메커니즘이다. 모두 평형 상태에 있는 경우를 생각한다.

$$\mathrm{A} \underset{k_1^-}{\overset{k_1^+}{\rightleftharpoons}} \mathrm{A(a)} \quad \text{(흡착)} \tag{8.12}$$

$$\mathrm{B} \underset{k_2^-}{\overset{k_2^+}{\rightleftharpoons}} \mathrm{B(a)} \quad \text{(흡착)} \tag{8.13}$$

$$\mathrm{A(a)} + \mathrm{B(a)} \underset{k_3^-}{\overset{k_3^+}{\rightleftharpoons}} \mathrm{C(a)} \quad \text{(회합 반응)} \tag{8.14}$$

$$\mathrm{C(a)} \underset{k_4^-}{\overset{k_4^+}{\rightleftharpoons}} \mathrm{C} \quad \text{(탈착)} \tag{8.15}$$

$$\mathrm{A} + \mathrm{B} \rightleftharpoons \mathrm{C} \tag{8.16}$$

4개 반응의 평형을 속도 상수 및 평형 상수를 이용해 기술해 보자.

여기서 θ_V는 흡착종으로 점거되지 않은 **빈 자리**(vacant site)의 덮임률로 다음 식으로 표현된다.

$$\theta_V = 1 - \theta_A - \theta_B - \theta_C \tag{8.17}$$

A의 흡착에 대하여 다음이 성립한다.

$$k_1^+ p_A \theta_V = k_1^- \theta_A \tag{8.18}$$

$$K_1 = \frac{\theta_A}{p_A \theta_V} = \frac{k_1^+}{k_1^-} \tag{8.19}$$

B의 흡착에 대하여 다음이 성립한다.

$$k_2^+ p_B \theta_V = k_2^- \theta_B \tag{8.20}$$

$$K_2 = \frac{\theta_B}{p_B \theta_V} = \frac{k_2^+}{k_2^-} \tag{8.21}$$

회합 반응에 대하여 다음이 성립한다.

$$k_3^+ \theta_A \theta_B = k_3^- \theta_C \theta_V \tag{8.22}$$

$$K_3 = \frac{\theta_C \theta_V}{\theta_A \theta_B} = \frac{k_3^+}{k_3^-} \tag{8.23}$$

탈착에 대하여 다음이 성립한다.

$$k_4^+ \theta_C = k_4^- p_C \theta_V \tag{8.24}$$

$$K_4 = \frac{p_C \theta_V}{\theta_C} = \frac{k_4^+}{k_4^-} \tag{8.25}$$

그러면 각 소과정의 평형 상수의 곱은 다음 식으로 표현된다.

$$\begin{aligned} K_1 K_2 K_3 K_4 &= \frac{\theta_A}{p_A \theta_V} \frac{\theta_B}{p_B \theta_V} \frac{\theta_C \theta_V}{\theta_A \theta_B} \frac{p_C \theta_V}{\theta_C} \\ &= \frac{p_C}{p_A p_B} \\ &= K \\ &= \frac{k_1^+ k_2^+ k_3^+ k_4^+}{k_1^- k_2^- k_3^- k_4^-} \end{aligned} \tag{8.26}$$

식 (8.26)은 모든 소과정이 평형에 있을 때의 식이다.

다음으로 어느 한 표면 소과정이 속도 결정 단계라고 가정하고 속도식을 유도해 보자. 먼저 회합 반응이 속도 결정 단계인 경우에 대해 기술한다. 이때 다른 소과정, 즉 흡착이나 탈착은 평형 상태로 가정한다.

8.2.1 회합 반응이 속도 결정 단계인 경우

먼저 전체 반응 속도 r은 속도 결정 단계인 회합 반응의 속도와 같다고 둔다.

$$r = k_3^+ \theta_A \theta_B - k_3^- \theta_C \theta_V \tag{8.27}$$

다른 흡착이나 탈착의 소과정은 평형으로 가정한다. 정류 상태 근사법이라고 하는 속도론적 해석에서는, 반응 전체가 평형 상태에 도달하지 않았더라도 **속도 결정 단계**(속도 제한 단계 또는 **율속 과정**, rate-limiting step) 외에는 평형에 도달하였다고 가정한다. 식 (8.19), (8.21), (8.25)를 식 (8.17)에 대입하면 다음 식이 얻어진다.

$$\theta_V = \frac{1}{1 + K_1 p_A + K_2 p_B + (p_C / K_4)} \tag{8.28}$$

즉 A, B, C는 흡착 평형으로 간주하므로, 이들의 덮임률과 빈 자리의 덮임률은 흡착 평형식으로만 결정된다.

그리고 (8.19), (8.21), (8.25), (8.27), (8.28)로부터 다음과 같다.

$$r = \frac{k_3^+ K_1 K_2 p_A p_B - (k_3^- / K_4) p_C}{\{1 + K_1 p_A + K_2 p_B + (p_C / K_4)\}^2} \tag{8.29}$$

또 식 (8.26)을 사용하면 식 (8.29)는 전체 반응의 평형 상수 K를 이용해 다음 식으로 나타낼 수 있다.

$$r = \frac{k_3^+ K_1 K_2 \{p_A p_B - (1/K) p_C\}}{\{1 + K_1 p_A + K_2 p_B + (p_C / K_4)\}^2} \tag{8.30}$$

이것이 회합 반응이 속도 결정 단계인 경우(회합 율속)의 속도식이다. 이 식의 의미는, 평형이라고 가정한 K_1, K_2, K_4와 전체 반응의 평형 상수 K를 사용해 식 (8.27)의 전체 반응 속도 r을 나타냈다는 것이다. 전체 반응이 평형에 도달하지 않았음에도 평형 상수 K를 사용하는 것이 이상하다고 생각할 수 있으나 K의 사용에 문제는 없다. 어떤 소과정이 아직 평형에 도달하지 않았더라도 평형에 도달했을 때의 관계식 (8.26)은 항상 성립한다.

나아가 식 (8.30)을 음미해 보자.

먼저, 역반응을 무시할 수 있는 경우를 생각하자. 이는 평형으로부터 충분히 떨어져있는 경우에 해당한다. 회합 반응의 역반응 속도를 0으로 가정한다.

$$k_3^- \theta_C \theta_V \fallingdotseq 0 \tag{8.31}$$

그러면 식 (8.30)의 $(1/K)p_C$ 항이 0이 되어, 다음 식이 얻어진다.

$$r = \frac{k_3^+ K_1 K_2 p_A p_B}{\{1 + K_1 p_A + K_2 p_B + (p_C/K_4)\}^2} \tag{8.32}$$

이 식 (8.32)가 성립하는 상태에서, 다음으로 A, B, C의 흡착 에너지가 매우 작은 경우를 생각해 보자. 이를 식으로 표현하면 다음 조건에 해당한다.

$$K_1 p_A \ll 1, \qquad K_2 p_B \ll 1, \qquad \frac{p_C}{K_4} \ll 1 \tag{8.33}$$

제7장에서 기술한 바와 같이 Kp는 흡착량에 대응하는 값이므로, Kp가 작다는 것은 반응 중 덮임률이 작다는 것을 의미한다. 식 (8.33)의 결과, 식 (8.32)는 다음과 같이 된다.

$$r = k_3^+ K_1 K_2 p_A p_B \propto p_A p_B \tag{8.34}$$

따라서 반응 속도는 A와 B의 압력에 1차로 비례한다는 것을 알 수 있다. 이와 같이 역반응을 무시할 수 있고 A, B, C의 흡착 에너지가 매우 작은 경우에, 측정되는 활성화 에너지(겉보기 활성화 에너지)는 어떻게 될까?

$$k_3^+ = A_3 \exp\left(-\frac{E_3}{RT}\right) \tag{8.35}$$

$$K_1 = \exp\left(-\frac{\Delta G_1}{RT}\right) = \exp\left(\frac{\Delta S_1}{R}\right)\exp\left(-\frac{\Delta H_1}{RT}\right) \tag{8.36}$$

$$K_2 = \exp\left(-\frac{\Delta G_2}{RT}\right) = \exp\left(\frac{\Delta S_2}{R}\right)\exp\left(-\frac{\Delta H_2}{RT}\right) \tag{8.37}$$

이상의 세 식으로부터 다음과 같다.

$$\begin{aligned} r &= k_3^+ K_1 K_2 p_A p_B \\ &= A_3 \exp\left(\frac{\Delta S_1 + \Delta S_2}{R}\right)\exp\left(-\frac{E_3 + \Delta H_1 + \Delta H_2}{RT}\right) p_A p_B \\ &= A_3 \exp\left(\frac{\Delta S_1 + \Delta S_2}{R}\right)\exp\left(-\frac{E_3 - E_1 - E_2}{RT}\right) p_A p_B \end{aligned} \tag{8.38}$$

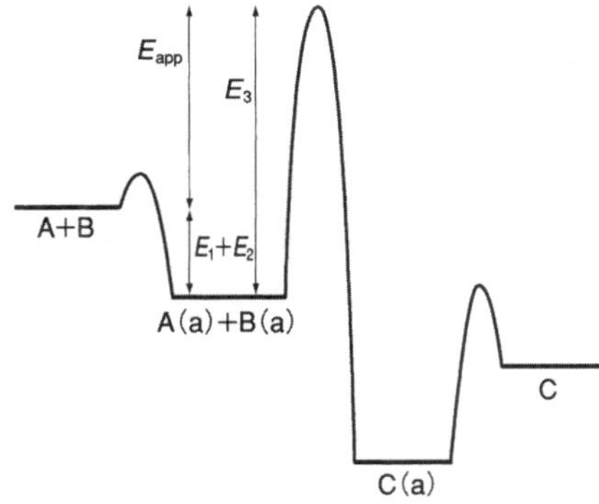

그림 8.2 ▸ 촉매 반응의 에너지 다이어그램. 활성화 에너지가 양(+)인 경우.

여기서 ΔS_1과 ΔS_2는 각각 A와 B의 흡착 엔트로피 변화이며, ΔH_1과 ΔH_2는 각각 A와 B에 대한 흡착 엔탈피 변화이다. 보통 A와 B의 흡착 에너지(또는 흡착열)는 양의 값으로 나타내므로, 여기서는 각각을 $E_1(= -\Delta H_1)$, $E_2(= \Delta H_2)$로 둔다.

실험으로 측정되는 속도 상수를 k_{app}로 놓고, 지수 앞 인자와 활성화 에너지를 각각 A_{app} 및 E_{app}로 놓으면 다음과 같이 쓸 수 있다.

$$r = k_{app}p_A p_B = A_{app}\exp\left(-\frac{E_{app}}{RT}\right)p_A p_B \tag{8.39}$$

식 (8.38)과 (8.39)를 비교하면, 실험으로 측정되는 지수 앞 인자 A_{app}와 활성화 에너지 E_{app}는 각각 다음과 같다.

$$A_{app} = A_3\exp\left(\frac{\Delta S_1 + \Delta S_2}{R}\right) \tag{8.40}$$

$$E_{app} = E_3 - E_1 - E_2 \tag{8.41}$$

이것을 에너지 다이어그램으로 나타낸 것이 그림 8.2이다. 겉보기 활성화 에너지 E_{app}는 A + B의 위치(level)에서 본 활성화 장벽 E_3의 정점(꼭짓점)까지의 높이에 해당한다. 즉 E_{app}는 A와 B의 흡착 강도 및 E_3의 크기의 균형으로 결정된다.

종종 겉보기 활성화 에너지가 음(−)이 되는 경우가 관측된다. 즉 반응 온도를 높일수록 촉매 반응의 속도가 저하되는 경우이다. 식 (8.41)에서 명백하게

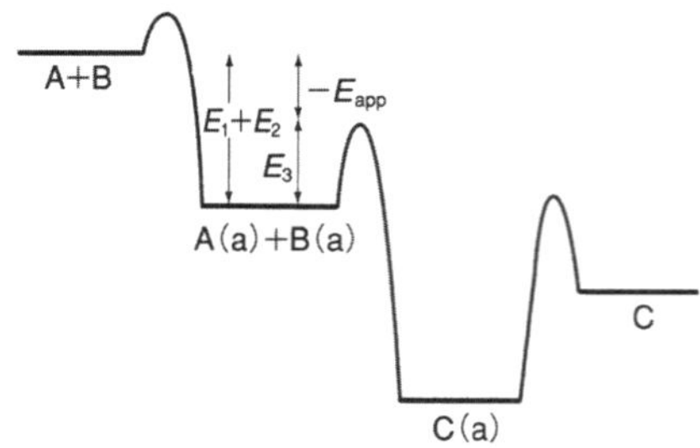

그림 8.3 ▶ 촉매 반응의 에너지 다이어그램. 활성화 에너지가 음(−)이 되는 경우.

알 수 있듯이 E_3에 비해 E_1이나 E_2가 큰 경우에 겉보기 활성화 에너지는 음이 된다. 그림 8.3에 나타낸 것처럼 A + B의 위치보다도 활성화 장벽 E_3의 정점이 낮은 경우에 해당한다.

지금까지는 반응 중 A와 B의 덮임률이 작은 경우를 생각했다. 여기서는 실제 촉매 반응(상압 정도)의 예시를 보이도록 한다. 예를 들면 구리 촉매에서 수성가스 전환 반응을 생각하자.

$$CO + H_2O \longrightarrow CO_2 + H_2 \tag{8.42}$$

이 반응에서는 CO, H_2O, CO_2 등의 분자의 흡착 에너지가 작기 때문에 반응 중인 표면은 흡착종으로 덮여 있지 않으며, 맨 구리 표면이 노출된 상태에서 촉매 반응이 진행되는 것으로 볼 수 있다. 한편, 백금 촉매에 의한 CO의 산화 반응에서는 통상적인 반응 조건(상압, 400~500 K)이라면 CO가 백금 표면을 덮고 흡착 CO 도메인의 공극에서 산소가 해리하여 반응이 진행된다. 이와 같이 분자가 흡착하기 쉬운 금속 표면은 일반적으로 반응 중에 흡착종으로 덮인다. 그러면 한 흡착종의 덮임률이 커진 경우의 속도식을 유도해 보자. 즉 B만 덮임률이 커지는 것은 다음과 같은 조건에서이다.

$$K_2 p_B \gg 1, \qquad K_1 p_A \ll 1, \qquad \frac{p_C}{K_4} \ll 1 \tag{8.43}$$

식 (8.32)는 다음과 같이 되어 반응 속도는 p_A에 1차, p_B에 −1차가 된다.

$$r = \frac{k_3^+ K_1}{K_2} \frac{p_A}{p_B} \tag{8.44}$$

또 k_{app}는 다음과 같이 쓸 수 있다.

$$
\begin{aligned}
k_{\text{app}} &= \frac{k_3^+ K_1}{K_2} \\
&= A_3 \exp\left(\frac{\Delta S_1 - \Delta S_2}{R}\right) \exp\left(-\frac{E_3 + \Delta H_1 - \Delta H_2}{RT}\right) \qquad (8.45)
\end{aligned}
$$

즉, 다음 식이 성립한다.

$$
k_{\text{app}} = A_3 \exp\left(\frac{\Delta S_1 - \Delta S_2}{R}\right) \exp\left(-\frac{E_3 - E_1 + E_2}{RT}\right) \qquad (8.46)
$$

이와 같이 겉보기 활성화 에너지는 $E_3 - E_1 + E_2$가 된다. 식 (8.44)와 (8.46)의 해석은 B가 다량으로 흡착하면 표면의 빈 자리를 점거하여 다른 소과정의 진행을 저해한다는 것이다. 따라서 B의 압력을 높이면 높일수록 속도는 저하된다. 한편, 온도를 올리면 B의 덮임률은 감소하므로 속도가 커지는 효과가 있고, 이는 식 (8.46)의 $\exp(-E_2/RT)$ 항에 대응한다.

전술한 바와 같이 촉매 반응의 속도는 소과정의 조합에 따라 여러 가지 형태로 변화하는데, 특징적인 것은 표면이 어떤 흡착종으로 점유되어 있는지, 또 빈 자리의 비율은 어느 정도인지에 따라 속도식이 현저하게 변화한다는 것이다. 온도와 압력이라는 반응 조건에 따라서도 표면의 상태가 변화하기 때문에, 속도론적 해석을 수행할 때에는 흡착종의 덮임률을 파악하는 것이 중요하다.

8.2.2 흡착이 속도 결정 단계인 경우

다음으로 A의 흡착이 속도 결정 단계인 경우를 생각하자. 전체 반응 속도가 A의 흡착 속도와 같다고 하면 다음 식으로 나타낼 수 있다.

$$
r = k_1^+ p_A \theta_V - k_1^- \theta_A \qquad (8.47)
$$

다른 소과정, 즉 B의 흡착, 표면 반응, 탈착은 모두 평형이라고 가정하므로, 식 (8.21), (8.23), (8.25), (8.26)을 식 (8.17)에 대입하면 다음 식이 얻어진다.

$$
\theta_V = \frac{1}{1 + K_2 p_B + (p_C/K_4) + (K_1 p_C/K p_B)} \qquad (8.48)
$$

또, 식 (8.19)와 (8.26)으로부터 다음과 같다.

$$\theta_A = \frac{K_1}{K}\frac{p_C}{p_B}\theta_V \tag{8.49}$$

따라서 식 (8.47), (8.48), (8.49)에서 다음과 같이 쓸 수 있다.

$$r = \frac{k_1^+ p_A - k_1^-(K_1/K)(p_C/p_B)}{1 + K_2 p_B + (p_C/K_4) + (K_1 p_C/K p_B)} \tag{8.50}$$

이것이 흡착이 속도 결정 단계인 경우(흡착 율속)의 속도식이다.

여기서 만약 역반응을 무시할 수 있다고 하면($k_{-1}\theta_A \fallingdotseq 0$) 다음과 같다.

$$r = \frac{k_1^+ p_A}{1 + K_2 p_B + (p_C/K_4) + (K_1 p_C/K p_B)} \tag{8.51}$$

더하여 B의 흡착이 매우 강한 경우, 즉 아래 조건을 만족하는 경우를 생각하자.

$$K_2 p_B \gg 1,\ \frac{p_C}{K_4},\ \frac{K_1 p_C}{K p_B} \tag{8.52}$$

이때 반응 속도는 다음 식과 같이 p_A에 1차, p_B에 −1차가 된다.

$$r = \frac{k_1^+ p_A}{K_2 p_B} \tag{8.53}$$

압력 의존성의 관점에서 보면 이 식은 회합 율속인 경우의 식 (8.44)와 동일하다. 즉, 압력 의존성으로부터 반응의 속도 결정 단계를 결정할 수 없다.

지금까지 표면 반응과 흡착이 속도 결정 단계인 경우의 속도식을 도출하였는데, 탈착이 속도 결정 단계인 경우의 속도식도 있다(연습 문제 8.2).

지금까지 기술한 바와 같이 반응 속도는 소과정의 속도 균형으로 결정되기 때문에 속도식의 내부에는 속도 상수 및 평형 상수가 포함되어 있다. 최근에는 표면과학 실험을 통해 금속 표면에서의 흡착, 탈착, 회합 반응 등의 소과정에 대한 속도 상수와 평형 상수가 데이터베이스 형태로 축적되고 있다. 이 값들을 이용하여 메커니즘이나 속도식의 타당성을 검토할 수 있고, 나아가 소과정의 속도 상수로부터 촉매 반응의 속도를 예측하는 것도 가능하다. 이를 **마이크로키네틱스**(microkinetics)라고 부르며, 앞으로 관련 분야에서 폭넓게 이용될 것으로 보인다.

› Topics 배기가스 정화 촉매

자동차에서는 배기가스가 배출되므로 유독한 배기가스를 규제하기 위한 법률이 제정되어 있다. 엔진에서는 가솔린 또는 경유를 연소시켜 구동력을 얻는데, 연소의 결과물로서 이산화탄소(CO_2)와 물 이외에도 미연소 연료 성분인 탄화수소(HC), 불완전연소로 생성되는 일산화탄소(CO), 엔진 내부가 2000℃의 고온이 되며 발생하는 NO_x가 동시에 배출된다. 게다가 디젤 엔진에서는 주로 미연소 연료가 고체화된 '파티큘레이트'라 불리는 매연도 발생한다. 이러한 유해 성분을 제거하기 위해 자동차에는 반드시 배기가스 정화 촉매가 장착되며(그림 1), 배기가스는 촉매를 통과하는 과정에서 무해한 성분으로 변환된다.

가솔린 엔진의 경우 HC, CO, NO_x를 제거할 필요가 있는데, HC와 CO는 완전 산화시켜 CO_2와 H_2O로 변환하고, NO_x는 환원시켜 N_2로 바꾸어야 한다. HC, CO, NO_x의 3종을 동시에 제거하는 배기가스 정화 촉매를 삼원 촉매라고 부르며, 현재 주류를 차지한다. 기본적인 삼원 촉매는 반응의 활성점이 되는 귀금속(Pt, Pd, Rh) 미립자를 고표면적 알루미나(Al_2O_3) 담체에 담지하고(가스와의 접촉시간을 늘림) 산화 세륨(CeO_2) 등을 조촉매로써 첨가한 것을 의미한다. 산화 반응과 환원 반응을 동시에 진행시켜야 하기 때문에 배기가스의 성분비가 중요한데, 그 값은 연료와 공기의 혼합비(공연비)에 따라 변한다. 산화 쪽으로 치우치면 환원 반응이 어려워지고, 역으로 환원 쪽으로 치우치면 산화 반응이 잘 진행되지 않는다. 따라서 공연비를 질량비 14.6 부근으로 제어하는 메커니즘이 갖추어져 있으나, 그럼에도 완벽하게 대응하기는 어렵다. 조촉매로 사용

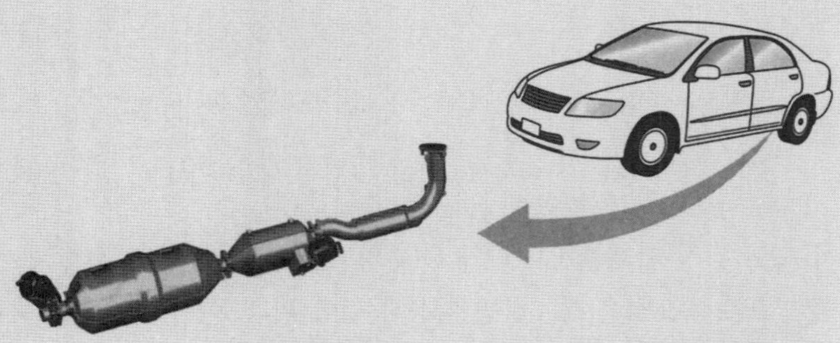

그림 1. ▸ 자가용 차량에 장착된 배기가스 정화 촉매 내장 촉매 변환기.

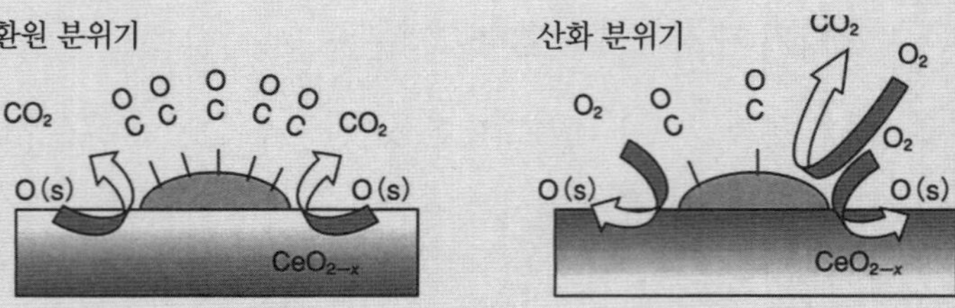

그림 2. ▶ 산화세륨이 담당하는 촉매 활성점에서의 산소 농도 조절 기능.

되는 CeO_2 등은 촉매 활성점에서의 실효적인 산소 농도를 조정하는 역할을 하도록 되어 있다(그림 2). 즉, 활성점에서 산소가 부족할 때(환원 분위기)에는 자신의 산소를 공급하고, 활성점에서 산소가 과잉일 때(산화 분위기)에는 자신에게 산소를 흡장하는 산소 저장기(reservoir)로 기능한다. 최근 이 기능에 대해 표면화학적 연구가 이루어지고 있으며 제11장에서도 관련 내용을 소개하고 있다.

8.3 고체 촉매 반응의 메커니즘

8.3.1 CO의 산화

CO의 산화 반응은 자동차 배기가스에 포함된 CO를 CO_2로 변환시켜 무해화하는 반응이다. 일반적으로 백금이 촉매로 사용되나 팔라듐, 이리듐, 로듐 또한 촉매 활성을 보인다.

메커니즘은 아래와 같은 Langmuir-Hinshelwood 메커니즘이다.

$$\mathrm{CO} + * \longrightarrow \mathrm{CO(a)} \quad (\text{평형 상수 } K_1) \tag{8.54}$$

$$\mathrm{O_2} + 2* \longrightarrow 2\mathrm{O(a)} \quad (\text{평형 상수 } K_2) \tag{8.55}$$

$$\mathrm{CO(a)} + \mathrm{O(a)} \longrightarrow \mathrm{CO_2(a)} \quad (\text{속도 상수 } k_3^+ \text{ 및 } k_3^-) \tag{8.56}$$

$$\mathrm{CO_2(a)} \longrightarrow \mathrm{CO_2(g)} \quad (\text{평형 상수 } K_4^{-1}) \tag{8.57}$$

여기서 속도 결정 단계를 CO(a)와 O(a)의 반응이라고 하자. 앞 절에서 기술한 방법으로 속도식을 유도하면 다음과 같이 된다. 여기서 역반응은 무시하였다.

$$r = k_3^+ \theta_{CO} \theta_O$$
$$= k_3^+ K_1 K_2^{1/2} \, p_{CO} p_{O_2}^{1/2} \theta_V{}^2 \quad (8.58)$$

$$\theta_V = (1 + K_1 p_{CO} + K_2^{1/2} p_{O_2}^{1/2} + K_4^{-1} p_{CO_2})^{-1} \quad (8.59)$$

CO 산화 반응에서는 일반적으로 CO(a)와 O(a)의 덮임률에 따라 속도식이 달라진다. CO의 흡착 에너지는 크나 O_2의 분자상 흡착 에너지는 작다. CO_2의 흡착 에너지는 더 작다. 보다 낮은 온도, 높은 압력 조건하에서는 CO의 흡착률이 커지고, 흡착 CO 아일랜드 사이의 틈에 산소 분자가 해리흡착하여 반응한다. 이때 CO는 산소 분자의 흡착을 저해하므로 반응을 저해한다고 볼 수 있다. 즉 식 (8.59)의 우변에서 $K_1 p_{CO}$ 항이 다른 항보다 훨씬 크기 때문에 다음과 같이 된다.

$$\theta_V = (K_1 p_{CO})^{-1} \quad (8.60)$$

따라서 속도식은 다음과 같다.

$$r = k_3^+ K_1 K_2^{1/2} p_{CO} p_{O_2}^{1/2} \theta_V^2$$
$$= k_3^+ K_2^{1/2} p_{O_2}^{1/2} (K_1 p_{CO})^{-1} \quad (8.61)$$

이러한 경우 CO가 탈착하면 반응 자리가 빈 것처럼 보여, 탈착이 속도를 결정하는 것처럼 보이게 된다.

고온, 저압인 경우에는 흡착종의 덮임률이 충분히 작다고 근사하여 다음과 같은 식이 된다.

$$\theta_V = 1 \quad (8.62)$$

$$r = k_3^+ K_1 K_2^{1/2} p_{CO} p_{O_2}^{1/2} \quad (8.63)$$

따라서 겉보기 속도 상수는 덮임률이 높을 때(고덮임률)와 낮을 때(저덮임률) 달라진다. 고덮임률인 경우에는 다음과 같다.

$$k_{app} = k_3^+ K_1^{-1} K_2^{1/2} \quad (8.64)$$

저덮임률인 경우에는 다음과 같다.

$$k_{app} = k_3^+ K_1 K_2^{1/2} \quad (8.65)$$

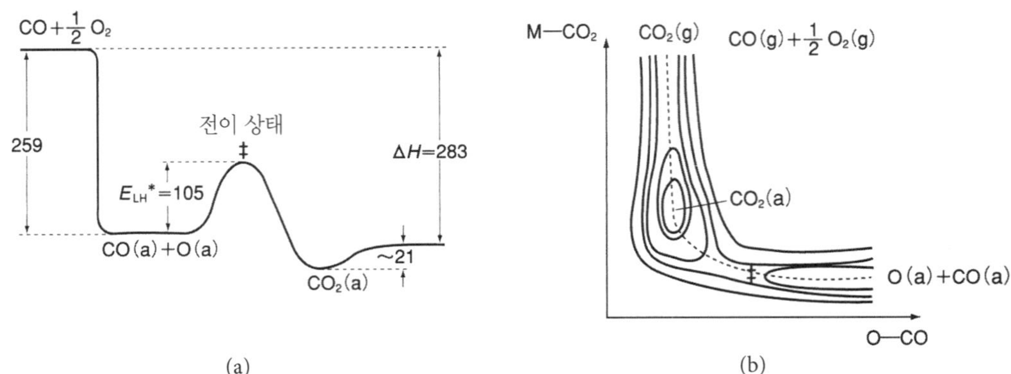

그림 8.4 ▸ Pt(111) 표면에서 CO 산화 반응의 퍼텐셜 다이어그램. 저덮임률인 경우. 단위는 kJ mol^{-1}. (a)는 1차원, (b)는 2차원.

겉보기 활성화 에너지는 고덮임률일 때 다음과 같다.

$$E_{\text{app}} = E_3 - \Delta H_1 + \frac{\Delta H_2}{2} \tag{8.66}$$

저덮임률일 때는 다음과 같다.

$$E_{\text{app}} = E_3 + \Delta H_1 + \frac{\Delta H_2}{2} \tag{8.67}$$

여기서 E_3은 양(+), ΔH_1과 ΔH_2는 음(−)의 값을 가지며, CO의 흡착 에너지가 크기 때문에 저덮임률인 경우에 겉보기 활성화 에너지는 음의 값을 갖는다. 즉, 고온일수록 반응 속도는 작아진다. 그림 8.4에 나타낸 것처럼 **전이 상태**

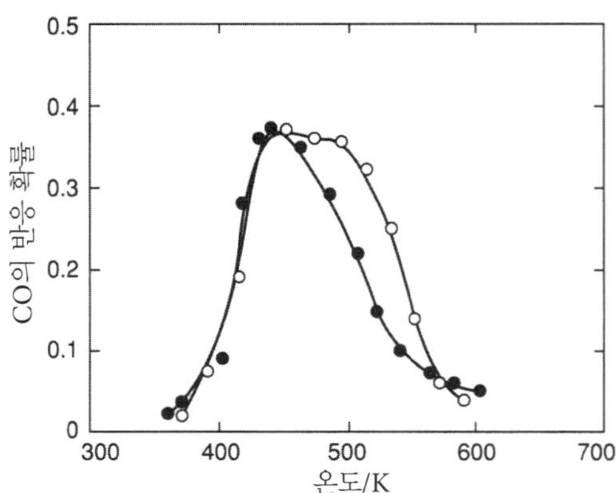

그림 8.5 ▸ Rh(111) 및 Rh(110) 표면에서의 CO 산화 반응. 흰색 원은 Rh(111) 표면, 검은색 원은 Rh(110) 표면에서의 데이터를 나타낸다.

(transition state)의 정점이 반응물 위치보다 낮은데, 이는 겉보기 활성화 에너지가 음의 값임을 의미한다.

그림 8.5는 Rh(111) 및 Rh(110) 표면에서 CO 산화 반응의 반응 확률(반응 속도에 해당)과 반응 온도의 관계를 나타낸다. 450 K보다 낮은 온도에서는 온도가 높아짐에 따라 반응 확률이 증가하는데, 450 K 이상에서는 감소로 전환된다. 이는 겉보기 활성화 에너지가 양에서 음으로 바뀌었음을 의미한다. 이는 촉매 표면을 점유하는 주된 흡착종(most abundant reaction intermediate, MARI)의 변화에 기인한다. 그림 8.5의 경우 저온에서는 CO가 표면을 덮고 있는 상황으로 식 (8.66)과 같이 활성화 에너지는 양의 값을 가지나, 고온

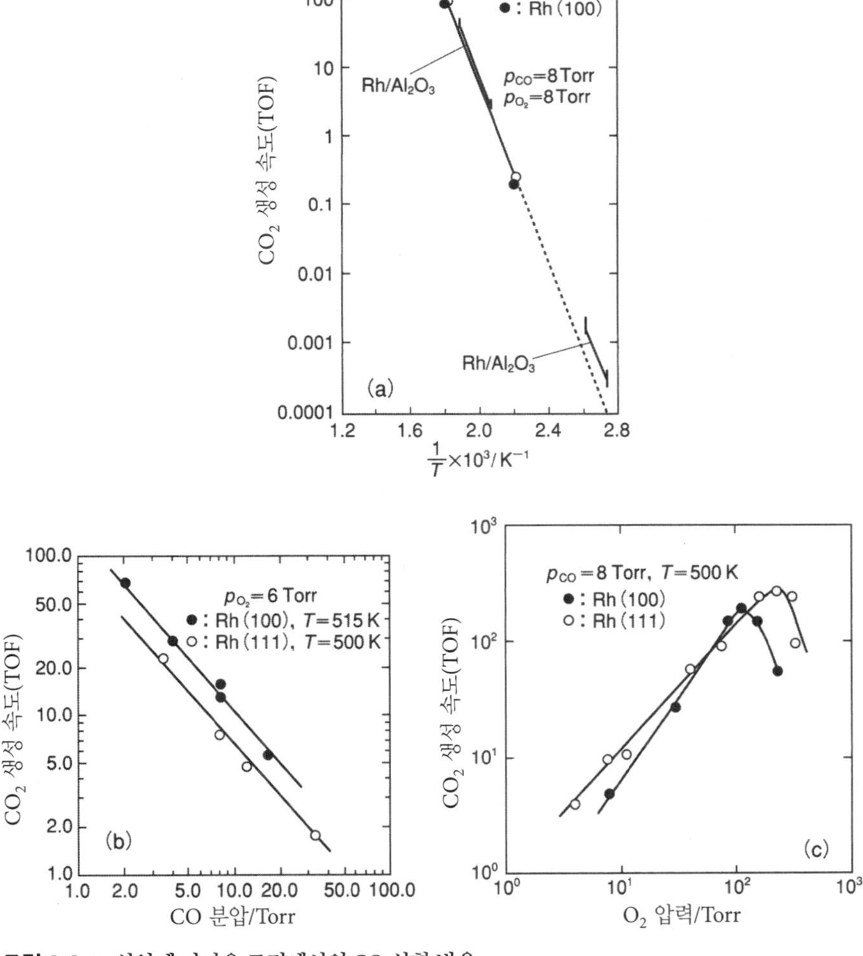

그림 8.6 ▸ 상압에 가까운 조건에서의 CO 산화 반응.

에서는 CO 흡착-탈착 평형이 탈착 쪽으로 기울어져 흡착종의 덮임률이 작아진 결과 식 (8.67)과 같이 활성화 에너지는 음의 값이 된다.

그림 8.5의 결과는 **표면 구조 의존성**(structure sensitivity)과 관련해 중요한 의미를 가진다. 저온에서는 Rh(111) 및 Rh(110) 표면에서 반응 확률에 차이가 없으나 고온에서는 차이를 보인다. 즉, 저온에서의 촉매 활성은 표면 구조에 불감(structure insensitive)한 반응으로 보이는데, 고온에서는 표면 구조에 민감(structure sensitive)한 반응이 된다. 그 원인은 CO 흡착 에너지는 구조에 불감하나 CO와 O의 반응은 구조에 민감하다는 것으로 설명된다. 이와 같이 반응 조건에 따라 표면 구조 의존성이 변화한다는 것을 인식하고 있어야 한다. 일반적으로 모델 촉매 연구를 수행하는 경우에는 실용 촉매를 모델로 하기 때문에 실용 조건에서의 메커니즘이나 속도론에 먼저 주목해야 한다. CO 산화 반응의 경우는 구조 불감성 반응으로 여겨지지만 이는 상압에 가까운 조건일 때에 해당한다. 그림 8.6은 16 Torr에서의 실험인데, Rh(111) 및 Rh(100)에서 활성화 에너지, 반응 속도, 압력 의존성이 거의 일치함을 알 수 있다. 더욱이 Rh/Al_2O_3 실용 촉매의 CO_2 생성 속도와도 잘 일치한다. 실용 촉매 조건에서는 구조 불감적이지만 별도의 반응 조건에서는 구조 민감적으로도 될 수 있으며, 반대의 경우도 있을 수 있다. 정리하면, 모델 촉매 연구를 진행하는 경우 실용적인 반응 조건에서 멀어지면 별로 의미가 없다.

8.3.2 메탄올 합성

Cu/ZnO 촉매를 사용해 CO 또는 CO_2와 수소를 반응시키면 메탄올이 생성된다. Cu 또는 ZnO만 사용하는 경우 활성이 낮다. 그러나 Cu와 ZnO를 조합하면 높은 활성을 보인다. 촉매에서는 이러한 현상을 쉽게 찾아볼 수 있는데, 그 메커니즘이 모두 밝혀져 있지는 않다. 이 메탄올 합성 반응의 활성점과 메커니즘은 큰 논쟁이 되었다. 여기서는 Cu/ZnO 실용 촉매의 메커니즘에 대하여 기술한다.

표면과학 기법을 이용해 메커니즘을 연구하는 경우, 먼저 실용 촉매의 연구 결과를 바탕으로 모델 촉매를 구축할 필요가 있다. 모델 촉매가 확고해지면 모든 표면과학적 기법을 적용해 속도론, 동역학, 촉매 구조 및 전자 상태 등을 밝힌다. 먼저 주의할 점은 Cu/ZnO계 실용 촉매에서는 Cu와 ZnO의 몰 비가 대략 1 : 1이라는 것이다. 이 점에서 고표면적의 담체에 귀금속을 미소량(수 wt.%) 분산 담지하는 귀금속 실용 촉매와 다르다. Cu/ZnO 촉매의 경우에는 비슷한 크기의 Cu 미립자와 ZnO 미립자가 공존한다. ZnO 입자의 주된 역할은 소결(sintering)에 의한 Cu 입자 크기의 증가를 방지하는 것이다. 즉, ZnO 입자는 스페이서(spacer)로 작용한다. Cu는 비교적 저렴하므로 촉매를 극소량으로 하지 않아도 된다.

지금까지 ZnO의 역할에 대한 연구가 진행되며 밝혀진 내용은 Cu의 담지량에 따라 그 결론이 달라진다는 것이다. 먼저 실용 촉매와 비슷하게, Cu의 담지량이 큰 상황을 생각하자. 활성인 Cu/ZnO 촉매의 Cu 입자를 조사해 보았더니 Zn이 혼입되어 있다는 것이 밝혀졌다. Cu와 Zn은 합금, 즉 황동(brass)을 형성하고 있었다. 반응 조건의 환원적 분위기(CO와 수소)에서 Zn은 일부 환원되어 Cu 입자 내에 용해(고용체)된다. 이 거동은 실용 촉매에 가까운 분말 촉매를 사용한 실험으로 확인되었다. 즉 Cu/SiO_2 촉매와 ZnO/SiO_2 촉매를 물리적으로 혼합하여, 수소로 환원하면 ZnO가 금속 Zn으로 환원되어 Cu 입자로 이동하고 Cu-Zn 합금을 형성한다. 동시에 촉매 활성이 향상되었다. 이 결과를 바탕으로 고압 반응기를 이용한 표면과학적 실험(제8장 첫 번째 Panel 참조)을 진행했는데, 얇은 Zn 선을 가열해 소량의 Zn을 Cu(111) 표면에 증착하고 이를 모델 촉매로 하여 이산화탄소의 수소화에 따른 메탄올 합성 반응을 18 atm 조건에서 수행하였다. 그림 8.7은 메탄올 생성의 **전환 빈도**(turnover frequency, TOF)를 Zn 덮임률에 대하여 도시한 결과이다. Zn의 증착에 따라 TOF가 현저하게 향상되었고, 최대치는 분말 촉매의 그것과 일치했다. 또한 반

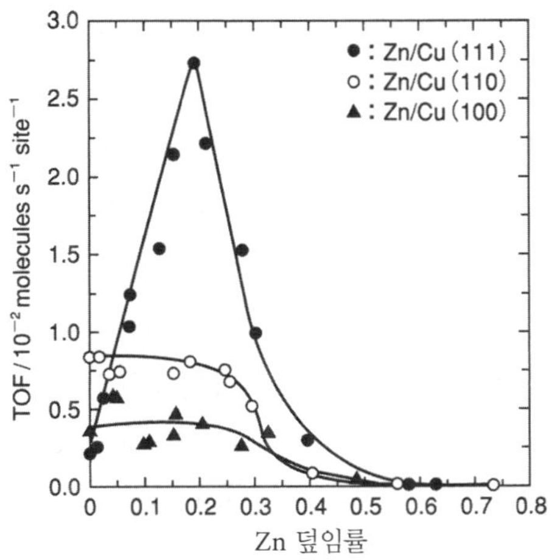

그림 8.7 ▶ 고압 반응기를 이용한 이산화탄소의 수소화에 따른 메탄올 합성. [J. Nakamura *et al.*, *Topics in Catal.*, **22**, 277(2003)]

응의 활성화 에너지도 분말 촉매와 일치한다는 사실로부터 Cu-Zn 표면 합금이 모델 촉매로 간주되었다. 모델 촉매가 확립되면 이어서 반응 메커니즘이나 활성점의 역할, 속도론 등을 여러 가지 표면 분석 기법을 구사해 조사를 진행할 수 있다. 여기서 Zn의 역할은 반응 중간체인 포메이트(HCOO)의 수소화를 촉진하는 것으로 여겨지는데, 그 이유는 포메이트의 2개의 산소 원자가 Cu와 Zn에 결합함으로써 Zn과 결합하는 산소의 수소에 대한 반응성이 높아졌기 때문이다.

8.4 촉매 반응의 마이크로키네틱스

8.2절과 8.3절에서 기술한 내용을 종합하면, 속도론과 메커니즘을 알 수 있다면 촉매 활성을 예측할 수 있다는 말이 된다. 표면과학적 기법으로 측정된 흡착, 해리, 탈착 및 표면 반응의 속도론적 데이터가 지금은 많이 축적되어 있다. 특히 금속 표면에 관한 것이 많은데, 이를 바탕으로 메커니즘을 가정해 소과정의 속도 데이터를 조합한 촉매 활성 예측이 이루어지고 있다. 이를 마이크로키네틱스(microkinetics)라고 한다. 1985년에 Nørskov와 Stoltze에 의해 암모니아 합성의 촉매 활성이 예측되었고, 이후 수성가스 전환 반응, 에틸렌의 부분 산화, 메탄올의 산화 등이 연구되고 있다. 암모니아 합성의 마이크로키네틱스에서는 최초의 모델에 대한 개량이 진행되고 있다. 반응 중인 표면은 청정표면과 다르기 때문에 소과정의 데이터를 적용하는 데 있어 주의가 필요하다. 예를 들면 철 촉매에 의한 암모니아 합성에서는 질소의 해리가 속도 결정 단계인데, 이전 모델에서는 철 단결정 청정표면의 속도론적 데이터가 이용되었다. 그러나 실제 촉매의 경우 철 표면의 주변이 부분적으로 질화되어 있으므로, 이와 같은 표면에서의 해리흡착 속도 데이터가 필요하다. 표면과학 기법에 의해 점차 자세한 속도 데이터를 얻을 수 있게 되어 마이크로키네틱스의 신뢰도가 상승하고 있다.

또, 촉매 반응 연구에서는 종종 반응의 속도 결정 단계가 어디에 있는지를 논의한다. 이 질문에 정확히 대답하기는 어렵다. 즉, 느린 과정이 여러 개 존재하는 경우가 있는데, 이를 분석하기 위해 다음과 같이 표현되는 **속도 지배 인자**(degree of rate control) X_{rc}가 제안되었다.

$$X_{rc,1} = \frac{k_1}{R}\frac{\delta R}{\delta k_1} \tag{8.68}$$

어떤 소과정에 대해 정 · 역반응의 속도 상수 k_1을 예를 들어 10%만큼 크게 했을 때, 그에 따른 전체 반응의 속도 변화 δR을 계산해 소과정의 속도 변화가 전체 반응의 속도 변화에 어느 정도의 변화를 미치는지를 나타내는 지표이다. 만약 $X_{rc,1}$이 1이라면 그 소과정이 전체 반응 속도를 결정하며, 기타 소과정의 $X_{rc,1}$은 0임을 의미한다.

8.5 표면 구조 의존성

앞서 구조 민감성(structure sensitive) 반응과 구조 불감성(structure insensitive) 반응에 대하여 기술하였는데, 그 몇 가지 예를 소개한다.

금속 표면의 구조가 촉매 반응의 활성에 영향을 미치는 대표적인 예로 철 촉매에 의한 암모니아 합성이 있다. 그림 8.8에 나타낸 것처럼 고배위(7배위) Fe 원자가 있는 Fe(111)과 Fe(211) 표면은 저배위 Fe 원자만이 노출되어 있는 Fe(100), Fe(210), Fe(110) 표면과 비교하여 활성이 높은 것으로 알려져 있다. 이는 속도 결정 단계인 N_2의 해리가 일어나기 쉽다는 점에 기인한다.

또한 구리 촉매에 의한 수성가스 전환 반응도 표면 구조에 의존하며, Cu(110) 쪽이 Cu(111)보다 활성이다. 수성가스 전환 반응의 산화-환원 메커

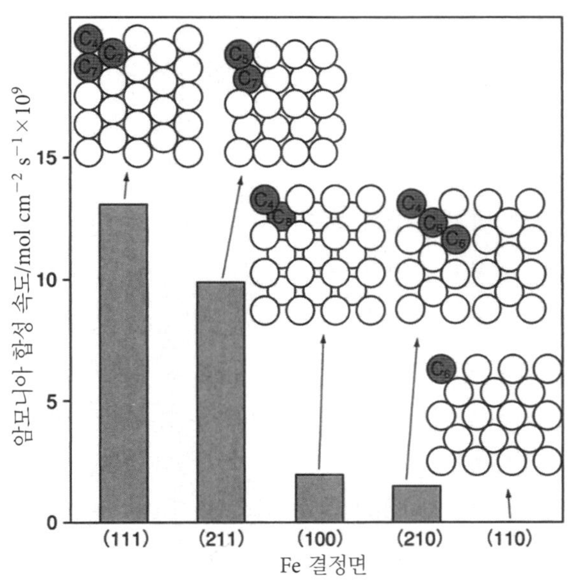

그림 8.8 ▶ 다양한 철 단결정 표면의 암모니아 합성 활성. $T = 673$ K, $p = 20$ atm, $N_2 : H_2 = 1:3$인 조건. [D. R. Strongin *et al.*, *J. Catal.*, **103**, 213(1987)]

니즘을 아래에 나타낸다.

$$H_2O(g) \rightleftharpoons H_2O(a) \quad \textbf{(8.69)}$$

$$H_2O(a) \not\rightarrow OH(a) + H(a) \quad \textbf{(8.70)}$$

$$OH(a) \rightleftharpoons O(a) + H(a) \quad \textbf{(8.71)}$$

$$2H(a) \rightleftharpoons H_2(g) \quad \textbf{(8.72)}$$

$$CO(g) \rightleftharpoons CO(a) \quad \textbf{(8.73)}$$

$$CO(a) + O(a) \rightleftharpoons CO_2(g) \quad \textbf{(8.74)}$$

한편, Ni 촉매에 의한 메테인화(methanation) 반응은 구조 불감성 반응으로 알려져 있다. 여기서 주의할 점은 구조에 민감 또는 불감한 성질은 반응 조건에 따라 달라진다는 것이다. 속도 결정 단계가 현저하게 구조에 민감한 경우는 촉매 활성도 구조에 민감한 것으로 관측되는데, 압력이나 온도가 크게 변화하면 속도 결정 단계가 다른 소과정으로 바뀌기 때문이다. 일반적으로는 공업 촉매의 반응 조건에서의 표면 구조 의존성이 논의된다.

8.6 광촉매

지금까지 다루어 왔던 촉매 작용은 열에너지를 구동력으로 이용한 것이었는데, 이와 달리 빛에너지를 이용해 열역학적인 과정이 아닌 촉매 작용을 진행시키는 것을 광촉매라고 부른다. 열에너지를 이용한 촉매 작용에서는 Gibbs 자유 에너지가 작아지는 방향으로 알짜 반응이 진행되는데, 광촉매에서는 Gibbs 자유 에너지를 크게 하는 에너지 저축형 반응도 진행된다. 이는 빛에너지를 화학 에너지로 변환하여 저장하는 것에 해당하며, 종종 식물에 의한 광합성과 관련지어 설명된다.

대표적인 예로, 이산화티탄(TiO_2) 광촉매는 건축자재에 코팅함으로써 오염에 강해지도록 하며, 실내의 냄새(악취) 성분을 분해하거나 자동차의 사이드 미러가 뿌옇게 되는 것을 방지하는 등 우리 주변에서 넓게 실용화되고 있다. 여기서는 이들의 기능 발현에 대한 기초로서 빛에 의한 여기가 어떻게 화학 반응으로 이어지는지에 대하여 기술한다.

8.6.1 반도체 광촉매

4.3절에서 학습한 바와 같이 반도체는 전자로 채워진 원자가띠와 전자가 빈 상태인 전도띠가 적당한 크기의 금지대(band gap)로 분리되어 있는 밴드 구조를 갖는다. 현재 실용화되고 있는 광촉매 재료인 이산화티탄(TiO_2)은 3.0~3.2 eV의 밴드 갭을 갖는 반도체이다. 따라서 TiO_2에 밴드 갭보다 큰 에너지를 갖는 빛(약 400 nm 이하의 파장을 갖는 자외선)을 조사함으로써 원자가띠에 있는 전자를 전도띠로 여기하면 전도띠에는 전자가 생성되고, 원자가띠에는 정공(전자의 공공)이 생성된다[**전자-정공 쌍**(electron-hole pair) 생성]. 에너지가 높은 전도띠의 전자는 분자를 환원시키는(분자에 전자를 제공하는) 능력이 있고, 반대로 정공은 분자를 산화시키는(분자로부터 전자를 빼앗는) 능력을 갖는다. 광촉매는 이와 같이 여기된 전자와 정공의 반응성을 각각 잘 활용하여 반응을 진행시킨다.

광촉매를 이용해 물을 수소와 산소로 분해하는 경우를 예로 생각해 보자(그림 8.9). 수소의 발생은 전도띠의 전자에 의한 양성자의 환원으로 이해할 수 있다.

$$2H^+ + 2e^- \rightleftharpoons H_2 \qquad (8.75)$$

이 평형은 용액계의 퍼텐셜의 기준이 되는 표준 수소 전극 전위에서 달성되므로, 양성자를 전자로 환원하기 위해서는 전자의 에너지는 표준 수소 전극 전위보다 높아야만 한다. 즉, 전자의 퍼텐셜 척도에서 보았을 때 양성자에 전자를 전달하기 위해서는 표준 수소 전극 전위보다 전도띠 하단(최저 에너지)

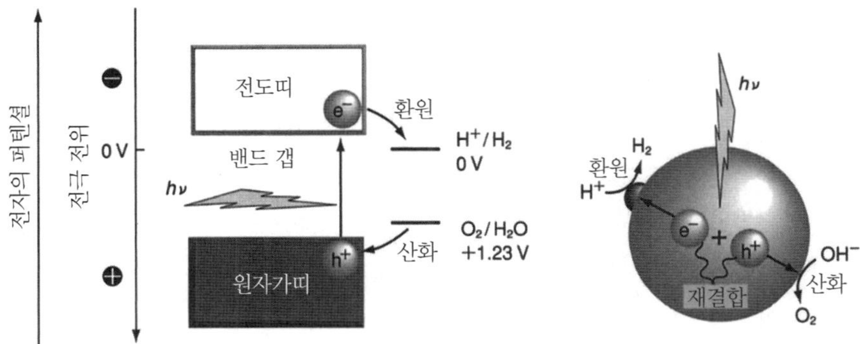

그림 8.9 ▸ 반도체 광촉매를 이용한 물 분해 반응.

의 에너지가 높아야만 한다. 또, 산소는 정공이 OH^-를 산화시켜 OH 라디칼을 생성하고, 이어서 H_2O_2의 생성을 경유하여 발생한다고 알려졌다. 이 산화 반응의 평형을 달성하여 산소를 생성하는 전위는 표준 수소 전극 전위에 대해 +1.23 V이다. 원자가띠 상단의 가장 에너지가 낮은 정공이 OH^-로부터 전자를 받기 위해서는 원자가띠 상단의 위치는 +1.23 V보다 아래(전자의 에너지가 보다 낮은 위치)이어야만 한다. 이 두 조건을 종합하면 물의 광분해를 일으키기 위해서는 밴드 갭 내에 물로부터의 수소 발생 전위와 산소 발생 전위가 포함되는 물질이 필요하다는 것이다. TiO_2는 이 조건을 만족하는 물질 중 하나이다. 물에 포함된 저농도의 유해물질, 대기 중에 미량 포함된 악취 물질과 질소 산화물의 제거 등의 반응도 이와 같이 전자와 정공의 높은 반응성을 이용한 광촉매 작용이다.

전도띠의 하단이 수소 발생 전위보다 높을수록 환원력이 큰 전자가 얻어지고, 원자가띠의 상단이 산소 발생 전위보다 낮을수록 산화력이 큰 정공이 얻어지는데, 그러면 밴드 갭이 커져 여기를 일으키기 위해 더 짧은 파장의 빛이 필요하게 된다. 그러나 태양에서 지상으로 도달하는 빛에 포함된 자외선은 극히 일부이기 때문에 높은 비율을 차지하는 가시광선을 유효하게 사용해야 하며, 이를 위해서는 밴드 갭을 작게 만들어야 한다. 결국, 이 두 가지는 상호 보완적(trade-off)인 관계로서 적당한 타협점을 찾을 필요가 있다.

지금까지는 에너지에 관해 고찰하였는데, 실제 광촉매의 효율에는 여러 가지 요소가 관여한다. 그 중 하나는 빛으로 생성되는 전자-정공 쌍의 전하 분리로, 반응하기 전에 전자와 정공이 재결합하여 소멸해버리지 않도록 전하를 공간적으로 분리해 수명을 늘릴 필요가 있다. TiO_2 전극 표면에서 산소 발생 반응을 일으키고, 접속한 상대 전극인 Pt 전극에서 수소 발생 반응을 일으키는 **Honda-Fujishima 효과**(Honda-Fujishima effect)는 외부 회로를 사용해 전하 분리를 수행한 예로, TiO_2에 의한 물 광분해의 선구적 연구로서 1970년대에 보고되었다. 또한 반응이 일어나는 것은 촉매의 표면이므로 촉매 내부에서 붙잡히지 않도록 표면까지 양쪽 전하를 이동시킬 필요가 있다. 광촉매를 박막으로 만들거나 미립자로 분산시키는 것은 이 때문이다. 게다가 Gibbs 자유 에너지를 상승시키는 과정이므로 생성된 수소, 산소 또는 중간체가 역반응을 일으킬 가능성이 있어, 이를 가능한 한 억제할 필요도 있다. 예를 들어, TiO_2에 미량의 Pt를 담지시키면 양성자의 환원은 촉진되나 역반응도 활성화된다. 이와 같이 광촉매는 다양한 조건을 필요로 하기 때문에, 물이 수소와 산소를 2 : 1 비율로 일정하게 생성하는 완전 분해가 진행되는 광촉매는 실제로 그다지 많지 않다.

전술한 바와 같이 현재 가시광선에 반응하는 광촉매 재료의 탐색이 활발하게 진행되고 있으나, 무기 고체 광촉매의 효율은 여전히 낮다. 태양광 하에서 효율적인 광촉매 반응이 이루어질 수 있도록 유기색소 등을 조합한 색소 전극 연구가 진행되고 있으며, 10%가 넘는 에너지 효율이 실현되고 있다. 원자가띠와 전도띠를 최적 위치에 오도록 하는 밴드 갭 엔지니어링(band-gap engineering) 및 광합성 과정의 모방을 통한 에너지 갭이 작은 복수의 컴포넌트를 조합한 계의 구축 등 다양한 시도가 이루어지고 있으며, 이와 같은 연구가 축적되면 가시광선에 의한 물의 완전 분해를 통해 화학 에너지를 생산하는 것이 현실로 다가오게 될지도 모른다.

› Panel 고압 촉매 반응기 부착 진공장치

단결정(single crystal) 표면이 실제 촉매의 모델이 될 수 있을지를 조사하려면 표면 1원자(또는 1자리)당 반응 활성의 일치를 확인할 필요가 있다. 그러나 실제 금속 분말 촉매의 **표면적**(surface area)이 1 g당 1~1000 m^2인데 비해, 단결정 모델 촉매의 표면적은 1 cm^2 정도에 불과해 실험 시료의 표면적 차이는 10^4~10^7배나 된다. 그래서 **전환 빈도**(TOF, molecules $site^{-1}$ s^{-1})나 반응 확률로 양쪽의 반응 활성을 비교한다. 일반적으로 금속 단결정 표면에서의 TOF를 측정하려면 고압 반응기가 필요하다. 예를 들면, 다음과 같은 구리 표면에서의 수성가스 전환 반응의 속도 결정 단계는 H_2O의 해리인데, 그 해리흡착 확률은 10^{-8} 정도로 상당히 느린 반응이다.

$$H_2O + CO \longrightarrow H_2 + CO_2 \qquad (1)$$

즉 10^8회의 충돌에 대해 1회의 비율로 분자가 해리하여 표면에 산소 원자가 생성된다. 작은 해리흡착 확률을 측정하려면 충돌 횟수를 증가시키기

표 1. ▸ 모델 촉매의 활성(TOF)과 활성화 에너지

촉매 반응	모델 촉매	압력 /Torr	TOF /molecules site^{-1} s^{-1}	활성화 에너지 /kcal mol^{-1}
$CO + (1/2)O_2$ $\rightarrow CO_2$	Pt(100)	16/8(p_{CO}/p_{O_2})	0.1 (500 K)	32.9(500~725 K)
	Pd(100)	16/8	0.9 (500 K)	33.1(475~625 K)
				26.0(<460 K)
	Ir(111)	16/8	2 (500 K)	22.1(425~625 K)
	Ir(110)	16/8	2 (500 K)	21.9(425~625 K)
	Rh(100)	8/8	~10 (500 K)	25.4
	Rh(111)	8/8	~10 (500 K)	25.4
	Ru(0001)	16/8	~20 (500 K)	20
$CO + 3H_2$ $\rightarrow CH_4 + H_2O$	Ni(100)	24/96(p_{CO}/p_{H_2})	0.04 (550 K)	24.7
	Ni(111)	24/96	0.04 (550 K)	(100)과 유사
	Ru(110)	24/96	0.03 (550 K)	29
	Ru(001)	24/96	0.02 (550 K)	(110)과 유사
	W(110)	1/100	0.01 (550 K)	13.4
Fischer-Tropsch 합성 반응	Fe(111)	760/2280(p_{CO}/p_{H_2})	1.35 (초기 속도, 573 K)	
	poly Fe	36/714	0.9 (초기 속도, 548 K)	
			0.3 (정상상태, 548 K)	
	Rh(111)	1140/3420	0.15 (CH_4, 573 K)	
	산화된 Rh(111)	1140/3420	4.6 (CH_4, 573 K)	12±3
	Mo(100)	1520/3040	0.1 (573 K)	24
$CO + 2H_2$ $\rightarrow CH_3OH$	Pd(110)	374/1457(p_{CO}/p_{H_2})	0.0007 (523 K)	18.4±1.9
	Cu(111)	1500(총합)	<0.002 (520 K)	
	Cu/Zn(0001)	1500(총합)	<0.002 (520 K)	
$CO + H_2O$ $\rightarrow CO_2 + H_2$	Cu(111)	26/10(p_{CO}/p_{H_2O})	0.1 (612 K)	17
	Cu(110)	26/10	0.6 (612 K)	10
$C_2H_4 + (1/2)O_2$ $\rightarrow C_2H_4O$ (생성물이 CO_2와 H_2O인 경우)	Ag(110)	20/150(p_{Et}/p_{O_2})	9.7 (EtO, 539 K)	22.4(450 K)
			32.8 (CO_2, 539 K)	5.3(580 K)
	Ag(111)	20/150	4.1 (EtO, 539 K)	(110)과 유사
			8.9 (CO_2, 539 K)	
$N_2 + 3H_2$ $\rightarrow 2NH_3$	Fe(210)	3800/11400	1.8 (673 K)	
	Fe(100)	3800/11400	0.9 (673 K)	18.8±0.5
		3800/11400	13.8 (798 K)	
	Fe(211)	3800/11400	7.8 (673 K)	
	Fe(111)	3800/11400	11.1 (673 K)	15.7±0.6
		3800/11400	39.4 (798 K)	19.4
	Re(0001)	3800/11400	0.03 (870 K)	
	Re($10\bar{1}0$)	3800/11400	6 (870 K)	
	Re($11\bar{2}0$)	3800/11400	98 (870 K)	19.4
	Re($11\bar{2}1$)	3800/11400	314 (870 K)	
$H_2 + D_2 \rightarrow 2HD$	Ni(100)	5/5(p_{H_2}/p_{D_2})	130 (398 K)	

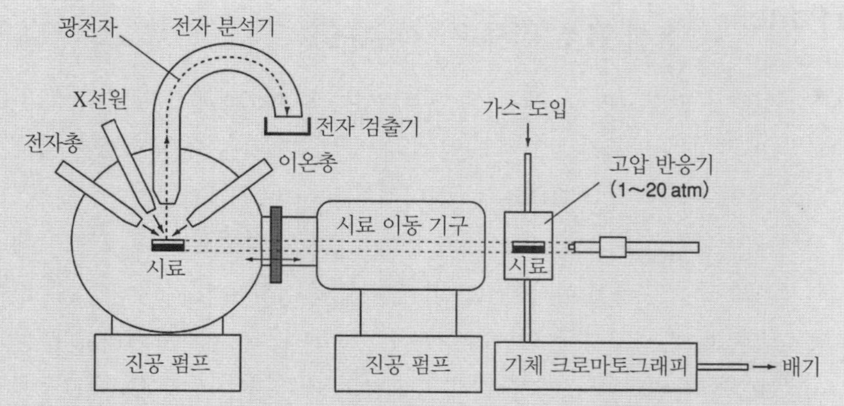

그림 1. ▶ 고압 촉매 반응기 부착 진공장치의 모식도.

위해 1 atm 이상의 높은 압력이 필요하다. 해리로 생성되는 표면 흡착종의 양을 측정하여 해리 확률을 구한다. 이와 같이 확률을 이용해 속도를 정량적으로 측정하여 그 속도 해석에 따라 촉매 활성이 논의된다.

그림 1에 나타낸 바와 같이 실험을 위해 초고진공 챔버에 고압 반응기를 설치한다. 생성물은 기체 크로마토그래피와 질량 분석기로 관측한다. 반응 속도의 압력 의존성과 온도 의존성에 대해 단결정 모델 촉매와 분말 촉매에서 비교한 결과가 일치하면 **모델 촉매**(model catalyst)로서 타당한 것이다.

표 1은 대표적인 촉매 반응에 대해 고압 반응기에서 측정한 결과(보고된 값)를 정리한 것이다. 이 표에서 촉매 반응에 따라 반응 속도가 현격한 차이를 보임을 확인할 수 있다. 예를 들면 CO의 산화 반응은 속도가 빨라 10 Torr 정도의 압력 조건에서 TOF가 수~수십 정도 스케일인데 비해, CO의 수소화에 따른 메탄올 합성 반응에서는 압력 조건이 1000 Torr 정도에서도 TOF는 0.001 스케일이다. 이와 같이 고압 반응기를 이용한 반응 속도 측정을 통해 다양한 반응의 촉매 활성을 정량적으로 비교할 수 있다. 여기에 소과정의 속도 측정 결과를 조합하여 촉매 반응 메커니즘의 해석이 이루어지게 된다.

› Panel X선 흡수 미세구조(XAFS)

제4장 첫 번째 › Panel에서 설명한 XPS는 X선에 의해 원자의 내각 전자가 여기되어 광전자로 방출되었을 때의 에너지를 측정함으로써 원자 내에 존재했을 때의 전자의 결합 에너지를 관측하는 기법이었다. 이를 X선의 관점에서 보면, X선은 전자를 여기시킴으로써 흡수된다. X선의 에너지를 연속적으로 변화시켜 X선의 흡수를 측정하는 것이 X선 흡수 스펙트럼이며, 흡광도가 불연속적으로 상승하는 곳을 흡수단이라고 부른다. XPS의 경우와 마찬가지로 이 흡수단의 에너지는 시료에 포함된 원소의 내각 전자의 에너지 준위에 대응하고, 그 에너지와 강도로부터 시료에 포함된 원소와 그 양을 알 수 있다. 흡수단 부분을 에너지 분해능을 높여 측정하면, 흡수단은 복수의 작은 피크 등으로 구성된 구조를 갖는다는 것을 알 수 있다. 그림 1에 나타낸 바와 같이 흡수단 근방에 나타나는 복수의 피크를 갖는 부분을 **XANES**(X-ray absorption near edge structure), 흡수단에서 고에너지 측으로 50 eV 정도에서 수백 eV에 걸쳐 나타나는 미세구조를 **EXAFS**(extended X-ray absorption fine structure)라고 부른다. 결정이 아니더라도 국소 구조를 구할 수 있는 기법으로서 고체 촉매 연구에서 중요한 해석 기법 중 하나이다. 제5장의 › Panel과 일부 중복되는 부분도 있으나 여기서는 고체 촉매에의 적용이라는 관점에서 설명한다.

흡수단 근방에 나타나는 XANES의 기원은 내각 전자의 비점유 준위로의 여기에 따른 것이다(그 외에도 광전자의 다중 산란 등의 기여도 있으

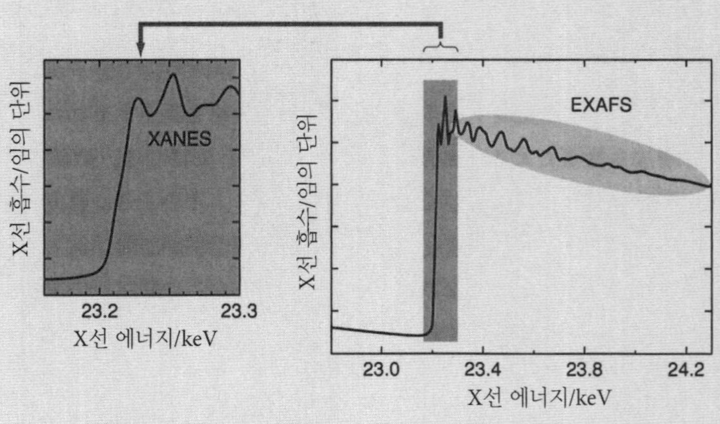

그림 1. ▶ Rh 금속의 XAFS 스펙트럼.

나 자세한 내용은 생략한다). 따라서 X선을 흡수하는 원자의 가수(원자가)와 주변 원자의 배위 대칭성 등의 정보를 포함한다. 즉 X선을 흡수하는 원자의 국소 구조에 의존하기 때문에 배위 환경을 알고 있는 표준 시료와의 비교를 통해 국소 구조를 어느 정도 추정할 수 있다. 또 흡수단의 에너지 위치가 원자의 가수에 따라 이동한다는 것을 이용하여 원자가의 평가를 수행한다.

EXAFS는 XANES 영역보다 고에너지 측에서 흡수 강도의 진동 구조로 나타난다. 이는 X선을 흡수하여 방출된 광전자가 인접한 원자에 의해 후방 산란되고, 이들 전자파의 간섭에 의해 정상파가 생성되며, 그 정상파가 존재함으로써 광전자의 방출 확률(즉 X선의 흡수 강도) 스스로가 변조를 일으키기 때문이다. 정상파의 파장은 산란을 받는 원자와의 거리에 의해 결정되며, 같은 거리(및 다른 방향)에 복수의 원자가 존재하면 흡수계수의 진동은 크게 증폭된다. 따라서 EXAFS를 해석함으로써 결합 거리나 배위수와 같은 흡수 원자 주변의 국소 구조에 대한 정보를 얻을 수 있다. 더욱이 후방 산란 인자 등도 원소에 의존하므로, 해석 결과로부터 어떤 원자가 어느 거리에 몇 개 존재하는지와 같은 형태로 국소 환경을 추정할 수 있다. 구체적으로는 흡수 스펙트럼에서 백그라운드를 제거하고, 흡수단의 높이로 규격화하여 EXAFS 진동을 추출한다. (정상파에 관계되므로) 추출한 진동은 사인함수의 합으로 나타내어지고, 이를 Fourier 변환하면 동경 분포 함수(radial distribution function)가 얻어진다. 이 동경 분포 함수에 대해 표준 물질이나 이론 연구에 의해 알고 있는 위상 인자, 후방 산란 인자를 사용해 커브 피팅(curve fitting)함으로써, 어떤 원자가 어느 정도 거리에 몇 개 있는지에 대해 해석할 수 있다.

XAFS 측정을 위해 고휘도의 연속한 X선을 얻을 수 있는 방사광 시설(일본의 경우 SPring-8, PF 등)이 이용된다. X선의 흡수량을 측정하는 방법으로는 일반적인 투과법, 형광 X선을 이용하는 형광법, 방출되는 전자량을 측정하는 전자수량(electron yield)법 등이 있다. 분말, 결정 상태 및 기체상 · 액체상 공존 상태 모두에서 측정이 가능하다. 따라서 고체 촉매 연구에서는 반응 기체의 공존 분위기에서 in-situ 측정(또는 반응 직후 측정)을 수행할 수도 있다. 비결정성 재료로도 국소 구조의 정보를 얻을 수 있으나, 시료가 불균일한 경우에는 얻어지는 데이터가 여러 가지 국소 구조의 평균 구조를 반영하기 때문에 보다 신중한 해석이 요구된다.

연습 문제

8.1 백금 촉매에 의한 CO 산화 반응의 겉보기 활성화 에너지는 저온에서는 양의 값을 가지나 고온이 되면 음의 값으로 변화한다. 양에서 음으로 변화하는 이유를 기술하시오. 또 퍼텐셜 에너지 다이어그램을 그리고, 그 양의 값과 음의 값이 각각 어디에 대응하는지를 명시하시오.

8.2 식 (8.12)~(8.15)에 나타낸 일련의 반응에 대해 탈착 율속인 경우의 속도식을 유도하시오.

8.3 구리 촉매에 의한 수성가스 전환 반응($H_2O + CO \longrightarrow H_2 + CO_2$)의 속도 결정 단계는 물의 해리라는 것이 알려져 있다. 물의 해리 확률을 10^{-7}, 물의 압력을 10 Torr (= 1.32×10^{-2} atm)로 두고, 수성가스 전환 반응의 전환 빈도(TOF)를 대략적으로 계산하시오. 단, 반응 중 모든 흡착종의 덮임률이 충분히 작다고 가정한다. 또 구리 표면의 원자 밀도는 10^{15} atoms cm^{-2}로 가정한다.

8.4 밴드 갭이 3.2 eV인 TiO_2 광촉매에서 전자를 원자가띠에 여기할 수 있는 가장 작은 에너지를 가진 빛의 파장을 계산하시오. 단, 에너지가 1 eV인 빛의 파장은 1.240 μm이다.

8.5 어떤 광촉매에 파장이 400 nm인 빛을 조사했을 때, 여기된 전자 중 에너지가 가장 큰 것이 전도띠의 바닥에서 0.1 eV 위쪽에 해당했다. 아래 질문에 답하시오.

(a) 이 광촉매의 밴드 갭은 몇 eV인가?

(b) 여기된 정공 중 가장 에너지가 높은 것은 원자가띠 상단에서 몇 eV 아래에 형성된 것인가?

8.6 진공장치 내에서 촉매 반응 활성시험의 결과는 종종 실용 촉매의 경우와 다르다. 때문에 고압 반응기를 이용한 실험이 필요하다. 이는 왜 그런 것인가? 진공 조건에서의 실험 결과의 문제점을 기술하시오.

제 9 장 금속 표면의 화학

금속 표면은 촉매, 전극, 센서, 부식 등의 응용에 깊이 관계되어 있어, 표면과학 분야 중에서도 광범위하고 자세한 연구가 이루어져 왔다. 표면 구조, 전자 상태, 흡착과 탈착 등의 표면 반응, 촉매 작용, 전극 반응 등에 관한 많은 연구 결과가 축적되어 있다. 1970년대부터 LEED나 Auger 전자 분광법 등 다양한 광전자 분광법을 이용한 금속 표면 연구가 활발하게 진행되었으며, 승온 탈착과 분자선을 이용한 표면 반응 연구도 진행되었다. 모델 촉매 연구도 활발히 진행되어, 반응 메커니즘과 소과정에 대한 연구가 왕성하게 이루어졌다. 1980년대 후반부터는 방사광을 이용한 표면 구조와 전자 상태의 상세한 연구와 주사 탐침 현미경(SPM)을 이용한 연구가 현저하게 발전하였다. 특히, STM을 시작으로 하는 주사 탐침 현미경을 통해 표면 국소 영역에서 일어나는 반응을 상세하게 밝힐 수 있게 되어 표면과학 연구에 큰 변혁을 가져왔다.

이 장에서는 먼저 금속의 일반적인 성질에서 시작해 지금까지 금속 표면에 관하여 밝혀진 내용을 기술한다.

9.1 금속의 일반적인 성질

먼저, 표면이 아닌 벌크의 구조와 전자 상태에 대한 금속의 특성을 복습해 두자. 대표적인 금속의 결정 구조를 표 9.1에 나타내었다.

금속은 제4장에서 기술한 바와 같이 sp 전자와 d 전자의 밴드로 구성된 밴

표 9.1 ▶ 금속의 결정 구조

결정 구조	금속
면심입방 격자(fcc)	Ni, Cu, Rh, Pd, Ag, Ir, Pt, Au 등
체심입방 격자(bcc)	Fe, Nb, Mo, Ta, W 등
육방밀집 충진(hcp)	Co, Ru, Re, Os 등

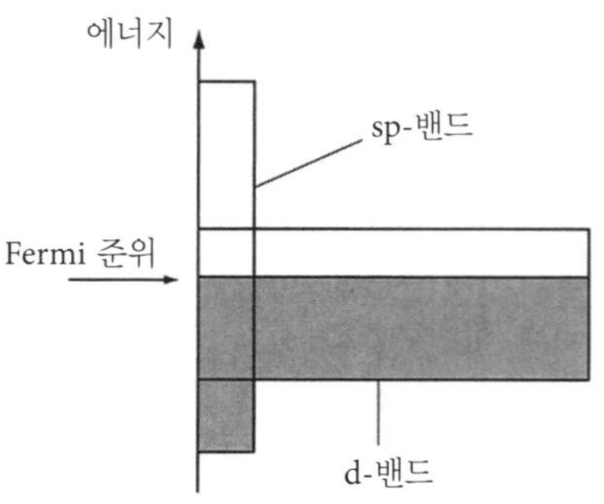

그림 9.1 ▶ sp-밴드와 d-밴드로 구성된 전이금속의 밴드 구조.

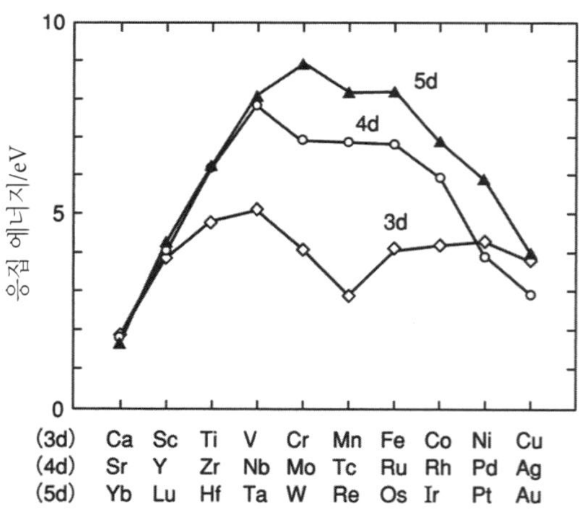

그림 9.2 ▶ d 궤도의 전자 점유도와 응집 에너지의 관계.

드 구조를 가진다(그림 9.1). **Fermi 준위**(Fermi level) 부근의 전자, 즉 높은 준위의 전자가 반응에 기여하거나 전도성과 강도와 같은 금속의 물리 · 화학적 성질을 결정한다. sp-밴드의 폭이 넓은 것은 궤도가 공간적으로 퍼져 근접 원자의 전자 궤도와 겹치게 되기 때문이다(4.4절 참조). d-밴드의 아래 절반은 결합성 궤도로 구성되며, 위 절반은 반결합성 궤도라고 불린다. 특히 금,

은, 동(구리)은 전자가 sp-밴드에 들어가기 때문에, Fermi 준위의 전자는 sp 전자이다. 그림 9.2에 나타낸 바와 같이 **전이금속**(transition-metal)을 원자번호 순으로 나열하여 금속 원자의 응집 에너지†를 조사해 보면, 위로 볼록한 모양이 되는 경향이 있다. 즉, d 전자수가 1개에서 5개인 경우는 **결합성 궤도**(bonding orbital)에 전자가 채워져 가므로 응집 에너지가 커지게 되고, 6개에서 10개인 경우는 **반결합성 궤도**(antibonding orbital)에 전자가 채워지기 때문이라고 볼 수 있다. 그러나 스핀의 영향 등으로 인해 확실한 경향을 나타낸다고 볼 수는 없다.

† 금속 원자가 서로 끌어당기는 에너지.

9.2 금속 표면의 반응성과 d-밴드 중심

금속 표면의 반응성은 Fermi 준위 부근의 d-밴드의 성질에 의해 지배된다. 특히, d-밴드의 전자가 채워진 부분의 중심[**d-밴드 중심**(d-band center)]의 위치에 따라 분자나 원자와의 결합 에너지가 변화한다. 그림 9.3에 나타낸 바와 같이 흡착 원자와 금속 원자가 혼성 궤도를 형성한다고 생각하면 된다. Au, Ag, Cu 등은 d-밴드 중심이 Fermi 준위에서 떨어진 곳에 위치하나, Fe, Co, Ni 등은 Fermi 준위 부근에 위치한다. d-밴드 중심의 위치가 변하면 결합성 궤도의 에너지 준위가 변한다. 흡착 에너지는 흡착 전후의 전자의 에너지 완화로 결정되므로 흡착 전후에 전자의 분포가 어떻게 되어 있는지를 보면 된다. 이에 대해 구체적으로 설명하기로 한다.

그림 9.4는 산소 원자가 Rh(110) 표면에 흡착한 경우의 전자 상태 변화를 나타낸다. 산소 원자의 p 궤도와 Rh(110)의 Fermi 준위(ε_F) 부근의 밴드 구조가 각각 좌우에 나타나 있다. 가운데는 산소 원자의 p 궤도가 표면 밴드 구조와 혼성하여 생긴 궤도이다. 이 혼성 궤도의 아래쪽이 결합성 궤도이고, 위

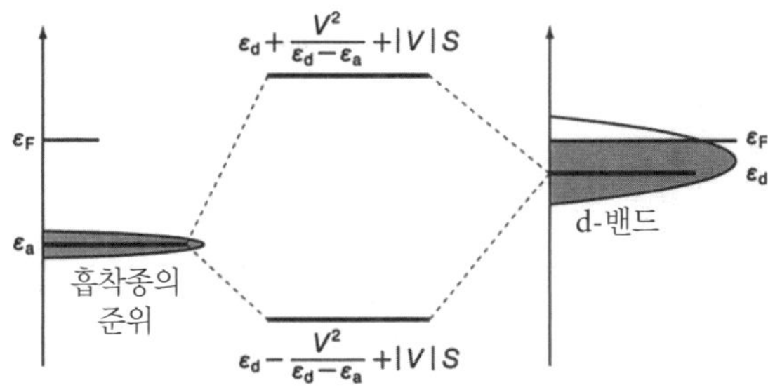

그림 9.3 ▸ 흡착종과 d 전자의 상호작용. ε_a는 흡착종의 에너지 준위, ε_d는 d-밴드 중심, V는 궤도 간 상호작용 행렬 요소(도약 적분), S는 중첩 적분이다.

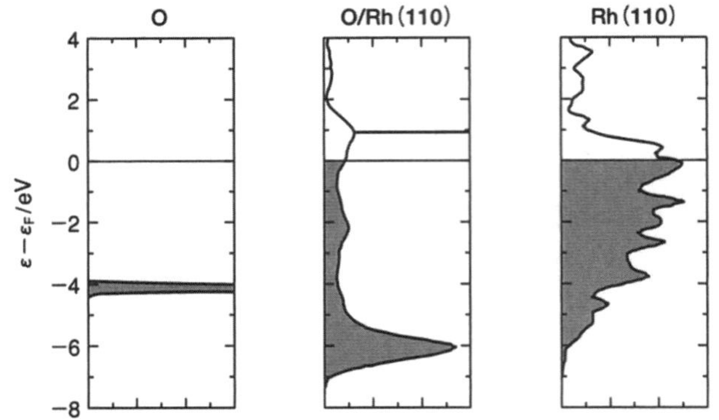

그림 9.4 ▸ 산소 원자가 Rh(110) 표면에 흡착했을 때의 전자 상태 변화.

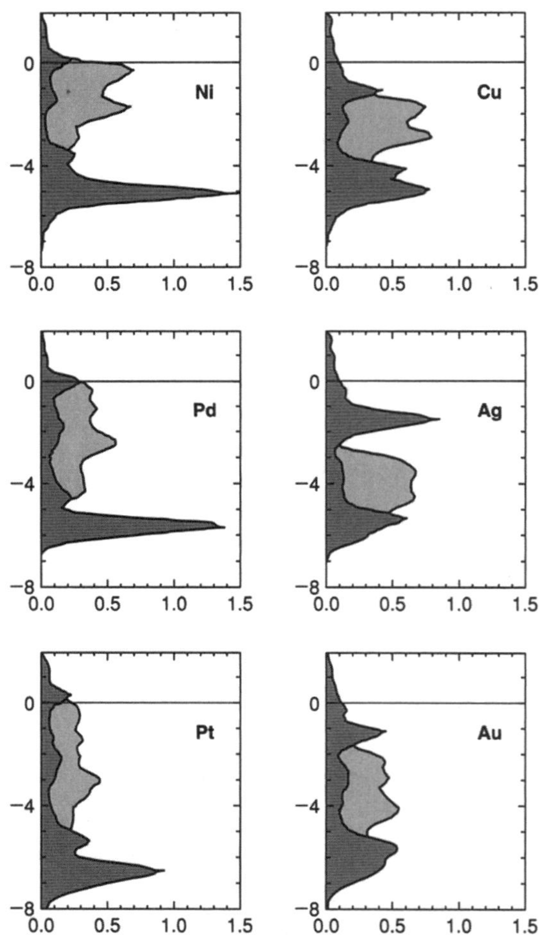

그림 9.5 ▸ 산소 원자 흡착 전의 d 궤도(연한 부분)와 흡착 후의 혼성 궤도(진한 부분).

쪽이 반결합성 궤도이다. 혼성 궤도에는 전자가 Fermi 준위까지 채워진다. Fermi 준위에서 −6 eV 지점에 피크가 있는데, 산소 원자의 피크(−4 eV)보다 아래에 위치하므로 산소의 흡착 상태는 안정화되어 있다고 볼 수 있다. 즉, 흡착 산소의 피크가 아래에 있을수록 산소와 금속 표면과의 결합이 강하고, 흡착 상태가 안정하다고 할 수 있다.

마찬가지로 Ni, Pd, Pt, Cu, Ag 및 Au 표면에서의 산소 원자 흡착에 대한 흡착 전의 d 궤도와 흡착 후의 혼성 궤도를 그림 9.5에 나타내었다. Ag, Au, Cu에서는 −1~−2 eV 지점에서 반결합성 피크가 발견되는데, 이는 산소 원자의 피크(−4 eV)보다 얕은 곳에 위치한다. 반결합성 궤도에 전자가 채워지므로 산소의 흡착 상태는 안정하지 않다. 따라서 Ag, Au, Cu 표면에 대한 산소의 흡착 에너지는 작다. 한편, Ni, Pd, Pt에서는 −5~−7 eV에서 결합성 피크가 발견되고, Fermi 준위 부근의 불안정한 반결합성 피크는 작다. 안정한 준위에 전자가 다수 포함되어 있으므로 산소의 흡착 에너지는 크다. 이와 같이 흡착 에너지는 Fermi 준위 부근의 밴드 구조 및 흡착종으로부터 형성되는 혼성 궤도의 준위로 설명된다.

9.3 금속 표면의 완화

표면의 구조 완화에 관해서는 이미 3.3절에서 기술하였는데, 여기서는 금속 표면에서의 원자층 간격이 어느 정도 변화하는지를 보이고자 한다. 그림 9.6에 나타낸 바와 같이, 벌크의 원자층 간격 d_b와 비교해 표면 제1층과 제2층의 원자층 간격 d_{12}는 좁아지고, 제2층과 제3층의 간격 d_{23}은 넓어지는 경향이 있다. 표 9.2를 보면, d_{12}는 d_b와 비교해 수%에서 20% 정도 작다. 한편, d_{23}은 d_b와 비교해 큰 경향이 있고, 그 차이의 비율(Δd_{12}와 Δd_{23})은 내부를 향해 +−의 감쇠 진동을 나타낸다. 그 원인으로는 두 가지 견해가 존재하는데,

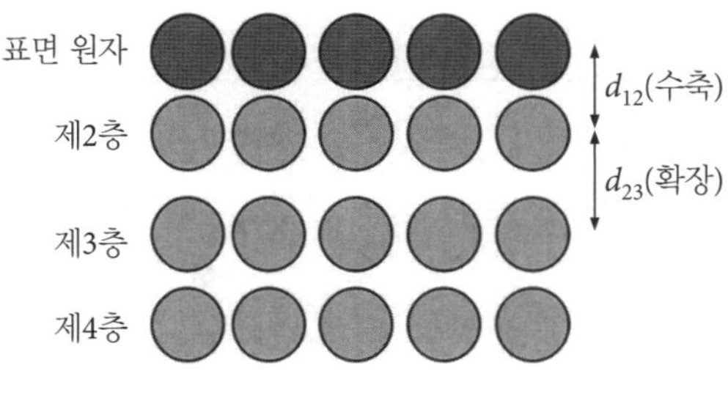

그림 9.6 ▸ 표면의 구조 완화.

표 9.2 ▶ 금속 표면의 완화 구조

금속	표면	Δd_{12}/%[a]	Δd_{23}/%	Δd_{34}/%	Δd_{45}/%	Δd_{56}/%
Ag	(110)	−6.6±1.5				
Al	(110)	−8.6±0.8	+5.0±1.1	−1.6±1.2	~0	
	(110)	−8.5±1.0	+5.5±1.1	+2.2±1.3	+1.6±1.6	
	(331)	−11.7±2.3	−4.1±3.1	+10.3±2.7	+4.8±4.1	−2.4±5.3
	(311)	−13.3±1	+8.8±1.5			
Au	(110)1×2	−20.1	−6 $\Delta d_{23'}$(+2%)	RU(0.24 Å)[b]	−6 $\Delta d_{3'4}$(+2%)	
Co	$(11\bar{2}0)$	−8.5±3				
Cu	(100)	−0.3±0.8				
	(111)	−0.7±0.5				
	(110)	−8.5±0.6	+2.3±0.8			
	(311)	−7.3	+3.7	0		
Fe	(100)	−1.4±3				
	(211)	−10.2±2.5	+5.1±2.5	−1.7±3.4		
	(210)	−22.0	−9.5	+10.8	−3.3	
	(310)	−16.1±3.3	+12.6±4.4	−4.0±4.4		

[a] $\Delta d_{12} = (d_{12} - d_b)/d_b$ (d_{12}: 원자층 간격, d_b: 벌크 원자층 간격). −는 수축, +는 확장.
[b] RU는 럼플링을 의미.

하나는 자유 전자 모델이고, 다른 하나는 화학 결합적 모델이다.

그림 9.7은 전자에 대응하며 자유 전자 모델로 이를 설명한다. 표면의 진공 쪽 부근에 있어야 할 자유 전자가 안정화하기 위해 표면 원자의 틈에 분포한다. 이와 같이 전자의 분포를 부드럽게 하는 현상을 **Smoluchowski 효과**(Smoluchowski effect)라고 부른다(4.6절 참조). 전자 분포가 ABCD에서 FBCED로 변화함으로써 양전하를 띠는 원자가 고체 내부 쪽으로 끌려 들어

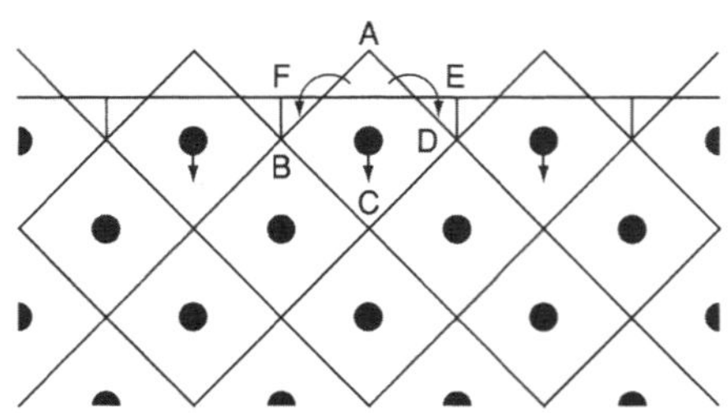

그림 9.7 ▶ Smoluchowski 효과에 따른 표면 전자 분포의 변화.

간다. 이 효과는 표면 원자의 밀도가 작을수록 크다. 예를 들면, 면심입방 격자 금속의 경우 (111)면과 비교해 (110)면에서 층간 거리가 현저한 변화를 보인다. 고지수면에서는 층간 거리의 변화가 더욱 크다.

다음으로, 화학 결합적인 관점에서 이를 설명해 보자. 표면 원자의 밀도가 작다는 것은 인접하는 금속의 수가 적다는 것이므로 결합선의 수(배위수)가 작다는 것이 된다. 때문에 면내(표면)보다 내부 원자에 대한 인접 원자수가 상대적으로 커진다. 그 결과, 내부 원자와 보다 강하게 결합하게 되어 표면 제1층과 제2층의 원자층 간격이 수축한다.

› Panel 제1원리 계산

고체 표면의 전자 상태에 대한 **제1원리 계산**(first-principles calculations)이 근래 두드러지게 발전하고 있다. 분자의 흡착 에너지뿐만 아니라 표면 반응의 활성화 에너지와 분자의 여기상태 등 표면 반응의 메커니즘을 자세히 조사하기 위해서 필수 불가결한 기법으로 자리매김하고 있다.

제1원리 계산은 양자역학을 기초로 하는 기법이다. 그러나 고체 표면과 같은 다수의 원자에 대하여 Schrödinger 방정식을 푸는 것은 매우 어려우므로, **밀도범함수 이론**(density functional theory, DFT)과 **국소 밀도 근사**(local density approximation, LDA) 등의 근사법을 사용해 계의 전자 상태를 계산한다.

밀도범함수 이론에서 에너지는 공간적으로 변화하는 전자밀도의 범함수('함수의 함수'라는 의미)로서 표현된다. 최근에는 교환 · 상관 상호작용에 대한 근사가 눈에 띄게 개선됨으로써 계산 정밀도가 매우 향상되었다.

밴드 계산에서 바닥상태의 전자배치는 변분원리(variational principle)를 해석함으로써 얻어진다. 이때, Kohn-Sham 방정식을 사용하는데, 이는 입자 하나의 양자역학적 방정식의 형태로 되어 있다. 여기서 유효 퍼텐셜을 부여하면 수치계산을 통해 Kohn-Sham 방정식을 풀 수 있다. 유효 퍼텐셜을 부여하는 다양한 방정식이 제안되었는데, 대표적으로는 **유사 퍼텐셜**(pseudo-potential)법이 있다.

전술한 제1원리 계산에 의해 금속, 반도체, 자성체, 합금, 금속간 화합물 등의 기본적 물성이 밝혀지고 있다. 또, 반응 과정과 같은 동역학(dynamics)을 조사하는 제1원리 분자 동역학법도 활발히 연구되고 있다. 대표적으로는 Car-Parrinello법이 있다. 또, 원하는 물성을 실현하는 재료를 개발하기 위한 시뮬레이션도 시도되고 있다. 반면 해결하기 어려운 문제도 있는데, 예를 들면 아직은 van der Waals 힘과 같은 약한 분자간 상호작용의 계산 정밀도가 좋지 못하다.

9.4 흡착으로 유도되는 표면 재구성

제3장에서 기술한 바와 같이 표면 구조는 벌크의 연속이 아니므로 표면 완화나 **표면 재구성**(surface reconstruction)이 일어나는데, 분자나 원자의 흡착에 의해 유도되는 표면 재구성이 있다. 이 흡착 유도 표면 재구성은 표면 반응을 다루는 데 있어서 중요하며, 이에 관해 적어도 다음 세 가지 타입이 알려져 있다. 하나는 광범위한 금속 원자의 수송(mass transport)을 수반하는 경우, 두 번째는 일차원 화합물의 생성을 수반하는 경우, 세 번째는 표면응력에 의한 표면 재구성이다. 원자 수송을 수반하는 경우로는 1차원 원자열이 표면상에 '올라타는' 경우(added row)와 빠지는 경우(missing row)가 있으며, 또는 양쪽이 동시에 일어나는 표면 재구성도 있다.

그림 9.8a는 Cu(110) 표면에 산소를 해리흡착시킨 경우의 STM 상이다. 밝은 선은 —Cu—O—의 added row이다. (110) 표면에서는 이와 같은 일차원 사슬이 관찰되는 경우가 있다. H/Ni(110), O/Ag(110), O/Ni(110)에서도 일차원 사슬을 볼 수 있다. 마치 고분자와 같은 형태로 **유사 분자**(pseudo molecule) 등으로 불린다. —Ag—O— 사슬의 경우 사슬끼리 반발하여 서로 멀어지는데, —Cu—O— 사슬은 덮임률이 작은 곳에서부터 서로 모인다. 이는 STM으로 관찰하기 전에 이루어진 LEED의 결과와도 모순되지 않는다. 즉, Ag(110) 표면에 산소를 흡착시키면 $(n\times1)$의 구조가 생기는데, n이 7에서 2로 작아져 간다. 즉, 사슬의 간격이 작아진다. 한편, Cu(110) 표면에서는 산소 덮임률이 작은 곳부터 (2×1) 구조의 LEED 패턴이 관측된다. 이는 사슬끼리 $[1\bar{1}0]$ 방향으로 기판 격자의 2배 주기로 배열하고 있음을 나타낸다. 이 added row 사슬의 형성 과정에는 원자의 수송 과정(mass transport)이 포함된다. 스텝 엣지로부터 구리 또는 은 원자가 사슬 선단의 성장부분으로 공급되며, 그 과정이 속도 결정

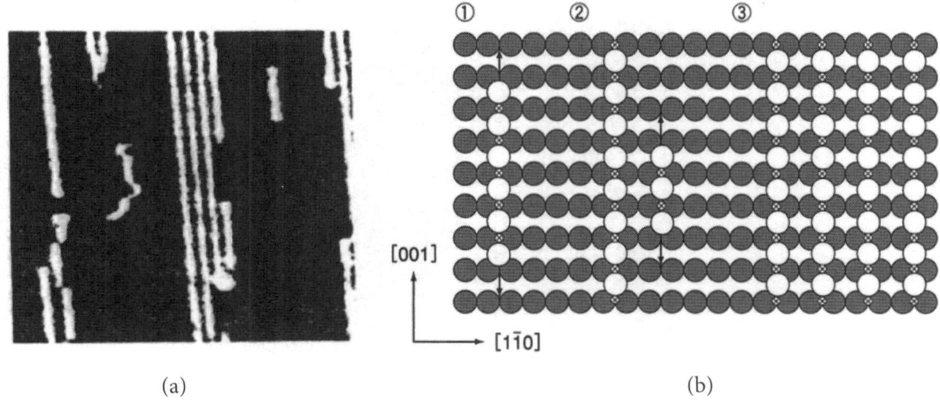

그림 9.8 ▶ Cu(110) 표면에 산소를 해리흡착시킨 STM 상. (b)는 (2×1)-O 표면의 형성 과정을 나타난다. ○ 및 ⊗ 기호는 각각 added row의 Cu와 O를 나타낸다. 그림의 ①에서 —Cu—O—의 1개 사슬이 형성되고, ②에서 인접 위치에 사슬이 형성되기 시작하여, ③에서 —Cu—O—의 이차원 아일랜드가 형성된다.

단계로 생각되고 있다. 그림 9.8b는 (2×1)-O/Cu(110) 표면의 형성 과정을 보여주고 있다. 먼저 ①과 같이 1개의 —Cu—O— 사슬이 생성된다. 이때 사슬의 양 끝단이 성장점이 된다. 계속해서 ②, ③과 같이 사슬이 줄지어 나열해 2차원 (2×1)-O 아일랜드가 생긴다. 이는 물질이 0차원 → 1차원 → 2차원으로 차원이 증가하며 생성되는 것으로 볼 수 있어 흥미롭다. 또 (2×1)-O/Cu(110) 표면과 CO, 메탄올, 포름산과의 반응 과정에 대한 조사가 이루어졌다. 산소 열을 따라 산소가 반응하여 소실되어 가는데, 이처럼 특정한 부분에서 반응이 일어난다는 것은 반응성이 균일하지 않음을 의미한다.

Cu 및 Ag의 표면에 알칼리 금속(Na, K, Cs)을 증착하면 missing row형 재구성이 일어난다. 예를 들면, Cu(110)에서는 K의 증착에 의해 [110] 방향으로 배열하는 Cu 원자 2개 또는 3개가 표면에서 제거되며, 그 구멍에 K가 들어간다. 이 핵생성은 표면에서 무작위로 일어난다. 계속해서 K를 증착시키면 K가 1차원적으로 배열하여 0.13 ML에서는 (1×3) 재구성 표면을 형성한다. 이 경우에도 방출된 Cu 원자의 스텝 엣지로의 원자 수송 과정이 포함된다. Ni와 Pd에서도 유사한 재구성이 일어난다.

9.5 표면 전자에 의한 정상파

Au, Ag, Cu 표면에서는 전자 산란에 따른 **정상파**(standing wave)가 STM으로 관측된다. 그림 9.9는 Eigler 등이 5 K에서 측정한 Cu(111) 표면의 STM

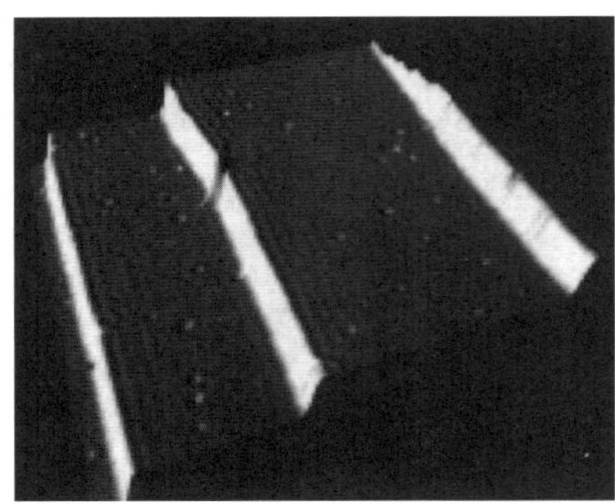

그림 9.9 ▶ Cu(111) 표면의 STM 상. [M. F. Crommie *et al.*, *Nature*, **363**, 524(1993)]

상이다. 거의 자유 전자에 가까운 2차원 전자 기체가 스텝 엣지와 점 결함에서 산란되어 간섭 무늬를 생성한다. 그림에 나타낸 스텝 엣지에 의한 간섭 무늬는 Bessel 함수를 따르며, 2차원적으로 편재화된 표면 준위의 존재를 나타낸다. 또, STM 상의 해석을 통해 표면 준위의 분산 함수가 얻어진다. 나아가 Eigler 등은 Cu(111) 표면에 Fe 원자 48개를 고리상으로 배열하여, Fe 원자에 의해 산란된 전자에 의한 고리상의 간섭 무늬를 관찰하였다. Au(111) 표면에서 볼 수 있는 간섭 무늬는 헤링본(herringbone) 재구성으로 불린다. 이와 같이 재구성에 의해 형성되는 표면 초구조의 표면 준위에 대한 정보가 얻어지며, Co 원자를 Au(111) 표면에 증착시킨 경우의 전자의 자기적 산란에 관한 연구도 수행되고 있다.

또한 간섭 무늬와 흡착 원자간 상호작용에 관한 연구가 수행되었다. Rieder 등은 Cu(111) 표면에 증착시킨 두 Cu 원자 사이의 거리와 분포를 측정하여 그 상호작용을 해석한 결과, 그 장거리 상호작용은 Fermi 파장의 절반의 주기로 진동한다는 것을 발견했다. 즉, 이는 2차원의 표면 전자 준위를 갖는 전자를 통한 상호작용이다.

9.6 표면 확산

흡착 분자와 흡착 원자의 표면 확산 거동이 STM으로 관찰되고 있다. 예를 들면, 저온(42~53 K)에서 Cu(110) 표면에 흡착한 CO 분자의 표면 확산이 관찰되었다. CO 분자는 Cu(110)의 on-top 자리에 흡착하여, 도약(hopping)을 통해 [110] 방향으로만 이동한다. 또한 [001] 방향으로 CO 분자의 이합체 혹

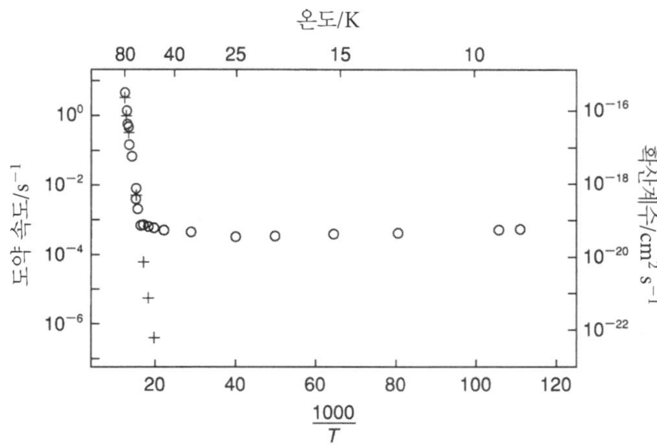

그림 9.10 ▶ Cu(100) 표면에서의 중수소 원자와 수소 원자의 표면 확산. +는 중수소 원자, ○는 수소 원자. STM으로 직접 관측하여 측정.

은 그보다 긴 사슬이 관찰되어, CO–CO 사이에 인력 상호작용이 작용한다는 것이 밝혀졌다. 독립한 CO 분자에 대한 확산 장벽 및 확산계수의 지수 앞 인자는 각각 97 mV 및 2.5×10^{-8} cm^2 s^{-1}로 측정되었다. 또, 수소 원자의 표면 확산도 보고되었는데, Cu(110) 표면에서 H 원자와 D 원자의 표면 확산이 9~80 K 사이에서 관측되었다(그림 9.10). H 원자의 도약 속도는 9~60 K 사이에서는 변하지 않고, 60 K 이상에서는 Arrhenius 법칙에 따라 증가한다. 한편, D 원자의 경우 그와 같은 전이는 발견되지 않고 Arrhenius 법칙을 따른다. 이 결과는 보다 가벼운 H 원자의 경우 60 K 이하의 온도에서 열적 활성화 메커니즘에서 터널링 메커니즘으로 변화한다는 것을 의미한다. D 원자의 경우 이와 같은 터널링은 발생하지 않는다.

9.7 단일 분자의 진동 분광법

STM 탐침을 이용하면 단일 흡착 분자의 진동 분광이 가능한데, 그림 9.11은 Ho 등이 측정한 Cu(110) 표면에 흡착시킨 아세틸렌의 진동 스펙트럼이다. 아세틸렌의 CH 신축 진동에 대응하는 피크(358 mV, 1 mV = 8.065 cm^{-1})를 검출하였고, C_2D_2에서는 동위원소 이동(266 mV)이 확인되었다. 이 기법을 **비탄성 전자 터널링 분광법**(inelastic electron tunneling spectroscopy, **IETS**)이라고 부른다. 터널링 전자의 에너지가 진동 모드의 에너지와 같아질 때 터널링 전자의 에너지가 손실되는데, 그 결과 변화하는 터널링 컨덕턴스 d^2I/dV^2

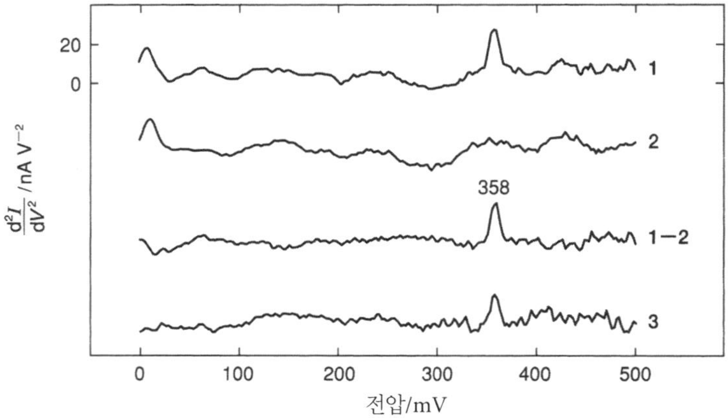

그림 9.11 ▶ Cu(110) 표면에 흡착시킨 아세틸렌의 진동 스펙트럼. 1과 2는 각각 아세틸렌 및 구리 원자 위에 탐침을 고정. 1−2는 차이 스펙트럼(difference spectrum). 3은 별도의 탐침을 이용해 다른 변조 전압에서 측정한 스펙트럼. [B. C. Stipe *et al.*, *Science*, **280**, 1732(1998)]

를 조사하는 원리이다. 실험에서는 분자가 확산하지 않을 정도의 저온(8 K)에서 흡착 분자의 바로 위에 STM의 탐침을 고정시킨 후, 터널링 전압 *V*를 소인(sweep)하여 터널링 컨덕턴스의 변화를 lock-in 검출한다.

9.8 Metal-on-Metal Epitaxy

금속 표면에 대한 금속 원자 증착 및 금속 박막의 형성 등은 metal-on-metal epitaxy라고 불린다. STM 관찰을 통해 박막의 구조, 형태(morphology) 및 성장 메커니즘의 이해도가 현저히 상승하였는데, 주기성을 갖지 않는 스텝 엣지, 불순물 및 전위(dislocation)의 존재가 막성장의 속도론 및 열역학적 성질에 뚜렷한 영향을 미친다는 것이 밝혀졌다. 그림 9.12는 293~629 K의 Fe(110) 표면상에 Fe 원자를 일정 속도로 증착했을 때 형성되는 Fe 아일랜드를 나타낸다. 정사각형 모양의 아일랜드가 형성되는데, 그 크기가 시료 온도의 상승과 함께 커지는 것을 볼 수 있다. 그 원인은 시료 온도가 높아지면 증착된 Fe 원자의 표면 확산이 용이해져 Fe 아일랜드의 스텝 엣지에 수용될 확률이 높아지기 때문이다. 아일랜드의 크기와 밀도는 Fe 원자의 표면 확산의 활성화 에너지, 아일랜드 주위의 Fe 원자의 결합 에너지, 증착 속도 및 온도 등에 따라 결정된다.

metal-on-metal 성장양식에는 여러 종류가 있다. 실온에서 Ru(0001) 표면상에 Au 원자를 증착시키면, 그림 9.13과 같이 가지가 넓게 뻗어가는 프랙탈

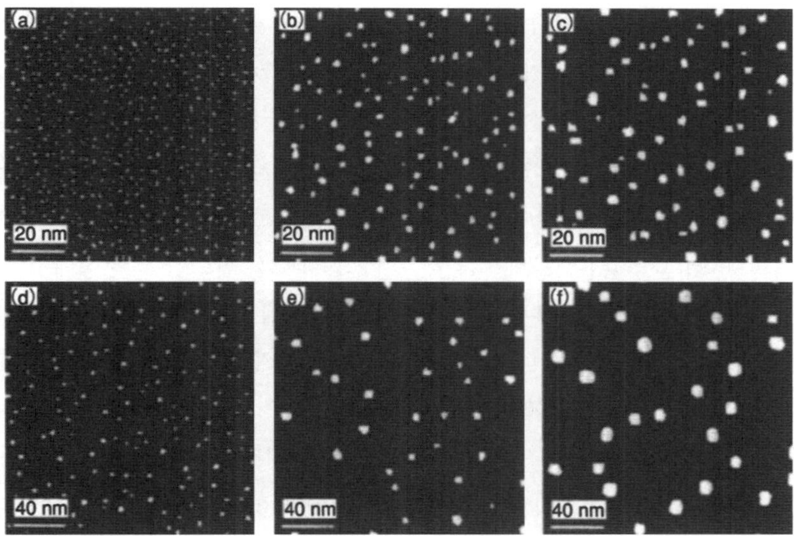

그림 9.12 ▶ Fe(100) 표면상에 증착한 Fe 아일랜드의 STM 상. 시료 온도는 (a) 293 K, (b) 381 K, (c) 436 K, (d) 529 K, (e) 574 K, (f) 629 K. [J. A. Stroscio and D. T. Pierce, *Phys. Rev.*, **B49**, 8522(1994)]

그림 9.13 ▶ Ru(0001) 표면상에 Au 원자를 증착했을 때의 STM 상. 실온에서 실험.

모양이 관찰된다. 이는 속도론적 이유에 따른 것으로, 표면 확산이 느려지는 저온에서 Au 원자로 구성된 가지 부분에 있는 원자가 쉽게 확산하지 못하고, 아일랜드의 모서리는 열역학적으로 안정한 선형으로 평활화(smoothing)하지 않는다(프랙탈 가지가 메워지지 않는다). 가열하면 가지 형태의 구조는 소실되어 원형의 아일랜드가 된다.

불순물의 존재도 성장양식을 변화시킨다. Ru(0001) 청정표면에 Au 원자를 증착하는 경우, 1층의 Au는 2차원적으로 표면을 덮고 2층부터는 3차원적으로 성장하는데, 산소를 흡착시킨 Ru(0001) 표면에서는 다른 성장양식을 보인다. 즉 Au의 아일랜드가 산소를 p(2×1)의 아일랜드로 압축시키며 Au 원자의 표면 확산 속도가 감소한다. 그 결과 핵생성 속도가 세 자릿수 정도 증가하며, Au는 1층부터 3차원적으로 성장한다. Pt(111) 표면에 대한 Pt 호모에피택시(homoepitaxy)의 경우에도 증착 전에 흡착시킨 산소가 막성장에 뚜렷한 영향을 미친다. 또한 층마다 표면 구조가 다른 성장양식도 있다. Ru(0001) 표면상에 격자 상수가 5.5% 다른 Cu 원자를 증착시키면, 격자 상수의 불일치에 따른 뒤틀림을 층별로 완화하기 위해 1층은 기판의 구조와 일치하게 되는데, 2층은 줄무늬(stripe) 구조, 3층은 삼각형이 망 형태(network)로 퍼진 구조, 4층은 두 개의 삼각 격자가 겹쳐진 모아레 무늬(Moiré pattern)가 나타난다.

9.9 금속 표면의 물 분자

전이금속 표면과 물 분자의 상호작용은 전기화학, 태양에너지 교환, 부식화학, 불균일 촉매 등의 관점에서 매우 중요하다. 이들 현상을 이해하는 데 있어 열쇠를 쥔 것은 고체 표면 부근에 존재하는 물 분자의 거동이다. 금속 표면에 대한 물 분자의 흡착 상태를 밝히기 위해서 여러 가지 실험 기법을 활용한 연구가 진행되어 왔다. 최근에는 STM이나 방사광을 이용한 실험을 통해 미시적 · 국소적인 정보를 정밀하게 얻을 수 있게 되었다. 나아가 대규모의 **제1원리 계산**(first-principles calculation)에 기초하는 이론 연구에 의해 분자의 전자 상태와 동역학이 밝혀지고 있다.

전이금속의 fcc(111)나 hcp(0001) 표면에 대한 물 분자의 흡착 상태와 얼음 성장은 금속 표면에 성장한 물 단분자층의 원형(prototype)으로서 연구되어

그림 9.14 ▸ 육방정계 얼음의 구조 모델. 산소 원자의 위치만 표시.

표 9.3 ▸ 금속 표면의 격자 상수와 육방정계 얼음의 기저면의 격자 상수 차이

금속 표면	$\sqrt{3}a$/Å	격자 상수 차이/%
Ni(111)	4.31	−4.6
Ru(0001)	4.69	3.8
Rh(111)	4.66	3.1
Pd(111)	4.76	5.3
Pt(111)	4.80	6.2

왔는데, 이는 기판과 육방정계 얼음(Ih)의 기저면(basal plane, 그림 9.14)의 격자 정합이 비교적 양호하다는 점에 기인한다. 표 9.3에 대표적인 금속 표면의 격자 상수와 육방정계 얼음의 기저면의 격자 상수 차이를 나타내었다.

이들 표면에 성장시킨 물 단분자층의 구조로서 최초로 제안된 것은 육방정계 얼음의 기저면을 잘라낸 형태의 이중층(bilayer) 모델이다(그림 9.15a). 이 모델은 얼음 표면과 마찬가지로 산소 원자의 위치가 지그재그인 구조로서 아

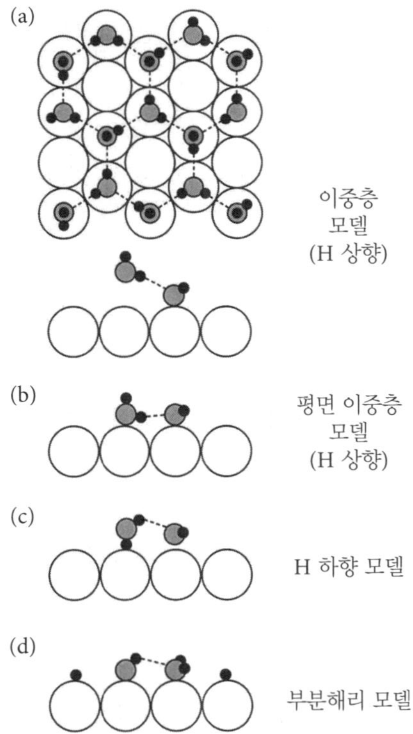

그림 9.15 ▸ fcc(111) 표면에 흡착한 물 단분자층 모델.

래 절반의 물 분자에서는 산소 원자의 비공유 전자쌍이 금속 원자에 배위하고 있다. 한편, 위 절반의 물 분자는 수소 결합하지 않고 진공 쪽으로 돌출된 OH 결합을 갖고 있다(H 상향 모델). 또한 수소 결합에 관여하는 수소 원자의 위치는 무질서하다고 생각되고 있다. 많은 기판상에서 $(\sqrt{3}\times\sqrt{3})R30°$의 초구조가 저에너지 전자 회절(low energy electron diffraction, LEED)을 통해 실험적으로 관찰됨으로써 이 모델이 기본구조인 것으로 생각되어 왔다. 이후 LEED의 상세한 해석을 통해 단분자층 내에서는 단순한 이중층 모델과는 다르게 산소 원자의 위치가 거의 평면적이라는 것이 밝혀졌다(그림 9.15b).

최근, 방사광 분광법 및 이론 계산 연구를 통해 Pt(111) 표면의 물 단분자층에 대한 새로운 구조 모델이 제안되었다. 상향 OH를 가진 물 분자층과 다르게 OH는 기판을 향해 금속 원자와 상호작용하며 흡착 에너지를 벌고 있는 듯하다(H 하향 모델, 그림 9.15c). 이 모델에서 산소 원자는 거의 평면적으로 배열하고 있다. 한편, Rh(111) 표면의 경우 H 하향인 종은 $(\sqrt{3}\times\sqrt{3})R30°$의 초구조를 취하나, 덮임률이 증가하면 H 상향인 종이 나타나 두 흡착종이 공존하게 된다는 것이 밝혀졌다. 또 Ru(0001) 표면의 물 분자는 일부 해리하여 흡착하고 있다는 모델이 이론 계산을 바탕으로 제안되었는데(그림 9.15d), 물 분자는 비해리 상태로 흡착하고 있다는 실험 결과도 존재한다. 이처럼 전이 금속 표면에 대한 물 단분자층의 구조에는 표면의존성이 있어, 지금도 명확하게 밝혀지지 않은 부분이 많다.

금속 표면에 대한 물 분자의 흡착, 확산, 탈착 과정에 대해서도 활발한 연구가 진행되고 있다. 승온 탈착(TPD) 스펙트럼으로부터 금속 기판의 얼음 박막(다층막)의 탈착에 대한 활성화 에너지를 가늠하면 약 50 kJ mol^{-1}로서 얼음의 승화열과 잘 일치한다. 얼음의 승화열은 평균적으로 1분자당 2개의 수소 결합을 끊는 에너지와 같으므로, 수소 결합 1개당 약 25 kJ mol^{-1}의 에너지를 갖는다고 추정할 수 있다. 제1층 물 분자에 대해서는 다층막의 경우보다 복잡하다. 왜냐하면 물 분자간의 수소 결합뿐만 아니라 기판과의 화학적 상호작용이나 van der Waals 상호작용과 같은 여러 상호작용이 복잡하게 얽혀 있기 때문이다. Pt(111)과 Rh(111)의 경우 표면이 '젖는다'는 것이 알려져 있으나, 금속 표면과의 상호작용이 약한 경우에는 '젖지 않고' 물 분자는 삼차원적으로 성장한다(6.6절 참조).

최근에는 싱크로트론 방사광 및 제1원리 계산을 이용, 전기화학의 미시 과정을 밝히기 위해 금속 단결정 표면을 전극으로 하여 고체-액체 계면에서의 물 분자의 거동이 연구되고 있다. 예를 들어 금속 표면에 음의 전압을 걸면, OH가 금속 표면을 향해 있는 물 분자가 고밀도로 2차원 배열하는 현상 등이 규명되고 있다. 이와 같이 최신 실험과 이론을 양 축으로 전기화학의 분자론이 확립되어가고 있다.

9.10 뜨거운 원자

표면 반응에서 반응열 등의 에너지가 손실되는 과정은 표면 반응의 메커니즘을 논의함에 있어 중요하다. Al(111) 표면에서의 산소 분자 해리에서, 높은 에너지를 가진 산소 원자의 존재가 시사되고 있다. 즉, 산소 원자의 확산을 무시할 수 있는 온도에서, 해리로 생성된 산소 원자를 STM으로 관찰하면 2개의 산소 원자가 8 nm 이상 떨어져 위치한다는 것이 밝혀졌다. 이 결과는 산소 분자 해리의 활성화 장벽을 막 넘은 고에너지 산소 원자(hot atom)가 그 에너지를 알루미늄 표면으로 이동시키지 않고 산소 원자의 운동 에너지로 변환하고 있음을 의미한다.

Pt(111) 표면에서도 뜨거운 산소 원자의 존재가 주목받고 있다. 산소의 표면 확산을 무시할 수 있는 온도(106~150 K)에서 Pt(111) 표면에서의 O_2 해리흡착을 조사한 결과, 흡착으로 생성된 산소 원자가 Pt 최근접 거리의 평균 2배 이상의 간격으로 존재한다는 것이 밝혀졌다. 해리 시에 비평형인 과정이 진행되고 있다고 할 수 있다. 같은 표면에서 산소 원자의 확산도 연구되고 있는데, 확산 장벽은 0.43 eV, 지수 앞 인자는 $10^{-6.3}$ cm^2 s^{-1}로 구해졌다.

› Panel 주사 터널링 현미경

주사 터널링 현미경(scanning tunneling microscopy, STM)은 시료와 탐침 사이에 흐르는 **터널링 전류**(tunneling current)가 일정하도록 표면을 주사(scan)함으로써 시료의 구조와 전자 상태에 대한 정보를 원자 분해능으로 얻는 현미경 기법이다.

두 금속(탐침과 시료) 사이에 흐르는 터널링 전류는 다음과 같이 설명할 수 있다. 제4장에서 설명한 바와 같이 금속의 Fermi 준위(그림 1c와 d의 회색 부분 상단)에 있는 전자는 밖으로 끄집어내기 쉽고, 끄집어내는

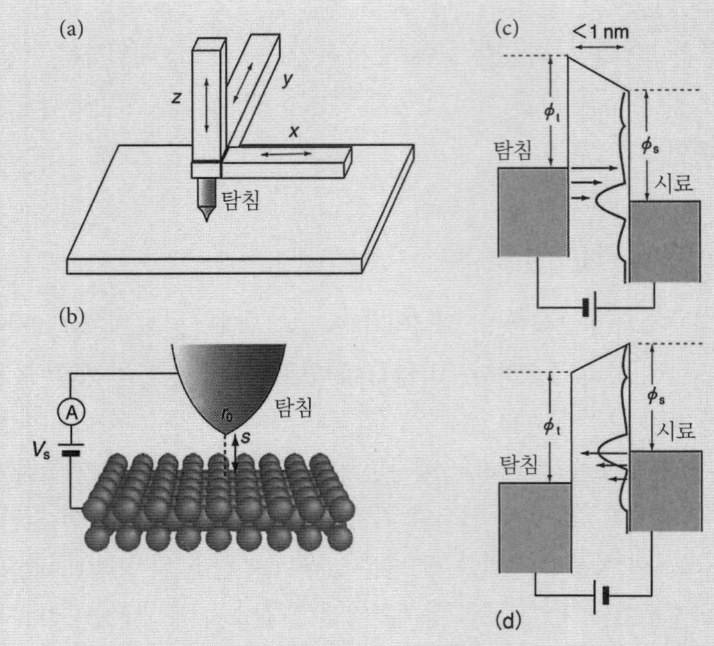

그림 1. ▶ STM의 원리도.

데 필요한 에너지에 해당하는 일함수 ϕ는 물질의 종류나 면에 따라 다르다. 따라서 종류가 다른 금속은 이 에너지 장벽의 높이가 달라 Fermi 준위의 위치가 다른데, 두 금속을 도선으로 연결하면(같은 전위로 만든다) Fermi 준위가 일치되도록 전류(전자)가 도선을 흐르게 된다. 바닥에 구멍을 뚫어 튜브로 연결한 두 양동이의 수면 높이가 같아지는 원리와 비슷하다. 이것이 바이어스 전압 0 V인 상태로, 이때는 두 금속을 아무리 접근시켜도 터널링 전류는 흐르지 않는다. 양동이 비유에서 튜브의 중간에 양수펌프를 붙이면 한 쪽 양동이의 수면 위치를 높일 수 있다. 이것이 바이어스 전압을 건 상태로서 시료 쪽에 양의 전압을 걸면 시료 내의 전자는 에너지가 감소하고(그림 1c), 음의 전압을 걸면 역으로 증가한다(그림 1d). 이와 같이 탐침과 시료의 Fermi 준위의 상대적 위치를 변화시켜 양쪽을 1 nm 정도로 접근시키면, 양자역학적 효과에 의해 터널링 전류가 흐른다. 금속 내 전자는 고체 내부에 '가두어져' 있으나 전자의 파동함수는 벽 속, 즉 표면에서 진공으로 근소하게 스며 나온다. 양쪽에서의 파동함수의 스며 나옴이 겹쳐지기 시작하는 것이 1 nm 정도로, 전자가 차 있는 궤도에서 빈 궤도로 전자가 터널링하는 것이다. 이때 터널링 전류를 식으로 나타내면 다음과 같다.

$$I_t \propto \int_0^{eV_s} n_s(\boldsymbol{r}_0, E)n_t(E - eV_s)T(E, eV_s)\mathrm{d}E \qquad (1)$$

단, 여기서 T는 다음과 같다.

$$T(E, eV_s) = \exp\left(-Cs\sqrt{\frac{\phi_s + \phi_t}{2} + \frac{eV_s}{2} - E}\right) \qquad (2)$$

여기서 n_s와 n_t는 각각 시료, 탐침의 국소 전자 상태 밀도(LDOS, 전자의 터널링에 사용할 수 있는 궤도의 수밀도에 해당)를, T는 시료-탐침 사이에 있는 장벽에 대해 전자가 터널링하기 쉬운 정도를 나타낸다. 식 (2)에서 T는 시료-탐침 사이의 거리 s에 대한 지수함수로, 따라서 터널링 전류 I_t도 s에 대하여 지수함수적으로 변화한다. 실제로 W 탐침을 +50 mV인 Au 표면에 대해 0.65 nm → 0.53 nm로 0.1 nm 정도 접근시키는 것만으로 터널링 전류는 0.1 nA → 1 nA로 10배 가량 증가한다. 이처럼 큰 거리 의존성이 STM이 높은 수직 분해능을 갖는 이유이다. 원자 한 개 크기만큼의 차이로도 터널링 전류의 크기의 자릿수가 변할 정도이므로, 평탄한 표면을 관측하는 경우 탐침은 적당히 뾰족하면 충분하다. 통상 전해 연마(electropolishing) 등으로 예리하게 한 금속 탐침(W나 Pt/Ir제)이 사용된다. 전압 인가에 의해 신축하여 10 pm 정도의 위치 정밀도를 갖는, 피에조(piezo)라 불리는 압전 소자를 스캐너로 사용하면(그림 1a), 터널링 전류가 일정하도록 시료-탐침 사이의 거리를 조절하며 탐침으로 표면을 주사(scan)하여 원자 분해능 상을 얻을 수 있다(그림 1b). 이로서 표면의 '구조'를 관찰할 수 있는 것으로 알려져 있지만, 실제로는 거리뿐만 아니라 LDOS에도 의존한다는 것에 주의해야 한다. STM으로 관찰된 농담(진하기)이 표면 구조의 요철을 반영하고 있지 않은 경우도 많다.

한편, 식 (1)과 같이 터널링 전류가 바이어스 전압에 따른 시료의 LDOS(n_s)를 반영하므로, 탐침의 위치를 고정하고 바이어스 전압을 변화시켰을 때의 터널링 전류를 기록하면 LDOS에 대응하는 스펙트럼을 얻을 수 있다. 이와 같은 조작을 각 측정점에서 수행한 것을 주사 터널링 분광법(STS)이라고 부른다. LDOS에 대응하는 피크가 나타나는 것이 $\mathrm{d}I/\mathrm{d}V$ 또는 $(\mathrm{d}I/\mathrm{d}V)/(I/V)$이기 때문에, 이와 같은 형식으로 표현하는 경우도 많다.

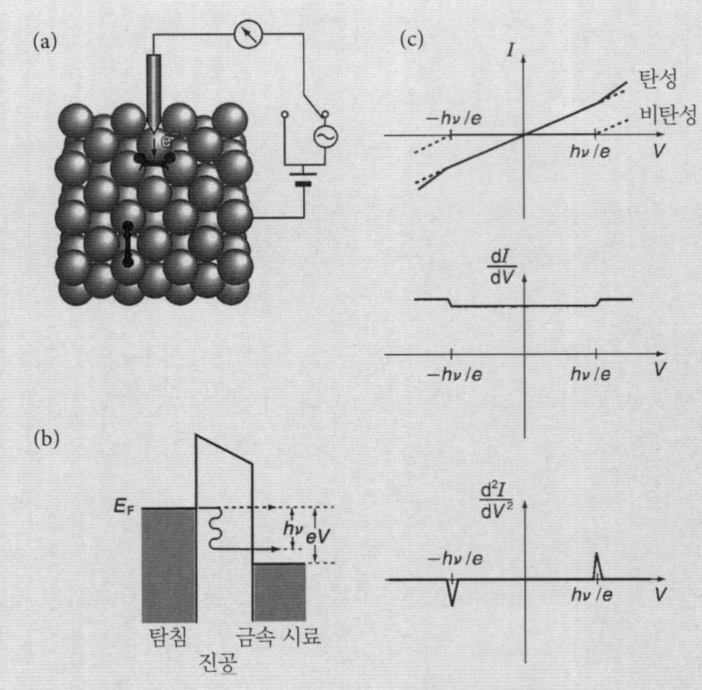

그림 2. ▶ STM-IETS의 측정 개념도.

9.7절에서 소개한 바와 같이 최근 STM을 이용해 금속 표면에 흡착한 단일 분자의 진동 분광이 가능해지게 되었다. IR이나 Raman 분광법과 같은 진동 분광법을 STM으로 관찰한 1분자에 대해서 수행할 수 있는 것이다. 제6장 첫 번째 〉Panel 에서 기술한 바와 같이 분자가 흡착한 표면에 저속 전자를 입사시키면 분자의 진동을 여기시켜 전자는 그만큼 에너지를 잃고 산란하게 된다. 이 여기를 터널링 전자로 수행하는 것이 **비탄성 전자 터널링 분광법**(inelastic electron tunneling spectroscopy, STM-IETS)이다. 그림 2a와 같이 측정하고자 하는 분자의 바로 위에 탐침을 고정하고 바이어스 전압을 소인하면, c에 나타낸 것처럼 어떤 전압을 임계치로 전류의 증가율이 변화한다. 이는 그림 2b와 같이 STM 탐침에서 분자를 그냥 지나쳐 금속 기판에 터널링하는 경로에 더하여, 터널링 전자가 분자의 진동을 여기하여 전자를 잃고 나서 금속 기판에 터널링하는(비탄성 터널링) 경로가 생성됨으로써 터널링 전류가 증가하기 때문이다. 이 전압의 임계치는 분자를 진동여기할 수 있는 최소 에너지에 해당한다. 그림 2c에 나타낸 것처럼 터널링 전류를 바이어스 전압에 대해 1회 미분하

면 임계치에 해당하는 지점에서 단차가 생기고, 2회 미분하면 피크가 생긴다. 따라서 이 피크의 위치는 분자의 진동여기를 일으키는 에너지이다. 터널링 전류를 수치적으로 2회 미분하면 노이즈가 커지기 때문에, 바이어스 전압에 각진동수 ω의 사인파 변조를 더해 터널링 전류의 2ω 성분을 lock-in 증폭기로 계측하면, 아래 식 (3)으로부터 터널링 전류의 2회 미분을 측정할 수 있다는 것을 알 수 있다.

$$
\begin{aligned}
I(V_0 + \Delta V \sin \omega t) &= I(V_0) + \frac{\mathrm{d}I}{\mathrm{d}V}\Delta V \sin \omega t \\
&\quad + \frac{1}{2}\frac{\mathrm{d}^2 I}{\mathrm{d}V^2}(\Delta V \sin \omega t)^2 + \ldots\ldots \\
&= I(V_0) + \frac{\mathrm{d}I}{\mathrm{d}V}\Delta V \sin \omega t \\
&\quad + \frac{(\Delta V)^2}{4}\frac{\mathrm{d}^2 I}{\mathrm{d}V^2}(1 - \cos 2\omega t) + \ldots\ldots \quad (3)
\end{aligned}
$$

이와 같은 계측을 통해 얻은 결과에 대해서는 9.7절을 참조하기 바란다.

연습 문제

9.1 금속의 d-밴드 중심이 Fermi 준위에서 멀어질수록 산소 원자의 흡착 에너지가 작아진다고 알려져 있다. 산소 원자와 d-밴드의 혼성을 고려해서 그 이유를 그림을 그려 기술하시오.

9.2 일반적으로 Ni 표면의 결함 부위(스텝 및 킹크)에서는 CO 분자가 해리하기 쉽다고 알려져 있다. 평탄한 Ni 표면과 결함 부위에서 전자 상태가 어떻게 다른지 기술하시오.

9.3 금속 표면에 분자나 원자가 흡착하면 금속 원자의 표면 확산이 뚜렷해지는 경향이 있다. 그러한 예를 제시하시오.

9.4 금속 표면에서 분자의 해리나 탈착에 관해 열적 비평형인 현상을 제시하시오.

9.5 금속의 표면 제1층과 제2층의 원자층 간격은 벌크 내부의 원자층 간격보다 작은 경향이 있다. 그 이유를 기술하시오.

제 10 장

반도체 표면의 화학

반도체 표면의 화학과 금속 표면의 화학 사이에는 공통점과 차이점이 공존한다. 이는 반도체의 경우 공유 결합이나 이온 결합을 통해 원자가 결합하고 있다는 점에 기인한다. 금속 단결정 표면에 관한 기초 연구와 촉매 반응 및 전기화학은 온도나 압력 등에서 상당한 차이가 있으나, 반도체 단결정 표면에 관한 기초 연구는 현대 문명을 지탱하는 반도체 소자의 공정과 직접적으로 연결되어 있다.

이 장에서는 나노 과학 및 나노 기술과 밀접하게 관련된 반도체 표면의 화학 과정에 대해 학습한다.

10.1 반도체 소자의 역사와 표면 · 계면 연구

현대 문명사회는 반도체 소자 없이는 성립하지 않는다고 표현할 수 있을 만큼 우리 주변의 모든 곳에 다이오드, 트랜지스터 및 이를 집적화시킨 IC와 LSI가 이용되고 있다. 반도체 소자의 역사는 1948년, 미국의 벨(Bell) 연구소의 Shockley, Bardeen, Brattain에 의한 Ge 점 접촉형 트랜지스터의 발명에서 시작한다. 그 후 Shockley에 의한 접합형 트랜지스터의 발명(1949), Si 트랜지스터의 등장(1956), 전계효과형 트랜지스터(FET)의 발명(1957)이 이어졌다. 반도체 기판에 복수의 소자를 복합화시킨 집적회로(IC)의 기초가 되는 아이디어와 요소 기술은 Kilby(2000년 노벨물리학상), Noyce, Moore 등에 의해 1957~1958년에 탄생했다. 그 후 Si 기판에 안정한 SiO_2를 형성시켜 금속을 접합한 MOS(metal-oxide-semiconductor) 소자 구조(1962) 등의 요소 기술 개발을 거쳐, 반도체 소자의 고도화 · 미세화는 현재도 진화를 거듭하고 있다.

최근에는 MOS-FET 트랜지스터 구조의 최소 크기가 100 nm를 극복하였고, 게이트 산화막의 막 두께도 10 nm 이하가 되어, 말 그대로 '나노 테크놀로지'의 영역에 들어와 있다. 반도체 소자의 특성과 성능은 표면 · 계면의 구조, 전자 상태, 결함 등과 밀접하게 관계되어 있어, 반도체 표면 및 계면 연구는 반도체 소자의 개량과 개발에 필수 불가결하다. 특히 나노 스케일의 소자 구조를 구축하는 경우에 원자 수준에서 구조를 제어하는 기술의 필요성이 커지고 있으므로 반도체 표면의 에칭, 수소 종단화, 산화, 질화, 증착 등의 표면화학 반응을 소반응부터 이해하는 것이 중요해지게 되었다. 한편, 지향성(指向性)이 높은 결합으로 연결되어 밴드 갭을 갖는 반도체의 표면화학은 금속 표면과는 다른 특징을 가지며, 기초과학적인 측면에서도 매우 흥미로운 주제이다. 이 장에서는 반도체 표면의 구조, 전자 상태, 반응의 기초에 대해 설명한다.

10.2 반도체의 결정 구조

반도체의 성질에 대해서는 이미 제4장에서 학습하였다. 반도체는 밴드 갭이 절연체보다 좁아서 이종 원자의 도핑을 통해 캐리어 수를 실온(300 K)에서 10^{10}에서 10^{20}개까지 제어할 수 있다. 많이 이용되는 반도체의 결정 구조를 그림 10.1에 나타내었다. 이 3개의 결정 구조는 사면체 구조를 기본으로

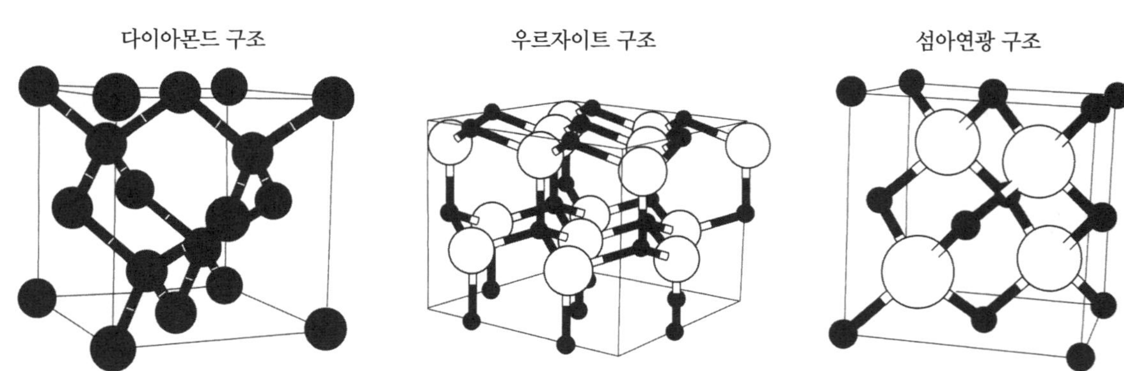

그림 10.1 ▶ 대표적인 반도체의 결정 구조. IV족 반도체(C, Si, Ge)는 다이아몬드 구조를 취한다. 청색 발광 다이오드의 재료인 GaN은 우르자이트(wurtzite) 구조, GaAs는 섬아연광(sphalerite) 구조이다.

함에 주의하자.

10.3 반도체 표면의 구조와 전자 상태

Ⅳ족 반도체인 C, Si, Ge 등은 다이아몬드 구조를 취한다(그림 10.2). 각 원자는 정사면체의 꼭짓점 방향에 위치하는 4개의 최근접 원자로 둘러싸여 있으며, 원자들은 공유 결합을 형성하고 있다. Pauling의 원자가 결합이론으로 표현하면, sp^3 혼성 궤도가 이웃한 원자의 sp^3 혼성 궤도와 상호작용하여 결합성 궤도와 반결합성 궤도로 분열하여, 각각 원자가띠와 전도띠를 형성한다. 밴드 갭이 크면 다이아몬드와 같이 절연체가 되지만 갭이 작으면 Si나 Ge와 같이 반도체가 된다.

단결정을 어떤 결정축에 수직으로 절단하면 표면이 드러난다. 예를 들면, (111)축에 수직으로 절단했을 때에 노출되는 면을 (111)면이라고 부른다. 그림 10.2에 다이아몬드 구조의 벌크 결정을 절단했을 때에 노출되는 표면을 그렸다. 벌크를 절단한 그대로의 상태라면, 많은 **미결합선**[**불포화 결합**(dangling bond)]이 존재하여 표면 에너지는 상당히 높은(불안정한) 상태에 있게 된다.

다음으로 가장 전형적인 반도체인 Si 단결정의 실제 표면을 자세히 들여다보자. Si(111) 표면을 이온 스퍼터와 어닐링, 플러싱을 통해 청정화하면, 벌크 단결정을 그대로 절단한 Si(111)(1×1) 표면이 아닌 Si(111)(7×7) 재구성 표면이 얻어진다. 표면 부근 원자의 배치와 결합의 자리옮김(재조합)이 진행됨으로써 표면에 노출된 불포화 결합의 수를 줄이고 표면 에너지를 낮춘

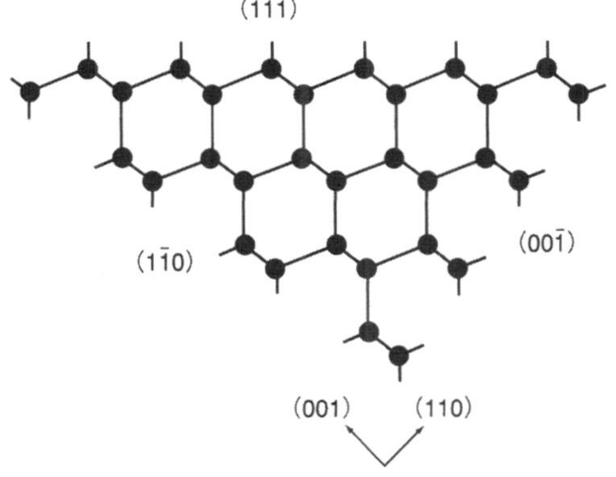

그림 10.2 ▸ 다이아몬드 구조의 벌크 절단면.

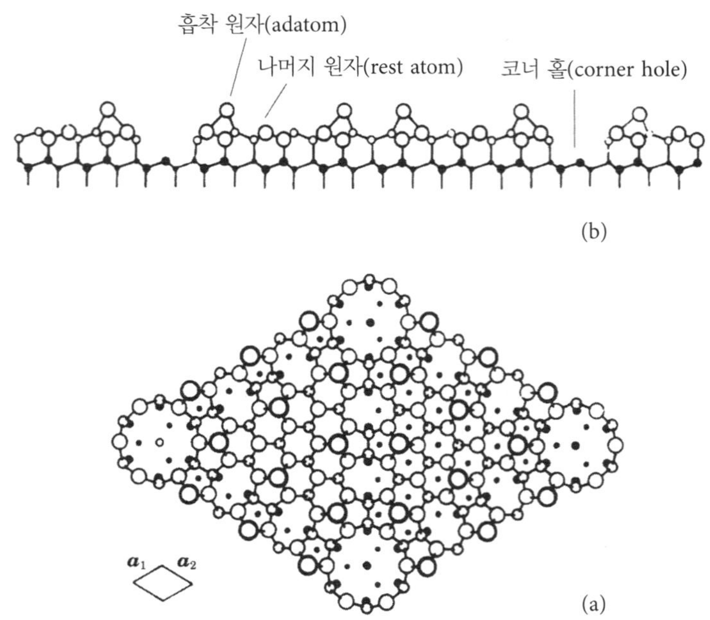

그림 10.3 ▶ DAS 모델. (a) 평면도, (b) 측면도. 왼쪽 소단위체(subunit)에는 적층 결함이 있다. [K. Takayanagi *et al.*, *Surf. Sci.*, **164**, 367(1985)]

다. 1959년 Schlier와 Farnsworth의 LEED에 의한 Si(111)(7×7) 구조의 발견 이래, 다양한 구조 모델이 제안되었다. 현재는 도쿄공업대학의 Takayanagi 등이 제안한 **DAS 모델**(dimer-adatom-stacking fault model)이 올바른 구조임이 확인되었다(그림 10.3 참조). DAS 구조는 가장 바깥층인 흡착 원자(adatom)층과 그로 덮인 나머지 원자(rest atom)층으로 구성된다. 나머지 원자층은 삼각형인 2개의 소단위체(subunit)로 이루어지며, 각각 이합체로 둘러싸여 있다. 소단위체의 모퉁이에는 코너 홀(corner hole)이 존재한다. 그림 10.3의 좌측 나머지 원자층에는 **적층 결함**(stacking fault)이 있다. (7×7) 단위세포 내에서 불포화 결합을 갖는 Si 원자는 흡착 원자층에 12개, 나머지 원자층에 6개, 코너 홀에 1개가 있다(총 19개). 벌크를 절단한 (1×1) 표면에서는 같은 면적 내에 49개의 불포화 결합이 존재하게 되므로, DAS 구조로 재구성함으로써 불포화 결합의 수가 크게 감소해 표면 에너지를 감소시킨다. 한편, 이합체와 흡착 원자에서는 결합의 방향이 정사면체 방향에서 어긋나게 되므로 탄성 에너지가 증가한다. 표면 에너지 저하와 탄성 에너지 증가의 손익을 따졌을 때, 결과적으로 전체 에너지가 최소가 되는 방향으로 재구성 구조가 결정된다.

주사 터널링 현미경(STM)을 사용하면 이 불포화 결합을 실공간으로 직접 구별할 수 있다. 또한 각 자리의 국소 전자 상태를 주사 터널링 분광법(STS)으로 측정할 수도 있다. 그림 10.4에 STM에 의한 토포그래피 상과 STM 측정법의 하나인 CITS 모드로 관측한 (7×7) 표면을 나타내었다. 여기서 그림 10.4b는 −0.35 eV인 흡착 원자 상태, c는 −0.8 eV인 불포화 결합 상태, d는 −1.7 eV인 백 본드(back bond) 상태를 추출해 이미징한 결과이다.

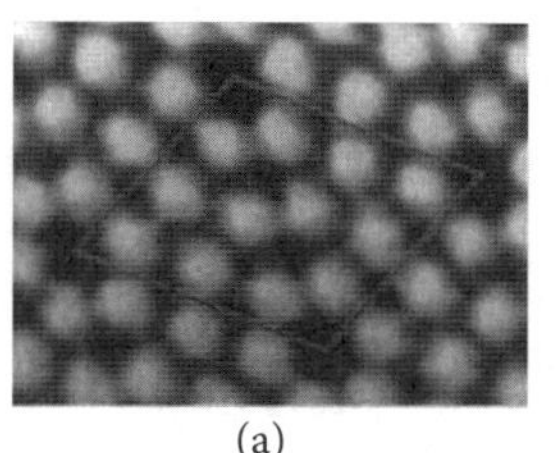

(a)

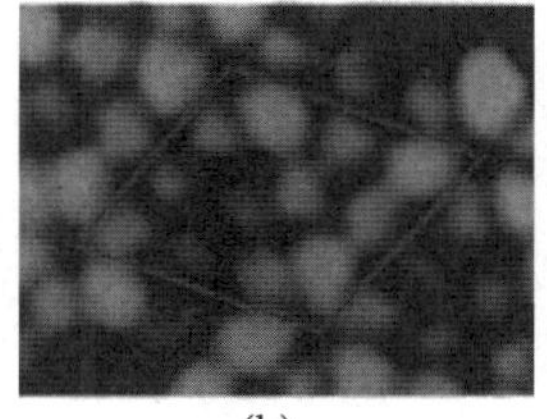

(b)

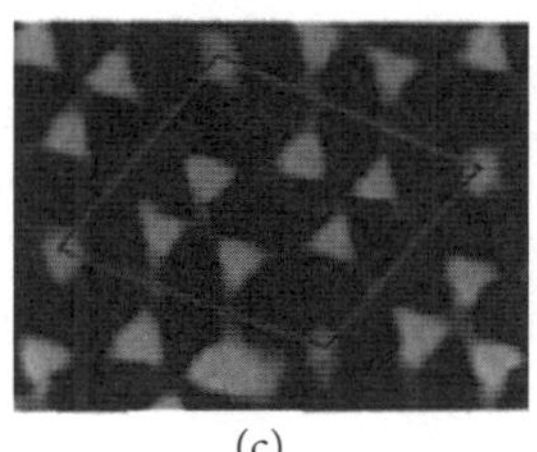

(c)

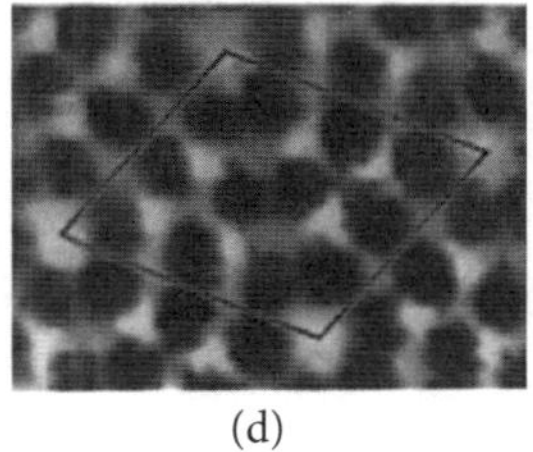

(d)

그림 10.4 ▶ Si(111)(7×7) 표면의 STM 토포그래피 상과 CITS 상. (a) 토포그래피 상, (b) −0.35 eV, (c) −0.8 eV, (d) −1.7 eV의 전자 상태를 추출한 CITS 상. [R. J. Hamers *et al.*, *Phys. Rev. Lett.*, **56**, 1972(1986)]

그림 10.5는 Si(100)(2×1) 및 Si(111)(7×7) 표면의 Fermi 준위 부근의 점유 상태와 비점유 상태를 각각 광전자 분광법 및 역광전자 분광법을 통해 관측한 스펙트럼이다. Si(111)(7×7) 표면에서는 점유 상태에서 3개의 피크가 관측된다. 또 비점유 상태에서는 2개의 피크가 관측된다. 수소 원자를 흡착시키면 이들 피크가 소실되므로 이들은 표면에 편재된 상태임을 알 수 있다.

나머지 원자 및 코너 홀의 점유 전자 상태는 흡착 원자와 비교해 에너지가 낮기 때문에, Pauli의 원리에 따라 전자를 채워 가면 먼저 점유된다. 즉, 19개의 불포화 결합에서 유래한 전자는 (7×7) 단위세포 내의 1개의 코너 홀과 6개의 나머지 원자의 상태에 먼저 들어간다(총 14개의 전자가 점유한다). 그리고 남은 5개의 전자가 12개의 흡착 원자에서 유래한 밴드를 점유한다. 따라서

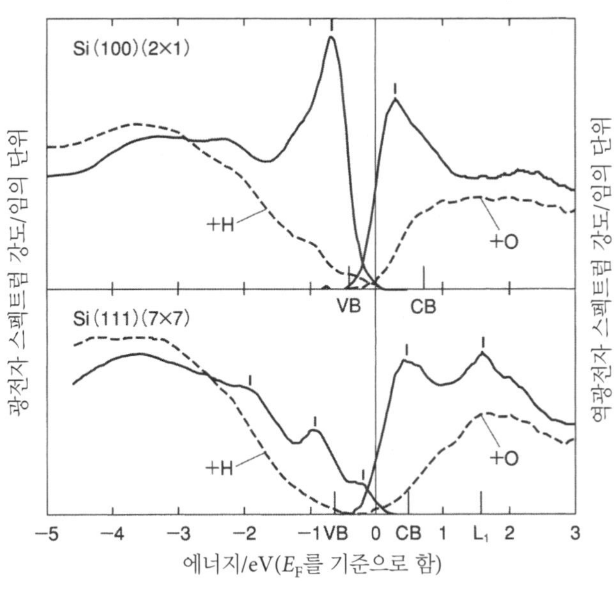

그림 10.5 ▶ 원자가띠 광전자 분광법과 역광전자 분광법에 의한 Si(100)(2×1) 및 Si(111)(7×7) 표면의 전자 상태. +H는 수소 흡착면, +O는 산소 흡착면으로, 모두 표면 상태 피크가 소실되었음을 알 수 있다. 또한 그림에서 VB는 원자가띠 상단, CB는 전도띠 하단을 나타낸다. [F. J. Himpsel and Th. Fauster, *J. Vac. Sci. Technol.*, **A2**, 815(1984)]

흡착 원자 밴드는 부분 점유 상태이며, Si(111)(7×7) 표면의 표면 전자 상태는 금속적이라고 할 수 있다. 이와 같이 Si(111)(7×7) 표면의 3종의 불포화 결합은 전자 상태가 다르기 때문에 화학 반응성도 다르다는 점에 주의하자.

다이아몬드 구조를 한 IV족 반도체의 (100) 표면의 재구성 구조는 이합체열(row) 구조를 갖는다. 벌크를 절단한 (100) 표면에는 원자 1개당 2개의 불포화 결합이 생성되는데, 이웃한 원자와 이합체를 형성함으로써 불포화 결합의 수를 반감해 표면 에너지를 낮춘다. 이때 결합의 방향은 정사면체의 꼭짓점에서 벗어나므로 탄성 에너지는 증가하지만, 전체 에너지에 대해서는 이합체 형성에 따른 감소분이 더 크다. 이합체의 구조를 자세히 들여다보면, C(100)에서는 대칭 이합체가 가장 안정한 구조이나 Si와 Ge에서는 비대칭 이합체 구조를 갖는다는 것이 알려져 있다. 그림 10.6a, c, e는 제1원리 전자 상태 계산에 따른 C(100), Si(100), Ge(100) 재구성 표면의 가전자밀도 분포이

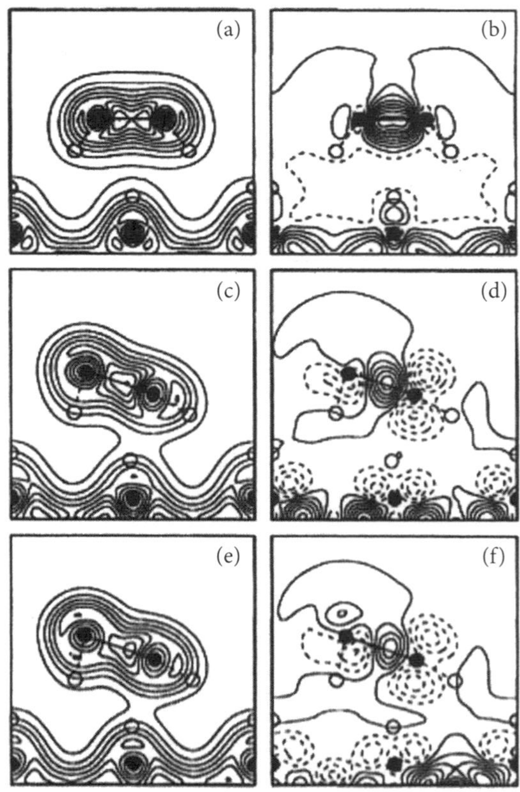

그림 10.6 ▶ 제1원리 전자 상태 이론 계산에 따른 C(100), Si(100), Ge(100) 재구성 표면의 이합체의 가전자 상태 밀도(a, c, e)와 전하차 분포(b, d, f). [P. Krüger and J. Pollmann, *Phys. Rev. Lett.*, 74, 1155(1995)]

다. 그림 10.6b, d, f는 이합체 형성에 따른 전하의 재배치를 원자의 가전자 분포와의 차로 표시하고 있다. C(100) 표면에서는 탄소 원자 사이에 가전자가 높은 밀도로 존재하여 이합체 내의 결합이 이중결합적(C=C)으로 되어 있음을 알 수 있다. 한편, Si(100)나 Ge(100) 표면에서는 비대칭 이합체의 형성에 의해 이합체가 기울어져, 하부 이합체 원자(Sd)에서 상부 이합체 원자(Su)로 전하 이동이 일어나고 있다. 그림 10.5에 나타낸 Si(100)(2×1) 표면의 광전자 분광법 및 역광전자 분광법에 의한 스펙트럼에서 E_F 기준 약 −0.7 eV의 피크는 점유된 상부 이합체 원자, E_F 기준 0.3 eV만큼 위의 비점유 피크는 하부 이합체 원자에 편재화된 상태에 귀속된다. 즉 Su는 전자 과잉, Sd는 전자 부족이며, 후술하는 바와 같이 서로 다른 화학 반응성을 나타낸다.

지금까지 반도체 기판으로 가장 많이 사용되는 실리콘을 예로 반도체 표면의 구조와 전자 상태에 대하여 기술하였다. IV족 반도체는 원자간 결합이 공유 결합이기 때문에 벌크를 절단한 이상표면은 표면 에너지가 높아 매우 불안정하다. 이에 탄성 에너지의 증가를 억제하며 불포화 결합의 수를 줄이는 (= 표면 에너지의 감소) 표면 재구성을 실현하고 있다. 화합물 반도체의 경우는 원자간 결합에 이온성을 포함한다. 표 10.1에 몇 가지 반도체 표면의 구조를 정리하였다. 대부분의 경우 청정표면은 초주기 구조를 나타내며 재구성한다. 그러나 모든 구조가 원자 수준에서 완전히 밝혀져 있지는 않다.

이어서 반도체 표면 중에서 가장 많은 연구가 진행되어 원자 수준에서 물성과 반응이 잘 알려져 있는 실리콘 표면을 예로 들어 자세히 설명한다.

표 10.1 ▸ 반도체 청정표면의 구조

반도체 표면	초주기 구조	표면 구조 모델, 특징	제작 방법 등
Si(111)	(2×1)	π 결합 체인 모델	벽개
Si(111)	(7×7)	DAS 모델	어닐링
Si(100)	(2×1) ⇄ c(4×2)	비대칭 이합체 모델	어닐링
Ge(111)	c(2×8)	흡착 원자 모델	어닐링
Ge(100)	(2×1) ⇄ c(4×2)	비대칭 이합체 모델	어닐링
GaAs(100)	c(8×2), c(4×4)		어닐링
GaAs(111)	(2×2)	양이온면(Ga 종단)	
GaAs($\bar{1}\bar{1}\bar{1}$)	(2×2)	음이온면(As 종단)	
InSb(100)	c(8×2), c(4×4)		
InSb(111)	(2×2)	양이온면	
InSb($\bar{1}\bar{1}\bar{1}$)	(2×2)	음이온면	

10.4 Si(100) 표면의 물성

10.3절에서 기술한 바와 같이 Si(100) 표면에서는 표면 에너지를 낮추기 위해 가장 바깥 쪽 실리콘 원자가 이합체를 형성하고, 이들이 열을 만들어 (2×1) 주기 구조를 형성한다. 대칭 이합체 구조보다도 비대칭 이합체 구조가 에너지 면에서 안정하다는 것이 Chadi의 밴드 계산을 시작으로 제1원리 계산을 통해 이론적으로 밝혀졌고, 실험적으로도 증명되었다.

200 K 이하의 저온에서는 비대칭 이합체 간 상호작용에 의해 이들이 지그재그로 배열해 c(4×2) 구조가 형성된다(그림 10.7).

실온에서 비대칭 이합체에서는 이합체가 기운 방향이 바뀌는 운동(flip-flop)이 열여기에 의해 무작위로 일어난다. 저에너지 전자 회절(LEED)과 STM으로 실온의 Si(100) 표면을 관찰하면 공간 평균 · 시간 평균으로 표면을 관측하기 때문에 (2×1) 구조가 관측된다. 그림 10.8의 a와 b에 저온과 실온의 LEED 상을 나타내었다. 약 200 K에서 일어나는 (2×1) 구조와 c(4×2) 구조 사이의 상전이는 2차의 규칙-불규칙 전이라는 것이 알려져 있다(그림 10.8c).

고분해능 전자 에너지 손실 분광법(HREELS)으로 측정한 Si(100)c(4×2) 청정표면의 진동 스펙트럼(포논)을 그림 10.9에 나타내었다. 이론 계산을 통해 얻은 포논 분산 관계와 비교함으로써 각 피크의 귀속을 결정할 수 있다. 이들 중에서 23 meV의 피크는 비대칭 이합체의 좌우 흔듦 모드(rocking mode)이다. 이 모드가 열에 의해 다중여기되어, 퍼텐셜 장벽(약 0.1 eV)을 넘으면 Su와 Sd가 좌우로 반전하는 flip-flop 운동이 일어난다(그림 10.10). 실

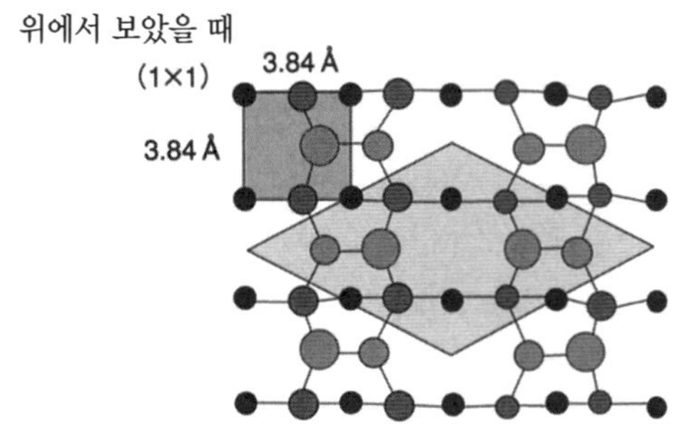

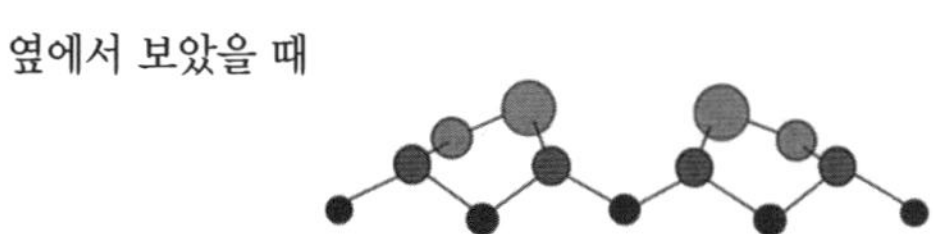

그림 10.7 ▸ **Si(100)c(4×2) 구조 모델 그림.** 마름모는 c(4×2)의 단위 세포를 나타낸다.

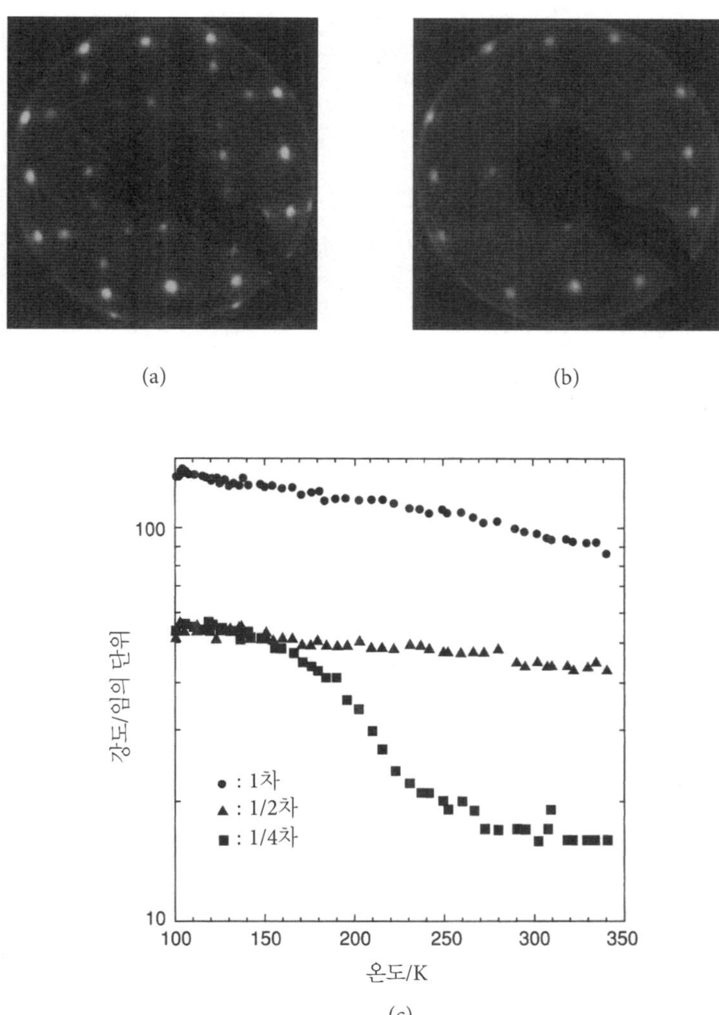

그림 10.8 ▶ LEED에 의한 Si(100) 표면의 관찰. (a) 90 K에서 Si(100)c(4×2)의 LEED 상, (b) 300 K에서 Si(100)(2×1)의 LEED 상. 입사 전압은 51 eV. (c) LEED 스팟의 온도에 따른 변화. 1/4차 스팟이 200 K를 경계로 고온 영역에서 급격히 감소한다.

온의 열에너지 $k_B T$는 약 25 meV이므로, 이 모드의 다중여기에 의해 장벽을 넘는 것이 충분히 가능하다.

10.5 Si(100) 표면에서의 화학 반응

실리콘 표면에는 지향성을 갖는 불포화 결합이 존재하며, 표면화학 반응에 중요한 역할을 한다. 전술한 바와 같이 표면에는 다른 전자 상태를 갖는 Si 원

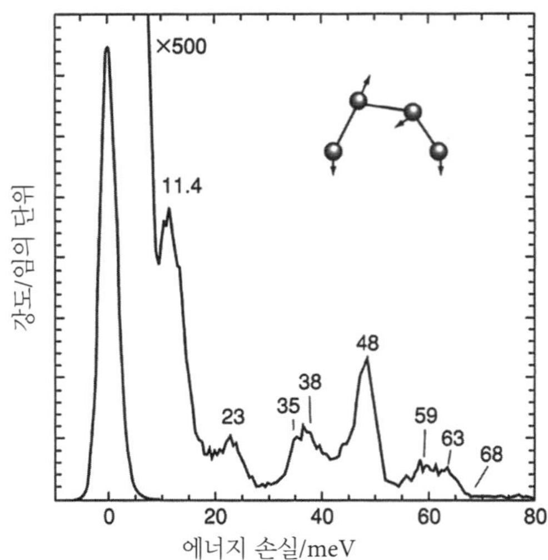

그림 10.9 ▶ Si(100)c(4×2) 청정표면의 HREELS 스펙트럼. 그림 내에 비대칭 이합체의 좌우 흔듦(rocking) 모드(23 meV)를 나타냈다. [J. Yoshinobu, *Prog. Surf. Sci.*, **77**, 37(2004)]

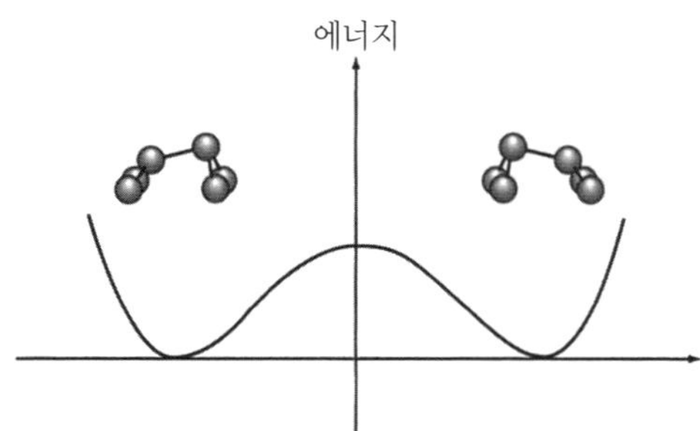

그림 10.10 ▶ Si(100) 표면의 비대칭 이합체의 퍼텐셜 에너지 모식도. 열여기에 의해 장벽(~0.1 eV)을 넘어, 퍼텐셜 극솟값을 오가는 flip-flop 운동이 일어난다.

자가 존재하며, 서로 다른 화학 반응성을 보이는 것으로 알려져 왔다.

실온에서 Si(100)(2×1) 표면에 대한 비교적 간단한 분자의 흡착 상태를 정리하면 다음과 같다.

$$NH_3 + Si(100)(2\times1) \longrightarrow H_2N{-}Si{-}Si{-}H \quad \textbf{(10.1)}$$

$$H_2O + Si(100)(2\times1) \longrightarrow HO{-}Si{-}Si{-}H \quad \textbf{(10.2)}$$

$$\underset{\text{알코올}}{R{-}OH} + Si(100)(2\times1) \longrightarrow RO{-}Si{-}Si{-}H \quad \textbf{(10.3)}$$

$$\underset{\text{포름산}}{HCOOH} + Si(100)(2\times1) \longrightarrow CHOO{-}Si{-}Si{-}H \quad \textbf{(10.4)}$$

$$(CH_3)_3N + Si(100)(2\times1) \longrightarrow :Si{-}Si:N(CH_3)_3 \quad \text{(Sd 자리에 선택적 흡착)} \tag{10.5}$$

$$CH_2{=}CH_2 \text{(에틸렌)} + Si(100)(2\times1) \longrightarrow \text{di-}\sigma \text{ 흡착} \tag{10.6}$$

$$\text{사이클로펜텐} + Si(100)(2\times1) \longrightarrow \text{di-}\sigma \text{ 흡착} \tag{10.7}$$

$$\text{벤젠} + Si(100)(2\times1) \longrightarrow \text{di-}\sigma \text{ 흡착, 버터플라이형 등} \tag{10.8}$$

암모니아, 물, 알코올, 포름산 등 분자 내에 비공유 전자쌍을 갖는 질소나 산소 원자를 포함한 수소화물은 해리흡착한다는 것이 표면 진동 분광법을 통해 밝혀졌다. 한편, 3차 아민인 트리메틸아민[$(CH_3)_3N$]이나 사슬형 불포화 탄화수소인 아세틸렌과 에틸렌, 또 사이클로펜텐(cyclopentene)이나 벤젠 등의 고리형 불포화 탄화수소는 분자상 흡착하는 것으로 알려져 있다.

10.5.1 Si(100) 표면에서의 Lewis 산-염기 반응

Si(100) 표면의 비대칭 이합체를 구성하는 원자 중 상부 이합체 원자(Su)는 전자 과잉이며, 하부 원자(Sd)는 전자 부족이다. 바꿔 말하면 비대칭 이합체는 양쪽성 이온적으로, 이것이 표면 반응에 중요한 역할을 한다. 전자 수용체 분자 또는 전자 공여체 분자가 표면에 접근했을 때, 각각 Su 또는 Sd와 선택적으로 상호작용한다. 전자를 받는 것은 Lewis 산, 전자를 공여하는 것은 Lewis 염기이므로, Su는 Lewis 염기, Sd는 Lewis 산으로 행동한다고 생각할 수 있다. 이 성질을 이용해 Lewis 산-염기 반응을 Si(100) 표면에 응용하면 여러 가지 분자를 표면에 화학 결합시킬 수 있다.

Lewis 염기인 유기 아민류를 실리콘 표면에 반응시켜, X선 광전자 분광법(XPS), 표면 적외선 분광법, 클러스터 계산 등을 통해 이들의 흡착 상태에 대한 연구가 수행되었다. 그 결과, 메틸아민과 디메틸아민은 $R_2N{-}Si{-}Si{-}H$의 형태로, 암모니아와 마찬가지로 해리흡착한다는 것이 밝혀졌다. 한편, 트리메틸아민[$(CH_3)_3N$, 이후 TMA로 약기한다)은 비해리 상태로 표면에 배위 결합한다는 것이 밝혀졌다. 제1원리 계산에서도 TMA와 같은 3차 아민의 경우는 해리 반응에 큰 활성화 에너지가 필요한 것으로 나타났다.

전형적인 예로서 80 K의 Si(100)c(4×2) 표면에 TMA를 흡착시켰을 때의 STM 상 및 흡착 모델을 그림 10.11에 나타내었다. 관측된 STM 상의 해석을 통해 TMA 분자는 거의 100% 선택적으로 Sd 자리에 위치하고 있는 것으로 밝혀졌다. 원자가띠 광전자 스펙트럼(그림 10.12)을 보면, 다층막 TMA에서

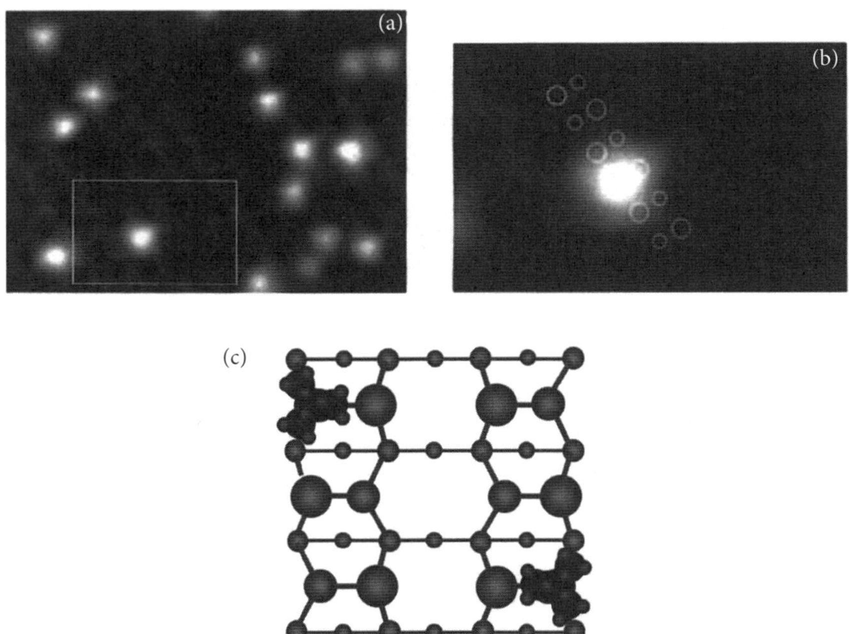

그림 10.11 ▶ Si(100)c(4×2) 표면에 대한 TMA의 흡착. (a)와 (b)는 80 K의 Si(100)c(4×2) 표면에 흡착한 TMA 분자의 STM 점유 상태 상. $V_{sample} = -2.0$ V, $I = 0.1$ nA. (c)는 이에 대한 모델 그림.

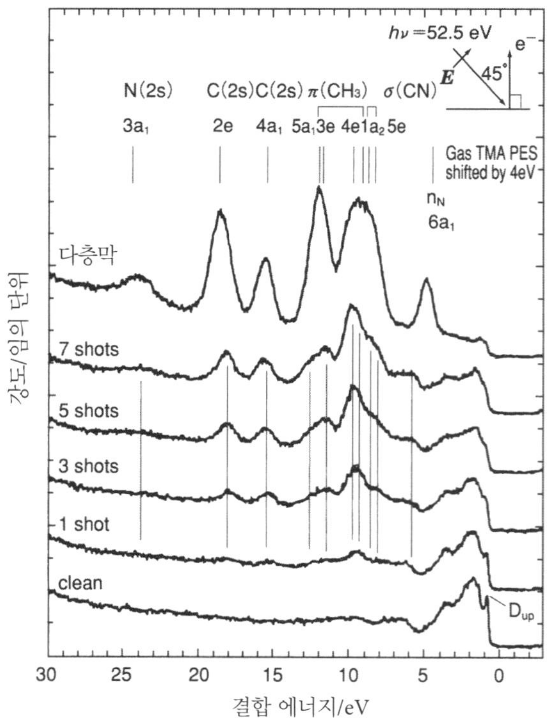

그림 10.12 ▶ 90 K의 Si(100)c(4×2) 표면에서 TMA의 원자가띠 광전자 스펙트럼. 청정표면에서 서서히 흡착량을 늘려, 다층막이 형성될 때까지 측정하였다. [Md. Z. Hossain *et al.*, *J. Phys. Chem. B*, **108**, 4737(2004)]

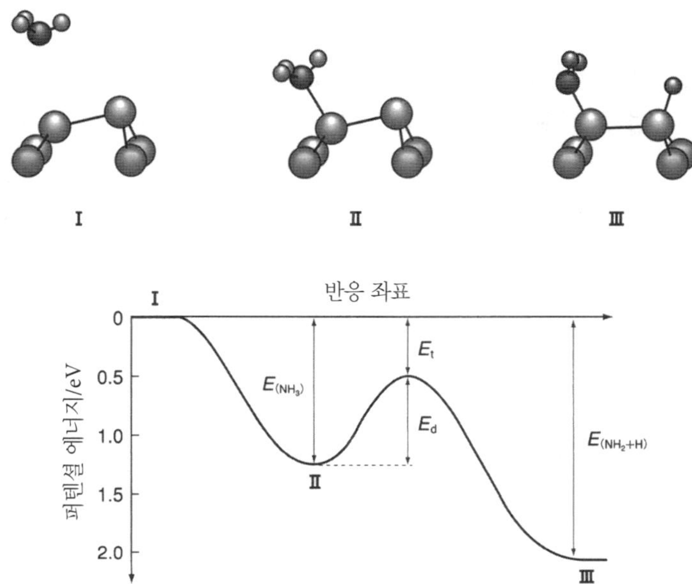

그림 10.13 ▶ **Si(100)(2×1) 표면에 대한 암모니아의 흡착 과정과 퍼텐셜 에너지의 모식도.**

관측되는 질소의 비공유 전자쌍에 기인하는 피크(4.7 eV)가 화학흡착 TMA에서는 소실된다. 한편, 화학흡착 분자에서는 깊은 위치(5.6 eV)에 새로운 피크가 생성되는데, 이는 비공유 전자쌍이 결합 생성에 관여하고 있음을 나타낸다. 이와 같이 Si(100)c(4×2) 표면에 대한 TMA의 흡착은 Su 자리로의 선택적인 배위 결합으로, Lewis 산-염기 반응으로 볼 수 있다.

비공유 전자쌍을 갖는 분자(예를 들면 아민이나 알코올)는 이를 Sd 자리에 공여하는 형태로 상호작용하는데, 더하여 해리 반응이 일어나 실리콘 이합체에 두 개의 해리흡착종이 공유 결합한다[식 (10.1), (10.3) 참조]. Si(100) 표면에서의 암모니아 해리 반응과 퍼텐셜 에너지의 모식도를 그림 10.13에 나타내었다. 암모니아 분자의 경우 먼저 질소의 비공유 전자쌍과 Sd가 인력 상호작용하고, 이어서 해리 반응이 일어난다. 3차 아민의 경우는 에너지 장벽 E_d가 커서 해리에 도달하지 않는 것으로 해석된다.

10.5.2 Si(100) 표면에의 고리화 첨가 반응

가장 단순한 알켄 분자인 에틸렌을 Si(100) 표면에 흡착시키면, 이합체상에 에틸렌이 di-σ 결합하여 에틸렌의 이중 결합과 실리콘의 이합체로 4원자 고리를 형성한다. 이 반응은 현재 실리콘 표면화학의 **고리화 첨가 반응(cycloaddition)** 또는 표면 Diels-Alder 반응으로 불리며, 이전 항에서 기술한 Lewis 산-염기 반응과 함께 실리콘 표면을 유기 분자로 화학 수식(chemical modification)하는 기법으로 자주 이용된다.

Si(100) 표면의 실리콘 이합체 간 결합을 실리콘-실리콘 사이의 이중 결합으로 간주하면, 에틸렌의 탄소-탄소 간 이중 결합과의 사이에서 [2 + 2] 고리화 첨가 반응이 일어난 것이 된다. 프론티어 궤도이론에 따르면, 일단계이며 협동적(concerted)으로 일어나는 [2+2] 고리화 첨가 반응은 금지되어 열적으로는 일어나지 않을 것으로 예상된다(그림 10.14a). 그래서 di-σ 결합 형성(고리화 첨가 반응)의 미시적인 메커니즘을 밝히기 위한 다양한 실험적 · 이론적 연구가 이루어져 왔다.

분자선을 Si(100) 표면에 입사시켜, 흡착하지 않고 반사된 분자를 질량 분석기로 관측함으로써 Si(100) 표면에서의 에틸렌의 흡착과 탈착의 속도론을 조사한 결과, 동적 전구 상태를 경유하여 에틸렌이 화학흡착한다는 것이 밝혀졌다.

에틸렌이 Si(100) 표면에 흡착할 때 입체화학이 보존되는지를 검증하기 위해 동위원소로 표지한 에틸렌을 이용한 표면 적외선 분광법 실험이 수행되었다. 그림 10.14a에 나타낸 바와 같이 에틸렌이 일단계로 협동적으로 흡착하는

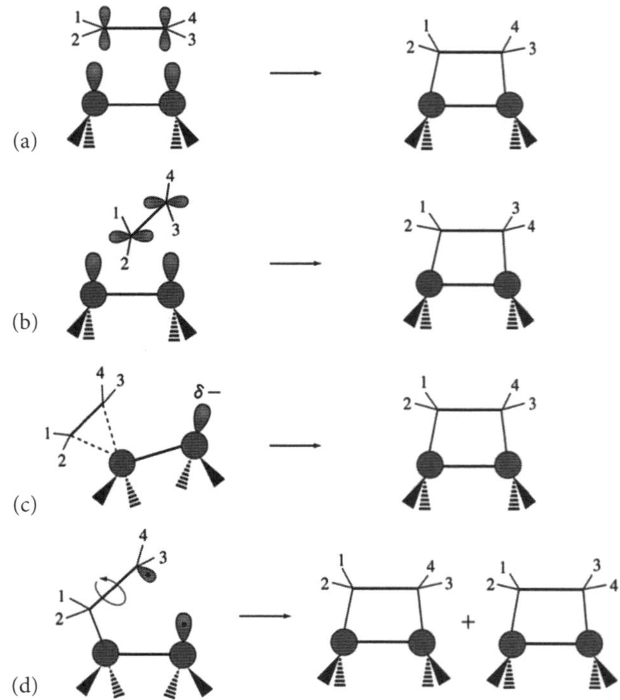

그림 10.14 ▸ Si(100) 표면 이합체에 대한 알켄의 고리화 첨가 반응 메커니즘 모델.

경우에는 에틸렌의 입체화학(수소 원자의 순서)이 보존된다. 그러나 b와 같이 C=C의 π 궤도와 실리콘 이합체가 상호작용하여 흡착하는 경우에는 탄소-탄소 축이 회전하기 때문에 흡착 에틸렌의 입체화학은 반전된다. 한편, 비대칭 이합체 반응장을 이용해 di-σ 결합으로 진행하는 모델로서 그림 10.14c와 같이 쌍라디칼(diradical) 중간체를 경유하는 경우와, d와 같이 삼원자 중간체에서 di-σ 결합으로 매끄럽게 이동하는 경우를 생각할 수 있다. 전자에서 쌍라디칼 중간체의 수명이 길면 탄소-탄소 간 단일 결합이 회전하여 입체화학이 바뀔 가능성이 있지만, 수명이 짧은 경우나 후자의 경우에는 입체화학은 보존된다. 실험에 따르면 입체화학은 보존되는 것으로 나타나 그림 10.14b는 아닌 것으로 밝혀졌고, 가능한 메커니즘은 c와 d로 좁혀졌다.

전구 상태가 준안정 상태라면 저온에서 포획(trap)될 가능성이 있다. 저온에서 Si(100)c(4×2) 표면에 에틸렌을 흡착시켜 HREELS로 조사한 결과, 48 K에서는 π 전자를 Si 표면에 공여해 흡착하고 있는 π 착물형 에틸렌과 di-σ형 에틸렌이 혼재하며, 가열하면 di-σ형 에틸렌으로 변화한다는 것이 밝혀졌다. 따라서 π 착물형 에틸렌은 di-σ 결합종의 전구 상태이다.

실험과 이론에 따른 결과를 종합하면, Si(100) 표면에 대한 에틸렌의 흡착 과정에 대하여 그림 10.15와 같은 퍼텐셜 에너지면이 얻어진다. 여기서 주의

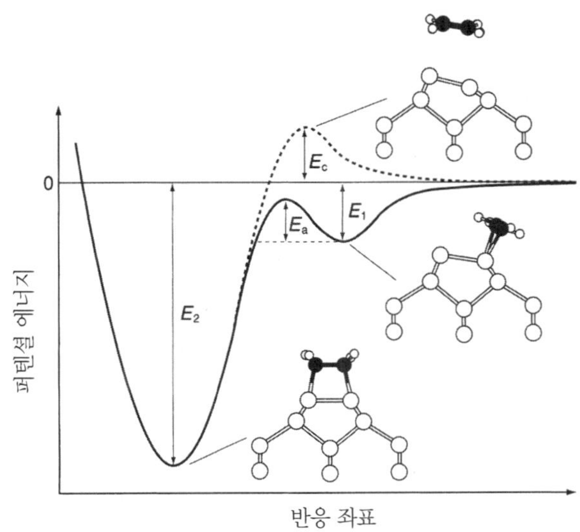

그림 10.15 ▸ Si(100) 표면에 대한 에틸렌 흡착 과정의 퍼텐셜 에너지면. 실험 결과로부터 $E_1 - E_a = 0.13$ eV, $E_a = 0.2$ eV, $E_2 = 1.65$ eV의 값이 얻어졌다. [M. Nagao *et al.*, *J. Am. Chem. Soc.*, **126**. 9922(2004)]

해야 할 점은 에틸렌 분자의 탄소-탄소 축을 Si 이합체에 평행하게 접근시킨 경우에는 에너지 장벽 E_c가 존재한다는 것이다. 이는 [2 + 2] 반응이 프론티어 궤도이론에 따라 금지임을 의미한다고 볼 수 있다. 한편, 제1원리 계산을 통해 Sd 자리에 π 착물형으로 결합하는 에틸렌이 준안정 전구 상태로서 얻어졌다.

Si(100)c(4×2) 표면에 비대칭 알켄인 2-메틸프로펜이나 프로필렌을 고리화 첨가 반응시켜, 메틸기를 갖는 sp^2 탄소 원자가 비대칭 이합체의 Su와 Sd 중 어디에 결합하는지를 저온 STM으로 관찰한 결과, 두 분자 모두 선택적으로 Su 쪽에 메틸기가 위치하는 것으로 나타났다. 제1원리 계산을 통해 이 반응의 전구 상태 구조를 조사한 결과, 수소 원자를 더 많이 갖는 sp^2 탄소 원자가 Sd 자리에 결합한 상태가 얻어졌다. 이는 전구 상태가 탄소 양이온(carbocation)성임을 나타내며, 넓은 의미에서 Markovnikov 법칙이 성립, 즉 위치 선택성을 갖는다고 할 수 있다.

이와 같이 Si(100) 표면에 대한 알켄의 고리화 첨가 반응은 ① 전구체 경유, ② 입체화학 보존, ③ 위치 선택성 등의 특징을 가지며, 유기 분자를 실리콘 표면에 결합시키는 화학 반응으로서 다양한 내용을 담고 있다.

10.6 Si(111)(7×7) 표면에서의 화학 반응

Si(111)(7×7) 표면에 대한 분자의 흡착 양식은 Si(100) 표면과 닮아 있다고 할 수 있다. 단, Si(111)(7×7) 표면에서는 개수가 다른 3종의 불포화 결합이 존재하므로 특징적이고 선택적인 반응이 일어난다.

전형적인 예로서 암모니아의 흡착을 소개한다. Si(100)(2×1) 표면과 마찬가지로, 실온의 Si(111)(7×7) 표면에 암모니아를 흡착시키면 Si—H와 Si—NH_2로 해리흡착함이 알려져 있다. 이 반응을 STM을 이용해 실공간에서 관찰한 결과, 불포화 결합의 반응성 차이가 밝혀졌다. 그림 10.16a는 (7×7) 청정표면의 STM 상과 나머지 원자, 중심 흡착 원자(center adatom), 모서리 흡착 원자(corner adatom)의 위치에 따른 STS 스펙트럼이다. b는 암모니아 흡착면의 STM 상과 각 위치에서의 STS 스펙트럼을 나타낸다. 먼저 암모니아와 반응한 흡착 원자가 STM 상에서는 어둡게 표현되어 있는데, 모서리 흡착 원자보다 중심 흡착 원자가 반응하고 있는 비율이 높은 것을 알 수 있다. 다시 충분한 암모니아에 노출시킨 뒤에도 반응하지 않은 흡착 원자가 반드시

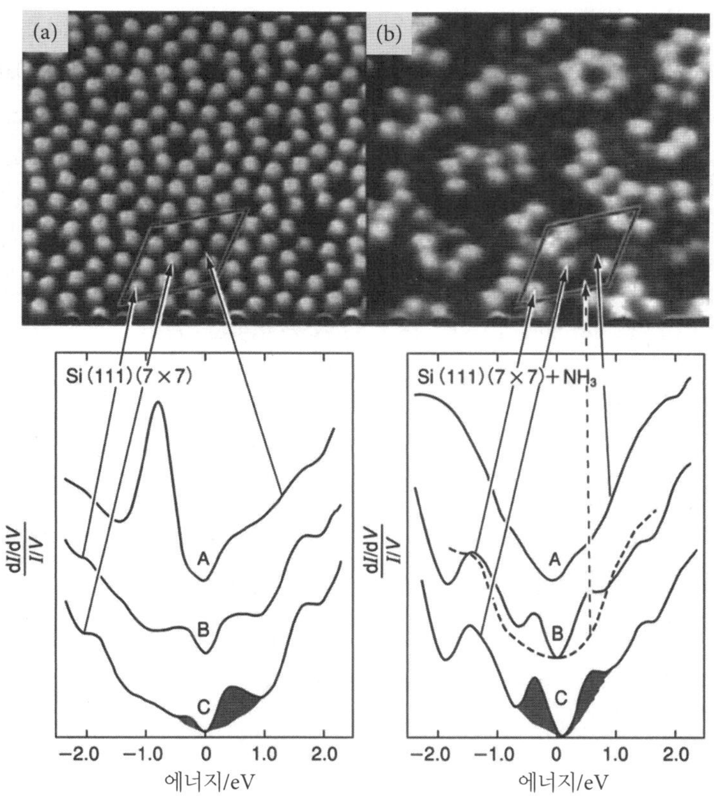

그림 10.16 ▶ Si(111)(7×7) 표면에 대한 암모니아 흡착. (a) Si(111)(7×7) 청정표면의 STM 상과 STS 스펙트럼. A는 나머지 원자, B는 모서리 흡착 원자, C는 중심 흡착 원자. (b) 암모니아가 흡착한 Si(111)(7×7) 표면의 STM 상과 STS 스펙트럼. A는 반응 후의 나머지 원자, B는 모서리 흡착 원자(실선은 미반응, 점선은 반응), C는 미반응 중심 흡착 원자. [Ph. Avouris and R. Wolkow, *Phys. Rev.*, **B39**, 5091(1989)]

존재한다. 또 STS 결과를 보면, 반응한 나머지 원자에서는 피크(−0.8 eV)가 소실되어 있음을 알 수 있다.

전술한 바와 같이 나머지 원자의 불포화 결합 상태는 2개의 전자가 점유하고 있으나, 흡착 원자 상태는 전자가 부족하다. Lewis 산-염기 반응의 개념으로 이 반응을 해석해 보자. 암모니아 분자는 질소의 비공유 전자쌍을 전자 부족상태인 흡착 원자에 공여하여 상호작용한다. 이어서 암모니아 분자 내의 양성자(H^+)가 전자 과잉인 나머지 원자로 이동한다. 따라서 흡착 원자에는 아미노기($-NH_2$)가 결합하는 것으로 생각할 수 있다. 중심 흡착 원자의 옆에는 2개의 나머지 원자가 존재하는데, 모서리 흡착 원자의 옆에는 1개의 나머지 원자만이 존재한다. 흡착 원자와 나머지 원자가 쌍을 이루어 암모니아의 해리 반응에 관여한다고 가정하면 STM 관찰 결과를 설명할 수 있다.

Si(111)(7×7) 표면에서의 메탄올 해리 반응과 아세틸렌 및 에틸렌의 di-σ 결합 흡착에 대해서도 자리 선택적인 표면 반응이 STM으로 관찰되고 있다. 이와 같이 STM을 이용하면 자리에 의존하는 화학 반응성을 원자 수준에서 해석할 수 있다.

10.7 실리콘 표면의 산화 반응과 계면 상태

이산화규소(SiO_2)는 양질의 절연체, 유전체이며 소자의 게이트 산화막 및 불순물 확산의 마스크, 공기(수증기 등 각종 불순물을 포함)에 대한 보호막으로서 중요한 역할을 한다. 소자 구조의 스케일이 nm 단위가 되면서 산화 반응의 과정과 SiO_2/Si 기판 계면의 구조 및 전자 상태를 원자 수준에서 이해하고, 소자 제작 공정에 활용하는 것이 상당히 중요해졌다.

이 산화 반응과 관련한 기초 연구로서, Si(111)(7×7) 표면에서 산소 분자의 흡착과 반응에 대해 소개한다. HREELS에 의한 표면 진동 분광법, 내각 및 가전자 광전자 분광법, 연 X선 흡수 분광법, 그리고 STM을 이용한 실험으로

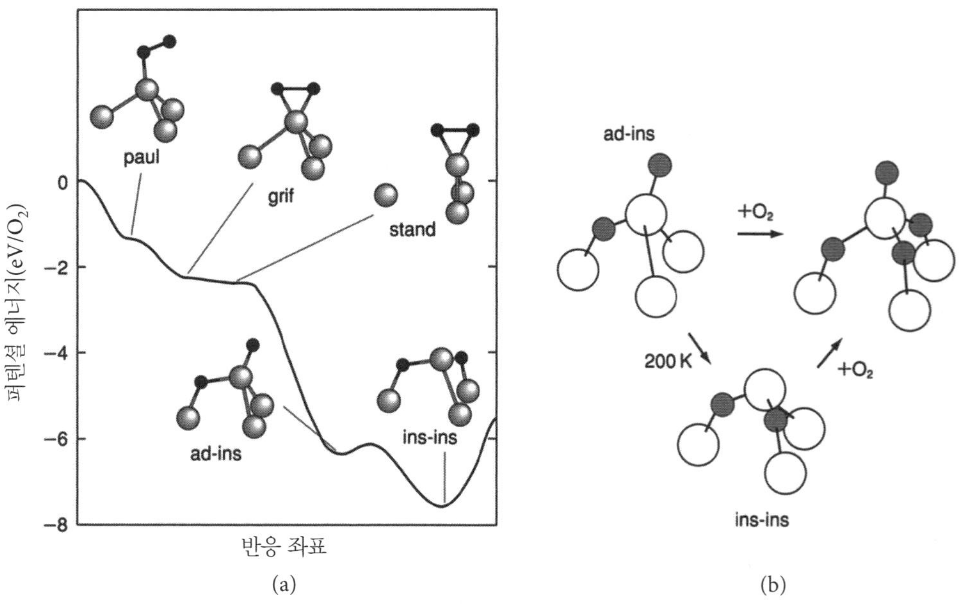

그림 10.17 ▶ Si(111)(7×7) 표면에 대한 산소 분자의 흡착과 반응. (a) Si(111) 표면의 흡착 원자 부근으로의 산소 흡착 과정. 제1원리 계산에 따름. [S. -H. Lee and M. -H. Kang, *Phys. Rev. Lett.*, **82**, 968(1999)]. (b) Si(111)(7×7) 표면에서 산소 흡착 초기에 관측되는 ad-ins종과 반응 과정. [H. Okuyama *et al.*, *J. Chem. Phys.*, **122**, 234709(2005)]

부터 다양한 흡착 상태가 논의되어 왔다. 준안정 전구 상태로서 분자상 산소의 존재가 예측되었으나, 제1원리 계산을 바탕으로 과거의 실험 결과가 재해석되어 현재는 Si(111)(7×7) 청정표면에서 산소 분자는 해리흡착하는 것으로 생각되고 있다(그림 10.17a). 흡착 초기에 준안정 상태로서 실험적으로 관측되는 ad-ins종은 가열하거나 산소의 흡착량을 늘림으로써 보다 안정한 ins-ins종으로 변환되거나 ad-ins × 3종이 된다는 것이 밝혀져 있다(그림 10.17b).

실제로 Si(111) 기판에 평탄하고 급격한 계면을 갖는 SiO_2 막을 제작하기 위해서는 먼저 수소 종단시킨 Si(111) 표면을 제작하고, 그 후 고온에서 고순도 산소 또는 수증기를 이용해 산화시킨다. SiO_2에서 Si로의 조성 변화가 얼마만큼 급격한지는 X선 광전자 분광법이나 전자 현미경 등을 통해 자세하게 연구되었으며, 조성이 변화하는 계면 영역에서는 Si^+, Si^{2+}, Si^{3+} 등의 아산화물(suboxide)이 존재한다는 것이 밝혀졌다. 현재도 고체-고체 계면에 대해서는 밝혀지지 않은 부분이 많이 있으며, 싱크로트론 방사광 등의 최첨단 탐침을 이용한 연구가 수행되고 있다.

연습 문제

10.1 Si(100)c(4×2) 표면의 비대칭 이합체에 프로필렌이 고리화 첨가될 때, 메틸기를 가진 sp^2 탄소가 Su와 Sd 중 어디에 결합하는지 서술하시오.

10.2 Si(111) 표면의 산화가 진행되면 표면 영역에 어떠한 뒤틀림(distortion)이 발생하는지 고찰하시오.

제 11 장 산화물 표면의 화학

금속 산화물은 많은 공업 프로세스에서 촉매로 활용되고 있을 뿐 아니라, 가스 센서, 초전도 재료, 유전체, 광학 재료, 반도체 소자, 화장품, 안료, 도료 등 실로 다양한 공업제품에 응용되고 있다. 그러나 금속이나 반도체와 비교하면 표면과학적인 기법에 의한 산화물 표면의 연구는 아직 적다. 산화물 표면은 일반적으로 조성이나 구조가 불균일하고 복잡하다는 것이 그 원인 중 하나인데, 이를 이해하고 제어하는 것이 앞으로의 기술 발전에 필수 불가결하다. 금속 산화물은 그 자체가 촉매 반응 활성을 담당하기도 하며, **활성점**(reaction center)을 분산시키는 고표면적 담체로서 활성점의 구조를 제어하거나 또는 전자적으로 수식(modification)하는 기능을 갖는다.

이 장에서는 금속 산화물 단결정 표면이 촉매 작용을 나타내는 예를 들고, 그에 대한 표면화학적인 평가에 대하여 기술한다.

11.1 산화물의 표면 결함

금속 산화물을 고온에서 가열 처리하거나 환원 분위기하에서 처리하면 표면에 **산소 원자 결함**(oxygen vacancy 또는 oxygen defect)을 생성한다. 전형적인 금속 산화물인 루틸(rutile)형 TiO_2(110) 표면을 진공 중에서 가열 처리하여 생성되는 산소 원자 결함의 비접촉 원자힘 현미경(NC-AFM)에 의한 관찰 예를 그림 11.1에 나타내었다.[1] 이 표면은 [001] 방향의 산소 원자열(2개의 Ti 이온에 가교 결합한 bridge 산소의 원자열) 사이에 배위 불포화 Ti^{4+}의

[1] K. Fukui and Y. Iwasawa in "Noncontact Atomic Force Microscopy", ed. S. Morita, R. Wiesendanger and E. Meyer, Springer (2002), p.167.

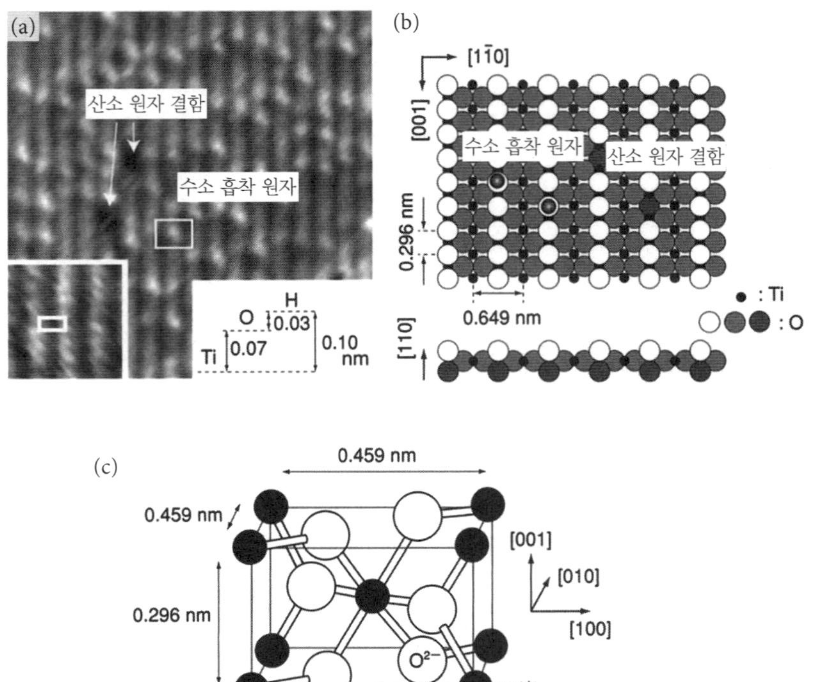

그림 11.1 ▸ 루틸형 $TiO_2(110)$ 표면의 결함 구조. (a) $TiO_2(110)$ 표면의 NC-AFM 상. 표면으로부터 돌출된 bridge 산소열에 있는 산소 원자 결함과 bridge 산소열에 흡착한 수소 흡착 원자(표면 수산기)가 관찰된다. (b) $TiO_2(110)$ 표면 구조의 모델 그림. (c) 루틸형 TiO_2 결정의 단위 세포.

원자열이 늘어선 구조를 가지며, 표면에서 돌출된 bridge 산소열에 산소 원자 결함을 생성한다. 가열 처리를 통해 O^{2-}는 중성 상태로 탈착하여, 산소 음이온에 결합하고 있던 2개의 Ti^{4+}에 전자를 하나씩 전달한다. 이에 따라 시료의 중성 상태는 유지되지만, 다른 가수의 Ti 이온을 포함한 국소적으로 다른 전하 분포를 갖는다. 이와 같은 결함 자리는 종종 분자의 흡착이나 반응을 야기한다. 예를 들어 $TiO_2(110)$ 표면의 bridge 산소 결함에서는, 물 분자가 하나의 양성자를 인접한 bridge 산소 원자에 전달하는 과정을 통해 해리하여 2개의 수산기가 생김과 동시에 산소 원자 결함이 메워진다.

이와 같이, 예를 들어 $TiO_2(110)$ 표면에서는 환원 분위기하의 가열에 의해 산소 원자 결함이 생성되며, 거기서 물 분자가 해리하면 수소 흡착 원자(표면 수산기)가 생성된다. 또 산소 분자가 해리하여 결함을 메우면 잉여 산소 원자가 배위 불포화 Ti 상에 생성된다(산소 흡착 원자). 이렇게 다른 상태를 갖는 표면에 금속을 담지시켰을 때 어떤 차이가 나타나는지에 대한 검토가 이루어졌다.[2] 그림 11.2를 보면 Au를 진공 증착시켰을 때 생성되는 Au 입자의 크기

[2] D. Matthey, J. G. Wang, S. Wendt, J. Matthiesen, R. Schaub, E. Laegsgaard, B. Hammer and F. Besenbacher, *Science*, **315**, 1692 (2007).

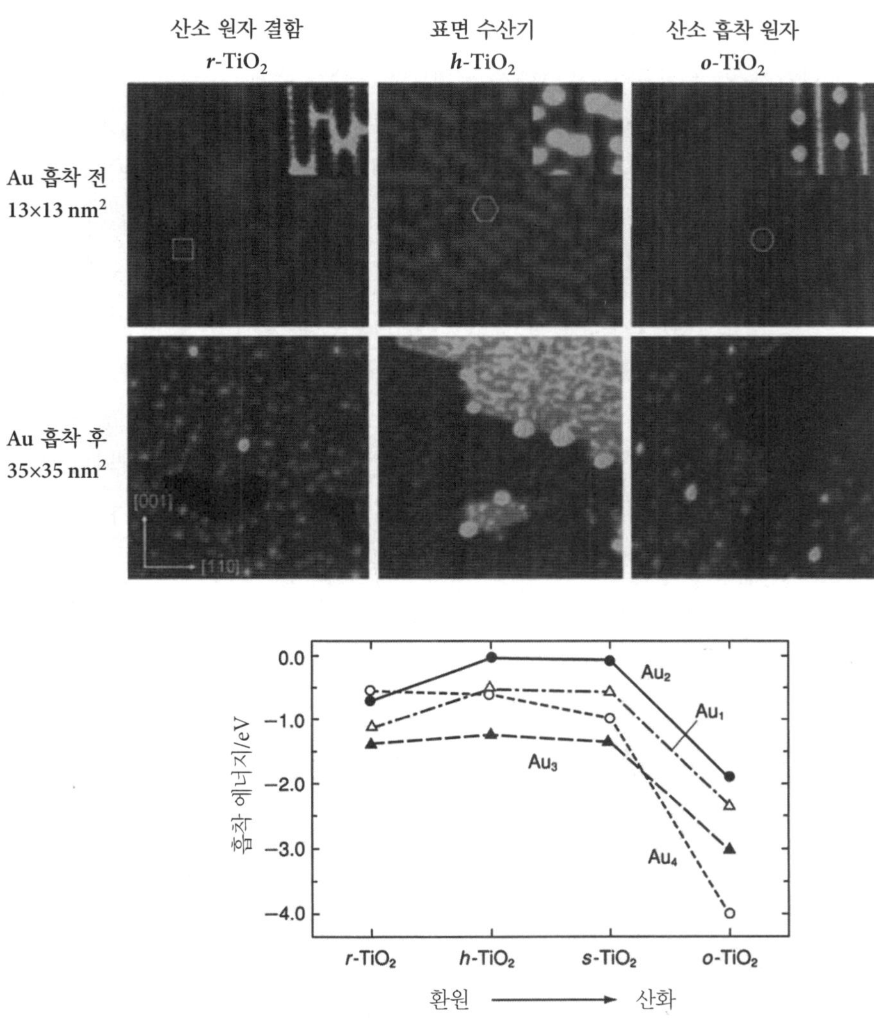

그림 11.2 ▸ 산소 원자 결함, 표면 수산기, 산소 흡착 원자를 갖는 TiO_2(110) 표면에 Au를 증착시켰을 때의 미립자 성장의 차이를 나타내는 STM 상과 각 표면에 대한 Au 클러스터의 흡착 에너지 계산 결과. 상단 STM 상은 Au 흡착 전, 하단은 Au 흡착 후. [D. Matthey *et al.*, *Science*, **315**, 1692(2007)]

나 분포가 상당히 다르다는 것을 알 수 있다. Au 입자의 크기는 표면 수산기가 있는 표면상(*h*-TiO_2)에서 가장 큰데, Au와 TiO_2 표면의 상호작용이 작아서 Au 원자나 작은 클러스터가 표면상을 쉽게 움직이며 서로 융합하여 크게 성장하는 것으로 생각된다. 한편, 산소 원자 결함이 있는 표면(*r*-TiO_2)과 산소 흡착 원자가 있는 표면(*o*-TiO_2)에서는 Au 입자 크기가 비슷한 분포를 갖는다. 전술한 바와 같이 산소 원자 결함은 금속 원자를 그 위치에 붙잡아 성장하는 핵으로서 작용한다는 것이 이전부터 알려져 있었다. 실제로 결함의 개수를 늘린 표면에서 금속 입자의 평균 입자 크기는 작아진다. 한편, 산소 흡착 원자가 있는 표면은 지금까지 논의되지 않았었는데, 이 두 표면을 340 K 정도로 가열하여 관찰하면 산소 원자 결함을 갖는 표면에서는 Au 입자 크기가 현저하게 증가하는 데 반해, 산소 흡착 원자를 갖는 표면에서는 그다지 변화가 없다. 즉, Au 클러스터는 산소 흡착 원자를 갖는 표면상에서 더 안정하다는 결론에 도달한다. 이를 설명하기 위해 이론 계산을 수행한 결과, Au 원자가 산소 흡착 원자와 결합을 형성해 Au의 5d 궤도로부터 산소에 전자를 공여하고, 그 주위를 3개의 Au 원자가 덮는 모양의 Au_4 클러스터가 특히 안정화되는 것으로 나타났다(그림 11.2). 즉, 산소 흡착 원자를 갖는 표면에서는 부분적으로 이온 결합성인 금속이 양전하를 띤 클러스터가 생성된다. 통상 산화물상에서의 미립자 성장에 있어서 표면 산소 결함이나 스텝 가장자리 등의 표면 구조 결함 부위가 상정되어 왔으나, 촉매 제조 단계에서 소성(calcination) 등의 과정을 거치고 있다면 이와 같은 산소를 포함한 클러스터에 대해서도 고려해야 함을 시사한다.

11.2 반응 중에 변모하는 촉매 표면의 In-situ 관찰

화학 반응이 진행되는 조건, 특히 반응 가스 분위기하에 놓인 산화물 표면은 동적으로 변화하는 경우가 있다. 그 일례로 500 K 이상으로 가열한 루틸형 $TiO_2(110)$ 기판을 산소(O_2)에 노출시킨 경우의 표면 구조 변화를 들 수 있다.[3] 가열하면서 STM으로 표면 구조를 관찰하면 진공 중에서는 거의 구조 변화가 없으나, O_2 가스(1×10^{-5} Pa 정도)를 투입하면 Ti_xO_y 미립자(지름 1.2 nm, 높이 0.3 nm 정도)가 테라스 전면에 무작위로 형성되며, 그 미립자들이 표면을 덮고 서로 가까이 모여 원래 표면에 새로운 TiO_2의 층이 성장하는 모습이 관찰된다. 이는 진공 중에서의 표면 처리를 통해 환원된, 벌크 내 격자 사이에 위치한 Ti^{n+} 이온($n \leq 3$)이 가열에 의해 표면에 석출되고, 기체 산소와 반응해 Ti_xO_y 미립자를 생성하여 TiO_2 층에 성장하기 때문이다. 이와 같은 재산화(reoxidation)에 따른 TiO_2 표면 구조의 변화는 산소 분자를 해리시키기 쉬운 금속 미립자의 존재에 의해 촉진된다.[4] 그림 11.3은 Pd 미립자를 담지한 $TiO_2(110)$ 표면을 673 K에서 산소에 노출시킨 경우의 구조 변화를 나타내는 STM 상이다. (a)에서는 6개의 Pd 미립자가 관찰되고 있는데, (b)에서는 그 Pd 입자를 중심으로 층이 성장하고 있고, 최종적으로 (c)에서는 Pd 입

[3] U. Diebold, *Surf. Sci. Rep.*, **48**, 53(2003).

[4] R. A. Bennett, P. Stone and M. Bowker, *Faraday Discuss.*, **114**, 267(1999).

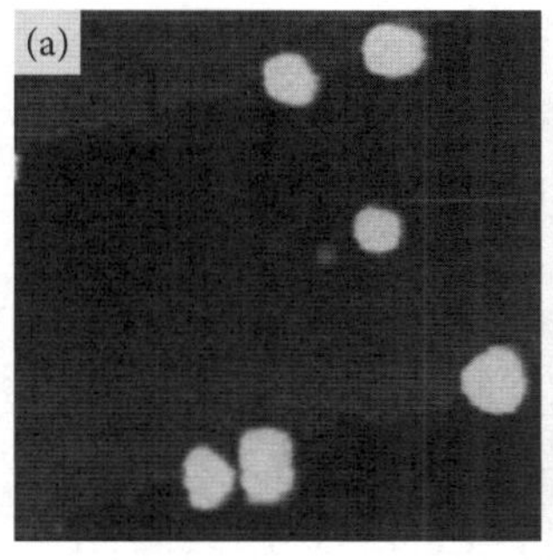

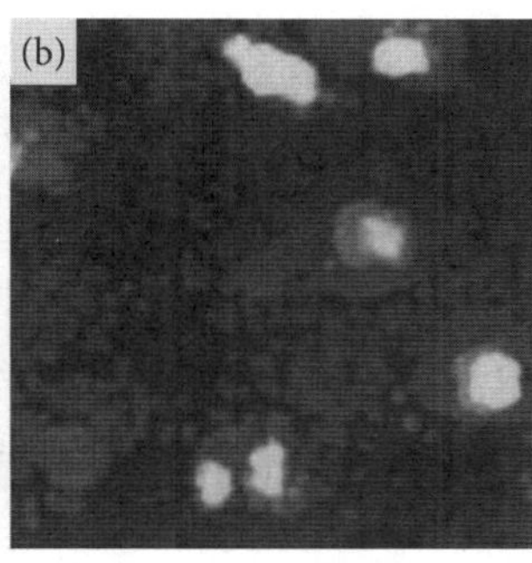

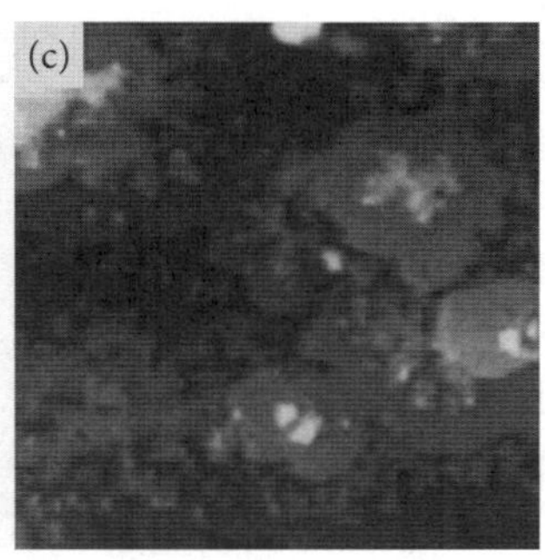

그림 11.3 ▸ Pd 미립자를 담지한 TiO_2(110) 표면을 673 K에서 O_2 가스(2×10^{-5} Pa)에 노출했을 때 STM 상의 변화. 49.8×49.8 nm^2. Pd 입자가 파묻혀가는 모습을 볼 수 있다. [R. A. Bennett *et al.*, *Faraday Discuss.*, **114**, 267(1999)]

자가 주위에서 성장한 TiO_2 층에 의해 파묻힌다. TiO_2 층이 성장하는 메커니즘 자체는 Pd 입자가 없는 경우와 마찬가지라고 생각되며, Pd 입자의 역할은 산소 분자를 효율적으로 해리시켜서 공급하는 것이다. 그 증거로 이 촉진 효과에는 온도 의존성이 있어, 보다 높은 773 K에서는 Pd 입자상에서 발생한 산소 원자가 TiO_2 기판으로 이동하기 전에 재결합하여 탈착하기 때문에 촉진 효과는 보이지 않는다.

11.3 실온에서도 움직이는 산화물 표면의 격자산소

산화세륨(CeO_{2-x})은 산소의 높은 확산 및 저장 능력으로 촉매, 연료 전지, 산소 센서 등으로의 응용이 진행되고 있다. 산화세륨의 촉매 작용에 관한 가장 뚜렷한 예는, 자동차 배기가스에 포함된 유독한 CO, NO_x와 탄화수소를 동시에 제거하는 촉매(삼원촉매)에 대한 조촉매 효과이다. 전체 반응을 효율적으로 진행시키기 위해서는 촉매 활성점의 산소 농도를 적정한 범위에서 유지할 필요가 있다. 산화세륨은 산소의 흡장, 방출에 의해 이를 실현하는 것으로 알려져 있지만 그 메커니즘에 대한 이해는 충분하지 않다. 그러나 최근 SPM을 통해 산화세륨 표면에서의 산소 원자의 움직임이 밝혀지고 있다. 형석(CaF_2) 구조인 CeO_2의 가장 안정한 면인 (111)면은 산소만을 포함한 층과 Ce만을 포함한 층이 —O—Ce—O—O—Ce—O— 순서로 쌓이며, —O—Ce—O— 상층의 산소로 종단된 구조가 안정하다. 산화세륨을 진공 중에서 고온으로 환원시키면 산소 원자 결함을 생성하는데, 표면 산소 결함 밀도가 작은 경우에는 산소 점결함이 주를 이루지만 밀도가 10^{14} cm^{-2} 정도(표면 가장 바깥층의 산소 원자 결함의 비율이 7% 정도)가 되면 삼각형상 결함이나 선상 결함 등의 다원자 산소 결함이 우선적으로 생기고 이들 대부분은 국소적 표면 재구성에 의해 안정화된다. 그 모습이 STM과 NC-AFM으로 관측되었으며 이론 계산 결과도 이를 지지한다.[5]

환원도가 다른 $CeO_2(111)$ 표면의 동일 영역을 NC-AFM으로 연속 관찰하여, 환원도가 높은 표면에서는 실온에서도 표면 산소 원자가 움직일 수 있다는 것이 밝혀졌다.[6] 그림 11.4는 다원자 결함을 갖는 $CeO_2(111)$ 표면의 NC-AFM에 의한 연속 관찰로부터 얻어진 스냅샷이다. 표면 산소 원자의 도약(hopping)은 표면 재구성을 동반하지 않는 다원자 결함의 부근에서만 일어나며, 전술한 표면 재구성으로 안정화된 다원자 결함이나 단원자 결함 부근에서는 일어나지 않는다. 또한 몇몇 다른 시료 온도에서 산소의 이동 빈도를 측정한 결과, 이는 열여기 과정으로, 활성화 에너지는 약 30 kJ mol^{-1}인 것으로 추정된다. 이 결과는 벌크 CeO_2의 확산계수가 다른 산화물에 비해 크고, 환원에 따라 급격히 확산이 용이해지는 것과도 관련이 있을 것으로 생각된다.

[5] F. Esch, S. Fabris, L. Zhou, T. Montini, C. Africh, P. Fornasiero, G. Comelli and R. Rosei, *Science*, **309**, 752(2005).

[6] K. Fukui, S. Takakusagi, R. Tero, M. Aizawa, Y. Namai and Y. Iwasawa, *Phys. Chem. Chem. Phys.*, **5**, 5349(2003).

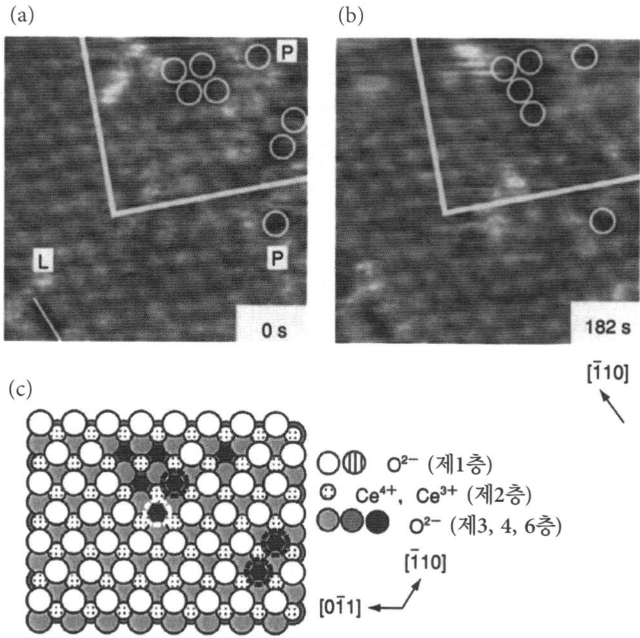

그림 11.4 ▸ 다원자 결함을 갖는 $CeO_2(111)$ 표면에서의 격자산소 이동. (a)와 (b)는 실온에서 $CeO_2(111)$상에서 일어나는 표면 산소 원자 도약의 NC-AFM에 의한 스냅샷(4.2×4.2 nm^2). (c)는 (a)와 (b)에서 흰색 선으로 구분한 영역에서의 산소 원자 결함 위치를 나타낸 모델 그림. 검은색 점선, 흰색 점선은 각각 (a) 또는 (b)에서 관찰된 결함 위치.

더하여 표면 산소 결함이 실온에서 산소에 노출되면 쉽게 재산화된다는 것이 확인되었고, 표면에 충돌하는 산소 분자가 결함 자리를 메울 확률은 0.04로 추정되었다. 이와 같이 환원 표면이 실온에서도 쉽게 재산화된다는 것은 X선 광전자 분광법(XPS)과 같은 표면 전체를 관찰하는 기법을 통해 간접적으로 알려져 왔었는데, 최근에는 더 나아가 실공간에서 개개의 산소 원자를 구별하며 관찰함으로써 이 물질의 특징인 '쉬운' 산화-환원 사이클이 어떻게 일어나는 것인지에 대해 구체적으로 밝혀지고 있다.

11.4 산화물 표면과의 상호작용에 따른 담지 금속 원자의 전자 상태 변화

산화물 표면에서의 금속 미립자 생성, 성장 과정 및 물성의 규명은 촉매, 센서, 전자 소자로의 응용에 있어서 중요한 과제이다. 최근, 상세한 STS 해석을 통해 산화물 표면에 흡착한 금속 단원자의 전자 상태가 밝혀지고 있다.

NiAl(110) 청정표면을 적당한 조건에서 산화시키면 두께 약 0.52 nm인 절연성 Al_2O_3 박막이 생성된다. 이 Al_2O_3 박막 표면은 산소 원자로 종단되어 화학적으로는 비교적 비활성이며, 많은 경계로 구분된 스트라이프상의 도메인 구조를 갖는다. 이와 같은 Al_2O_3 박막상에 12 K에서 Pd를 단원자 흡착시켜 STM/STS 측정이 이루어졌다.[7] 그림 11.5a는 이 계의 전자의 터널링 모습을 나타낸 모식도이다. 절연체로 분리된 Pd 원자는 이산적인 에너지 준위를 가지며, Al_2O_3은 측정한 바이어스 전압의 범위 내에서는 절연성 유전체로 작용한다. 그림 11.5b의 STS 스펙트럼 및 c와 d에 대응하는 STM 상을 보면 약 3 V에 피크를 갖는 것이 많다. 이 피크는 큰 Al_2O_3 도메인 내부에 흡착한 Pd 원자의 이산 준위를 통해 탐침에서 시료로 전자가 터널링하는 공명 터널링으로 귀속된다. 탐침의 Fermi 준위의 에너지와 Pd 원자의 5s 궤도에 해당하는 준위의 에너지가 일치할 때, 전자의 터널링 확률이 증가하기 때문에 피크를 갖는 것이다. 피크 위치의 편차는 Pd 원자의 Al_2O_3 표면에 대한 흡착 위치에 의존하며, 실제로 STM 탐침으로 D의 Pd 원자를 D*로 이동시켜 STS 스펙트럼을 측정하면 큰 변화가 관측된다(그림 11.5b). 나아가 그림 11.6b는 그림 11.6a에서 서로 다른 피크 위치를 나타내는 각 Pd 원자의 주변을, 화살표 위치의 바이어스 전압에 대한 컨덕턴스 dI/dV의 크기로 매핑한 그림이다. 서로 전혀 다른 공간적인 확장을 나타냄을 알 수 있다. Al_2O_3 도메인 내부에

[7] N. Nilius, T. M. Wallis and W. Ho, *Phys. Rev. Lett.*, **90**, 046808(2003).

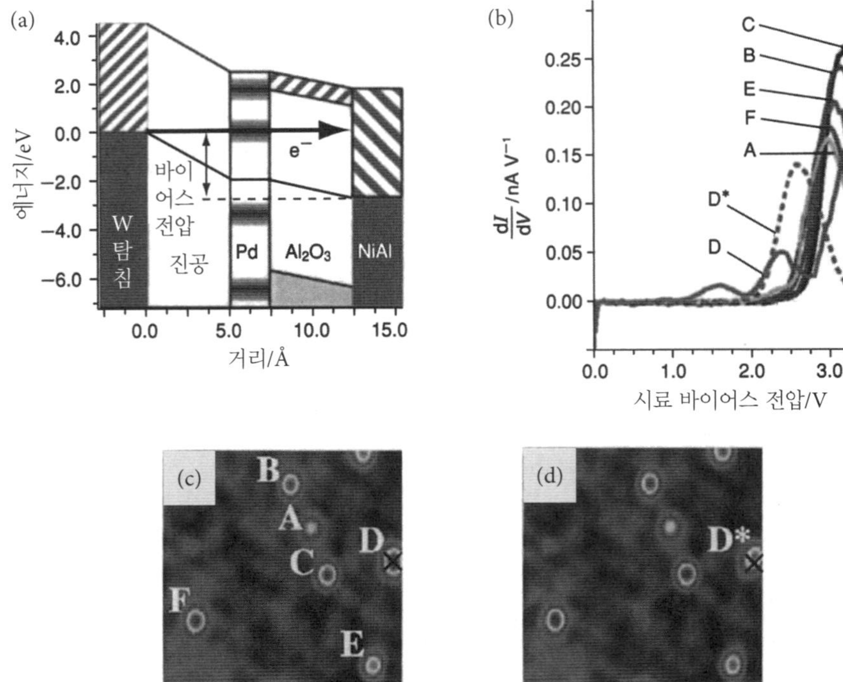

그림 11.5 ▸ Al_2O_3 박막/NiAl(110)상에 흡착한 Pd 단원자의 전자 상태의 차이. (a)는 Pd 단원자에 대한 공명적 전자 터널링의 모식도, (b)는 Pd 원자의 흡착 자리에 의존하는 STS 스펙트럼, (c) 및 (d)는 (b)의 각 스펙트럼에 대응하는 흡착 위치를 나타낸 STM 상(20×20 nm^2, 바이어스 전압 3.1 V). 탐침을 조작하여 D 위치의 원자를 D* 위치로 약간 이동시켰더니 STS 스펙트럼의 변화가 나타났다. [N. Nilius *et al., Phys. Rev. Lett.*, **90**, 046808(2003)]

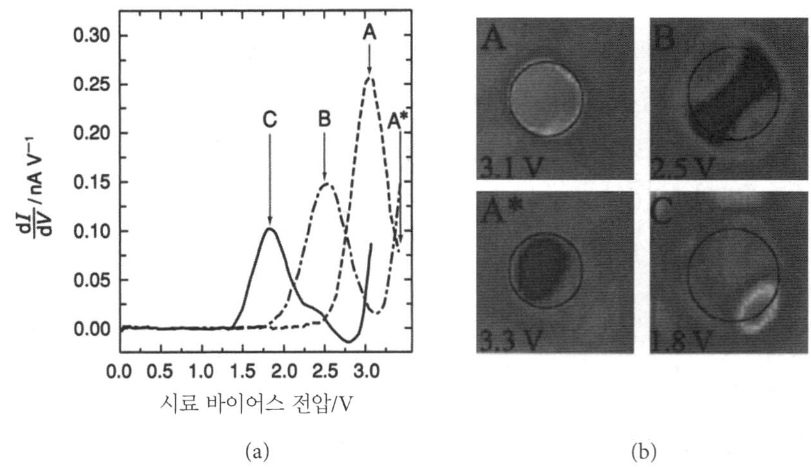

그림 11.6 ▸ Al_2O_3 박막/NiAl(110)상에 흡착한 Pd 단원자의 전자 상태의 공간 분포. (a) 흡착 위치에 의존하는 Pd 원자의 STS 스펙트럼과 (b) 각 Pd 원자의 주변에서, 각각 (a)의 화살표로 표시한 바이어스 전압에서의 컨덕턴스 dI/dV의 크기를 매핑한 상(3.5×3.5 nm^2). 원은 STM 상에서 관찰되는 각 Pd 원자의 크기를 나타낸다. [N. Nilius *et al., Phys. Rev. Lett.*, **90**, 046808(2003)]

흡착한 Pd 원자의 피크 위치 A에서의 모양이 거의 원형인 대칭 분포를 갖는 것과 비교해, 표면 결함에 흡착한 것으로 보이는 Pd 원자의 피크 위치(B 및 C)에서의 모양은 절(마디) 내지는 비대칭 분포를 갖는다. 현재로서는 자세한 국소 구조와의 관계가 명확하지 않으나, 결함 위치에서는 Pd의 5s 궤도의 전자 점유 정도가 증가함에 따라 공명 위치가 저에너지 측으로 이동한다고 해석된다. 반대로 이 공명 위치는 Pd 원자의 흡착 상태의 지표가 될 수 있다.

11.5 Au를 산화물에 담지하여 발현되는 촉매 작용

산화물 표면 위에 만든 금속 미립자는 세간에서 널리 사용되는 산화물 담지 금속 촉매의 모델이 된다. 금박이나 금화가 대기 중에서도 빛을 잃지 않는(산화되지 않는) 것에서도 알 수 있듯이 금은 화학적으로 비활성인 대표 금속이다. 흡착열이 커서 대부분의 금속에서 해리흡착하는 산소 분자조차도 금 표면에서는 저온에서 분자상으로만 흡착한다. 그러나 이와 같이 비활성인 금을 미립자화시키면, 예를 들면 다음 식 (11.1)에서 나타낸 일산화탄소(CO)의 산화 반응에 상당히 높은 활성을 보인다는 사실이 최근 밝혀졌다.[8]

[8] M. Haruta, *Chem. Rec.*, **3**, 75(2002).

$$CO + \frac{1}{2}O_2 \longrightarrow CO_2 \qquad (11.1)$$

이 반응의 활성은 금의 입자 크기에 크게 의존하므로 활성을 높이기 위한 다양한 촉매 제조법이 검토되었다. 촉매 활성에 대한 입자 크기 의존성의 원인을 밝히기 위해 루틸형 TiO_2(110) 표면 위에 Au 미립자를 진공 증착으로 제작하여, STM으로 측정한 크기(입자 크기와 높이)와 그 STS, 그리고 반응 (11.1)의 속도 사이의 관계가 검토되었다(그림 11.7).[9] 크기가 다른 Au 미립자 위에서 STS를 측정하면 크기가 큰 것은 밴드 갭을 갖지 않으며 금속적으로 거동하고, 크기가 작아지면서 밴드 갭이 나타나기 시작하며 그 폭 또한 증가한다. 입자 크기에 대해 밴드 갭이 0.2~0.6 eV인 입자(STM 상에 따른 입자의 높이로부터 Au 2층에 해당하는 두께라고 여겨짐)의 수를 도시하면 활성 곡선과 거동이 일치하는 것으로 보아, 이 비금속적인 성질과 함께 반응 (11.1)의 활성이 발생한다고 결론지어진다.

[9] M. Valden, X. Lai and D. W. Goodman, *Science*, **281**, 1647(1998).

그렇다면 무엇이 Au 미립자의 활성을 결정하는 것일까? 분말 촉매에 대한 IR, ESR 등의 분광 기법 및 속도론적 해석, 전술한 Au 미립자/TiO_2 단결정계에 대한 광전자 분광법, STM, IRAS 등의 분광 측정 및 이론 계산 등을 이용

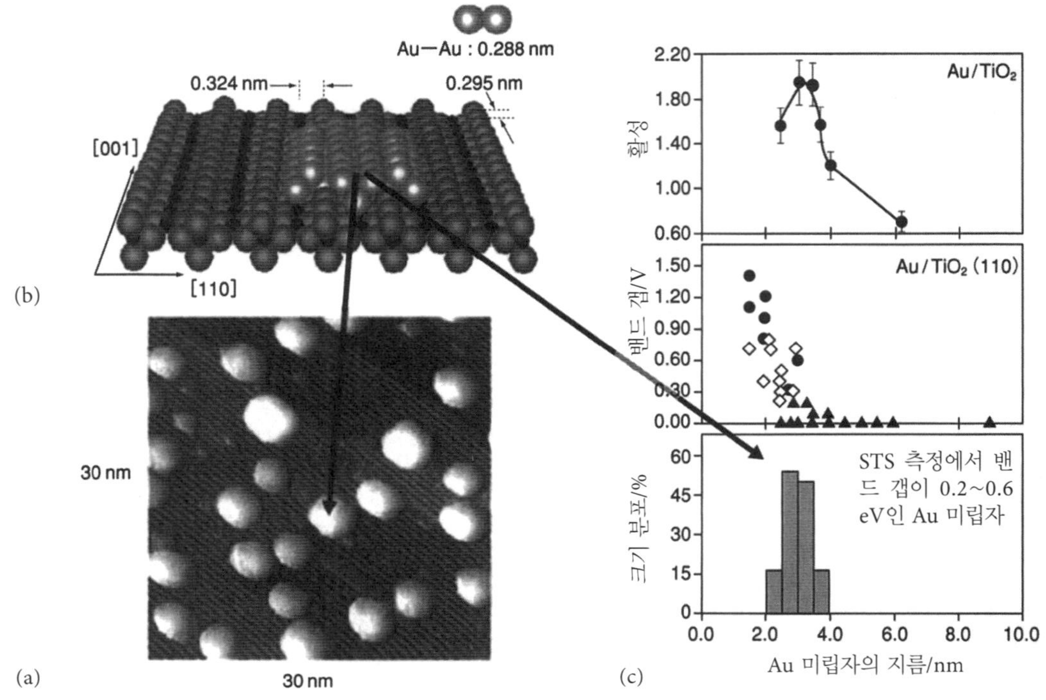

그림 11.7 ▸ TiO_2(110) 표면상에 증착시킨 Au 미립자의 크기와 CO 산화 활성과의 관계. (a) TiO_2(110)(1×1) 표면에 증착시킨 Au 미립자의 STM 상(50×50 nm^2). (b) Au 2층으로 구성된 클러스터의 모델 그림. 화살표로 나타낸 것들이 서로 대응한다. (c) TiO_2(110)(1×1) 표면에 증착시킨 Au 미립자의 크기와 CO 산화 활성, 밴드 갭, 크기 분포의 상관. 중앙의 밴드 갭 관계도에서는 STM 상을 바탕으로 ●는 Au 1층으로 구성된 이차원 입자, ◇는 2층으로 구성된 삼차원 입자, ▲는 3층 이상으로 구성된 삼차원 입자로 구분하였다. [M. S. Chen and D. W. Goodman, *Acc. Chem. Res.*, **39**, 739(2006)]

하여 수많은 연구 그룹에 의해 이에 대한 검토가 이루어져 왔다.[8,10] 그 결과, CO의 흡착이 Au 미립자상에서 우선적으로 발생하는 것은 분명하지만, 산소종에 대해서는 식 (11.1)과 같이 산소가 원자상이 되고 나서 반응하는 것인지, O_2^-(superoxo)와 같은 상태에서 직접 CO와 반응하는 것인지, 또는 TiO_2 상의 산소종이 주된 반응에 관여하는 것인지 등에 대해 의견이 나뉜다. 한편 산화물 담체는 크기나 형상 의존성이 있는 Au 미립자를 반응 중에도 보존하는 것은 물론, Au 미립자와 산화물이 접하는 Au 미립자의 가장자리 부근에서 산소의 활성화를 포함한 반응이 일어나게 하는 역할을 한다는 해석이 이루어지고 있다.[8]

한편, 산화물 담체가 직접적으로 반응에 관여하지 않음을 시사하는 실험 결과도 보고되었다.[10,11] TiO_2(110) 표면 등에서 금의 증착량을 늘려 가면 Au 미립자는 3차원적으로 성장해 가는데, Mo(112)의 열구조를 갖는 표면에

[8] M. Haruta, *Chem. Rec.*, **3**, 75 (2002).

[10] M. S. Chen and D. W. Goodman, *Acc. Chem. Res.*, **39**, 739 (2006).

[11] M. S. Chen and D. W. Goodman, *Science*, **306**, 252(2004).

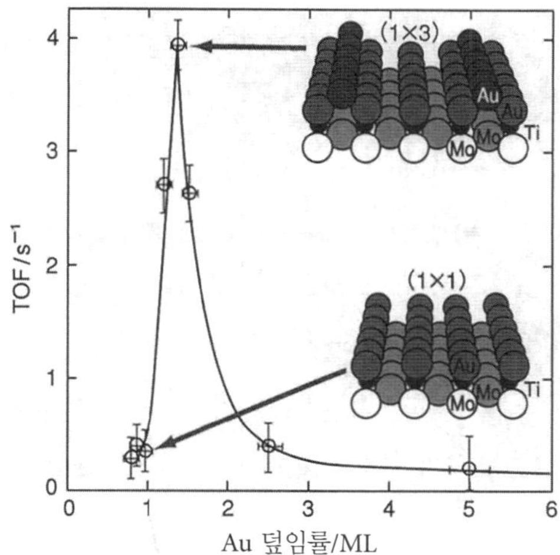

그림 11.8 ▶ **Mo(112) 표면상에 성장시킨 TiO_x 박막상의 Au 박층 두께에 의존하는 CO 산화 반응 활성의 변화.** [M. S. Chen and D. W. Goodman, *Science*, **306**, 252(2004)]

TiO_x($x < 2$) 박막을 만들어 그 위에 금을 증착시키면 1층의 금이 전면을 덮은 표면[(1×1) 표면]과 2층째의 금이 그 위를 주기적으로 덮은 표면[(1×3) 표면]이 나뉘어 생성된다는 사실이 보고되었다. 그리고 놀랍게도 이 (1×3) 표면은 CO 산화 반응에 매우 활성인데, 그림 11.8에서 알 수 있듯이 (1×3) 표면을 만드는 Au의 덮임률에서 활성이 급격한 극댓값을 갖는다. 이 단위 표면적당 활성은 가장 활성인 Au 미립자/TiO_2 단결정 촉매의 2배 정도로 알려졌다. 즉 TiO_2 표면에 분자가 흡착할 수 없는 상황에서도 Au의 CO 산화 반응 활성이 동등하거나 그 이상으로 나타난다는 것으로, 전술한 Au 미립자의 가장자리 부근이 활성점이라는 설과는 상반된다.

이 (1×3)-Au/TiO_x/Mo(112) 표면에 대해서 광전자 분광, STM 등의 측정과 이론 계산이 시도되고 있는데, 지금으로서는 반응 활성의 기원이 완전하게는 밝혀지지 않고 있다.[10] 그 중에 한 가지 포인트는 기판에서 Au로의 전하 이동이다. 관련된 각 표면에 CO 분자를 흡착시킨 경우의 진동수 ν_{CO}가 그림 11.9에 정리되어 있다. 6.1절에서 기술한 바와 같이 ν_{CO}의 값은 CO가 흡착한 모양에 따라 변화하는데, 흡착하는 금속 원자의 가수에 따라서도 변화하므로 좋은 지표가 된다. (1×3)-Au/TiO_x/Mo(112) 표면에서는 1층째의 Au에 흡착하는 CO와 2층째의 Au에 흡착하는 CO의 2종류가 관측되는데, 이들의 진동수로부터 모든 Au가 음으로 대전되어 있으며, 1층째의 Au가 더 큰 음전하를 갖는다는 것을 알 수 있다. 한편, 음으로 대전된 Au 미립자일수록

[10] M. S. Chen and D. W. Goodman, *Acc. Chem. Res.*, **39**, 739 (2006).

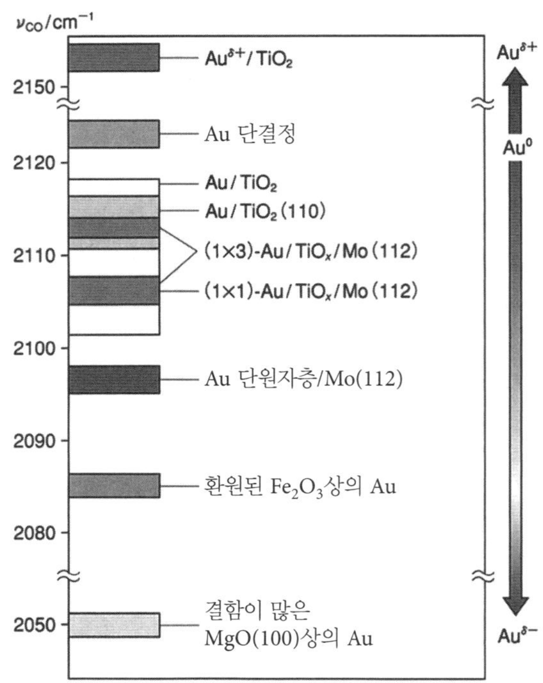

그림 11.9 ▶ 다양한 담지 상태의 Au의 가수에 의존하는 흡착 CO 분자의 진동수. [M. S. Chen and D. W. Goodman, *Acc. Chem. Res.*, **39**, 739(2006)을 변형]

O_2^-(superoxo)와 같은 형태로 산소 분자를 강하게 흡착해 O—O 결합을 활성화시킨다고 생각된다. 이를 종합해 (1×3)-Au/TiO_x/Mo(112) 표면은 1층째의 Au가 O—O 결합을 활성화시키고, 2층째의 Au가 CO의 약한 흡착 자리로 작용하여 CO 산화 반응을 용이하게 진행시킬 수 있다는 설명이 제안되었다. '2층 두께'가 논의되고 있는 배경에는 적당한 정도의 전하 이동과 더불어 저배위수 Au 원자의 노출, 양자 크기 효과 등의 기여가 포함된다. 활성이 높은 Au 미립자/TiO_2 촉매에서도 2층 정도의 Au로 구성된 이와 유사한 국소 구조가 형성된 것일 수 있다는 설명도 있다.

› Topics 우리 주변의 친숙한 광촉매들

광촉매의 기본적인 원리는 8.6절에서 기술하였다. 여기서는 우리 주변에서 이용되고 있는 광촉매의 기능에 대하여 살펴본다.

현재 가장 많이 사용되고 있는 광촉매는 TiO_2이다. TiO_2의 밴드 갭보

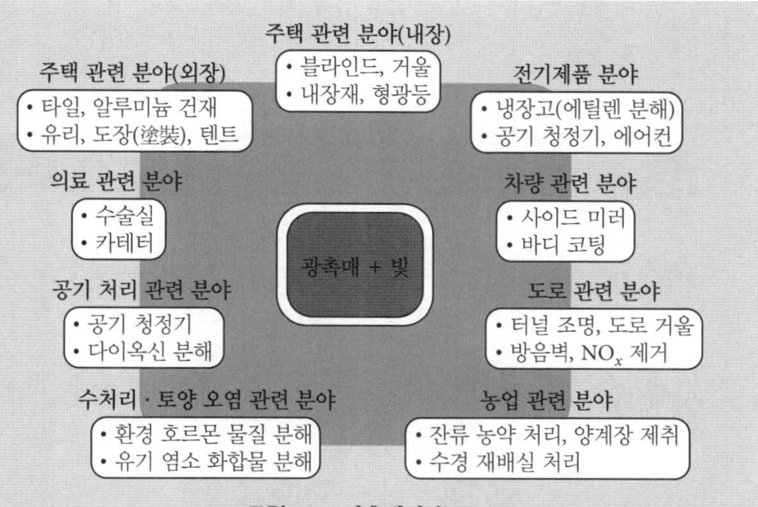

그림 1. ▶ 광촉매의 용도.

다 큰 에너지를 갖는 빛을 조사하면, 원자가띠에 있는 전자가 전도띠로 여기되어 전자와 정공이 생기고, 이것이 반응에 사용된다. 8.6절에서 기술한 물의 완전 분해는 아쉽게도 아직 실용 단계에는 도달하지 못하고 있으나, 평소 깨닫지 못하는 곳에서 광촉매는 크게 도움이 되고 있다. 현재 실용화가 이루어진 주된 용도는 공기청정, 물 정화, 항균 · 살균 및 방오(anti-fouling) · 방담(anti-fogging)이다(그림 1). 이러한 응용은 광유도 분해 반응과 광유도 친수화 효과를 기본으로 한다.

광유도 분해 반응은 빛에 의해 여기된 고에너지 전자나 정공의 반응성을 이용한 것으로 정화, 항균, 방오 등에 응용된다. 터널의 내부 조명은 자동차 배기가스로 금방 오염되는데 TiO_2를 코팅해 둠으로써 오염 물질을 광분해하여 보수에 소모되는 수고를 줄일 수 있다. 또 병원의 수술실 벽을 TiO_2로 코팅해 두면 형광등 빛에 의한 광촉매 작용으로 살균 및 항균 효과를 나타낸다고 알려져 있다.

광유도 친수화 효과는 TiO_2에 빛을 쬐면 물에 대한 젖음성(wettability)이 변화하는 것이다. 물과 기름이 서로 밀어내는 것에서 알 수 있듯이 표면이 유기물로 오염되면 물을 튕겨내 물방울이 된다(접촉각이 큼). 그런데 그림 2에 나타낸 것처럼 TiO_2를 코팅한 표면이 오염되어 물방울이 생긴 상태라도 빛을 조사하면 표면이 초친수성이 되어 물이 전면으로 퍼진다(접촉각이 거의 0이 됨). 비 오는 날에 자동차를 운전하면 사이드

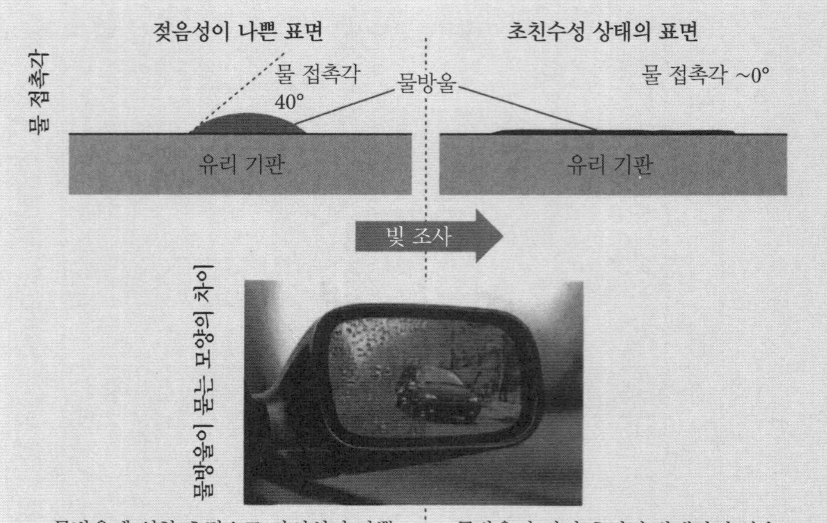

그림 2. ▶ **TiO_2 광촉매를 코팅한 흐림 방지 거울.**

미러에 물방울이 묻어 보기 힘든 경우가 있는데, 사이드 미러의 표면에 TiO_2를 코팅해 놓으면 햇빛에 포함된 자외선에 의해 초친수성이 되어 흐림을 방지할 수 있다. 전망이 나쁜 도로에 설치된 거울 등에도 동일한 기술이 활용되고 있다.

집과 빌딩의 외장 패널(판넬)이나 타일을 TiO_2로 코팅하면 외벽을 깨끗하게 유지할 수 있다. 자외선이 닿으며 오염 물질은 분해하는 한편, 초친수성이 되는 효과가 있어 분리된 오염 물질이 비에 씻겨 내려간다. 그 밖에도 가드레일이나 고속도로의 방음벽 등 많은 곳에서 이용되고 있다.

11.6 금속 미립자/산화물 계면에서의 산소 흡장과 그 반응성

11.3절에 촉매 활성점에서 CeO_2가 나타내는 산소 농도 조정 능력에 대해 소개하였는데, 금속 미립자와 산화물 담체의 계면에 산소가 저장되어 반응에 이용된다는 결과가 보고되었다. Fe_3O_4 박막 표면 위에 담지한 3000개 정도의 Pd 원자로 구성된 미립자에 대해 정상(stationary) 분자선 및 분자선 펄스에 의한 생성물 검출과 IRAS를 조합한 속도론적 해석, XPS를 통한 상태 해석

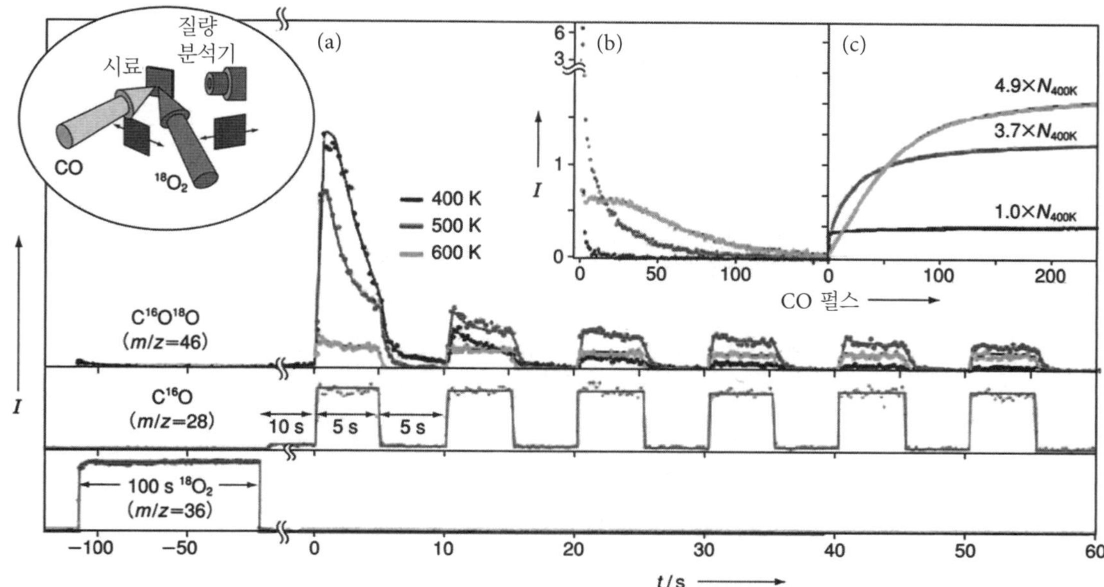

그림 11.10 ▸ Fe_3O_4 박막 표면 위에 담지한 Pd 미립자에서의 CO 산화 반응. (a)는 각 시료 온도에서 처음 100초간 $^{18}O_2$ 빔에 노출시킨 후, CO 분자선 펄스를 도입했을 때의 CO_2 생성 속도. (b)와 (c)는 각 CO 펄스에서의 CO_2 생성량 및 그 누적량. [T. Schalow *et al.*, *Angew. Chem. Int. Ed.*, **44**, 7601(2005)]

에 따른 검토가 수행되었다.[12,13] 그림 11.10과 같이 Pd/Fe_3O_4 표면을 100초간 산소 빔에 노출시킨 후에 CO 분자선 펄스를 도입하면, 400 K에서는 펄스 횟수와 함께 산소가 소비되며 CO_2의 생성량이 즉시 0에 가까워지는데, 500 K에서는 펄스 횟수에 대한 CO_2의 생성량 감소가 적다. 결과적으로 CO_2의 전체 생성량은 400 K일 때의 3.7배에 달한다. 이는 처음에 산소 빔에 노출시켰을 때, 보다 많은 산소가 촉매에 붙잡혔음을 의미한다. 그러나 생성물 해석 및 IRAS로 측정한 Pd 표면에 흡착한 CO 분자의 양으로부터, 500 K에서의 산소 빔 노출로는 Pd 표면의 극히 일부만이 산화되고, 대부분은 금속 상태를 유지하는 것으로 보인다. 그렇다면 500 K에서 산소의 증가분은 어디에 있는 것일까? 그 해답은 그림 11.11의 XPS 측정 결과에서 찾을 수 있다. XPS는 비교적 표면 민감성 기법이기는 하지만 검출 깊이는 검출하는 전자의 운동 에너지에 의존한다. 전자의 평균 자유 행로는 운동 에너지에 의존하므로(universal curve, 제4장 두 번째 Panel 참조), 그림 11.11에서 입사광이 465 eV일 때(검출 전자의 운동 에너지가 130 eV 정도)보다도 입사광이 840 eV일 때(검출 전자의 운동 에너지가 505 eV 정도) 평균 자유 행로가 길고, 더 깊은 곳에 있던 전자까지 검출된다. 따라서 (a)의 산소 처리 전 시료에서는 840 eV의 빛

12 T. Schalow, B. Brandt, M. Laurin, S. Schauermann, S. Guimond, H. Kuhlenbeck, J. Libuda and H. J. Freund, *Surf. Sci.*, **600**, 2528(2006).

13 T. Schalow, M. Laurin, B. Brandt, S. Schauermann, S. Guimond, H. Kuhlenbeck, D. E. Starr, S. K. Shaikhutdinov, J. Libuda and H. J. Freund, *Angew. Chem. Int. Ed.*, **44**, 7601(2005).

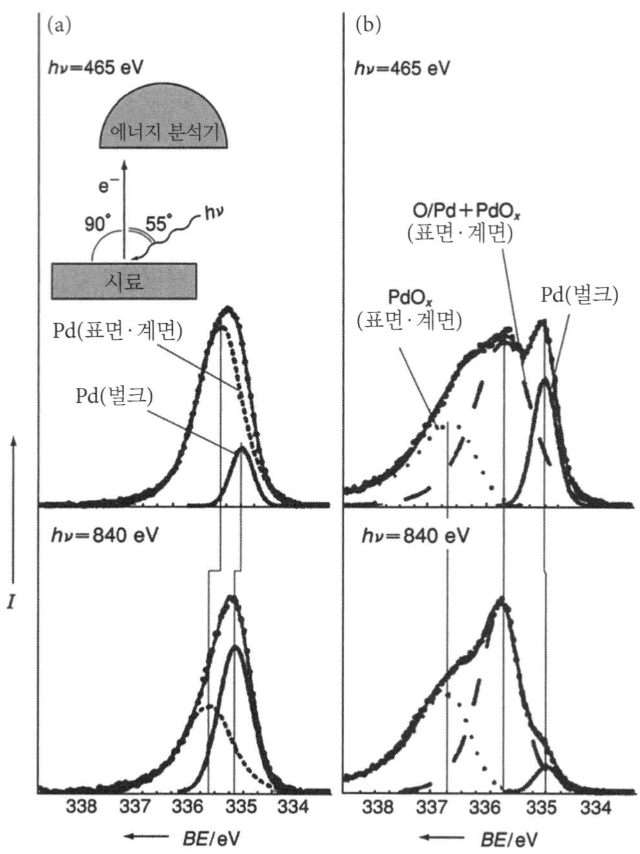

그림 11.11 ▶ **Fe_3O_4 박막 표면 위에 담지한 Pd 미립자의 광전자 스펙트럼.** (a)는 산소 처리 전, (b)는 600 K에서 산소 처리 후. [T. Schalow *et al., Angew. Chem. Int. Ed.*, **44**, 7601(2005)]

을 사용한 경우에 금속적인 벌크의 기여가 더 크게 나타난다. 그러나 600 K에서 산소 처리한 시료(그림 11.11b)를 보면 입사광의 에너지가 높은 쪽이 Pd 산화물의 기여가 크다. 일견 모순되어 보이는 이러한 현상의 설명으로서 그림 11.11b에서는 미립자의 표면뿐만 아니라 Fe_3O_4와의 계면에서도 Pd 산화물이 생성되는 것으로 생각된다. 500 K 이상에서는 Pd 미립자와 Fe_3O_4의 계면 부근에 Pd 산화물의 형태로 산소가 저장되어, 이것이 CO 분자와의 반응에도 사용된다는 것이다. 즉, 그림 11.12에 모식적으로 나타낸 바와 같이 Pd 미립자와 Fe_3O_4의 계면이 Pd 산화물을 안정화하여 산소를 저장해 두는 창고가 되어, 산소를 저장할 뿐 아니라 CO 분자와의 반응에 제공하는 역할을 동시에 한다고 생각할 수 있다. 이와 같은 계면의 역할은 지금까지 별로 고려된 적이 없는 측면으로, 앞으로 어느 정도의 일반성이 있는지에 대한 검증이 필요하다.

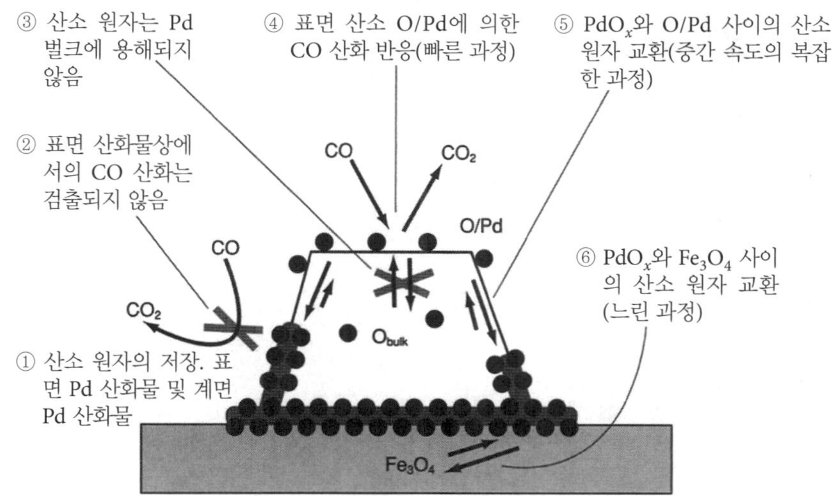

그림 11.12 ▶ **Pd 미립자/Fe_3O_4 계면에서의 산소 저장을 포함한 반응 메커니즘 모식도.** [T. Schalow *et al., Angew. Chem Int. Ed.*, **44**, 7601(2005)]

11.7 압력 차이에 기인하는 촉매 활성의 변화

Ru 촉매는 상압의 반응가스 분위기하에서는 Pt, Pd, Rh를 훨씬 능가하는 높은 CO 산화 활성을 나타내는 것으로 알려져 있으나, 초고진공 조건하에서 측정되는 Ru 표면에서의 CO 산화 활성은 상당히 낮다. 이는 촉매 반응 조건과 표면과학에서 취급하는 압력의 크기 차이에 기인하는 문제로 여겨져 왔는데, 최근 이 차이에 대한 수수께끼가 밝혀졌다. 상압의 반응 조건하에서 금속 Ru의 표면은 RuO_2 층으로 덮여 있고, 이 층 위에서는 저압 조건하에서도 CO의 산화 활성이 높다.[14] 그림 11.13에 나타낸 바와 같이 Ru(001) 표면을 1000 L 정도[†]의 산소에 노출시키면 1 ML의 산소가 흡착한 (1×1)-O 표면이 생성됨과 동시에 산소의 흡착 확률은 10^{-6} 이하로 떨어진다. 따라서 산소의 해리가 속도 결정 단계가 되며, 초고진공 조건하에서는 이 이상으로 표면의 산화가 곤란해진다. 그러나 보다 혹독한 산화 조건(높은 산소 압력, 높은 온도)에서는 Ru 산화물의 핵이 생긴다. RuO_2상에서의 산소 흡착 확률이 0.7로 높기 때문에 일단 핵이 생기면 RuO_2 산화물층이 표면에서 퍼져나간다. 예를 들면 700 K, 1 Pa 정도의 산소 분위기하에서 수 분간 산화시키면 약 10 ML 상당의 산소가 흡착하여, 표면에 루틸형 RuO_2(110)의 열구조와 Ru(001)-(1×1)-O의 산소 육각배열(hexagonal) 구조가 공존하는 모습이 STM으로 관찰된다. 루틸형

[14] H. Over and M. Muhler, *Prog. Surf. Sci.*, **72**, 3(2003).

[†] 1 L = 1.33×10^{-4} Pa s.

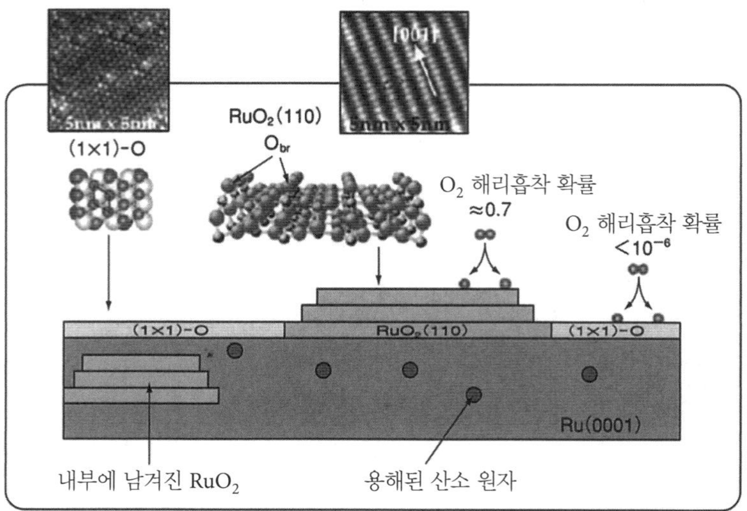

그림 11.13 ▶ **Ru(001) 표면에서 산소 압력이 높을 때 생성되는 RuO_2 산화물층 형성의 모식도.**
[H. Over and M. Muhler, *Prog. Surf. Sci.*, **72**, 3(2003).]

$RuO_2(110)$ 표면은 그림 11.1b의 루틸형 $TiO_2(110)$와 같은 형태의 구조를 가지며, 배위 불포화인 5배위 Ru의 열과 6배위 Ru를 가교하여 덮고 있는 bridge 산소(O_{br})의 열이 교대로 늘어서 있다. 5배위 Ru 원자는 CO 분자 또는 산소 원자의 안정한 흡착 자리이며, CO의 산화 반응 중에는 CO와 산소가 경쟁적으로 흡착한다.

5배위 Ru 원자에 흡착한 CO는 bridge 산소(O_{br})와 실온에서 쉽게 반응하고, 다음과 같이 CO_2가 탈착한다.

$$CO(a) + O_{br} \longrightarrow CO_2(g) + v \qquad \textbf{(11.2)}$$

이 반응은 bridge 산소의 결함 v를 만드는데, CO 분자가 결함 위치에 강하게 흡착하는 모습이 STM으로 관찰되었다.

$$CO(a) + v \longrightarrow CO_{defect} \qquad \textbf{(11.3)}$$

산소 결함에 포획된 CO 분자 CO_{defect}는 450 K 이하에서 bridge 산소와 반응하지 않는데, 5배위 Ru상에 흡착한 산소 원자 O(a)와는 실온에서 쉽게 반응한다.

$$CO_{defect} + O(a) \longrightarrow CO_2(g) + v \qquad \textbf{(11.4)}$$

CO의 산화 반응 중에는 식 (11.3)과 (11.4)로 나타내어지는 반응과 병행하여 다음 반응이 일어난다.

$$O(a) + v \longrightarrow O_{br} \qquad (11.5)$$

이로써 산화-환원주기(redox cycle)가 완성되어 촉매 반응이 진행된다. RuO_2(110) 표면상에서의 정상 반응에서 얻어지는 반응의 활성화 에너지는 분말형 Ru 담지 촉매에서의 값과 일치한다. 이는 STM 등을 이용한 표면과학적 접근으로 압력 차이를 설명할 수 있었던 예시로, 표면 반응의 각 소과정을 표면과학적 기법을 이용해 밝힘으로써 그 반복에 해당하는 촉매 반응 사이클을 설명할 수 있었다는 점에서 의의가 크다.

› Panel 원자힘 현미경

터널링 전류를 신호로 그 크기를 일정하게 유지하며 표면을 측정하는 STM과 달리, **원자힘 현미경**(atomic force microscopy, AFM)은 탐침과 시료 사이에 작용하는 힘이 일정하게끔 표면을 주사(scan)하여 표면 구조에 관한 정보를 얻는다. STM과 달리 시료의 전도성을 필요로 하지 않는 표면 형상 관찰 기법으로서 1986년에 Binnig 등에 의해 개발된 대표적인 SPM 기법이다.

구체적으로는 선단에 탐침이 붙어 있는 캔틸레버(cantilever)라고 하는 작은 레버(판스프링. 용수철 상수 k)를 이용하여 시료와의 사이에 작용하는 척력 또는 인력을 측정한다. 그림 1a는 가장 기본적인 컨택 모드(contact mode)에서 측정할 때의 모식도이다. 탐침을 시료 표면에 접근시키면 척력에 비례해 레버가 휘고, 레버에 집광된 레이저광의 반사 방향이 어긋나게 된다(그림 1b). 이 어긋남을 광다이오드(photodiode)로 검출하면 레버가 어느 정도 휘었는지를 알 수 있고, 용수철 상수를 알고 있다면 척력의 크기를 알 수 있다. 척력이 일정하게 유지되게끔 표면을 주사하면, 표면의 요철을 반영한 상을 얻을 수 있다. 콘택트 모드의 경우 용수철 상수가 작은(부드러운) 레버일수록 같은 척력에 의한 휘어짐이 커지므로 감도가 증가한다. 그러나 운모(mica) 등의 표준 시료에 대한 원자

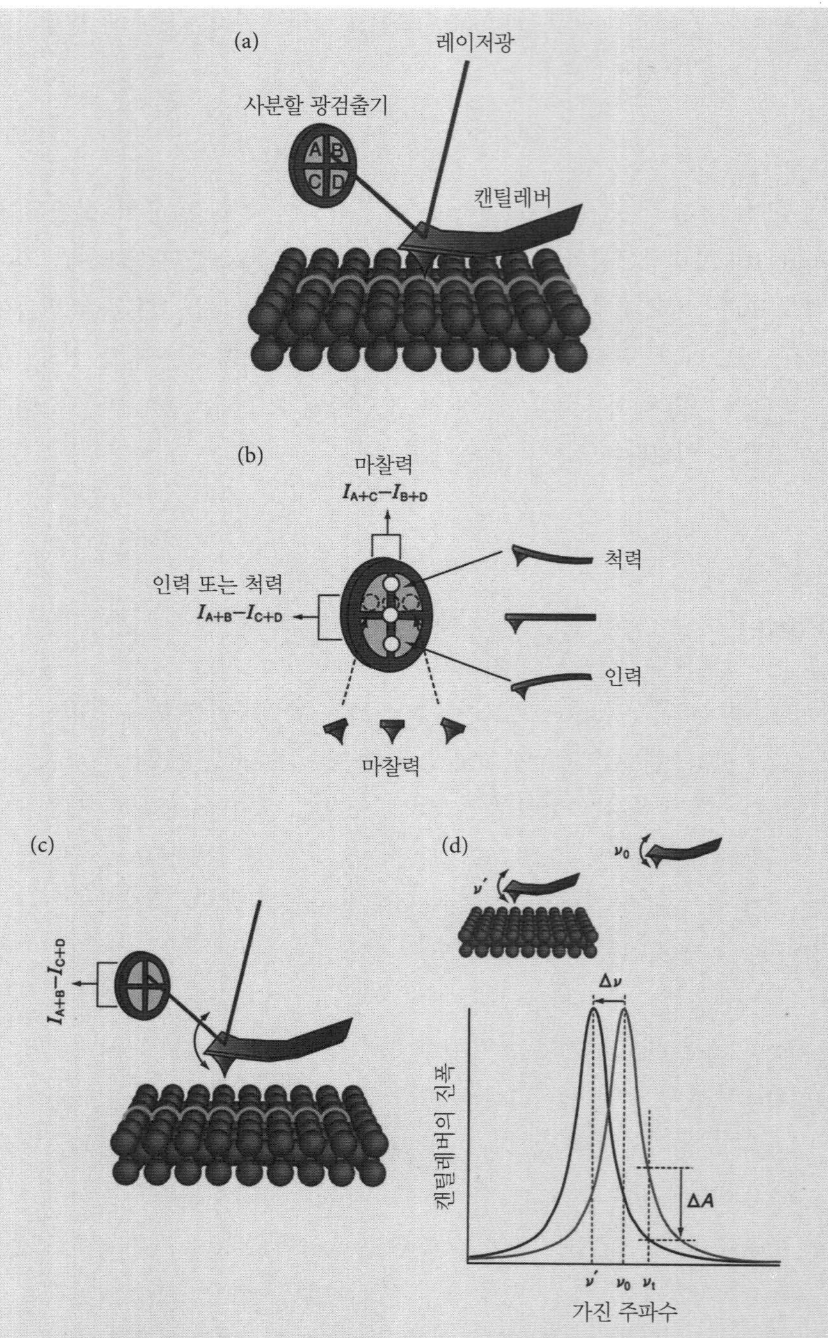

그림 1. ▶ **AFM의 원리도.** (a)와 (b)는 컨택 모드, (c)와 (d)는 다이나믹 모드(비접촉 모드 및 태핑 모드)

분해능 상(image)으로서 제조사 카탈로그에 게재된 사진의 대부분은 원자가 보이는 것이 아닌 원자 스케일의 주기가 보이는 것일 뿐이므로 주의가 필요하다. 한편, 콘택트 모드에서 제어할 수 있는 최소의 힘이라고 해도 탐침 선단의 원자 1개로 지탱하는 것은 불가능하며, 탐침 선단의 다수의 원자와 표면의 다수의 원자가 상호작용하는 것을 피할 수 없다. 그러므로 경우에 따라서는 표면을 부수면서 표면 원자의 주기를 관찰한다. 또한 탐침을 시료에 접촉시킨 상태에서 캔틸레버의 장축과 수직으로 주사할 때의 비틀림을 정량적으로 측정하면 탐침과 시료 사이의 마찰력에 해당하는 정보를 얻을 수 있다(그림 1b).

측정에 사용하는 힘을 줄이기 위해서 주류가 되고 있는 방법이 태핑 모드(tapping mode, 또는 dynamic mode나 AC mode라고도 함)이다. 이 측정 모드는 캔틸레버를 고유 진동수 부근에서 진동시켜 간헐적으로 접촉시킴으로써, 시료 표면에 전달되는 데미지를 줄이고 실효적인 힘 또한 감소시킬 수 있다. 또한 탐침을 시료 표면에 접촉시키지 않고 측정하는 비접촉 모드(non-contact mode, NC-AFM으로 약기)가 1996년에 개발되어 원자 분해능을 갖는 차세대 SPM 기법으로서 주목받고 있다. 여기서는 이 두 가지 측정 모드를 정리하여 설명한다.

캔틸레버는 압전 소자 등을 사용해 외부로부터 진동을 여기시켜, 그 움직임을 레이저광과 광다이오드로 검출한다. 컨택 모드와 달리, 특히 NC-AFM에서는 용수철 상수가 큰(단단한) 캔틸레버가 사용된다. 그림 1d에 나타낸 것처럼 탐침이 시료에서 멀리 떨어져 있을 때에는 공진 주파수 ν_0으로 진동하고, 이는 용수철 상수 k와 캔틸레버의 유효질량 μ를 이용해 다음과 같이 나타낼 수 있다.

$$\nu_0 = \frac{1}{2\pi}\sqrt{\frac{k}{\mu}} \tag{1}$$

탐침이 시료에 가까워져(거리를 z로 놓는다) van der Waals 힘 등의 인력적 상호작용(퍼텐셜 V_{ts})을 받으면, 진동 중에 받는 인력적 상호작용이 일정하다고 근사할 수 있는 범위에서는 실효적인 용수철 상수가 감소하여 k'가 되고, 공진 주파수가 ν'로 감소한다.

$$k' = k + k_{ts} \qquad \left(단,\ k_{ts} = \frac{\partial^2 V_{ts}}{\partial z^2} < 0\right) \tag{2}$$

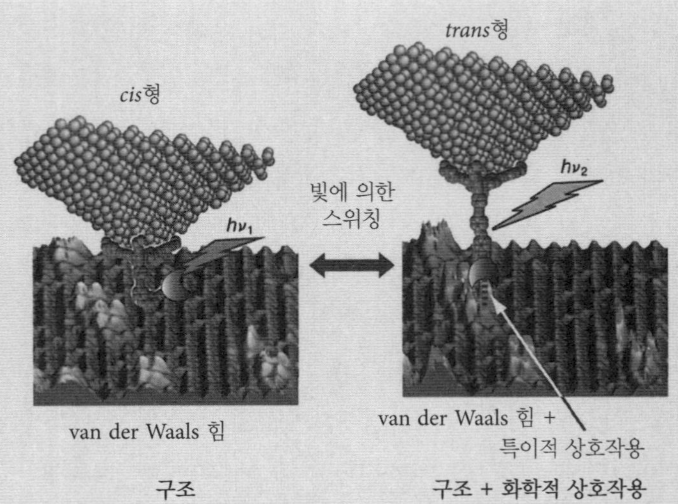

그림 2. ▶ 2종류의 탐침 선단에 의한 분자간 상호작용 정보 추출 계측의 개념도.

이때 주파수 피크의 변화 $\Delta\nu$는 소진폭 근사(small amplitude approximation)하에서 다음과 같이 나타낼 수 있다.

$$\Delta\nu = \nu' - \nu_0 = \frac{\nu_0}{2k} k_{\mathrm{ts}} \tag{3}$$

NC-AFM에서는 항상 공진 주파수로 진동하게끔 조정하며 공진 주파수의 변화 $\Delta\nu$를 직접 측정한다(FM 검출법). 탐침에 작용하는 힘 구배를 측정하여, 이것이 일정하도록 표면을 주사함으로써 표면 구조의 정보를 얻는 것이다. 한편 태핑 모드에서는 고유 주파수에서 조금 어긋나도록 고정한 주파수 ν_t로 강제 진동시켜, 상호작용에 의해 주파수 피크가 이동(shift)함에 따른 진동 진폭의 감소 ΔA를 측정한다(slope 검출법).

이와 같이 매우 작은 힘을 실측할 수 있게 되면, 분자간에 작용하는 힘을 직접 측정할 수 있게 되는 날이 올 지도 모른다. '분자로 수식(modification)한 탐침'을 이용해 분자간 상호작용의 차이에 따른 화학종의 식별을 수행하고자 하는 시도가 약 10년 이상 전부터 이루어지고 있다. 예를 들면, 자기 조립 단분자막(self-assembled monolayer, SAM)으로 덮은 탐침을 사용해 μm 스케일의 화학종 도메인을 패터닝(patterning)한 표면에서 마찰력의 차이 등에 따라 도메인 화학종을 식별하는 연구가 수행되었다. 그러나 전체 면을 피복시킨 탐침으로는 원리상 원자 · 분자 스케일의 공간 분해능에 도달하지 못한다. 탄소나노튜브 탐침의 선단을 화학 수식하여 이와 유사한 시도가 이루어지고 있으나, 어떤 경우든 구조와 조성을 사전에 알고 있는 표면을 제외하면 적용하기가 어렵다. 아주 최근에 빛에 의해 형상이 변화하는 단일 분자를 탐침으로 사용해 화학종 식별을 실시하고자 시도한 예가 있었다. 그림 2에 그 개념도를 나타내었다. 예를 들어 표면 화학종과 수소 결합할 수 있는 작용기를 선단에 내놓은 경우와 감춘 경우의 두 가지 조건으로 동일 영역의 측정을 수행, 양쪽을 비교함으로써 화학종 간의 알짜 상호작용을 검출하고자 하였다. 이와 같은 연구가 발전하면, 표면 화학종을 '힘'을 통해 분별해가며 표면화학 과정을 관찰할 수 있게 될지도 모른다.

연습 문제

11.1 MgO는 Mg^{2+}와 O^{2-}가 교대로 늘어선 NaCl형 결정 구조를 갖는다. 아래 질문에 답하시오.

(a) (100)면의 구조를 그리고, 3.3절에서 학습한 럼플링(rumpling)으로 예상되는 원자 위치의 변화에 대하여 기술하시오. 이 면은 양이온과 음이온의 수가 같고, 비극성면으로 불린다. [진공 중에서 벽개(cleavage)한 MgO(100) 표면은 럼플링이 거의 일어나지 않으나, 600 K 정도로 가열하면 층간 거리의 약 6% 정도의 럼플링이 발생함이 보고되었다.]

(b) (111)면으로 예상되는 2종류의 표면 구조를 그리시오. (이 면들은 극성면으로 불리며, 치우친 전하를 가지므로 불안정하다. 실제로는 표면 재구성을 일으키는 것으로 알려져 있다.)

11.2 그림 11.1의 루틸형 TiO_2에 대해 벌크 내에서 Ti에 대한 O의 배위수는 6이고, (110) 표면에서 열(row) 모양으로 늘어서 노출된 Ti의 배위수는 5이다.

(a) 그림 11.1b와 같이 bridge 산소 원자에 결함이 생긴 경우에 나타나는 2개의 Ti 원자에 대하여 각각의 O의 배위수는 얼마인가?

(b) 만약 이웃한 bridge 산소 원자 2개가 제거되어 결함이 생성되면, 결함 위치에 나타나는 3개의 Ti에 대한 O의 배위수는 각각 얼마인가?

일반적으로 산소의 배위수가 낮은 금속 이온은 에너지가 불안정하여 만들어지기 어렵다.

11.3 광촉매로도 사용되는 TiO_2는 약 3 eV의 밴드 갭을 가져 전기 전도성은 낮으나 진공 중에서 고온으로 가열하는 등의 처리를 통해 산소 결함을 도입하면 좋은 전기 전도성을 갖는 n형 반도체가 된다고 알려져 있다. 왜 n형 반도체가 되는 것인지 산소 결함의 형성 과정을 바탕으로 고찰하시오.

11.4 산화물 표면과 그 위에 담지한 금속 미립자의 상호작용을 고찰하기 위해서는 **표면 자유 에너지**(surface free energy)를 고려할 필요가 있다. 표면 자유 에너지 γ는 벌크 내에서 형성되어 있던 결합을 끊어 표면을 만들어내기 위해 필요한 에너지로서 벌크 고체의 응집 에너지 ΔH_c와 표면을 형성하기 위해 끊어야 하는 최근접 원자와의 결합 수에 관계하며, 다음과 같이 쓸 수 있다.

$$\gamma = \Delta H_c \frac{Z_s}{Z} N_s$$

단, Z는 벌크 내 원자의 배위수, Z_s는 표면에서 감소한 최근접 원자의 수, N_s는 표면에서 원자의 수밀도이다. 따라서 일반적으로 원자가 조밀한 면일수록 γ의 값은 작아진다. 여기서는 fcc 구조를 갖는 Pd에 대하여 ΔH_c = 375 kJ mol^{-1}로 한다. 아래 질문에 답하시오.

(a) Pd(111) 표면은 $N_s = 1.5 \times 10^{19}$ atoms m^{-2}이다. 이때 γ의 값은 몇 J m^{-2}인가?

(b) Pd(100) 표면의 γ을 계산하여 (a)의 결과와 비교하시오.

(c) Al_2O_3상에 Pd 미립자를 담지하면, 양쪽이 결합한 부분의 각각의 표면 에너지는 감소하지만, 계면 형성에 따른 계면 에너지는 증가한다. Al_2O_3와 Pd 사이의 계면 에너지는 2.9 J m^{-2}로 알려져 있다. Al_2O_3의 표면 에너지는 Pd보다 훨씬 작으므로, 감소하는 표면 에너지는 Pd의 표면 에너지와 일치하는 것으로 근사할 수 있다. (a)와 (b)의 결과를 참고하면 Al_2O_3 표면에 담지한 Pd 미립자는 어떤 형태를 취할 것이라고 생각되는지 설명하시오. [**힌트**: (a)와 (b)에서 구한 γ의 값으로부터 Pd 미립자만이 존재할 때 어떤 구조를 만드는 지를 먼저 생각하고, 다음으로 Al_2O_3 상에 담지한 Pd와 Al_2O_3의 계면을 늘리는 것이 에너지 측면에서 득인지 실인지를 생각해 보시오.]

제 12 장

표면의 화학 설계 및 기능

지금까지의 장에서 물질의 고체 표면이 나타내는 성질과 표면상에서 일어나는 화학 현상을 이해하기 위한 기초 지식을 쌓아 왔다. 이 장에서는 표면에서 특정한 화학적 기능을 발현시키는 것을 목표로, 적극적으로 표면을 설계 · 구축하기 위한 개념과 방법론을 학습한다. 물질을 미세 형상으로 가공하거나 원자를 하나하나 나열해 새로운 물질을 만드는 것과 같은 물리적 설계가 아닌, 구성 요소가 되는 물질의 특성을 살려 표면을 구축하는 화학적 설계를 중심으로 설명한다. 나아가 높은 촉매 작용을 향한 기능적 차원에서의 노력을 소개한다.

12.1 자기조직화

표면의 화학 설계에 있어 자기조직화 개념의 이용의 중요성이 최근 점점 커지고 있다. 원래 **자기조직화**(self-organization)란, 예를 들어 생체와 같은 복잡한 구조가 엔트로피를 감소시키며 자연적으로 형성되는 현상 등으로 대표되는, 비평형 상태인 열린계에서의 자발적 질서 형성을 가리킨다.[1,2] 따라서 평형계에서 결정이 형성되는 등의 과정은 엄밀히 말하면 자기조직화에 해당되지 않는다. 이를 **자기집합**(self-assembling)과 구별해야 한다는 의견도 있지만 현재는 둘을 묶어 자기조직화라고 부르는 경우가 많다. 표면 설계에 활용되는 자기조직화의 예로는 질서 있는 이차원 막의 형성, 기판 표면 구조를 템플릿으로 한 일차원 구조의 형성, 구조적인 변형(뒤틀림)을 이용한 나노 구조의 형성

[1] 일본표면과학회 編,《표면과학의 기초와 응용(신정판)》, NTS, (2004).

[2] A. Ulman, *Chem. Rev.*, **96**, 1533(1996).

등을 들 수 있다. 특히, 최근에는 거시 스케일의 물체를 가공하여 미세한 구조를 형성하는 탑다운(top-down) 기법과 반대되는, 원자나 분자를 블록으로 사용해 나노 구조를 형성하는 바텀업(bottom-up) 기법을 지탱하는 중요한 역할로서 자기조직화가 나노 기술과 관련지어 논의되는 경우가 많다.

자발적으로 형성되는 이차원 막의 대표적인 예로서 **자기조직화 단분자막**(self-assembled monolayer, SAM)이 있다.[2] 말단에 $-SiCl_3$기나 $-Si(OC_2H_5)_3$기 등을 갖는 유기 실란 커플링제(silane coupling agent, $R-SiX_3$)는, 예를 들면 Si 기판 상에 자연 산화막으로서 존재하는 SiO_2 표면의 표면 수산기(Si—OH)와 직접 반응하거나, 표면에 흡착한 물과 반응하여 $R-Si(OH)_3$로 변환된 후 표면 수산기와의 사이에서 또는 $R-Si(OH)_3$끼리 탈수 축합하여 기판 표면에 그물 구조(network)를 형성하며 고정된다(그림 12.1a). 막의 형성에는 유기용매에 실란 커플링제를 녹인 용액에 Si 기판을 담그는(침지) 습식법, 실란 커플링제를 가열하여 휘발시킨 증기에 Si 기판을 접촉시키는 CVD법 등이 사용된다. 그물 구조의 형성 과정이나 분자당 기판과의 결합수는 기판 표면 수산기의 반응성과 표면에 흡착한 물의 양 등에 따라 변화하므로 제어가 어려운 면도 있으나, Si에 한정되지 않고 유리 등 표면 수산기를 갖는 표면에 폭넓게 적용할 수 있다는 특징이 있다.

2 A. Ulman, *Chem. Rev.*, **96**, 1533(1996).

한편, 분자와 기판의 직접 결합을 통해 이차원 막이 형성되는 것이 —SH기를 말단에 갖는 알칸싸이올(alkanethiol) 유도체(R—SH)로 구성된 SAM이다. 가장 대표적인 Au(111) 표면상의 알칸싸이올 SAM은 형성 과정이 자세하게 알려져 있는데, 분자를 녹인 용액에 Au(111) 기판을 담그면 S—H 결합이 열림과 동시에 Au—S 결합이 생성되며 처음에 분자는 Au 기판을 따라 흡착하지만, 흡착 분자 밀도가 증가함에 따라 분자간에 작용하는 van der Waals 인력에 의해 분자가 기판에 대하여 서서히 일어서는 것으로 밝혀졌다(그림

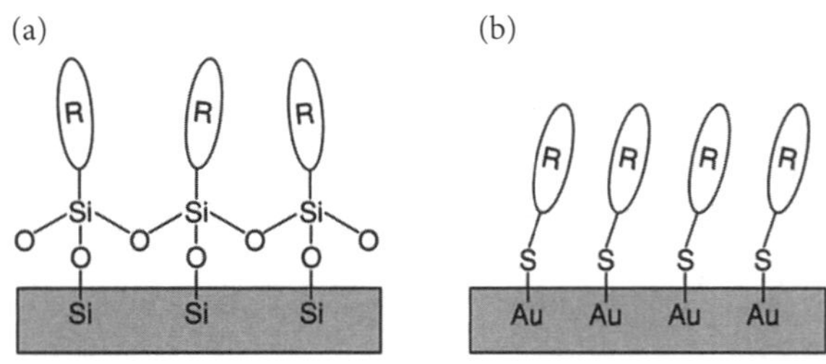

그림 12.1 ▶ SAM의 구조 모식도. (a) 유기 실란 커플링제, (b) 알칸싸이올 유도체로 이루어진 SAM의 구조 모식도.

그림 12.2 ▶ **Au(111) 표면상의 *n*-데칸싸이올($C_{10}H_{21}SH$) SAM의 STM 상.** 6×6 nm^2. 분자는 $(\sqrt{3}\times\sqrt{3})R30°$ 구조를 취하며 배열하고 있다.

12.1b, 그림 12.2). 실란계의 경우와 달리 분자간에는 화학 결합을 형성하지 않으며, 기판을 용액에 밤새 담가 두는 것만으로도 단분자막이 형성되기 때문에 '자기조직화 막'이라는 단어의 이미지에 가까운 것이라고 할 수 있다.

이와 같은 방법으로 제작한 다양한 작용기를 갖는 SAM에 의한 표면 수식(surface modification)은 전극 표면의 내부식성을 높이거나 분자의 전기 쌍극자 모멘트에 따라 일함수를 변화시켜 표면의 개질을 수행하는 것 외에도, 무기 기판에 흡착시키면 강한 국소적 힘으로 인해 변형되는 등의 이유로 기능을 잃은 생체 분자를 부드럽게 흡착시키는 쿠션 역할을 한다.[1] 또한 전자나 빛을 이용한 리소그래피(lithography) 기술과 잉크젯 프린터의 극소량의 용액 분무 기술을 이용한 표면 패터닝을 조합하여, 영역별로 다른 분자 막으로 구성된 표면을 제작할 수 있게 되었다. 이 표면들은 그 자체로 기능을 부여하거나, 특정한 분자를 어떤 영역에 선택적으로 흡착시키는 템플릿으로서 사용할 수 있다.

반도체 나노 구조의 자기조직적인 형성에는 기판 표면과 성장 물질의 격자 상수 차이가 관여하는 경우가 많다. 예를 들면, $ErSi_2$의 어떤 축을 따르는 격자 간격은 Si의 [110] 또는 $[1\bar{1}0]$ 방향의 격자와 잘 일치하는데, 그와 수직한 방향에서는 양쪽이 크게 다르기 때문에, Si(100) 표면에 $ErSi_2$를 성장시키면 일치하는 축의 방향으로 뻗어가는 세선이 만들어진다. 또 6.6절에서 설명한 박막의 성장양식 중 Stranski-Krastanov 모드는 이러한 격자 상수의 부정합에 기인하며, 이 어긋남의 '기억'을 위층에 전달하며 삼차원 적층 구조를 구축할 수 있다.

[1] 일본표면과학회 編, 《표면과학의 기초와 응용(신정판)》, NTS, (2004).

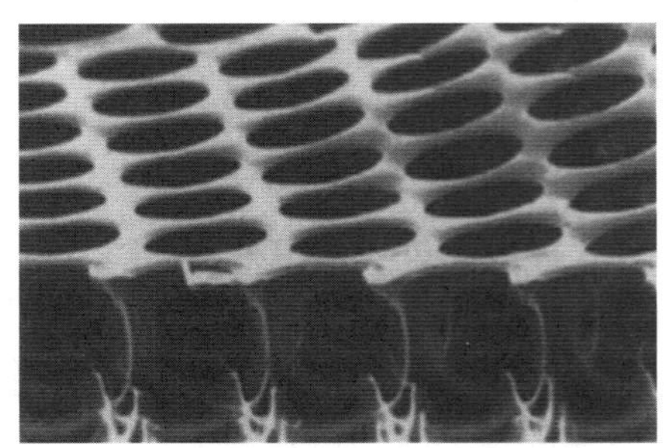

그림 12.3 ▸ 미세한 물방울을 주형으로 한 고분자 벌집 구조 필름의 전자 현미경 상. [도호쿠대학 M. Shimomura 교수 제공]

분자의 조직화 구조를 다른 물질에 전사함으로써 나노 구조를 형성할 수 있다. 촉매의 담체로도 쓰이는 메조포러스 실리카(mesoporous silica)가 그 전형적인 예로, 계면활성제로부터 만들어진 막대 모양의 마이셀(micelle)을 주형(거푸집)으로 하여 테트라에톡시실란(TEOS) 등을 원료로 주형의 둘레에 실리카겔 골격을 형성시키고, 소성(calcination)을 거쳐 계면활성제를 분해 및 제거함으로써 균일한 지름의 세공 구조가 늘어선 메조포러스 실리카를 얻을 수 있다.

유기용매에 녹인 고분자를 기판 표면에 전개하고, 용매가 증발하는 과정에서 자기조직적으로 규칙적인 구조가 형성됨이 보고되었다.[3] 고분자를 클로로포름 등 물과 섞이지 않는 용매에 녹이고, 높은 습도하에서 유리 기판에 전개하면 그림 12.3과 같은 균일한 크기의 구멍이 뚫린 벌집 구조(honeycomb structure) 필름이 생성된다. 용매가 휘발될 때의 기화열에 의해 수증기가 응축하며 미세한 물방울로서 용액 표면에서 성장해, 용액과 기판의 계면 부근까지 모세관 현상 등에 의해 이송됨과 동시에 물방울끼리 2차원적으로 조밀 충진되고, 최종적으로 물이 증발하여 물방울을 주형으로 한 고분자 구조가 남게 된다. 전개하는 용액의 양이나 수증기의 양 등을 조절해 구멍의 크기를 제어할 수 있다. 생체 적합성을 가진 유기 고분자에 의한 미크론(μm) 크기의 구조는 세포의 접착이나 배양을 위한 인공 작업대로서 기대를 모으고 있다.

[3] M. Shimomura 외, 표면과학, **27**, 170(2006).

12.2 CNT의 전자 상태와 표면화학

탄소나노튜브(carbon nanotube, CNT)는 탄소의 육각 망상 구조(graphene sheet)를 둥글게 만 형태의 튜브이다. 그래핀 시트 1장을 만 것을 단층 탄소나노튜브(single-walled CNT, SWCNT)라 부르며, 지름이 0.4 nm 정도로 얇다. 여러 장의 그래핀 시트로 구성된 다층 탄소나노튜브(multi-walled CNT, MWCNT)는 지름이 100 nm 정도로 두껍다. 그래핀(graphene)의 층간 거리는 0.34 nm로 흑연(graphite)의 층간 거리와 같다. 기본적으로는 π 전자를 가진 콘쥬게이션 계(conjugated system) 탄소 재료 중 하나이나, SWCNT에서는 그래핀 시트가 말린 형태에 따라 금속성을 띠거나 반도체성을 띠기도 하는데, 바로 이 점이 새롭다. 두꺼운 MWCNT는 흑연과 유사한 전자 상태에 있다. '표면'의 관점에서 보면 표면적이 비교적 크고 균일한 표면 구조를 갖는 물질이다. 지금까지는 활성탄이나 카본 블랙(carbon black) 등 고표면적을 갖는 탄소 재료가 흡착제나 촉매 담체 등에 널리 쓰여 왔으나, 이들의 표면 구조는 복잡하고 불균일하다. 따라서, 표면화학의 입장에서 이는 새로운 표면을 갖는 흑연계 탄소의 등장으로 볼 수 있다. 그 응용 예를 하나 소개한다.

MWCNT를 촉매 담체로 사용하면 연료 전지용 Pt 전극 촉매의 활성이 현저하게 향상된다는 것이 밝혀졌다. 그림 12.4는 MWCNT와 카본 블랙에 Pt 미립자를 담지시킨 전극 촉매의 전자 현미경 사진이다. 지름 2~4 nm의 Pt 촉

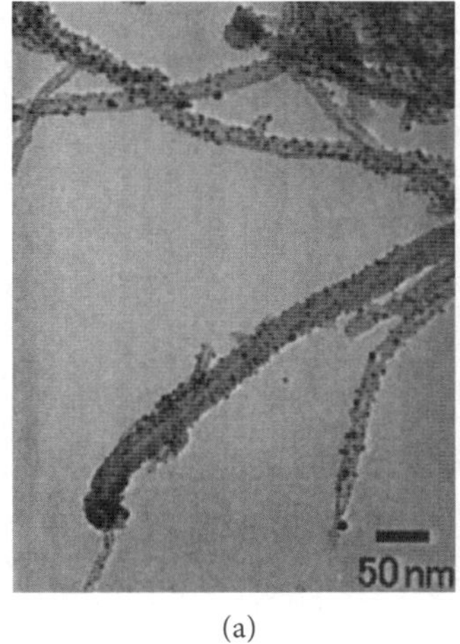

(a)

(b)

그림 12.4 ▶ MWCNT 담지 Pt 촉매와 카본 블랙 담지 Pt 촉매의 전자 현미경 사진. (a) MW-CNT 담지, (b) 카본 블랙 담지.

매 미립자가 양쪽 탄소의 표면에 잘 분산되어 있는 것을 볼 수 있다. 그러나 촉매 활성은 MWCNT에서 더 크며, 고가의 Pt 사용량을 절반 이하로 줄일 수 있다. MWCNT의 이와 같은 우위성은 표면의 구조에 기인한다. 충분히 두꺼운 MWCNT의 경우 표면은 거의 흑연과 같다고 볼 수 있다. 한편, 카본 블랙은 그래핀 시트의 작은 조각들이 서로 달라붙어 입자 형태가 된 것으로, 입자 표면에는 작은 조각의 종단점들이 많이 노출되어 있어 평탄한 그래핀 시트로 보기는 어렵다. 흑연의 평탄면에 존재하는 금속 촉매 미립자는 전자 상태가 변화한다고 알려져 있는데, 그 결과 촉매 활성이 향상되는 것으로 생각된다. 또한 그래핀 시트의 평탄면은 공명 안정화의 결과로 화학적으로도 안정하다. 즉, 산화 내식성이 우수하여 내식성 전극으로의 활용 또한 기대되고 있다.

12.3 합금화와 촉매 작용

2종류의 금속으로 이루어진 **합금**(alloy)에서는 단일 성분인 경우와 비교해 촉매 활성이 비약적으로 향상되는 경우가 있다.[4] 그 원인으로는 이종 금속의 합금화에 따른 격자 뒤틀림(lattice distortion), 전기음성도 차이에 의한 전하 이동과 같은 전자 상태의 변화, 이종 금속의 배치에 따른 앙상블(ensemble)의 형성 등을 들 수 있다. 그 중 앙상블 효과에 대해서는, 현상론적으로는 잘 알려져 있으나 그 내용이 분자 수준에서의 이해에는 도달하지 못했다. 바이메탈(bimetal)계는 이전 장에서 이미 다루었으므로, 이 절에서는 최근의 대표적인 바이메탈 표면화학을 소개하도록 한다.

[4] V. Ponec and G. C. Bond, "Catalysis by Metal and Alloys", Elsevier(1995).

다음은 아세트산비닐(vinyl acetate)의 합성 반응이다.

$$CH_3COOH + C_2H_4 + \frac{1}{2}O_2 \longrightarrow CH_3COOCHCH_2 + H_2O \qquad \textbf{(12.1)}$$

최근에 이 반응의 촉매로 사용되고 있는 실리카 담지 Pd-Au 이원합금 촉매의 모델 표면으로서, Au 단결정 표면에 Pd를 증착시켜 만든 표면(그림 12.5)에서의 촉매 활성과 구조의 상관을 상세하게 조사한 연구가 수행되어, **앙상블 효과**(ensemble effect)의 하나의 본질이 밝혀지게 되었다.[5]

[5] M. Chen, D. Kumar, C. -W. Yi and D. W. Goodman, *Science*, **310**, 291(2005).

아세트산비닐의 생성 속도(TOF)는 기본적으로 Pd의 덮임률 증가와 함께 감소한다(그림 12.5). Pd 덮임률의 변화에 따라 Pd 원자의 배치가 어떻게 변화하는지를 조사하기 위해 이 모델 촉매 위에 CO를 흡착시켜 그 진동 스펙

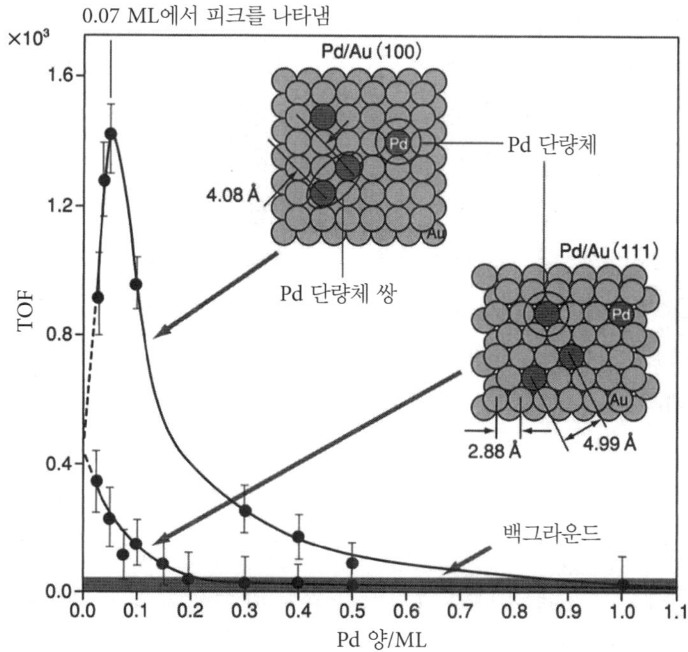

그림 12.5 ▶ Au(111) 및 Au(100)상에 Pd 원자를 증착시켜 제조한 Pd-Au 모델 촉매에서의 아세트산비닐 생성 속도(TOF)의 Pd 표면 덮임률 의존성. 삽입한 그림은 모델 촉매의 구조 모델을 나타낸다. [M. Chen *et al.*, *Science*, **310**, 291(2005)]

트럼을 측정한 결과, 덮임률이 높은 경우 Pd 원자가 인접해 존재할 때 생성되는 2-fold bridge 자리와 3-fold hollow 자리에 흡착한 CO가 관측되었고, 덮임률이 낮은 경우 독립한 Pd 원자에 흡착한 CO만이 관측되었다. 이 결과는 덮임률이 낮아지면 구조 모델 그림 내에 나타낸 것과 같은 독립한 Pd 원자(단량체)가 주가 됨을 보여준다. 이러한 사실로부터 촉매 활성에 중요한 것은 금 표면에 존재하는 Pd 단량체인 것으로 생각된다. 이 데이터에서 더욱이 중요한 것은 Au(111)상에서는 Pd의 덮임률이 낮아짐과 함께 활성이 단조 증가하는 것과 비교해, Au(100)상에서는 0.07 ML 부근에서 급격하게 활성이 증가하여 극댓값을 나타낸다는 점이다. 또 Au(100)에서 전체적으로 활성이 높다는 것도 중요한 점이다. 이 반응의 메커니즘은 아직 완전하게 밝혀지지 않았으나, 적외선 분광법으로 동위원소 효과를 조사한 실험에 의해, 속도 결정 단계는 흡착한 아세트산 음이온에 대한 에틸렌 삽입 반응인 것으로 밝혀졌다. 이를 바탕으로, 위에서 기술한 특이한 거동은 다음과 같이 설명된다.

Au(100)에서 Pd 단량체의 비율이 가장 클 것으로 예상했던 0.05 ML 이하에서가 아닌 0.07 ML에서 활성이 극대를 나타낸다는 점에서, 그림 12.5의 구조 모델에서와 같은 단량체 쌍(monomer pair)이 중요한 역할을 하는 것으로 생각된다. 무작위로 분포하는 Pd 단량체 중에서 그림과 같은 쌍을 형성할 확률이 덮임률의 증가에 따라 활성 곡선과 비슷한 거동을 보이기 때문이다. 더하여 아세트산 이온에 에틸렌이 삽입되기 위해서는 각각이 결합한 Pd 단량체가 쌍을 이루어 배치하는 편이 유리할 것으로 보인다. 그렇다면 Au(100)와 Au(111)의 차이는 무엇을 의미하는 것일까? 그림 12.5를 보면 Au(100)과 Au(111)에서는 가장 가까운 단량체 쌍의 거리가 전자의 경우에 4.08 Å, 후자의 경우에 4.99 Å으로 다르다는 것을 알 수 있다. 진동 분광법에 의해 아세트산 이온은 2개의 산소 이온이 Pd 단량체에 결합한 2좌 배위형, 에틸렌은 π 전자계를 통해 결합한 사이드 온(side-on)형임이 알려져 있다. 이에 입각해 생각하면, 아세트산 이온에 대한 에틸렌의 삽입 반응이 일어날 경우 최적의 Pd 단량체 간 거리는 3.3 Å이 된다. 이 최적 거리와 비교해 Au(111)상의 단량체 쌍의 원자간 거리는 너무 멀어 반응에 도달하지 못할 가능성이 크다. 그러나 Au(100)상의 단량체 쌍 위에서는 에틸렌이 약간만 기울면 아세트산 이온에 접근할 수 있다. 이 쌍(pair)의 원자간 거리의 차이가 Au(100)과 Au(111)에 결정적인 차이를 가져온다고 생각된다. Au(100)상에서 쌍이 생성되는 비율을 고려하면, 쌍 구조의 활성은 단량체에 비해 두 자릿수 높은 것으로 평가된다.

Pd 단량체 쌍은 일종의 앙상블로 볼 수 있다. Pd와 Au는 전기음성도와 일함수가 거의 같기 때문에 전하 이동이 없고, 격자 상수도 비슷하여 뒤틀림도 거의 없다. 따라서 Au(100)의 활성 증가는 앙상블 효과에만 의존하는 것으로 생각된다. 지금까지는 단순히 큰 앙상블이 필요한 것으로 예측되어 왔는데, 정말 중요한 것은 적절한 거리로 배치된 Pd 단량체 쌍이었음을 알 수 있다.[5]

이원 금속 표면(bimetallic surface)은 단일 금속 표면(monometallic surface)과는 다른 원자 배치가 가능하고, 벌크와도 성분이 다른 경우가 많을 뿐더러, 특히 그 성질이 온도와 분위기(atmosphere)에도 의존한다. 연구가 진전되면 전자적인 효과와 앙상블 효과의 결과로서 새로운 흡착 특성, 촉매 작용, 표면 자성 등이 탄생하여 새로운 나노 재료 개발의 초석이 될 것으로 기대를 모으고 있다.

[5] M. Chen, D. Kumar, C. -W. Yi and D. W. Goodman, *Science*, **310**, 291(2005).

12.4 활성 구조의 설계와 촉매 작용

12.4.1 시작하며

불균일계 촉매 표면을 설계하기 위해서는 분자 크기나 나노 스케일의 활성 구조를 담체 표면에 균일하게 고분산(high dispersion) 담지할 필요가 있다. 최근, 촉매 표면에 명확한 반응 자리를 심고(고정화), 이를 표면화학적으로 의도한 표면 구조로 변환시킴으로써 특정한 반응에 유효한 촉매를 설계하는 연구가 진행되고 있다. **표면 설계**(surface design)를 위해서는 촉매를 제작하는 도중의 각 단계와 최종 표면 구조의 전자 상태, 배위 구조를 분자 수준에서 제어하고 규명할 필요가 있다. 때문에 표면에 대한 고정화에는 구조가 규명된 금속 착물 등의 전구체가 많이 사용되며, 선택적으로 표면과 반응시켜 구조를 변환함으로써 특정한 활성 구조를 갖는 균일한 촉매 표면을 구축할 수 있게 된다.[6,7] 표면과의 화학 결합은 단순히 활성 금속종을 표면상에 고정할 뿐만 아니라 그 전자 상태 · 화학 상태까지 변화시키므로, 액체상이나 기체상 등의 균일계와는 다른, 표면의 특유한 구조에 따른 반응 특성을 보인다.

[6] Y. Iwasawa, *Adv. Catal.*, **35**, 187(1987).

[7] M. Tada and Y. Iwasawa, *Chem. Commun.*, 2833(2006).

12.4.2 표면의 분자 수준 화학 설계법

분자 수준에서 촉매 표면을 설계하는 대표적인 방법을 표 12.1에 나타내었다.

표 12.1 ▶ 대표적인 분자 수준 표면 설계법

① 전구체와 표면 OH기의 선택 반응
  (a) 착물 리간드와 OH기의 선택 반응
  (b) 산화-환원 반응
  (c) 산-염기 반응
② 표면 합성과 구조 변환
③ 표면에서의 정전적 · 전자적 상호작용
④ Ship-in-a-bottle 합성
⑤ 분자 임프린팅(molecular imprinting)
⑥ 자기조직화
⑦ 선택적 표면 양이온 · 음이온 교환
⑧ 적층 성장법
⑨ 원자 · 분자 조작법
⑩ 그 밖의 기법

금속 착물이나 클러스터 등의 전구체를 산화물 표면과 반응시켜 활성 금속종을 표면상에 담지하는 고정화법은, 목표하는 반응에 따라 금속 전구체를 선택하여 표면상에 다른 **활성 구조**(active structure)를 제작할 수 있어 촉매 표면을 정밀 설계 · 제어하는 것이 가능하다. 따라서 반응성이 제어된 촉매 표면을 구축할 수 있을 뿐만 아니라, 새로운 촉매 설계에 대한 지침을 제공하는 표면 활성 구조와 **촉매 작용**(catalysis)의 상관을 원자 · 분자 수준에서 이해할 수 있게 한다. 또, 표면 구조 전환이나 분자 임프린팅(molecular imprinting)과 조합하여 의도한 정밀 촉매 표면 구조를 제작할 수도 있다. 표면에 특유한 자기조직화 현상을 이용하여 합성이 어려운 비교적 큰 질서 구조를 얻을 수도 있다.

활성 구조를 분산 안정화시키는 담체로는 목적에 따라 표 12.2와 같은 무기산화물, 유기고분자, 메조포러스 물질, 탄소섬유 등 다양한 종류의 물질이 사용된다.

표 12.2 ▶ 활성 구조를 분산 안정화시키는 담체

① SiO_2, ② Al_2O_3, ③ TiO_2, ④ MgO, ⑤ SnO_2, ⑥ ZrO_2, ⑦ Fe_2O_3, ⑧ 제올라이트, ⑨ 메조포러스 다공체, ⑩ 탄소섬유 및 탄소나노튜브, ⑪ 고분자, ⑫ 그 밖의 물질

12.4.3 표면 활성 구조의 특성 검사법

표 12.3에 나타낸 기법을 통해 직접적으로 표면 구조와 형태에 관한 정보를 얻거나, 간접적으로 표면 구조를 추정할 수 있다. 최근에는 DFT 계산도

표 12.3 ▶ 표면 활성 구조의 특성 검사법

① **구조에 관한 직접 정보**(원자 상, 분자 상, 격자 상, 결합, 이론) TEM(투과 전자 현미경), SEM(주사 전자 현미경), STEM(주사 투과 전자 현미경), STM(주사 터널링 현미경), AFM(원자힘 현미경), XPD(X선 광전자 회절), XAFS(X선 흡수 미세구조), DFT(밀도범함수 이론) 등
② **간접 정보**(표준 물질의 스펙트럼과 비교) SIMS(이차 이온 질량 분석), Raman 분광, FT-IR(Fourier 변환 적외선 흡수 분광), 고체 NMR(핵자기 공명), 확산 반사 UV/VIS(자외선-가시광선 분광), ESR(전자 스핀 공명) 등
③ **그 밖의 기법**(구조와 대응하는 특징을 갖는 경우) TPD(승온 탈착), TPR(승온 탈착 환원), 가스 흡착 등

구조 결정의 유력한 방법으로 활용되고 있다.

이와 같은 방법을 이용한 표면 구조 결정에는 원소 분석, XRF(형광 X선 분석), XPS(X선 광전자 분광), EDX(에너지 분산 X선 분석) 등의 원소 조성에 관한 정보도 함께 필요하다.

12.4.4 설계 표면의 촉매 반응

(1) 고정화 Nb 단량체, 이합체, 단분자막 구조와 촉매 특성

Nb는 촉매 활성이 작은 원소이나 SiO_2 표면에 고정화시킨 Nb 촉매는 에탄올의 산화 반응 등에 높은 촉매 활성을 보인다.[8,9] 그림 12.6에 나타낸 3종의 Nb 전구체 착물을 SiO_2 표면과 반응시키면, 상자 안에 나타낸 것과 같이 각각 Nb 단량체(monomer), 이합체(dimer), 단분자막(monolayer)의 서로 다른 표면 Nb-oxo종을 제작할 수 있다. 제조의 각 단계를 제어해 구조 전환을 도모함으로써 표면에 서로 다른 구조를 제작할 수 있는 것이다.

[8] Y. Iwasawa, *Stud. Surf. Sci. Catal.*, **101**, 21(1996).

[9] Y. Iwasawa, *Acc. Chem. Res.*, **30**, 103(1997).

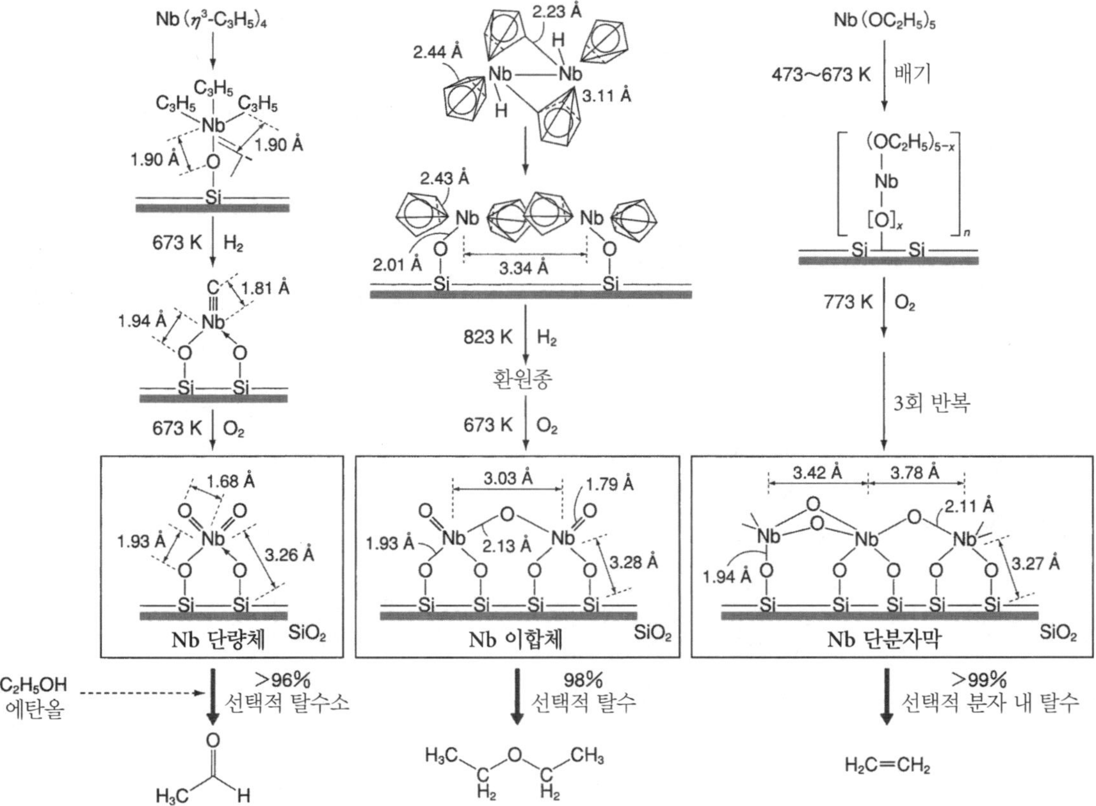

그림 12.6 ▶ 실리카 표면에 고정화시킨 Nb 단량체, 이합체, 단분자막 구조의 분류와 각각의 촉매 특성.

Nb 단량체는 $Nb(\eta^3-C_3H_5)_4$ 전구체를 SiO_2 표면의 OH기와 반응시킨 후 H_2 및 O_2와 차례로 반응시켜 얻는다. EXAFS, FT-IR, Raman 분광, ESR, XPS 등으로 구조 해석을 진행한 결과, 표면 Nb종은 1.68 Å의 결합 길이를 갖는 두 개의 Nb=O 결합을 가지며, 표면 산소와 1.93 Å 길이로 결합한 2좌 배위형 단량체 구조를 취한다. 물론 Nb—Nb 결합은 존재하지 않는다.

$[Nb(\eta^5-C_5H_4)H-\mu-(\eta^5,\eta^1-C_5H_4)]_2$ 이합체를 전구체로 사용하면 O 가교형 Nb 이합체가 얻어진다. Nb와 Nb 사이의 거리는 3.03 Å로, 각각 1.79 Å와 1.93 Å 길이의 Nb=O 및 Nb—O 결합을 갖는다는 것을 EXAFS를 통해 알 수 있다. 더하여 $Nb(OC_2H_5)_5$ 전구체로는 Nb 단분자막 구조를 제작할 수 있다. Nb 산화물과 담체 SiO_2 표면의 구조 차이 때문에 표면상의 Nb 단분자막 구조가 뒤틀려, 근접한 Nb종은 3.42 Å와 3.78 Å에 존재하고, 2.11 Å 거리에 O를 가교하는 구조로 단분자막을 구성하는 것으로 생각된다. 표면과의 Nb—O 결합은 단량체, 이합체와 동일하다.

이러한 고정화 Nb 촉매는 에탄올 산화 반응에 대해 그 구조에 따른 특징적인 촉매 활성을 나타낸다. Nb 단량체는 423~523 K에서 선택적으로 탈수소 반응이 진행되어, 96~100%의 선택성으로 아세트알데하이드를 생성한다. 촉매 활성은 통상 함침법(impregnation method)으로 제조한 Nb 촉매보다도 한 자릿수 높고 선택성도 100%에 가깝다. 에탄올은 Nb=O상에서 해리흡착하여 에톡사이드 반응 중간체를 생성하지만, 이 에톡사이드종은 상당히 안정해 600 K까지 분해되지 않는다. 600 K 이상에서는 탈수반응이 진행되어(에틸렌과 물을 생성) 아세트알데하이드는 전혀 생성되지 않는다. 한편, 에톡사이드종에 에탄올을 더욱 흡착시키면 저온에서도 에탄올의 탈수소 반응이 높은 선택성으로 진행된다. 즉, Nb상에 약하게 흡착한 에탄올 분자에 의해 중간체 $Nb—OC_2H_5$종이 활성화되고, 탈수소 분해되어 CH_3CHO와 H_2를 생성함으로써 탈수소 촉매 반응이 진행되는 것이다.[9]

[9] Y. Iwasawa, *Acc. Chem. Res.*, **30**, 103(1997).

Nb 이합체의 반응성은 단량체와는 전혀 다른데, 산 촉매로서 작용해 98%의 선택성으로 탈수반응이 진행된다. 단량체에서는 탈수소가 주된 반응이었던 데 비해, 이합체에서는 분자간 탈수에 의해 얻어지는 다이에틸에터(Diethyl ether)가 주생성물이 된다. 이합체의 쌍이 되는 Nb가 O 가교에 의해 Nb종의 산성을 증가시켜 선택성을 완전히 변화시킨다.

또한 단분자막에서는 단량체 및 이합체 어느 쪽과도 달리, 423~573 K의 범위에서 선택적으로 분자 내 탈수가 진행되어, 에틸렌이 99% 선택성으로 생성

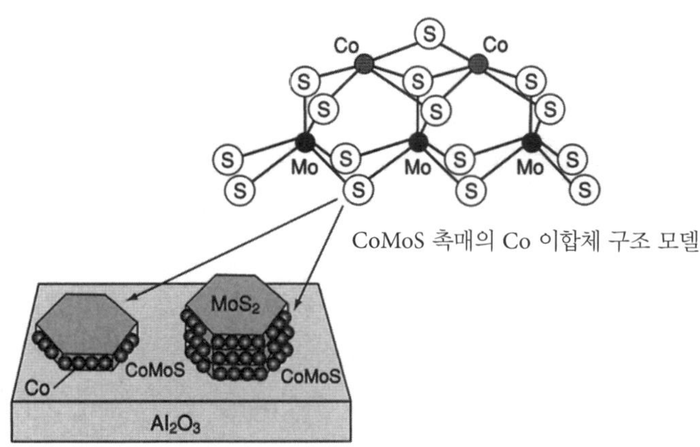

그림 12.7 ▸ CVD-Co/MoS_2/Al_2O_3 탈황 촉매의 모델 표면 구조. [Y. Okamoto *et al.*, *J. Phy. Chem. B*, **109**, 288(2005)]

된다. 이렇게 형성된 표면상의 고정화 구조에 따라 반응 특성이 크게 달라지므로, 표면 설계가 촉매 기능 제어에 매우 중요하다.

(2) CoMoS 탈황 촉매의 표면 설계와 촉매 활성

원유에 포함된 싸이오펜(thiophene) 유도체를 대표로 하는 유황 함유 물질 등의 환경오염 물질 제거에 있어서 탈황 촉매(HDS 촉매)의 역할은 매우 중요하다. 최근에는 다이벤조싸이오펜이나 4,6-다이메틸벤조싸이오펜 등을 효율적으로 제거하는 심도 탈황 촉매의 탐색이 이루어지고 있다. 탈황 촉매로는 Co-Mo 황화물(CoMoS로 표기)이 사용되는데, 그 활성은 Al_2O_3상에 분산 담지되는 층상 황화몰리브덴(MoS_2)의 모서리(edge)에 고정화된 Co 자리에 있는 것으로 시사되고 있다. 따라서 MoS_2 입자의 모서리에 Co 원자를 선택적으로 담지해야 한다. 함침법으로 제조한 MoS_2/Al_2O_3에 $Co(CO)_3NO$ 전구체를 CVD법으로 담지한 CVD-Co/MoS_2/Al_2O_3 촉매는 높은 탈황 활성을 나타낸다.[10] Co 2p XPS, Co K-edge XANES, 자화율, 유효 자기 모멘트 등으로부터 그림 12.7에 나타낸 활성점 구조가 제안되었다.[10] 탈황 촉매 활성은 MoS_2 모서리에 담지된 Co 황화물 이합체의 양에 비례한다는 점 또한 모서리에 담지된 Co가 활성 자리(active site)임을 시사한다.

[10] Y. Okamoto, M. Kawano, T. Kawabata, T. Kubota and I. Hiromitsu, *J. Phys. Chem. B*, **109**, 288(2005).

(3) 세공 내 Re 클러스터의 설계와 페놀의 직접 합성

3차원 세공 구조를 갖는 제올라이트의 일종인 H-ZSM-5에, 승화성을 가진 메틸트리옥소레늄(CH_3ReO_3, 그림 12.8에서 A로 표시)을 CVD법으로 담지시키면, 이 분자의 CH_3기가 제올라이트 세공 표면의 양성자와 선택적으로 반

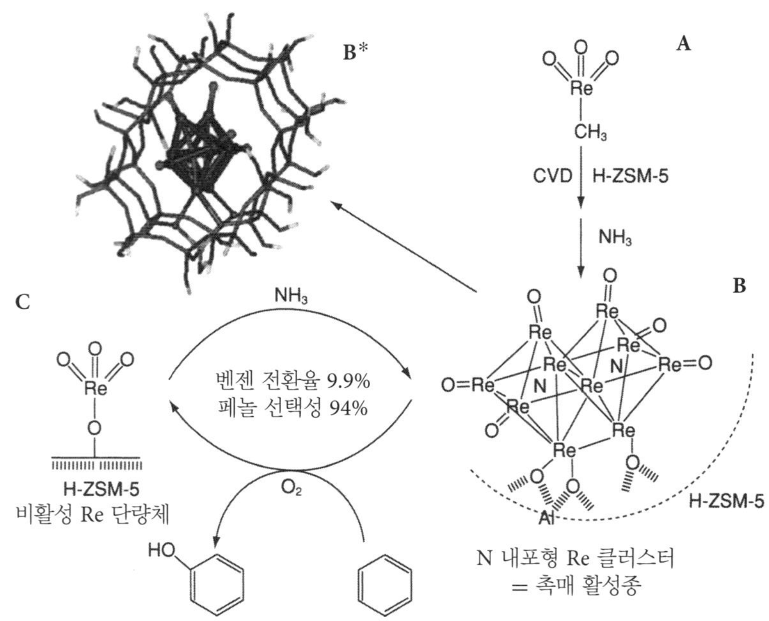

그림 12.8 ▶ CH_3ReO_3를 전구체로 하는 H-ZSM-5 제올라이트 담지 Re 촉매의 표면 설계법. NH_3에 의해 페놀 합성에 높은 선택성을 나타내는 활성 질소 원자 내포형 Re 클러스터가 형성된다.

응해 CH_4가 발생하고, 세공 내에 고정화된다. 이 고정화 Re종은 NH_3의 존재 하에서 그림 12.8의 B에 나타낸 질소 원자 내포형 Re 10핵 클러스터를 형성한다(그림 12.8).[11,12]

[11] R. Bal, M. Tada, T. Sasaki and Y. Iwasawa, *Angew. Chem. Int. Ed.*, **45**, 448(2006).

[12] M. Tada, R. Bal, T. Sasaki, Y. Uemura, Y. Inada, S. Tanaka, M. Nomura and Y. Iwasawa, *J. Phys. Chem. C*, **111**, 10095(2007).

이 Re 클러스터는 분자상 산소(O_2)를 산화제로 하여 벤젠을 페놀로 변환하는 우수한 촉매임이 밝혀졌다. 페놀은 매년 7메가톤 이상 생산되는 주요 화학 물질의 하나인데, 공업적으로는 벤젠에서 3단계의 합성 과정(Cumene법)을 거쳐 만들어진다. 중간 화합물로 폭발성 과산화물을 경유하며, 그것을 진한 황산으로 처리해 페놀로 전환(부산물로 아세톤이 생성)하기 때문에 과정적 · 환경적 · 에너지 효율적 측면에서 모두 좋지 않다. 고정화 Re 클러스터는 값싸고 안정한 분자상 산소를 이용해 벤젠에서 페놀을 1단계로 직접 합성하는 촉매 기능을 가지며, 90%가 넘는 페놀 합성 선택성을 나타내는 새로운 촉매이다.

XAFS, XPS, TPD, DFT 등의 해석을 바탕으로, 이 페놀 합성 촉매의 활성종으로서 질소 원자 내포형 클러스터 구조(그림 12.8B)가 제안되었다.[12] 이 Re 클러스터는 553 K에서 벤젠과 분자상 산소로부터 94%의 선택성으로 페놀을 생성한다. 산화 반응 후에는 3개의 Re=O 결합(0.173 nm)과 1개의

Re—O 결합(0.213 nm)을 갖는 Re^{7+}의 단핵 구조(그림 12.8C)로 구조가 변화한다. 이 단핵 구조가 NH_3에 의해 다시 활성 클러스터 B로 변환되며 촉매 사이클(catalytic cycle)이 완성된다. 따라서 정상 촉매 반응에는 NH_3의 공존이 요구된다. 제올라이트의 3차원 세공 내에서만 이 질소 원자 내포형 Re 클러스터가 생성되는 것에서 알 수 있듯이, 제올라이트 표면의 3차원 구조와 산점(acid site)에 의해 특이한 활성 구조가 형성되어 높은 촉매 활성이 실현된다.

(4) 분자 임프린팅 촉매의 표면 설계

분자 임프린팅(molecular imprinting)은 어떤 주형 분자(템플릿)의 주변에서 유기 또는 무기 단량체를 중합시켜 유기 고분자(organic polymer)나 무기 매트릭스(inorganic matrix)를 제작하고, 매트릭스 형성 후에 주형 분자를 제거함으로써 매트릭스 내부에 주형 분자와 같은 형상의 공동[이하 '캐비티(cavity)']을 갖는 물질을 제작하는 기법이다. 빠르게는 1930년대에 이와 같은 아이디어가 보고되었고, 1980년대에는 촉매에 응용되기 시작했다. 분자 임프린팅 기술로 제작된 캐비티는 주형 분자의 형상을 기억한 분자 크기의 공간이므로, 주형 분자와 동형(같은 모양)인 분자를 선택적으로 받아들여 인식할 것으로 기대되어, 분자 흡착이나 분자 선별이 이루어지는 장으로서 크로마토그래피에 응용되고 있다. 그러나 촉매 반응에 분자 임프린팅을 적용하고자 하는 경우, 활성점이 되는 중심 금속(금속 중심)이나 산염기점의 위(바로 근처)에 형상 선택적인 반응장이 되는 캐비티를 제작해야 하기 때문에 많은 연구가 필요하다.

금속 착물의 리간드(배위자)를 템플릿으로 하여 분자 임프린팅 촉매를 제조하는 경우, 중심 금속의 바로 주변에 리간드의 형상을 가진 반응 공간을 제작할 수 있기 때문에, 적당한 구조 변화를 통해 중심 금속에 촉매 활성을 부여하면 형상 선택적인 공간을 갖춘 금속 착물 촉매를 설계할 수 있다. 특히, 표면에 고정화한 고정화 금속 착물의 특이한 반응성을 이용하면, 주형 리간드의 제거를 통해 배위 불포화 활성 구조의 형성을 기대할 수 있으므로, 우수한 촉매 활성 구조를 제작할 수 있게 된다.[7]

[7] M. Tada and Y. Iwasawa, *Chem. Commun.*, 2833(2006).

고정화 금속 착물의 리간드를 템플릿으로 하는 분자 임프린팅은 다음과 같은 과정으로 진행된다(그림 12.9). 활성점이 되는 금속 착물 전구체를 산화물 표면에 고정화하고, 이 표면 고정화 착물에 합성하고자 하는 분자를 모방한 형상을 가진 템플릿을 배위시킨다. 금속 착물을 고정화한 표면에 $Si(OCH_3)_4$

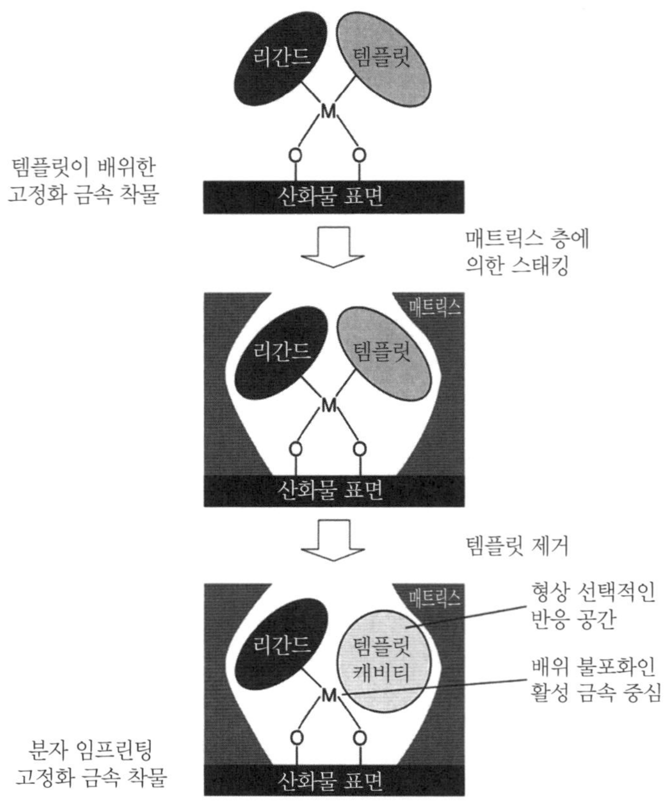

그림 12.9 ▶ 표면상의 분자 임프린팅 고정화 금속 착물 제작.

등의 중합성 화합물을 화학 증착시키고, 표면에서 중합, 가수분해함으로써 금속 착물이 고정화된 담체의 표면에 박층(얇은 막) 매트릭스가 형성되고, 결과적으로 고정화 금속 착물의 주변이 표면 매트릭스로 덮인다. 표면 실리카 매트릭스의 높이는 화학 증착시키는 $Si(OCH_3)_4$의 양을 제어하여 자유롭게 바꿀 수 있다. 마지막으로 적당한 조건을 찾아 템플릿을 중심 금속에서 선택적으로 제거하면, 표면상에는 배위 불포화 금속 활성 중심과, 템플릿과 동형인 캐비티가 동시에 형성된다. 활성화된 각각의 고정화 금속 착물이 표면 박층 매트릭스에 둘러싸여 존재하므로, 용액 중에서는 불안정하여 응집 또는 분해되기 쉬운 반응성이 큰 배위 불포화 중심 금속이 분자 임프린팅을 통해 안정하게 유지될 수 있을 것으로 기대된다.

촉매 활성을 가지며, 적당한 조건에서 리간드의 배위 및 제거를 제어할 수 있는 고정화 금속 착물이라면, 어떠한 종류라도 같은 설계 전략으로 표면 분자 임프린팅 촉매를 설계할 수 있다. 아인산트리메틸 리간드[$P(OCH_3)_3$]

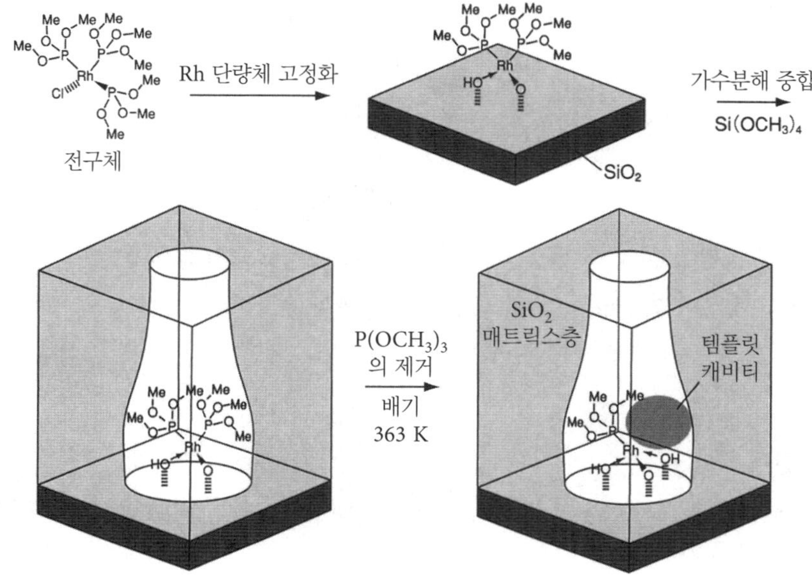

그림 12.10 ▸ 실리카상에서의 분자 임프린팅 Rh 단량체 촉매의 표면 설계.

를 주형 리간드로 한 표면 분자 임프린팅 Rh 단핵 착물의 설계 방법을 그림 12.10에 나타냈다.[13] 템플릿으로 사용한 $P(OCH_3)_3$의 배위 구조는 3-에틸-2-펜텐(3-ethyl-2-pentene)의 반수소화(semi-hydrogenated) 상태인 $C(C_2H_5)_3$와 동형이므로 알켄 수소화 반응의 선택성 제어 등에 적용할 수 있다. 실제로 이 주형 리간드의 제거에 따른 배위 불포화 Rh종의 형성에 의해, 3-에틸-2-펜텐 수소화 반응의 촉매 활성이 비약적으로 증가한다.

분자 임프린팅 촉매에서는 주형 분자의 형상에 대응하는 높은 입체 형상 선택성을 얻을 수 있다. 반수소화종이 아인산트리메틸과 동형인 3-에틸-2-펜텐보다 작은 알켄에서는 활성 증가도가 높고, 반대로 형상이 템플릿을 초과한 알켄에서는 반응성이 억제된다. 또한 크기가 비슷하더라도 형상이 다른 알켄(3-에틸-2-펜텐 및 4-메틸-2-헥센) 사이에서도 차이가 관찰되며, 메틸기 1개분에 해당하는 형상 선택성이 나타난다. 또한 템플릿보다 형상이 큰 알켄에 대해 반응의 활성화 에너지, 활성화 엔트로피가 현저하게 변화하는데, 이는 템플릿을 초과한 기질에서 수소화 반응의 속도 결정 단계가 반수소화 과정에서 알켄의 배위 과정으로 변화하기 때문으로 보인다.

이 종의 분자 수준 형상 선택성 설계는 처음으로 수행되었는데, 분자 임프린팅에 고정화 금속 착물을 조합해 그 활성 금속 근방에 위치한 리간드를 템플릿으로 사용함으로써 높은 선택성이 발현된 것으로 보인다. 이와 같은 기

[13] M. Tada, T. Sasaki and Y. Iwasawa, *Phys. Chem. Chem. Phys.*, **4**, 4561(2002).

법은 다른 반응이나 비대칭 합성(asymmetric synthesis)에도 응용이 가능하기 때문에 활성과 안정성, 선택성을 겸비한 신규 촉매의 설계법으로서 앞으로의 발전이 기대된다.

고체 표면의 활성 구조에 대한 원자 · 분자 수준의 설계는 여전히 어려운 과제이다. 이를 해결하기 위해서는 표면상에서의 자유로운 촉매 설계 · 합성법의 개발, 활성 구조와 전자 상태의 특성 검사(characterization), 그리고 촉매 작용 메커니즘의 규명이 필요하며, 표면화학 연구가 앞으로도 여기에 중요한 역할을 수행하게 될 것이다.

연습 문제

12.1 fcc 금속인 Au의 격자 상수는 0.408 nm이다. Au(111)상에 그림 12.2와 같이 알칸싸이올 분자가 $(\sqrt{3} \times \sqrt{3})R30°$ 구조로 배열되어 있을 때, S 원자 사이의 최근접 거리를 구하시오. 또한 그 값의 1/2과 S 원자의 van der Waals 반지름 0.180 nm을 비교해 보시오. (알칸싸이올 분자는 표면 법선 방향에서 기울어져 배열하기 때문에, 막의 원자 밀도는 계면에서의 S 원자의 밀도보다 크다)

12.2 바이메탈 표면과 모노메탈(단일 금속) 표면의 촉매 작용의 차이를 고찰하시오.

12.3 표면상에 분산 담지된 금속 클러스터나 금속 나노 입자의 구조를 해석하는 기법에는 무엇이 있는지 설명하시오.

찾아보기

Index

지은이 소개

이와사와 야스히로(Yasuhiro Iwasawa)

1946년 사이타마현 출생. 1968년 도쿄대학 이학부 졸업, 1972년 도쿄대학 대학원 이학계연구과 박사과정 중퇴. 같은 해 요코하마국립대학 공학부 조교, 1977년 동대학 강사, 1981년 동대학 조교수, 1984년 도쿄대학 이학부 조교수를 거쳐 1986년 도쿄대학 이학부 교수. 2009년 도쿄대학 명예교수. 같은 해 전기통신대학 정보이공학부 교수. 현재 전기통신대학 연료전지 이노베이션 연구센터장-특임교수. 이학박사. 전문분야는 촉매화학, 표면과학. 현재 연구 테마는 〈연료전지 XAFS〉, 〈촉매 표면의 화학설계와 특성 분석〉, 〈원자 · 분자레벨 반응 메커니즘〉 등.

후쿠이 겐이치(Ken-ichi Fukui)

1966년 가나가와현 출생. 1989년 도쿄대학 이학부 졸업, 1994년 도쿄대학 대학원 이학계연구과 박사과정 졸업. 같은 해 도쿄대학 대학원 이학계연구과 조교, 2001년 동대학 강사, 2002년 도쿄공업대학 대학원 이공학연구과 조교수, 2007년 동대학 준교수를 거쳐 현재 오사카대학 대학원 기초공학연구과 교수. 이학박사. 일본 표면과학회 펠로우. 2015년부터 Surface Science지 에디터 겸무. 전문분야는 표면물리화학. 현재 연구 테마는 〈에너지 교환장으로서의 전기 이중층의 분자론적 묘사의 규명과 그 응용〉, 〈신규 촉매 설계를 지향하는 촉매 활성점의 구조 · 기능의 상관 규명〉, 〈이온성 액체를 이용한 정밀 전극 계면화학 구축〉 등.

나카무라 준지(Junji Nakamura)

1957년 홋카이도현 출생. 1983년 홋카이도대학 공학부 졸업, 1988년 홋카이도대학 대학원 이학연구과 박사과정 졸업. 같은 해 인디애나대학 박사연구원, 1989년 워싱턴대학 박사연구원, 1990년 쓰쿠바대학 물질공학계 강사, 1995년 동대학 조교수를 거쳐 현재 쓰쿠바대학 대학원 수리물질과학연구과 교수. 이학박사. Surface Science Reports지 편집위원. 전문분야는 촉매화학, 표면과학. 현재 연구 테마는 〈표면과학 기법을 이용한 촉매작용 연구〉, 〈탄소 표면 화학과 연료전지 전극 촉매〉 등.

요시노부 준(Jun Yoshinobu)

교토부 출생. 1984년 교토대학 이학부 졸업, 1989년 교토대학 대학원 이학연구과 박사과정 졸업. 같은 해 피츠버그대학 박사연구원, 1991년 이화학연구소 기초특별연구원, 1992년 이화학연구소 연구원, 1996년 동연구소 부주임연구원, 1997년 도쿄대학 물성연구소 조교수를 거쳐 현재 도쿄대학 물성연구소 교수. 이학박사. 일본 표면과학회 펠로우. Progress in Surface Science지 편집위원. 전문분야는 표면과학, 표면 · 계면 분광.

옮긴이 소개

소 호 원

- 육군사관학교 물리 · 화학과 조교수(현)
- 육군사관학교 물리 · 화학과 강사
- 교토대학 대학원 이학연구과, 이학석사
- 히로시마대학 이학부, 이학사
- 전북과학고등학교 졸업

기초 표면화학

2022년 2월 1일 1판 1쇄 발행

지은이 Yasuhiro Iwasawa, Junji Nakamura, Ken-ichi Fukui, Jun Yoshinobu

옮긴이 소 호 원

발행인 박 종 성

발행처 사이플러스 Science plus

우 04003 / 서울특별시 마포구 잔다리로 101

전화 02_332_6171 / 팩스 02_332_6185

등록 2005.10.20. 제2005-000222호

ISBN 979-11-88731-27-5 93430 값 27,000원

Basic **SURFACE CHEMISTRY**